井地电磁勘探技术

何展翔　王志刚　石艳玲
李静和　赵云生　曲昕馨　著

石油工業出版社

内容提要

本书系统地介绍了井地电磁勘探技术的理论基础、工作方法、模拟技术、数据处理流程以及油气检测与资料解释等方面内容，旨在为读者提供一本全面且实用的参考书籍。读者可以通过本书相关案例和实践经验的介绍，更好地掌握井地电磁勘探的核心技术。同时，本书还简要介绍了井地电磁勘探未来发展趋势，为读者提供前沿的研究动态和深度思考。

本书适合地球物理领域的研究者、从业者阅读，也可供高等院校相关专业师生参考。

图书在版编目（CIP）数据

井地电磁勘探技术 / 何展翔等著 . -- 北京：石油工业出版社，2024. 8. -- ISBN 978-7-5183-6892-1

Ⅰ. P631.3

中国国家版本馆 CIP 数据核字第 2024RU3798 号

出版发行：石油工业出版社
（北京市朝阳区安华里 2 区 1 号楼　100011）
网　址：www.petropub.com
编辑部：（010）64523693
图书营销中心：（010）64523633
经　　销：全国新华书店
印　　刷：北京九州迅驰传媒文化有限公司

2024 年 8 月第 1 版　2024 年 8 月第 1 次印刷
787×1092 毫米　开本：1/16　印张：19
字数：455 千字

定价：180.00 元
（如发现印装质量问题，我社图书营销中心负责调换）

FOREWORD I

序一

《井地电磁勘探技术》一书系统地介绍了井地电磁法在油气田勘探开发中的背景、现状、发展方向及应用实例，详细阐述了该方法在圈定油气藏边界、监测注水动态及寻找剩余油气分布中的技术特点，展示了这一技术的独特作用与应用前景。

众所周知，电法和电磁法在油田勘探中发挥着至关重要的作用。地层的电性特征对孔隙度、渗透率、饱和度及温度变化反应灵敏，使得电磁法在油气田勘探开发中具有独特优势。然而，传统测井技术仅限于研究井孔周围很小区域，难以满足后期滚动勘探开发对整个油气田地下油气分布全面研究的需求。而井地电磁法通过在井中布置场源，接近目标储层激发，能够有效提高识别储层的灵敏度。相较于地面电磁测深方法，其能量穿透和激发效率更高。

井地电磁法自20世纪50年代由苏联科学家提出以来，经历了断断续续数十年的研究与应用，尽管国内外学者在这一领域的研究取得了较丰硕成果，但井地电磁法油气检测理论、数值模拟以及数据采集、处理、解释依然不系统也不太成熟。

本书作者通过十多年的井地电磁勘探实践和理论研究，系统讨论了一系列重要问题。通过井地电磁法水槽模拟和数值模拟，明确了套管、地质不均匀体干扰等影响特征；通过不同地质模型、激发方式及接收参数的模拟分析，提出了更为有效的井地工作方式：通过不同地质难题的实例解析，展示了井地电磁法在复杂地质条件下对油气藏边界圈定与储层含油识别的技术优势与应用效果。

本书可对井地电磁法的实际应用提供关键且实用的技术指导，并通过成功的应用实例，可为不同油气目标的勘探提供了有用的参考。基于作者多年的实际生产工作经验，本书强调理论与实践相结合，在理论指导下，通过边研发、边应用，不断完善，才能形成解决相关油气勘探问题的实用工具，对于广大科研工作者也具有很好的借鉴作用。

在我国油气田勘探开发过程中，井地电磁法作为一种重要的物探手段，已经展现出其独特的技术优势与发展潜力。本书的出版，可作为油气地球物理行业的同仁和相关科研人员重要的参考资料，同时，推动这一技术不断发展创新和更广泛的应用。可以预见，本书的出版将成为解决油气资源勘探开发中相关难题的得力助手，为我国石油工业的可持续发展提供有力支持。

中国科学院院士 陈晓非

2024 年 10 月 8 日

序二

FOREWORD Ⅱ

在全球能源需求不断增长的背景下，油气资源的勘探与开发面临前所未有的挑战。尤其在我国，随着东部大多数油田进入中晚期开发阶段，西部油田的勘探目标愈加隐蔽复杂，传统的勘探技术已难以满足不断升级的国家需求。

井地电磁法作为一种新兴的地球物理勘探技术，以其独特的优势和广阔的应用前景，正日益成为油气田勘探开发中的重要工具。与传统的地面电磁法或地震勘探相比，井地电磁法通过在井中布置激发源并在地面接收电磁信号，不仅施工简便，成本较低，而且探测范围广，分辨率高，在实时监测和动态跟踪地下流体变化方面，有着广阔的应用前景。

《井地电磁勘探技术》一书，正是在这个背景下应运而生，为复杂油气勘探提供了全面系统的技术指导。全书结构严谨，内容丰富，从理论基础到实际应用，条分缕析、循序渐进地带领读者理解和掌握这一技术。

本书的新意在于理论和实际的相结合，作者首先详尽分析了电磁波在地层中的传播特性和电阻率响应机制，为读者打下了坚实的学理基础；接着详细讨论了井地电磁法的工作方法、数值计算及反演技术，通过模拟和实验展示了该技术在复杂地质条件下的高效应用；结合具体案例，作者认真介绍了数据处理技术和软件工具，特别是提出了一系列有效的数据去噪和处理策略；最后，通过多个油气田、不同类型的油气层的实际应用实例，全面验证了井地电磁法的技术优势和应用价值，为其他油田的勘探开发提供了宝贵经验和借鉴。

地球科学作为一门基础科学，和其他学科最大的不同在于，地球科学的研究对象是高度不可控、复杂多变的自然系统，其成分不均一，时刻变化，彼此影响，时空尺度上又跨度极大。井地电磁法同样面临这个问题，地下岩层的电性差异变化多端，电磁信号在传播过程中容易受到地形、地质结构、噪声等各种环境因素的干扰，如何在复杂地质条件下进行多尺度的精确成像和数据解释，是井地电磁法的重大挑战。结合大数据和人工智能技术，实现数据处理和解释的自动化和智能化，将是该领域的重要发展方向。

可以预见，《井地电磁勘探技术》一书的出版，将成为地球物理勘探领域的重要参考资料。希望本书能启发更多读者通过跨学科交叉研究，进一步扩展该方法在地热资源、地下水、矿产资源等领域的应用，助力我国资源勘探开发事业迈向新的高峰。

中国科学院院士

2024年9月29日

前言

PREFACE

根据国家统计局的数据，2023年中国原油进口总量达到了$5.6\times10^{8}t$，原油对外依存度进一步增加，达到72.99%；《中国天然气行业年度运行报告蓝皮书（2023—2024）》显示，2023年，全国天然气表观消费量$3945.3\times10^{8}m^{3}$，2023年天然气总进口量为$1656\times10^{8}m^{3}$，天然气对外依存度为42.3%。居高不下的油气对外依存度，严重影响到我国能源安全。

为了保障国家能源安全，我国各大石油公司积极推动增储上产，而油气勘探是其中重要一环。传统的地震勘探投入大，周期长。与地震勘探相比，本书介绍的井地电磁法（Borehole-to-surface electromagnetic method，简称BSEM）在油田勘探开发过程中具有自身独特的优势。

井地电磁法是一种地球物理勘探技术，通过测量地下电磁场的变化来研究地下构造和岩石性质。这项技术广泛应用于资源勘探、环境地质和工程勘察等领域，其具体原理是利用地下岩石的导电性、激电效应等特性，结合外部电磁场的作用，通过采集和分析地下电磁信号来推断地下构造和物性信息。

井地电磁法是电磁法勘探方法中一个重要分支，在勘探地球物理中占有重要地位。井地电磁法又可分为井地充电法、井地直流电法、井地频率电磁测深法、井地瞬变电磁法以及井地时频电磁法等。井地电法一般是指直流电传导类电法，井地电磁法是指交流感应类电法，为了叙述方便，如未加说明，本书所称井地电磁法是指所有井下激发地面接收的电磁法方法（包括直流电法和交流电法）。

井地电磁法在油气田勘探开发中具有重要的应用价值，随着技术的进步和研究的深入，其应用也在不断拓展和提升。该方法在应对我国油气田勘探开发面临的诸多挑战时发挥着关键作用，特别是在分析油田含油范围和边界、监测注水动态、定位剩余油气分布等方面表现尤为显著。

通过准确研究目标区（如岩性储层）的含油气性，并确定油藏的分布范围和边界，可以有效解决油气勘探开发中的难题。自20世纪90年代以来，井地电磁法以及井中、井间电磁法的应用逐渐增多。这些方法不仅在油气田勘探中起到了积极作用，同时在监测注水开采动态、定位剩余油气方面也展示了广阔的应用前景。

在各类电磁勘探技术中，井地电磁法具有独特性。与地面电磁测深相比，井地电磁法通过在井中储层附近激发电磁信号，能够更有效地激发和探测油气储层，地面布设接收装置施工方便、效率高。井地电磁法研究范围比传统测井要大，分辨率也较高。相比之下，井中电磁（电测井）技术因激发能量小，探测范围有限；而井间电磁技术虽然在油水识别方面有显著优势，但因成本高、解释技术不成熟，难以广泛应用。井地电磁测深方法则综合了这些技术的优势，是油气藏滚动勘探开发的有效手段之一。

自20世纪50年代苏联科学家提出这一方法以来，俄罗斯已经进行了大量的理论研究和模拟试验。我国从20世纪90年代开始，井地电磁法在油气田勘探和开发中逐渐成熟，并取得了显著成效。该技术被成功推广应用于多个油气田的圈闭评价，积累了丰富的实例经验。进入21世纪以来，随着全球经济的快速发展，人类对能源的需求日益增加，井地电磁勘探方法在油气勘探开发中将发挥不可或缺的作用。

然而，井地电磁法在以下几个方面仍面临诸多挑战：一是对地下复杂构造和小尺度油气藏的分辨能力和高分辨率成像精度有待提升；二是需要提高信号发射能力并改进接收技术，从而增强对深部的探测能力，以满足对超深层油气藏勘探的需求。此外，充分引入大数据和人工智能技术，实现数据处理和解释的自动化和智能化，也是井地电磁法未来发展的关键。进一步深化井地电磁法与地震、测井等其他方法的结合应用，形成互补的多方法联合探测体系，将有助于提高整体勘探效果。最后，还需扩展井地电磁法在地热资源、地下水、矿产资源等领域的应用，以实现其更广泛的价值。

本专著的出版旨在推动我国井地电磁勘探技术的发展，特别是为我国油气勘探开发井地电磁仪器设备设计、软件系统研发提供理论和技术支撑。本书在井地电磁数据采集、处理和解释技术方面提供了关键且实用的技术指导，并通过成功的应用实例，为不同油气目标的勘探提供了有力的参考。此外，本书还提出了拓宽井地电磁技术在资源和工程领域应用的有效建议。

基于笔者多年的实际生产工作经验，本书强调理论与实践相结合是地球物理方法解决实际难题的必然途径。唯有在扎实的理论指导下，通过边研发、边应用，不断完善，才能形成完整有效的方法、技术及软硬件系统，从而成为解决相关油气勘探问题的实用工具。

本书共分为9章，内容涵盖了井地电磁技术在油气勘探开发中的各个方面。第1章概述井地电磁技术在油气勘探开发中的现状、作用及未来发展建议。第2章介绍井地电磁法中垂直长导线源电磁勘探的理论基础。第3章详细介绍井地电磁法的工作方法及配套仪器系统。第4章介绍井地电磁法的数值计算方法及钢套管中垂直电偶源的模拟方法。第5章介绍井地电磁资料处理方法，特别是时域和频域电磁异常提取分析。第6章阐述井地电磁数据的反演方法，并探讨了三维反演在实践中的应用。第7章探讨电磁油气检测的机理，并提供井地电磁资料的解释方法。第8章介绍用于井地电磁法的数据处理及解释的软件模块。第9章展示井地电磁法在油气田勘探开发中针对多类型复杂油气藏的含油气评价的应用实例。其中第1章、第3章、第6章、第7章由何展翔撰写，第2章、第5章由何展翔、王志刚主笔，第4章由王志刚主笔，第8章由何展翔、曲欣鑫主编，第9章由石艳玲主编。李静和、何展翔对全书进行了统稿。

本书所述的井地电磁勘探技术是笔者在中国石油集团东方地球物理勘探有限责任公司（简称东方物探）与团队近30年的团结努力下逐步完成的。在这一过程中，团队共同经历了关键技术的不断探索与创新，积累了丰富的实战经验，并形成了一系列系统化的理论和实用方法技术。在长达近30年的研发过程中，得到了东方物探各级领导、专家和科技的鼎力支持。要特别感谢的是在该技术的研发及发展过程中，东方物探原副总工裘慰庭，综合物化探处的几任处长王晓帆、孔繁恕、陈海聪、宋喜林给予了大力支持。此外，团队的主要成员刘雪军、庞恒昌、董卫斌、唐必晏、赵国、黄州、何铁志、覃靳诚、曹杨、杨俊、田志权等高级工程师为该方法及技术研发做出了重要贡献。同时，还要感谢孙卫斌、胡祖志、刘文华、杨云见、孟翠贤、贠智能、李伟丽等教授或高级工程师对该研究的支持。

感谢陈晓非院士在百忙之中为本书撰写序言，并对本书编写工作的鼎力支持和指导；特别感谢底青云院士提出的宝贵意见和建议，并为本书撰写序言。在此对两位老师表示诚挚的谢意。

本书得到广东省地球物理高精度成像技术重点实验室（2022B1212010002）、深圳市深远海油气勘探技术重点实验室（ZDSYS20190902093007855）以及国家自然科学基金项目(41874085、42274152)的联合资助，在此致以诚挚感谢。

由于井地电磁勘探技术的应用相对较少，相关研究尚不够完善，现有的书籍和文献也相对稀缺。特别是书中许多内容仍处于研究和初步应用阶段。尽管团队多次进行方向性的讨论和仔细的推敲，书中仍可能存在不完善或错误之处。诚请广大读者批评指正。

希望本书能给广大读者起到抛砖引玉的作用，特别是成为一线技术人员学习和研究井地电磁法的参考资料。衷心希望本书对读者有所帮助，并诚挚欢迎读者提出宝贵意见和建议，共同推动井地电磁勘探技术的发展与进步。

CONTENTS

目录

1 概　　论

井地电磁法是电磁勘探方法中的一个重要分支，在勘探地球物理中占有重要地位，在油气田勘探开发中具有重要应用价值，并且随着技术的进步和研究的深入，其应用也在不断发展。经过多年的研究和实践，井地电磁法的数据采集及仪器设备、数据处理和解释技术逐渐成熟，特别是在油气藏勘探开发中取得了显著成效。井地电磁法在我国及全球多个油气田中成功应用，取得了丰富的实例经验，逐步在油气田勘探开发中广泛推广。未来随着技术的进一步发展和应用的不断深入，井地电磁法将在更高分辨率、更深层次、更智能化和更综合的方向上取得新的突破。这有助于提升油气资源勘探和开发的效率和效果，推动相关领域的科技进步和可持续发展。

1.1 关键作用

我国东部油田的开采大都进入中晚期，大多数油田开始转入以岩性油气藏勘探开发为主，而我国中西部油田随着滚动勘探开发的不断深入，开发目标越来越隐蔽和复杂，针对这些目标的勘探开发难度相应地也越来越大[1-3]。总体上，我国油气勘探开发突出表现在很难确定已知目标区的含油范围和边界及与相邻区块的关系，特别是剩余油气很难完全发现和采出，含水率高，采出比低，油田经济效益难以提高。因此，准确研究目标区（如岩性储层）的含油气性，确定已知油藏的分布范围和边界，监测注水注气驱替动态，特别是剩余油气的分布，是滚动勘探开发中急需解决的问题之一[4-6]。

众所周知，电法、电磁方法在测井技术中占有重要地位[7-11]，如直流电测井、自然电位测井、微电阻率测井、感应测井、电阻率成像测井技术等，这些方法对油田开发起到的作用不言而喻。但是这些测井技术只是研究井孔周围较小范围内的岩性和油气水特征，在油气田发现初期难以完成油气藏探边评价的任务；而在滚动勘探开发中需要研究井孔以外整个油气田地下油气水的空间展布、油藏圈闭的构造形态、油气富集区及井间流体分布等[12]，从而达到指导开发井网部署、提高油田勘探开发效益的目的。在油气田勘探开发中，地震方法，如三维地震及三维 VSP、跨孔地震等[13-15]，是滚动勘探开发的主要手段，用于确定油气藏结构和空间展布，指出油气富集空间位置；四维地震还可以用于监测油气田开采动态、寻找剩余油气。但是，地震勘探投入大、周期长，在油气藏储层物性差及井区干扰大、采集资料信噪比低的情况下，地震储层描述的效果有时并不如意。

已有的研究表明，地层的电性较 P 波速度受孔隙度、渗透率、饱和度及温度变化的影响要大得多[3]。正是由于电阻率对油气储层的饱和度及孔隙度、渗透率等参数的反应更为灵敏，因此，电磁法在油田勘探开发应用中具有自身独特的优势，而且方法种类多、变化多、适应性强、经济快速等等[16-17]。近年来，随着电磁测深技术的快速发展以及油气田高效益、低成本的商业开发需求加剧，电磁测深技术开始在一些特殊勘探领域发挥作用，其中，最重要的发展就是渗透到油田勘探开发领域，进行油田开发注水监测及油气田边界圈定等[18-21]。

20世纪90年代以来，井地、井中、井间电磁法研究与应用逐渐增多[18-19,22-26]，展现出在油气田勘探、注水开采监测以及寻找剩余油气研究等方面的广阔应用前景。这些方法主要应用在油气发现之后，配合地震进行油水的识别和油气田边界的圈定，评价落实地震构造的含油气性；在后期的油田开发中配合地震或其他方法进行油气开采动态监测以及老井的重新评价和剩余油气分布的圈定等。实践表明，这是油气田开发降低成本、减少钻探风险和合理部署开发井网的有效手段，具有重要的实际意义。

在这些电磁勘探技术中，井地电磁测深方法具有独特性[18]。地面电磁测深在地面激发，地面接收，施工方便，但由于激发油气藏目标的能量在穿透上覆地层时被部分吸收、衰减，必须采用特别强大的激发场源才能取得好的效果。井中电磁技术激发和接收都在同一口井中，如电测井，对储层的识别能力强、分辨率高，但是测量装置局限在井筒内、激发能量小、探测的范围有限，单井难以很好地完成油气藏的描述。井间电磁技术需要不少于两口探井，激发和接收均须置于井中，对储层油水识别具有很明显的优势，但是存在钢套管的吸收，井间距难以突破1km，加之成本高，处理解释技术不成熟，目前还难以应用于生产[19,25-26]。井地电磁测深方法，以井作为激发场源或将场源置于井中储层附近，近距离地激发油气储层，在地面布设接收装置，施工方便、效率高，研究范围比传统测井要大得多[18]，分辨率比常规地面电磁法要高，因此，井地电磁测深方法是目前油气藏滚动勘探开发现实而又有效的方法之一。

1.2 发展现状

井地电磁法最初由苏联科学家于1958年提出，他们进行了大量理论研究和模拟，并应用于圈定煤层边界，获得了验证性的效果，从而引起地球物理学者的兴趣。其后，20世纪70年代，相关学者对井地电磁法的层状介质模型和球体模型等的视电阻率异常规律进行了模拟研究；80年代进一步开展了数值模拟研究，为井地电磁法的应用奠定了基础。Tseng H.W等在美国加利福尼亚州开展了井地电磁法的实验研究[18]，取得了多项试验研究成果，只是试验井的深度太小，对油气勘探来说不具推广应用意义。日本九州大学工程地球物理实验室发展了一项用于压裂裂缝成像的井地电磁监测技术，是以油井金属套管作为供电电极，向地下发射脉冲信号，在地面布设测网连续观测电场变化，达到对压裂裂缝的动态成像[25]。国内何裕盛等对利用激发电极的一端直接与矿体连接进行供电的井地充电法勘探方式进行了模拟，能够有效圈定矿体范围，这对出露地面的金属矿无疑是简单有效的方法[27]，即使是隐伏矿床且矿体埋深较大，只要能在井下见矿点供电，由于金属矿床导电性较好，输入的电流沿着矿床（或矿脉）流动，通过地面测网追踪电位异常即可圈定矿床平面范围；在地下水地热勘探中也经常采用井地电磁法，利用见水井作为激发点，有时为了提高效果，在激发井的水中加入工业盐或其他溶剂，增强导电性，用地面测网追踪电位异常就可推断水流方位走向；在工程地质勘察中也采用井地电磁法（在浅井或坑道中激发），用地面测网追踪电位异常，寻找地下管线或地下埋藏体。随着井地电磁法的成熟，它在金属矿、地热地下水、工程勘察甚至污染监测等领域得到推广应用，由早期连接出露地表的矿体激发，到直接与地下目标体相接的方式，演变为利用浅井套管供电，特别是在油气勘探中为了使电流达到深部的油气储层必须采用钻井套管供电，这一做法已经与最初的出露地表直接连接矿体的充电法有明显差别，输出的电流不一定以进入探测目标为唯一目的，使充电法逐步演变成井地电磁法。另外，传统直流电法应用中，为了使电流能够有效供入地下，更好地达到深层目标，常常打浅井或利用已有探井供电，由于采用套管井供电的特殊性和有效性，逐渐形成了与地面直流电法和地面电磁法相区别的井地电磁法，殊途同归！因此，井地电磁法具有直流电法、电磁法和充电法的一些共性，在进行良导体目标探测时与充电法一致，进行非良导体探测时套管井仅仅相当直流电法或频率域电磁法的一个电极。

井地电磁法目前已广泛应用于国内的油气勘探领域，如对已开发油田进行注水监测，可以很好地研究油气的流经方向和路径[27-29,31-33]。近几年，该方法在我国东部油田已经多次应用[28-29]。戴前伟等在大庆油田开展了基于双频激电的井地电位方法寻找油气田的勘探试验，结果表明，该方法对于探测剩余油分布效果明显；王志刚等利用室内水槽进行了井中电源供电、套管供电以及没有套管电源供电的三维物理模拟试验，研究了不同方式供电下目标体周围的三维电性分布，研究成果对国内的油气田勘探工作具有重要的理论指导意义；西南石油大学对直流点源工作方式做了很多水槽模拟研究，表明在油气藏下直流点源激发时，地面电位异常明显，可以比较好地圈定油气藏边界[31-33]；中国石油集团东方地球物理勘探有限责任公司针对薄层碎屑岩多套复合储层难题提出多点激发和差分处理方法，并应用于深层储层边界识别和储层评价，由于激发点可以移动，因此，能够选择要研究的目标作最有效的激发。不过，目前直流点源激发的方式仍然存在激发点和地面采集数据不足的问题，但最根本的问题还是直流场源本身理论上就存在分辨率较低、抗干扰能力差等不足。

随着电磁勘探技术发展越来越成熟，以及现有井地电磁法的一些不足，俄罗斯学者率先提出了沉井电极法，把激发电极沉入井中，在井下多频方波激发（因此，实际上是井地频率域电磁法），并在地面测量电场分布，以达到测深目的，同时根据目标深度加密激发频率，提高了方法的分辨能力，主要用于储层的含油气有利范围的圈定与评价[8]。沉井电极法一般需要在地面布设测网，放射状测线以井为中心，测量径向电场，可以根据目标深浅选择激发频段，获得电性断面、双频相位或三频相位异常，主要选用相当于储层深度的某一频率的激发极化和电阻率异常来评价储层的含油气性[23-24]。相对于传统电测井技术来说，该方法极大地扩大了对油气藏的探测范围；而相对于传统地面电磁测深方法来说，该方法提高了针对油气藏的探测精度。

但是该法仍然存在一些不足，首先是测量域的局限性，主要在频率域工作，采用单一频率逐频激发方式；其次，该方法测量的场分量参数少，只测量一个水平电场分量；第三，场源布设方式单一，一般在油气藏上方和下方布置激发点；第四，研究的参数单一，一般仅限于层电阻率和双频相位差参数。同时，该方法检测油气的机理还不甚清楚。根据国外及俄罗斯有关文献的介绍与国内激发极化找油的机理的研究[34-36]，比较公认的是由于烃类的垂直运移，烃类会不断地滞留在油气田的上方，从而改变了油气田上方岩层的物理、化学性质和氧化还原环境，并使上覆岩层发生蚀变，在近地表形成黄铁矿、磁铁矿及特殊碳酸盐等。传统的激电法找油就是探测与油气逸散或渗流有关的、在油气藏上部近地表岩层中形成的次生黄铁矿浸染晕。但是自从20世纪90年代中期以来，国内油气勘探界通过钻井岩心研究对比表明：有些试验研究结果难以解释深层油气与浅层激电异常的关系，对这一理论已经提出了质疑[37-38]。后来，地矿部第一物探综合大队（现安徽省勘查技术院）与中国地质大学（武汉）合作开展了复电阻率法（英文简称CR，又称频谱激电法SIP）检测油气藏的理论和实践研究，提出油气藏的激发极化异常是一个从油气运移、储藏、渗漏并向上逸散整个过程逐步形成的复杂异常体的激发极化异常模式[39]，把复电阻率找油总结为寻找与油气藏运储漏相关的复杂异常体，这一总结把对激电法找油的认识推至一个新的高度，为CR法找油提供了机理方面的指导，同时也不难看出，这一认识虽然使研究对象更全面，也使研究对象复杂化和模糊化，仍然不利于更精确描述油气藏的激电效应。

针对上述井地电磁法存在的不足，以及对井地充电法进行了进一步的研究，相关学者提出了更为完善的方案；对井地直流点源法开展了三维模拟，进一步完善了相关技术，提出了三维差分（逆VEP）电性探测技术；特别是对井地电磁法进行了重点研究，提出了井地时频电磁法工作方法，并对该方法圈定油水界面、检测含油气储层进行了三维模拟研究。首先，针对检测油气机理研究方面存在的不足，笔者在总结前人研究基础之上提出了“环状三层楼”的油气藏电性异常模式。油气藏的激发极化机理主要是由于油、气、水与固体界面之间的微观多相介质形成的多套双电层系统，这些双电层产生的充放电效应就形成了油气藏宏观的激电响应。油气藏形成的异常主要包括电阻率和极化率两类异常，两者都具有“环状三层楼”的油气藏电性异常模式，即浅部主要为次生黄铁矿化晕形成的低阻、高极化异常（与前人观点类似）。油气藏本身的电阻率和极化率异常是主要的检测对象，也是最重要的研究目标，一般来说为高阻高极化异常；油气藏至地表之间部位也会产生蚀变，形成与上下相关联的异常变化带，因此从浅至深具有三个特征差异明显的层状异常带。结合地层岩性、结构和断裂特征分层次研究油气藏从浅到深的异常变化规律，从异常的整体变化关系来评价含油气性，对于准确检测油气藏具有重要意义。

在施工方法研究方面，对俄罗斯提出的井地电磁法进行了研究和分析，目前该方法只测量一个电场分量（E_r），不测磁场。为了更进一步完善该方法，笔者提出了井地时频电磁测深法，将时间域和频率域电磁法统一在一个系统中，时域和频域数据一次采集完成，室内分别处理，对多频激发信号除测量径向电场（E_r）外，还提出测量切向磁场（H_φ），并计算电磁场的阻抗振幅和相位，对电磁场的时间衰减信号进行时域分析，获得时间域的电阻率和相位。

井地电磁勘探技术在地球物理勘探领域中展现了巨大的潜力和广泛的应用前景。未来该技术发展趋势将主要在如下5个方面：

（1）提高测量精度和分辨率：不断优化测量仪器，提高测量的时间分辨率、空间分辨率和信号噪声比；开发高灵敏度、宽频带的传感器，增强对地层细节的探测能力。

（2）扩展测量深度：油气矿产都在向深层要资源，研究大功率源的发射技术并适应井下温压的传输电缆，加大电磁信号的发射深度；开发新型电、磁传感器，增强对深部构造的探测能力。

（3）提高施工效率：采用自动化、智能化技术优化测量工艺和作业流程，在提高数据采集可靠性前提下缩短测量时间，提高作业效率；开发基于云计算的远程监测和智能诊断系统，提高勘探作业的智能化水平。

（4）提高数据处理和解释精度：开发适合井地电磁勘探的数据处理和反演算法，提高模型的准确性；运用人工智能、大数据等技术开展基于深度学习的反演和综合解释，提高解释的可靠性。

（5）向地井电磁和井间电磁联合勘探技术发展：井地电磁、地井电磁和井间电磁是井筒电磁的分支，在井网密集的油田开发阶段，同时使用井地电磁、地井电磁和井间电磁是储层监测和评价、有效监测油气动态和压裂水驱前缘最有效的储层描述和剩余油识别方案。

总之，井地电磁勘探技术的发展应该围绕提高测量精度和效率、拓展探测深度、强化数据处理能力、推动仪器设备创新、发展多方法联合以及融合数字化智能技术等方向进行。

1.3 关键瓶颈及研究进展

电磁法得到快速发展，在油气勘探开发中得到推广应用[43-50]。但是跟所有其他物探方法一样，电磁法勘探能力及精度会受到诸如复杂的地表地下目标、深层小目标、多解性问题等因素影响。近年来，针对电磁方法存在的技术瓶颈，井地电磁法提出了相对有效的方法以压制其影响提高应用效果，主要有如下 5 个方面：

（1）井地电磁法中金属套管的影响研究。井地电磁法与井间电磁法一样，最关键的是井下激发时钢套管对电磁场的屏蔽作用及影响。井间电磁法仍难以达到生产应用需求，可能即因为钢套管的屏蔽和吸收作用。油气目标产生的二次电磁场本来就微弱，再经过钢套管吸收后，其强度进一步减弱，因此，目前井间电磁只能探测几十米至一百多米远的有效距离；加之需要两口井作业、施工效率较低等因素，限制了该方法在油田开发中的进一步推广应用。而井地电磁法虽然不存在二次场被钢套管吸收问题，但仍然存在金属套管影响。那么钢套管对激发一次电磁场的影响以及地面电磁场异常规律如何？为此，笔者开展了水槽模拟和数字模拟研究，明确了井中激发时钢套管对激发电场的影响特征。研究表明，井中激发与直接用钢套管激发存在明显的差别，最大的优点是有利于提高目标层的成像精度。

（2）井地电磁法中地质不均匀体影响。针对油气藏上方的地质及电性不均匀体影响，地面电磁法是难以有效压制或消除的。但井地电磁法采用储层上方、下方两次激发的方式，通过差分处理来压制浅层不均匀体的影响。水槽模拟和数字模拟研究表明：对于所要研究的油气藏目标，井地电磁法能够比较有效地消除上方电性不均匀的影响；对于与油气藏相邻的其他地质体，井地电法能够分辨出其不同的异常特征；对于上下两套油水层同时存在的情况，在层与层之间有一定距离时，井地电磁法有可能分别研究出不同储层的分布范围。随后，采用三维数值模拟方法验证了上述结论的正确性，进一步明确了井地电磁法解决问题的能力，完善了井地直流电法的方法理论。

（3）井地电磁法中最佳施工参数的模拟研究。发展了垂直双极源三维数值模拟体积分方程法，对多种模型进行了三维数值模拟研究，分析了不同模型的异常规律；指出不同频率的激发信号反映一定深度的异常体，不同场分量的异常特征存在明显差别。因此，对于不同地质问题，应该根据地电条件进行正演模拟，选择合适的激发频带，同时，选择最有效的电磁场分量作为研究对象，这些可以指导野外施工设计和数据采集。特别是对模型电阻率、极化率等物性参数变化产生的电磁场异常进行了研究，总结了不同参数对各个场分量的影响规律；进行了共轭梯度非线性理论模型反演，能够比较精确地得到模型边界，但发现由于穿过模型中心套管的存在影响模型中央的成像精度。这些正反演模拟研究为井地电磁测深法实际工作提供了理论指导，在此基础上开展了三维反演方法探索，并取得了初步进展。

（4）井地电磁法中激发极化效应的研究。随着地表、地下地质条件及目标不断复杂化，常规地震难以满足油气勘探开发的需要，造成勘探开发成本和地质钻探风险较高。油气成藏后会引起储层周围及上方介质物理、化学和其他响应的异常，这类异常必然在井地电磁数据中产生影响，若能有效提取则能够提高油气识别精度。因此，研究井地电磁激发极化效应产生机理，分析油气藏电性异常特征，通过三维模拟有效计算并明确井地电磁法中激电效应的异常规律及相关提取方法，为油气藏边界圈定提供有效技术支撑。

（5）井地电磁法提高资料信噪比方法研究。在井地时频电磁法资料预处理中，引入小波多尺度分析方法，对原始信号进行频谱分析，对于了解信号质量和信号成分具有实际意义；引入非线性小波阈值去噪技术，取得了好的效果。同时开展了二维小波分析应用于电磁剖面去噪与静态位移校正，取得了有意义的研究结果。

依据方法研究和实例经验，总结出井地电磁法的主要特点、主要作用和应用条件。

井地电磁法的主要特点：（1）高灵敏度和高分辨率，井地电磁法能够精确检测地下电性变化，特别是在复杂地质条件下识别薄储层含油性，最小厚度小于5m；（2）深部探测能力，目前该方法可以达到8km深井环境，可以探测较深层次的地质结构，提供深部地下信息；（3）实现了多参数综合探测，结合不同时间和频率的电磁信号，差分处理可以获取多种电磁属性，有助于更全面地了解地下地质特点；（4）能够实时监测和动态跟踪，适用于实时数据采集和动态变化监测，如油气藏注水过程中的动态监测，以及页岩气压裂监测。

井地电磁法的主要作用：（1）油气目标勘探与评价，用于识别和评估地下油气藏，确定其分布范围和储存状态，辅助油气田开发决策；（2）已知油田预测含油边界，通过电性异常检测，预测油气圈闭的含油位置和规模，提高油气藏发现的准确性；（3）注水监测，在油田开发过程中，实时监测注水动态（包括页岩气压裂监测），优化注水策略和提高采收率；（4）矿产资源勘查，应用于金属矿、非金属矿等矿产资源的探测和评价，提供矿体分布和边界信息；（5）环境地质监测，如检测地下水污染、工程地质及地质灾害等环境问题，为环境保护和灾害预警提供技术支持。

井地电磁法的应用条件：（1）地质条件适配，在不同地质条件下，如复杂地质构造、多层结构等，井地电磁法适用性较强，需根据具体地质环境调整参数和方法；（2）井深和大地导电率，适用于深井环境，但需要考虑大地导电率影响，确保电磁信号能有效穿透井壁和传播到目标深度；（3）设备与技术要求，耐高温、具有足够强度的激发电缆，电磁勘探仪器设备及专业的操作和维护技术人员；（4）数据处理、反演与解释能力，以及噪声控制与信号增强。

最后，本书重点介绍了应用井地电磁法对我国东西部地区不同地表地下条件、不同类型油气藏储层预测及注水监测的应用研究，总结出井地电磁法特点、作用和应用条件。

第一个实例是我国东部某潜山断块油气藏应用，通过求取综合参数异常，确定出三个最有利断块，解释结果与油公司实际掌握的情况一致，后续油田公司据此部署了九口开发井，其中八口获得工业油流，在断层附件的一口仅有显示。第二个实例是西部隐伏岩性油气藏应用，研究表明，该油气藏并不是一个整装的含油气区，北部近东西向分布的S59断层对油气的运聚不具有明显的封堵作用，而北东方向高部位分布的稠油对圈闭的形成及油气的分布具有重要的控制作用；钻探结果表明，井地电磁勘探预测评价目标储层含油气范围与钻井结果吻合，可为开发井网的部署提供可靠依据。第三个实例是山前砂岩油藏双井联合应用，在地形复杂和探区范围比较大的情况下，采用双井联合激发能够有效覆盖整个探区，同样可以取得好的效果。第四个实例是黄土塬区低渗透油气藏应用，能够克服黄土塬地区地形高差大、接受条件差的不利因素，获得高采集质量数据，圈定砂岩油气藏边界和相邻断块含油气性，划分出了已知油气藏范围，另外还发现四个有利目标，之后油公司在其中两个有利区部署的钻探井均获得油气突破，表明井地电磁方法能够适应黄土塬地区低渗透油气藏目标烃类检测和油藏评价工作。第五个实例是裂缝性油气藏应用，通过勘探圈定了两个最有利区，其中一个是已知出油区，井地电磁给定了含油边界；特别有意义的是在已知断块以北发现了另一具有相同异常特征有利区，这两个异常区都有多条测线控制，因此异常是比较可靠的。该成果得到油田的重视和肯定，并按此部署开发井获得工业油气流。第六个实例是国外大油田注水前驱油水分布预测应用，采用井地电磁法圈定水驱前缘，在该实例中介绍了多种去噪方法、消除套管效应、约束反演等应用，并在资料解释中由给定的井孔资料引入阿尔奇公式，计算井地电磁法电阻率对应的研究区储层含油饱和度的分布，经与该区9口探井对比完全吻合。第七个实例是多期次火成岩储层有利区评价应用，通过实施井地、时频电磁两种方法，采用井震分步约束的建模和多尺度反演，对多期次沙河街组火成岩内幕定量刻画和三维可视化精细解释，圈定了井区三套储层的油气有利区，实现了薄储层定量多参数三维描述。第七个实例是复杂储层目标直接含油饱和度评价应用，引入饱和度评价模型应用于井地电磁法储层评价，同时考虑了储层岩石的激电效应，计算的含油饱和度结果优于电测井资料阿尔奇公式的计算结果，并与核磁共振测井结果具有较好的一致性，开创了井地电磁法饱和度直接储层评价之先河。

自21世纪以来，井地电磁法在国内外几十个油田开展了圈定油气藏边界和预测相邻断块的含油气情况试验和生产，都取得了好的效果，多数井区事后钻探得到验证，成功率达到85%以上，提高了油田滚动勘探开发效益。本书提出的井地电磁测深技术是一种可以直接进行油气储层检测和评价的新型电磁测深方法，弥补了国内对该方法研究和应用的空白，对于我国电磁测深方法的发展具有重要意义；同时，由于该方法对油气藏含油气检测的独特优势，有可能成为我国油气勘探开发中一种比较廉价而又有效的方法，为我国油气勘探开发提高效益发挥作用，为我国石油工业的稳步发展做出贡献。

2 理论基础

井地电磁法激发场源是垂直长导线源，激发信号是方波信号。前人对水平层状介质中水平电偶源和垂直磁偶源的电磁场分布规律研究较多，而对垂直长导线源电磁场分布规律的研究却很少[51-58]。本章主要阐述了垂直长导线源在均匀半空间和水平均匀层状介质中的电磁场分布。

2.1 均匀半空间中垂直场源的电磁场

2.1.1 均匀半空间中垂直电偶源的电磁场

已知置于坐标点的一个 z 方向的电偶源（长度为 Δs 的单位长度的电流源）中的电流密度可由下式表示[51]：

$$J(r)=\boldsymbol{n}_z I\Delta s\left[\frac{u(z+\Delta s/2)-u(z-\Delta s/2)}{\Delta s}\right]\delta(x)\delta(y) \tag{2.1}$$

式中，$\boldsymbol{n}_z$ 是 z 方向单位矢量；I 是电流；Δs 是电偶源的长度；$u(z)$ 是阶跃函数；$\delta(x)$ 是脉冲响应函数。

由于 $u'(z)=\delta(z)$，即单位阶跃函数的微商是 δ 函数，故当 $\Delta s\to \mathrm{d}s$ 时有：

$$J(r)=n_z I\mathrm{d}s\delta(x)\delta(y)\delta(z) \tag{2.2}$$

根据谢昆诺夫（Schelkunoff）势关系式，对于地下 $z=h$ 处电流为 I 的垂直电偶源，其特解满足下面的微分方程：

$$\nabla^2 A+k_1^2 A=-n_z I\mathrm{d}s\delta(x)\delta(y)\delta(z-h) \tag{2.3}$$

对式（2.3）进行三维傅里叶变换，得到下式：

$$\boldsymbol{A}=\boldsymbol{G}\mathrm{e}^{-k_z h} \tag{2.4}$$

其中
$$\boldsymbol{G}=\frac{I\mathrm{d}s}{k_x^2+k_y^2+k_z^2-k^2}$$

为了求解 k_z，需计算式（2.4）的傅里叶反变换。第一步，先对 k_z 积分：

$$\tilde{A}=\frac{1}{2\pi}\int_{-\infty}^{\infty}\frac{e^{ik_z(z-h)}Ids}{k_x^2+k_y^2+k_z^2-k^2}dk_z \tag{2.5}$$

查积分表[52]得出在垂直电偶源和地下介质之间有下式：

$$\tilde{A}=\frac{Ids}{2u_1}e^{-u_1|z-h|}n_z \tag{2.6}$$

最后得到垂直电偶源在地下介质中的谢昆诺夫势（$z<h$）：

$$A(x,y,z)=\frac{1}{8\pi^2}\int_{-\infty}^{\infty}\int_{-\infty}^{\infty}e^{-u_1h}\left(r_{TM}e^{-u_1z}+e^{u_1z}\right)\frac{1}{u_1}e^{i\left(k_xx+k_yy\right)}dk_xdk_y \tag{2.7}$$

式（2.7）是关于（k_x, k_y）的积分，所以式（2.7）可以转化成汉克尔变换的形式：

$$A(\rho,z)=\frac{Ids}{4\pi}\int_0^{\infty}e^{-u_1h}\left(r_{TM}e^{-u_1z}+e^{u_1z}\right)\frac{1}{u_1}\lambda J_0(\lambda\rho)d\lambda \tag{2.8}$$

其中
$$u_1=\left(\lambda^2-k_1^2\right)^{1/2},\quad \rho=\left(x^2+y^2\right)^{1/2}$$

由于对称的原因，磁场只有 φ 分量，根据谢昆诺夫势与电磁场关系式得：

$$\begin{cases}H_x=\dfrac{\partial A}{\partial y}\\ H_y=-\dfrac{\partial A}{\partial x}\\ E_x=\dfrac{1}{\hat{y}}\dfrac{\partial^2 A}{\partial x\partial z}\\ E_y=\dfrac{1}{\hat{y}}\dfrac{\partial^2 A}{\partial y\partial z}\\ E_z=\dfrac{1}{\hat{y}}\left(\dfrac{\partial^2}{\partial z^2}+k^2\right)A\end{cases} \tag{2.9}$$

同时还有如下关系式：

$$\begin{cases}H_\varphi=-\dfrac{y}{\rho}H_x+\dfrac{x}{\rho}H_y\\ \dfrac{\partial J_0(\lambda\rho)}{\partial x}=-\lambda\dfrac{x}{\rho}J_1(\lambda\rho)\end{cases} \tag{2.10}$$

得到：

$$H_\varphi=\frac{Ids}{4\pi}\int_0^{\infty}e^{-u_1h}\left(r_{TM}e^{-u_1z}+e^{u_1z}\right)\frac{1}{u_1}\lambda^2J_1(\lambda\rho)d\lambda \tag{2.11}$$

水平电场只有径向分量，即：

$$E_{\rho}=\frac{x}{\rho}E_{x}+\frac{y}{\rho}E_{y} \tag{2.12}$$

因此，利用式(2.9)、式(2.10)和式(2.12)，得出：

$$E_{\rho}=\frac{I\mathrm{d}s}{4\pi\hat{y}}\int_{0}^{\infty}\mathrm{e}^{-u_{1}h}\left(r_{\mathrm{TM}}\mathrm{e}^{-u_{1}z}-\mathrm{e}^{u_{1}z}\right)\lambda^{2}J_{1}(\lambda\rho)\mathrm{d}\lambda \tag{2.13}$$

最后，利用式(2.9)，并把关系式$\frac{\partial^{2}}{\partial z^{2}}+k_{0}^{2}=\lambda^{2}$用于式(2.8)的被积函数，得到垂直偶极源的垂直电场：

$$E_{z}=\frac{I\mathrm{d}s}{4\pi\hat{y}}\int_{0}^{\infty}\mathrm{e}^{-u_{1}h}\left(r_{\mathrm{TM}}\mathrm{e}^{-u_{1}z}+\mathrm{e}^{u_{1}z}\right)\frac{1}{u_{1}}\lambda^{3}J_{0}(\lambda\rho)\mathrm{d}\lambda \tag{2.14}$$

2.1.2 均匀半空间中垂直长导线源的电磁场

上面讨论了垂直偶极源，当把垂直电偶源换为接地的垂直长导线源时，可以将垂直长导线源分成若干段，然后进行积分。

式(2.6)变为沿 z 轴积分，即：

$$\tilde{A}=n_{z}\int_{z_{0}}^{z_{1}}\frac{I}{2u_{1}}\mathrm{e}^{-u_{1}|z-h|}\mathrm{d}h \tag{2.15}$$

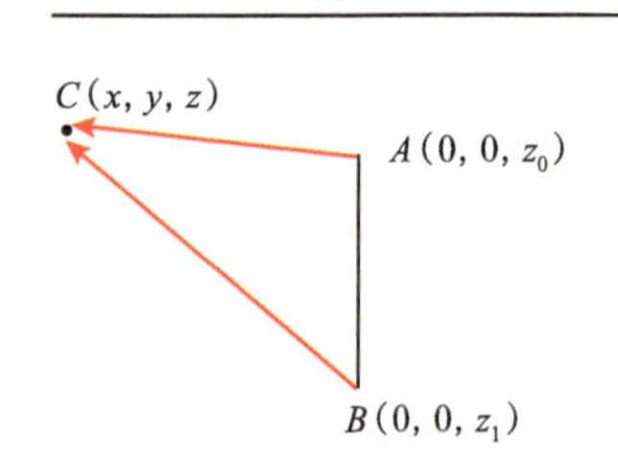

图 2.1 垂直长导线源示意图

由于 C 点(图 2.1)所在的位置不同，式(2.15)积分的结果将会不同。下面分三种情况讨论。

(1) C 位置高于 A，即 $z<z_0$ 时，$\tilde{A}$ 为：

$$\tilde{A}=\frac{In_{z}}{2u_{1}^{2}}\left[\mathrm{e}^{u_{1}(z-z_{0})}-\mathrm{e}^{u_{1}(z-z_{1})}\right] \tag{2.16}$$

(2) C 位置位于 A 和 B 之间，即 $z_0<z<z_1$，$\tilde{A}$ 为：

$$\tilde{A}=\frac{In_{z}}{2u_{1}^{2}}\left[2-\mathrm{e}^{-u_{1}(z-z_{0})}-\mathrm{e}^{u_{1}(z-z_{1})}\right] \tag{2.17}$$

(3) C 位置低于 B，即 $z>z_1$，$\tilde{A}$ 为：

$$\tilde{A}=\frac{In_{z}}{2u_{1}^{2}}\left[\mathrm{e}^{-u_{1}(z-z_{1})}-\mathrm{e}^{-u_{1}(z-z_{0})}\right] \tag{2.18}$$

上面仅讨论了特解情况，对于通解，有如下三种情况：

（1）C 位置高于 A，即 $z < z_0$ 时，$\tilde{A}$ 通解为：

$$\tilde{A} = A_{\mathrm{p}}\left(\mathrm{e}^{u_1 z} + r_{\mathrm{TM}}\mathrm{e}^{-u_1 z}\right) \tag{2.19}$$

其中
$$A_{\mathrm{p}} = \frac{In_z}{2u_1^2}\left(\mathrm{e}^{-u_1 z_0} - \mathrm{e}^{-u_1 z_1}\right)$$

（2）C 位置位于 A 和 B 之间，即 $z_0 < z < z_1$，$\tilde{A}$ 通解为：

$$\tilde{A} = \frac{In_z}{2u_1^2}\left[2 - \mathrm{e}^{-u_1(z-z_0)} - \mathrm{e}^{u_1(z-z_1)}\right] + A_{\mathrm{p}} r_{\mathrm{TM}}\mathrm{e}^{-u_1 z} \tag{2.20}$$

其中
$$A_{\mathrm{p}} = \frac{In_z}{2u_1^2}\left(\mathrm{e}^{-u_1 z_0} - \mathrm{e}^{-u_1 z_1}\right)$$

（3）C 位置低于 B，即 $z > z_1$，$\tilde{A}$ 通解为：

$$\tilde{A} = \frac{In_z}{2u_1^2}\left[\mathrm{e}^{-u_1(z-z_1)} - \mathrm{e}^{-u_1(z-z_0)}\right] + A_{\mathrm{p}} r_{\mathrm{TM}}\mathrm{e}^{-u_1 z} \tag{2.21}$$

其中
$$A_{\mathrm{p}} = \frac{In_z}{2u_1^2}\left(\mathrm{e}^{-u_1 z_0} - \mathrm{e}^{-u_1 z_1}\right)$$

将式（2.19）进行波数域（k_x，k_y）傅里叶反变换，并转化成汉克尔形式，得到 C 点在 A 与地面之间的谢昆诺夫势为：

$$A(\rho, z) = \frac{1}{2\pi}\int_0^{\infty} A_{\mathrm{p}}\left(r_{\mathrm{TM}}\mathrm{e}^{-u_1 z} + \mathrm{e}^{u_1 z}\right)\frac{1}{u_1}\lambda J_0(\lambda\rho)\,\mathrm{d}\lambda \tag{2.22}$$

根据上述求解垂直电偶源电场和磁场的方法，垂直长导线源在 C 点（位于 A 和地面之间，见图 2.1）产生的电场和磁场为：

$$H_{\varphi} = \frac{1}{2\pi}\int_0^{\infty} A_{\mathrm{p}}\left(r_{\mathrm{TM}}\mathrm{e}^{-u_1 z} + \mathrm{e}^{u_1 z}\right)\lambda^2 J_1(\lambda\rho)\,\mathrm{d}\lambda \tag{2.23}$$

$$E_{\rho} = \frac{1}{2\pi}\frac{1}{\hat{y}}\int_0^{\infty} A_{\mathrm{p}} u_1\left(r_{\mathrm{TM}}\mathrm{e}^{-u_1 z} - \mathrm{e}^{u_1 z}\right)\lambda^2 J_1(\lambda\rho)\,\mathrm{d}\lambda \tag{2.24}$$

$$E_{\rho} = \frac{1}{2\pi}\frac{1}{\hat{y}}\int_0^{\infty} A_{\mathrm{p}}\left(r_{\mathrm{TM}}\mathrm{e}^{-u_1 z} + \mathrm{e}^{u_1 z}\right)\lambda^3 J_0(\lambda\rho)\,\mathrm{d}\lambda \tag{2.25}$$

式（2.22）、式（2.23）、式（2.24）、式（2.25）中的 A_{p} 和式（2.19）中相同。

将式（2.20）进行波数域（k_x，k_y）傅里叶反变换，并转化成汉克尔形式，得到 C 点在 A 与 B 之间的谢昆诺夫势为：

$$A(\rho,z)=\frac{1}{2\pi}\int_0^{\infty}\left\{\frac{In_z}{2u_1^2}\left[2-\mathrm{e}^{-u_1(z-z_0)}-\mathrm{e}^{u_1(z-z_1)}\right]+A_{\mathrm{p}}r_{\mathrm{TM}}\mathrm{e}^{-u_1z}\right\}\lambda J_0(\lambda\rho)\mathrm{d}\lambda \tag{2.26}$$

垂直长导线源在 C 点（位于 A 和 B 之间，见图 2.1）产生的电场和磁场为：

$$H_{\varphi}=\frac{1}{2\pi}\int_0^{\infty}\left\{\frac{In_z}{2u_1^2}\left[2-\mathrm{e}^{-u_1(z-z_0)}-\mathrm{e}^{u_1(z-z_1)}\right]+A_{\mathrm{p}}r_{\mathrm{TM}}\mathrm{e}^{-u_1z}\right\}\lambda^2 J_1(\lambda\rho)\mathrm{d}\lambda \tag{2.27}$$

$$E_{\rho}=\frac{1}{2\pi}\frac{1}{\hat{y}}\int_0^{\infty}\left\{\frac{In_z}{2u_1^2}\left[\mathrm{e}^{u_1(z-z_1)}-\mathrm{e}^{-u_1(z-z_0)}\right]+A_{\mathrm{p}}r_{\mathrm{TM}}\mathrm{e}^{-u_1z}\right\}u_1\lambda^2 J_1(\lambda\rho)\mathrm{d}\lambda \tag{2.28}$$

$$E_z=\frac{1}{2\pi}\frac{1}{\hat{y}}\int_0^{\infty}\left\{\left\{\frac{In_z}{2u_1^2}\left[-\mathrm{e}^{-u_1(z-z_0)}-\mathrm{e}^{u_1(z-z_1)}\right]+A_{\mathrm{p}}r_{\mathrm{TM}}\mathrm{e}^{-u_1z}\right\}\lambda^2+2\right\}\lambda J_0(\lambda\rho)\mathrm{d}\lambda \tag{2.29}$$

将式（2.21）进行波数域（k_x，k_y）傅里叶反变换，并转化成汉克尔形式，得到 C 点在 B 下面的势为：

$$A(\rho,z)=\frac{1}{2\pi}\int_0^{\infty}\left\{\frac{In_z}{2u_1^2}\left[\mathrm{e}^{-u_1(z-z_1)}-\mathrm{e}^{-u_1(z-z_0)}\right]+A_{\mathrm{p}}r_{\mathrm{TM}}\mathrm{e}^{-u_1z}\right\}\lambda J_0(\lambda\rho)\mathrm{d}\lambda \tag{2.30}$$

垂直长导线源在 C 点（位于 B 下面，见图 2.1）产生的电场和磁场为：

$$H_{\varphi}=\frac{1}{2\pi}\int_0^{\infty}\left\{\frac{In_z}{2u_1^2}\left[\mathrm{e}^{-u_1(z-z_1)}-\mathrm{e}^{-u_1(z-z_0)}\right]+A_{\mathrm{p}}r_{\mathrm{TM}}\mathrm{e}^{-u_1z}\right\}\lambda^2 J_1(\lambda\rho)\mathrm{d}\lambda \tag{2.31}$$

$$E_{\rho}=\frac{1}{2\pi}\frac{1}{\hat{y}}\int_0^{\infty}\left\{\frac{In_z}{2u_1^2}\left[\mathrm{e}^{-u_1(z-z_1)}-\mathrm{e}^{-u_1(z-z_0)}\right]+A_{\mathrm{p}}r_{\mathrm{TM}}\mathrm{e}^{-u_1z}\right\}u_1\lambda^2 J_1(\lambda\rho)\mathrm{d}\lambda \tag{2.32}$$

$$E_z=\frac{1}{2\pi}\frac{1}{\hat{y}}\int_0^{\infty}\left\{\frac{In_z}{2u_1^2}\left[\mathrm{e}^{-u_1(z-z_1)}-\mathrm{e}^{-u_1(z-z_0)}\right]+A_{\mathrm{p}}r_{\mathrm{TM}}\mathrm{e}^{-u_1z}\right\}\lambda^3 J_1(\lambda\rho)\mathrm{d}\lambda \tag{2.33}$$

2.1.3 均匀半空间中垂直长导线源电场分量特征

为了分析垂直长导线源的电场分量特性，用单位长度的垂直偶极源（电流为 1A，长度为 1m）进行计算，以了解电场特征。图 2.2 是观测点距场源 100m 处电场 E_x 相对频率

的变化曲线，图 2.3 是观测点距场源 1000m 处电场 E_x 相对频率的变化曲线。

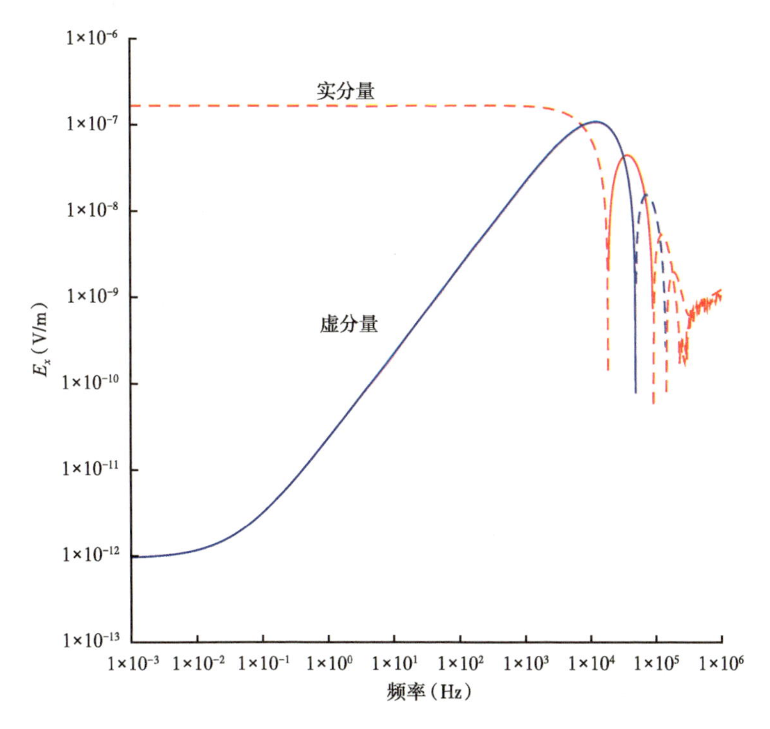

图 2.2　垂直线源电场随频率变化曲线算例 1（观测点距垂直线源 100m，虚线为负值，实线为正值）

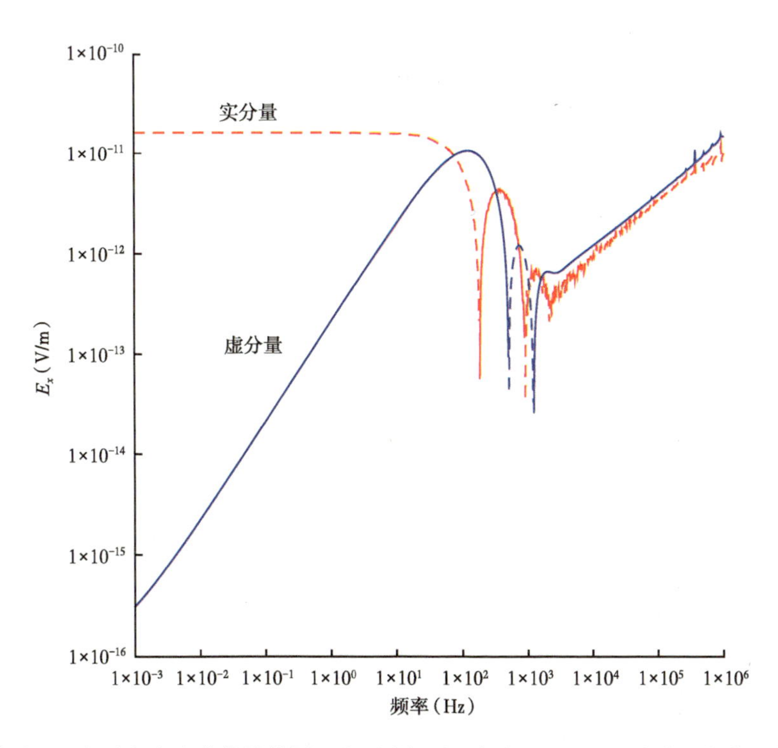

图 2.3　垂直线源电场随频率变化曲线算例 2（观测点距垂直线源 1000m，虚线为负值，实线为正值）

由图 2.2 和图 2.3 可以看出，在低频端，电场虚分量随频率的减小，呈衰减趋势；在高频端，电场实分量和虚分量都改变符号；100m 处改变符号的频率比 1000m 处的频率要高。可见，小于 100Hz 时电场的实分量和虚分量都呈线性关系；而当频率大于 100Hz 时，电场的实分量和虚分量变得比较复杂，因此实际应用一般采用低频工作。

2.2 垂直长导线源在水平均匀层状介质中的电磁场

当垂直长导线源位于水平均匀层状介质中时，按其所在层分割成不同的段。A、B 极位置见图 2.4。将各段长导线源在某层中产生的 $\tilde{A}$（谢昆诺夫势的二维傅里叶变换）叠加，即得垂直长导线源在某层中 $\tilde{A}$ 的通解；其他层同理。第 n 层中垂直长导线源在某一层中形成 $\tilde{A}$ 的通解形式见图 2.4。为不失一般性，从第 n 层进行推导。

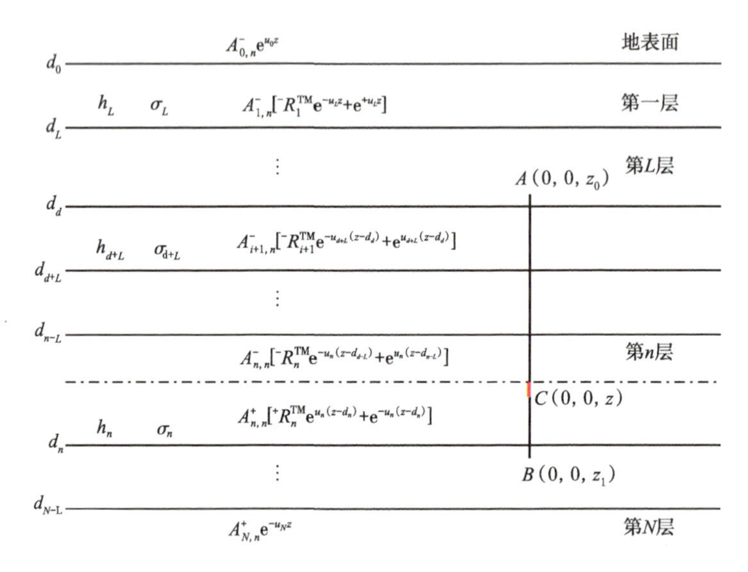

图 2.4 水平层状介质中垂直长导线源谢昆诺夫势经二维傅里叶变换的解

C 点（红色线段，见图 2.4）的垂直电偶源在第 n 层中 $\tilde{A}$ 的通解为 [53]：

$$\tilde{A}=\frac{s_z}{u_n}\left\{\left[\mathrm{e}^{-u_n|z-z'|}+{}^{-}R_n^{\mathrm{TM}}\mathrm{e}^{-u_n(z+z'-2d_{n-1})}\right]+F_n^{\mathrm{TM}}\left[\mathrm{e}^{+u_j(z-d_{n-1})}+{}^{-}R_n^{\mathrm{TM}}\mathrm{e}^{-u_n(z-d_{n-1})}\right]\right\} \tag{2.34}$$

其中 $$s_z=\frac{I\mathrm{d}z'}{2},\quad F_n^{\mathrm{TM}}=\frac{{}^{+}R_n^{\mathrm{TM}}\mathrm{e}^{-2u_nh_n}\mathrm{e}^{+u_n(z'-d_{n-1})}\left[{}^{-}R_n^{\mathrm{TM}}\mathrm{e}^{-2u_n(z'-d_{n-1})}+1\right]}{1-{}^{-}R_n^{\mathrm{TM}}\,{}^{+}R_n^{\mathrm{TM}}\mathrm{e}^{-2u_nh_n}}$$

同时可以得出 C 点的垂直电偶源在第 n 层中的 A_n^+、A_n^- 为：

$$A_n^+=\frac{I\mathrm{d}z'}{2u_n}\left\{\mathrm{e}^{-u_n(z'-d_{n-1})}+\frac{{}^{+}R_n^{\mathrm{TM}}\mathrm{e}^{-2u_nh_n}\mathrm{e}^{+u_n(z'-d_{n-1})}\left[{}^{-}R_n^{\mathrm{TM}}\mathrm{e}^{-2u_n(z'-d_{n-1})}+1\right]}{1-{}^{-}R_n^{\mathrm{TM}}\,{}^{+}R_n^{\mathrm{TM}}\mathrm{e}^{-2u_nh_n}}\right\} \tag{2.35}$$

$$A_n^- = \frac{I\mathrm{d}z'}{2u_n}\left\{ \mathrm{e}^{-u_n(z'-d_{n-1})} + \frac{{}^+R_n^{\mathrm{TM}}\mathrm{e}^{-2u_nh_n}\mathrm{e}^{+u_n(z'-d_{n-1})}\left[{}^-R_n^{\mathrm{TM}}\mathrm{e}^{-2u_n(z'-d_{n-1})}+1\right]}{1-{}^-R_n^{\mathrm{TM}}\,{}^+R_n^{\mathrm{TM}}\mathrm{e}^{-2u_nh_n}} \right\} \tag{2.36}$$

式(2.34)还可以写成如下两种形式：

$$\tilde{A} = A_n^+\left[{}^+R_n^{\mathrm{TM}}\mathrm{e}^{u_n(z-d_n)} + \mathrm{e}^{-u_n(z-d_n)}\right] \tag{2.37}$$

$$\tilde{A} = A_n^-\left[{}^-R_n^{\mathrm{TM}}\mathrm{e}^{-u_n(z-d_{n-1})} + \mathrm{e}^{u_n(z-d_{n-1})}\right] \tag{2.38}$$

进一步，式(2.34)至式(2.38)中反射系数写成：

$${}^-R_l^{\mathrm{TM}} = \frac{Z_l - {}^-\overline{Z}_{l-1}}{Z_l + {}^-\overline{Z}_{l-1}} \tag{2.39}$$

$${}^+R_l^{\mathrm{TM}} = \frac{Z_l - {}^+\overline{Z}_{l+1}}{Z_l + {}^+\overline{Z}_{l+1}} \tag{2.40}$$

其中

$${}^-\overline{Z}_l = Z_l\frac{{}^-\overline{Z}_{l-1} + Z_l\tanh(u_lh_l)}{Z_l + {}^-\overline{Z}_{l-1}\tanh(u_lh_l)} \tag{2.41}$$

$${}^+\overline{Z}_l = Z_l\frac{{}^+\overline{Z}_{l+1} + Z_l\tanh(u_lh_l)}{Z_l + {}^+\overline{Z}_{l+1}\tanh(u_lh_l)} \tag{2.42}$$

式(2.42)中，$Z_l = u_l/\hat{y}_l$，$h_l = d_l - d_{l-1}$。

根据$\tilde{A}$在单轴对称的分界面的边界条件，即：

$$A_{z,n} = A_{z,n+1} \tag{2.43}$$

$$\frac{1}{y_n}\frac{\partial A_{z,n}}{\partial z} = \frac{1}{y_{n+1}}\frac{\partial A_{z,n+1}}{\partial z} \tag{2.44}$$

得出C点垂直电偶源在j大于n层的A_j^+为：

$$A_{j,n}^+ = \prod_{m=n+1}^{j}\frac{\left(1+{}^+R_{m-1}^{\mathrm{TM}}\right)\mathrm{e}^{-u_mh_m}}{\left(1+{}^+R_{m-1}^{\mathrm{TM}}\right)\mathrm{e}^{-2u_mh_m}}A_n^+ = {}^+Q_{jn}^{\mathrm{TM}}A_n^+ \tag{2.45}$$

j小于n层的A_j^-为：

$$A_{j,n}^- = \prod_{m=n-1}^{j}\frac{\left(1+{}^-R_{m-1}^{\mathrm{TM}}\right)\mathrm{e}^{-u_mh_m}}{\left(1+{}^-R_{m-1}^{\mathrm{TM}}\right)\mathrm{e}^{-2u_mh_m}}A_n^- = {}^-Q_{jn}^{\mathrm{TM}}A_n^- \tag{2.46}$$

通过对式(2.34)中的z' 积分(积分区间为d_{n-1}到d_n，见图2.4)，就可以得到第n层中那段垂直长导线源在该层中任意一点 $\tilde{A}$ 的解，积分的结果为：

$$\tilde{A}_n = \frac{s_z}{u_n^2}\Big[2 + {}^{-}R_n^{\mathrm{TM}}\left(B_n + 1 - \mathrm{e}^{-u_n h_n}\right)\mathrm{e}^{-u_n(z-d_{n-1})} - \mathrm{e}^{-u_n(z-d_{n-1})} + \left(B_n - \mathrm{e}^{-u_n h_n}\right)\mathrm{e}^{u_n(z-d_{n-1})}\Big] \tag{2.47}$$

其中
$$B_n = \frac{{}^{+}R_n^{\mathrm{TM}}\mathrm{e}^{-2u_n h_n}\left({}^{-}R_n^{\mathrm{TM}}\mathrm{e}^{-u_n h_n} + 1\right)\left(\mathrm{e}^{u_n h_n} - 1\right)}{1 - {}^{-}R_n^{\mathrm{TM}}\,{}^{+}R_n^{\mathrm{TM}}\mathrm{e}^{-2u_n h_n}}$$

对式（2.37）和式（2.38）积分后，第 n 层的那段垂直长导线源在该层中的 $A_{n,n}^{+}$ 、$A_{n,n}^{-}$ 为：

$$A_{n,n}^{+} = \frac{s_z}{u_n^2}\frac{\left({}^{-}R_n^{\mathrm{TM}}\mathrm{e}^{-u_n h_n} + 1\right)\left(1 - \mathrm{e}^{-u_n h_n}\right)}{1 - {}^{-}R_n^{\mathrm{TM}}\,{}^{+}R_n^{\mathrm{TM}}\mathrm{e}^{-2u_n h_n}} \tag{2.48}$$

$$A_{n,n}^{-} = \frac{s_z}{u_n^2}\frac{\left({}^{+}R_n^{\mathrm{TM}}\mathrm{e}^{-u_n h_n} + 1\right)\left(1 - \mathrm{e}^{-u_n h_n}\right)}{1 - {}^{-}R_n^{\mathrm{TM}}\,{}^{+}R_n^{\mathrm{TM}}\mathrm{e}^{-2u_n h_n}} \tag{2.49}$$

第 n 层中的那段垂直长导线源在其他层的 $A_{j,n}^{+}$、$A_{j,n}^{-}$ 根据式（2.45）、式（2.46）求解，但是需要将 A_n^{+}、A_n^{-} 替换为式（2.48）、式（2.49）中的 $A_{n,n}^{+}$、$A_{n,n}^{-}$。

实际应用中，垂直长导线源两端不一定位于层边界处（图 2.4）。下面讨论垂直长导线源两端所在层的 A_n^{+}、A_n^{-}，分两种情况论述。

（1）垂直长导线源上端点 A 点在第 l 层（图 2.4）的 $A_{l,l}^{+}$ 、 $A_{l,l}^{-}$ 为：

$$A_{l,l}^{+} = \frac{I}{2u_l}\int_{z_0}^{d_l}\frac{\mathrm{e}^{-u_l h_l}\mathrm{e}^{u_l(z'-d_{l-1})}\left[{}^{-}R_l^{\mathrm{TM}}\mathrm{e}^{-2u_l(z'-d_{l-1})} + 1\right]}{1 - {}^{-}R_l^{\mathrm{TM}}\,{}^{+}R_l^{\mathrm{TM}}\mathrm{e}^{-2u_l h_l}}\mathrm{d}z' \tag{2.50}$$

$$A_{l-1,l-1}^{-} = \frac{I}{2u_l}\int_{z_0}^{d_l}\left\{\mathrm{e}^{-u_l(z'-d_{l-1})} + \frac{{}^{+}R_l^{\mathrm{TM}}\mathrm{e}^{-2u_l h_l}\mathrm{e}^{u_l(z'-d_{l-1})}\left[{}^{-}R_l^{\mathrm{TM}}\mathrm{e}^{-2u_l(z'-d_{l-1})} + 1\right]}{1 - {}^{-}R_l^{\mathrm{TM}}\,{}^{+}R_l^{\mathrm{TM}}\mathrm{e}^{-2u_l h_l}}\right\}\mathrm{d}z' \tag{2.51}$$

式（2.50）和式（2.51）积分的结果为：

$$A_{l,l}^{+} = \frac{I\mathrm{e}^{-u_l h_l}}{2u_l^{\,2}}\frac{{}^{-}R_l^{\mathrm{TM}}\left[\mathrm{e}^{-u_l(z_0-d_{l-1})} - \mathrm{e}^{-u_l h_l}\right] + \left[\mathrm{e}^{u_l h_l} - \mathrm{e}^{u_l(z_0-d_{l-1})}\right]}{1 - {}^{+}R_l^{\mathrm{TM}}\,{}^{-}R_l^{\mathrm{TM}}\mathrm{e}^{-2u_l h_l}} \tag{2.52}$$

$$A_{l,l}^{-} = \frac{I\mathrm{e}^{-u_l h_l}}{2u_l^{\,2}}\frac{\left[\mathrm{e}^{-u_l(z_0-d_{l-1})} - \mathrm{e}^{-u_l h_l}\right] + {}^{-}R_l^{\mathrm{TM}}\mathrm{e}^{-2u_l h_l}\left[\mathrm{e}^{u_l h_l} - \mathrm{e}^{u_l(z_0-d_{l-1})}\right]}{1 - {}^{+}R_l^{\mathrm{TM}}\,{}^{-}R_l^{\mathrm{TM}}\mathrm{e}^{-2u_l h_l}} \tag{2.53}$$

（2）垂直长导线源下端点 B 点在第 $n+1$ 层（图 2.4）的 $A_{n+1,n+1}^{+}$、 $A_{n+1,n+1}^{-}$ 为：

$$A_{n+1,n+1}^{+} = \frac{I}{2u_{n+1}}\int_{d_n}^{z_1}\frac{\mathrm{e}^{-u_{n+1}h_{n+1}}\mathrm{e}^{u_{n+1}(z'-d_n)}\left[{}^{-}R_{n+1}^{\mathrm{TM}}\mathrm{e}^{-2u_{n+1}(z'-d_n)} + 1\right]}{1 - {}^{-}R_{n+1}^{\mathrm{TM}}\,{}^{+}R_{n+1}^{\mathrm{TM}}\mathrm{e}^{-2u_{n+1}h_{n+1}}}\mathrm{d}z' \tag{2.54}$$

$$A_{n+1,n+1}^{-}=\frac{I}{2u_{n+1}}\int_{d_n}^{z_1}\left\{e^{-u_{n+1}(z'-d_n)}+\frac{{}^{+}R_{n+1}^{TM}e^{-2u_{n+1}h_{n+1}}e^{u_{n+1}(z'-d_n)}\left[{}^{-}R_{n+1}^{TM}e^{-2u_{n+1}(z'-d_n)}+1\right]}{1-{}^{-}R_{n+1}^{TM}\,{}^{+}R_{n+1}^{TM}e^{-2u_{n+1}h_{n+1}}}\right\}dz' \tag{2.55}$$

式（2.54）和式（2.55）积分的结果为：

$$A_{n+1,n+1}^{+}=\frac{Ie^{-u_{n+1}h_{n+1}}}{2u_{n+1}{}^{2}}\frac{{}^{-}R_{n+1}^{TM}\left[1-e^{-u_{n+1}(z_1-d_n)}\right]+\left[e^{u_{n+1}(z_1-d_n)}-1\right]}{1-{}^{+}R_{n+1}^{TM}\,{}^{-}R_{n+1}^{TM}e^{-2u_{n+1}h_{n+1}}} \tag{2.56}$$

$$A_{n+1,n+1}^{-}=\frac{Ie^{-u_{n+1}h_{n+1}}}{2u_{n+1}{}^{2}}\frac{\left[1-e^{-u_{n+1}(z_1-d_n)}\right]+{}^{-}R_{n+1}^{TM}e^{-2u_{n+1}h_{n+1}}\left[e^{u_{n+1}(z_1-d_n)}-1\right]}{1-{}^{+}R_{n+1}^{TM}\,{}^{-}R_{n+1}^{TM}e^{-2u_{n+1}h_{n+1}}} \tag{2.57}$$

将 $A_{l,l}^{+}$、$A_{l,l}^{-}$、$A_{n+1,n+1}^{+}$ 和 $A_{n+1,n+1}^{-}$ 代入式（2.37）或式（2.38），可以求出垂直长导线源端点所在层 $\tilde{A}$ 的通解。垂直长导线源端点段在第 j 层的 $A_{j,l}^{+}$、$A_{j,l}^{-}$、$A_{j,n+1}^{+}$ 和 $A_{j,n+1}^{-}$ 求解用式（2.45）和式（2.46），需要将相应的 A_n^{+}、A_n^{-} 替换为式（2.52）、式（2.53）中的 $A_{l,l}^{+}$、$A_{l,l}^{-}$ 和式（2.56）、式（2.57）中的 $A_{n+1,n+1}^{+}$、$A_{n+1,n+1}^{-}$。

假定垂直长导线源位于 l 到 n+1 层，下面分三种情况讨论垂直长导线源在层状介质中的通解 $\tilde{A}$ 和电磁场。

（1）第 k（$k<1$）层 $\tilde{A}_k^s$ 的通解为：

$$\tilde{A}_k^s=S_k^{-}\left[{}^{-}R_k^{TM}e^{-u_k(z-d_{k-1})}+e^{u_k(z-d_{k-1})}\right] \tag{2.58}$$

其中

$$S_k^{-}=\sum_{i=l}^{n+1}A_{ki}^{-}$$

将式（2.58）进行波数域（k_x，k_y）傅里叶反变换，并转化成汉克尔形式，便可得到垂直长导线源在层状介质中的电场和磁场为：

$$H_{\varphi}=\int_0^{\infty}S_k^{-}\left[{}^{-}R_k^{TM}e^{-u_k(z-d_{k-1})}+e^{u_k(z-d_{k-1})}\right]\lambda^2J_1(\lambda\rho)d\lambda \tag{2.59}$$

$$E_{\rho}=\frac{1}{\hat{y}_k}\int_0^{\infty}S_k^{-}u_k\left[{}^{-}R_k^{TM}e^{-u_k(z-d_{k-1})}-e^{u_k(z-d_{k-1})}\right]\lambda^2J_1(\lambda\rho)d\lambda \tag{2.60}$$

$$E_z=\frac{1}{\hat{y}_k}\int_0^{\infty}S_k^{-}\left[{}^{-}R_k^{TM}e^{-u_k(z-d_{k-1})}+e^{u_k(z-d_{k-1})}\right]\lambda^3J_0(\lambda\rho)d\lambda \tag{2.61}$$

（2）第 m（$1\leqslant m\leqslant n+1$）层 $\tilde{A}_k^s$ 的通解为：

$$\begin{aligned}\tilde{A}_m^s=\tilde{A}_m&+S_m^{+}\left[{}^{+}R_m^{TM}e^{u_m(z-d_m)}+e^{-u_m(z-d_m)}\right]\\&+S_m^{-}\left[{}^{-}R_m^{TM}e^{-u_k(z-d_{m-1})}+e^{-u_m(z-d_{m-1})}\right]\end{aligned} \tag{2.62}$$

其中
$$S_m^+ = \sum_{i=l}^{m-1} A_{mi}^+ ,\ S_m^- = \sum_{i=m+1}^{n+1} A_{mi}^-$$

对应的电磁场为：

$$\begin{aligned} H_\varphi = \int_0^\infty \Bigg\{ & \frac{s_z}{u_m^2}\Big[2 + {}^{-}R_m^{\mathrm{TM}} \left(B_m + 1 - \mathrm{e}^{-u_m h_m} \right) \mathrm{e}^{-u_m(z-d_{m-1})} \\ & -\mathrm{e}^{-u_n(z-d_{n-1})} + \left(B_n - \mathrm{e}^{-u_n h_n} \right) \mathrm{e}^{u_n(z-d_{n-1})} \Big] \\ & + S_m^+ \left[{}^{+}R_m^{\mathrm{TM}} \mathrm{e}^{u_m(z-d_k)} + \mathrm{e}^{-u_m(z-d_m)} \right] \\ & + S_m^- \left[{}^{-}R_m^{\mathrm{TM}} \mathrm{e}^{-u_m(z-d_{m-1})} + \mathrm{e}^{u_m(z-d_{m-1})} \right] \Bigg\} \lambda^2 J_1(\lambda\rho) \end{aligned} \tag{2.63}$$

$$\begin{aligned} E_\rho = \frac{1}{\tilde{y}_m} \int_0^\infty \Bigg\{ & \frac{s_z}{u_m^2}\Big[2 + {}^{-}R_m^{\mathrm{TM}} \left(B_m + 1 - \mathrm{e}^{-u_m h_m} \right) \mathrm{e}^{-u_m(z-d_{m-1})} \\ & -\mathrm{e}^{-u_n(z-d_{n-1})} - \left(B_n - \mathrm{e}^{-u_n h_n} \right) \mathrm{e}^{u_n(z-d_{n-1})} \Big] \\ & + S_m^+ \left[-{}^{+}R_m^{\mathrm{TM}} \mathrm{e}^{u_m(z-d_m)} + \mathrm{e}^{-u_m(z-d_m)} \right] \\ & + S_m^- \left[{}^{-}R_m^{\mathrm{TM}} \mathrm{e}^{-u_m(z-d_{m-1})} - \mathrm{e}^{u_m(z-d_{m-1})} \right] \Bigg\} u_m \lambda^2 J_1(\lambda\rho) \end{aligned} \tag{2.64}$$

$$\begin{aligned} E_z = \frac{1}{\tilde{y}_m} \int_0^\infty \Bigg\{ & \frac{s_z}{u_m^2}\Big[2 + {}^{-}R_m^{\mathrm{TM}} \left(B_m + 1 - \mathrm{e}^{-u_m h_m} \right) \mathrm{e}^{-u_m(z-d_{m-1})} \\ & -\mathrm{e}^{-u_n(z-d_{n-1})} + \left(B_n - \mathrm{e}^{-u_n h_n} \right) \mathrm{e}^{u_n(z-d_{n-1})} \Big] \\ & + S_m^+ \left[{}^{+}R_m^{\mathrm{TM}} \mathrm{e}^{u_m(z-d_m)} + \mathrm{e}^{-u_m(z-d_m)} \right] \\ & + S_m^- \left[{}^{-}R_m^{\mathrm{TM}} \mathrm{e}^{-u_m(z-d_{m-1})} + \mathrm{e}^{u_m(z-d_{m-1})} \right] \Bigg\} \lambda^3 J_0(\lambda\rho) \end{aligned} \tag{2.65}$$

（3）第 j（$j > n+1$）层 $\tilde{A}_k^s$ 的通解为：

$$\tilde{A}_j^s = \tilde{A}_j + S_j^+ \left[{}^{+}R_j^{\mathrm{TM}} \mathrm{e}^{u_j(z-d_j)} + \mathrm{e}^{-u_j(z-d_j)} \right] \tag{2.66}$$

其中
$$S_k^+ = \sum_{i=l}^{n+1} A_{ki}^+$$

对应的电磁场为：

$$H_\varphi = \int_0^\infty S_j^+ \left[{}^{+}R_j^{\mathrm{TM}} \mathrm{e}^{u_j(z-d_j)} + \mathrm{e}^{-u_j(z-d_j)} \right] \lambda^2 J_1(\lambda\rho) \mathrm{d}\lambda \tag{2.67}$$

$$E_\rho = \frac{1}{\hat{y}_j} \int_0^\infty S_j^+ u_j \left[-{}^{+}R_j^{\mathrm{TM}} \mathrm{e}^{u_j(z-d_j)} + \mathrm{e}^{-u_j(z-d_j)} \right] \lambda^2 J_1(\lambda\rho) \mathrm{d}\lambda \tag{2.68}$$

$$E_z = \frac{1}{\hat{y}_j}\int_0^{\infty} S_j^+\left[\,{}^+R_j^{\mathrm{TM}}\mathrm{e}^{u_j(z-d_j)} + \mathrm{e}^{-u_j(z-d_j)}\right]\lambda^3 J_0(\lambda\rho)\mathrm{d}\lambda \tag{2.69}$$

采用快速汉克尔变换法[43]计算式(2.59)至式(2.61)、式(2.63)至式(2.65)、式(2.67)至式(2.69)，就可以计算出垂直长导线源在水平层状介质中任意一点的电磁场。

2.3 均匀半空间钢套管中垂直电偶源的电磁场

实际工作中，除了探井和新打的油井外，几乎所有油井是有金属套管的(有部分油井采用非金属套管)。在带金属套管的井中用垂直长导线源激发时，金属套管会对电磁信号有屏蔽影响。本节研究金属套管井中垂直长导线源的电磁场，并对金属套管上电流分布和金属套管对地面和地下电场分布的影响进行分析。

假设大地为均匀水平层状介质，而且套管为等电位体，金属套管与层状大地之间均匀接触，因此，其计算可以简化为一维问题。

如图 2.5 所示，假设均匀水平层状大地为 n 层介质，每层顶界深度为 $z_1, z_2, \cdots, z_{n-1}, z_n$，每层的电阻率为 $\rho_1, \rho_2, \cdots, \rho_{n-1}, \rho_n$，不失一般性，假设各层的介电常数均为 0，磁导率均为 μ_0。

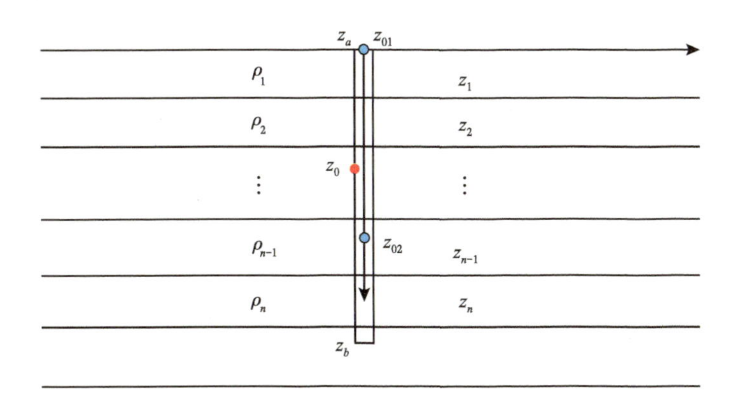

图 2.5　层均匀层状大地示意图

金属套管单位长度电阻 $q = \frac{\rho_{\mathrm{m}}}{S_{\mathrm{m}}}$，这里 ρ_{m} 是套管的电阻率(钢的电阻率 $\rho_{\mathrm{m}}=2.5\times10^{-7}\Omega\cdot\mathrm{m}$)。$S_{\mathrm{m}}$ 是套管的导电截面积。

套管两端深度为 z_a 和 z_b，并且 $z_a < z_b$。

谐波电流值为 I 的接地导线两端点分别位于 z_{01} 和 z_{02}，且 $z_{01} < z_{02}$。要确定的是地表和地下的电场 E_r。这里存在多个场源系统，对于任一系统而言，都是一端与接地场源(z_{01} 或 z_{02}，见图 2.5)相连，而另一端与套管的任一点(z_0)相连，通过该点的电流为 I。因此，接地源的谐波电磁场由三部分组成，电流为 I 的垂直长导线(z_{01} 到 z_{02})的电磁场以及两个垂直长导线的电磁场(z_0 到 z_a)和(z_0 到 z_b)，见图 2.5。

因此，必须确定电流的分布情况，研究单个垂向长导线谐波电磁场，最后得到考虑金属套管影响的垂直长导线源在水平均匀层状介质中的电磁场。前面已经讨论了垂直长导线源在地下均匀介质中电磁场的推导，采用的是谢昆诺夫势方法，没有加入金属套管的影响。本节采用分离变量法求解垂直长导线源在地下介质中的电磁场和金属套管上电流分布，最后将这两部分合到一起，即可计算出钢套管中垂直场导线源在地下均匀介质中的电场。

2.3.1 分离变量法求解水平均匀层状介质中垂直长导线源的电磁场

通常情况下，垂直长导线源的电磁场可以分解为多个垂直电偶源电磁场的积分。在如图 2.5 所示的地电剖面中，把垂直电偶源置于 $z=z_0$ 处，z_0 可以是上下半空间中任意一层的 z 轴上的点，它的电矩由 $Iz(t)=I\mathrm{d}zq(t)$ 确定，这里 I 为电流。在准似稳状态下，非零分量（E_r，E_z，H_φ）的麦克斯韦方程在每一均匀地层的柱面坐标系中以下列公式表示：

$$-\frac{\partial H_\varphi}{\partial z}=\sigma E_r \tag{2.70}$$

$$\frac{1}{r}\frac{\partial\left(rH_\varphi\right)}{\partial r}=\sigma E_z \tag{2.71}$$

$$\frac{\partial E_r}{\partial z}-\frac{\partial E_z}{\partial r}=-\mu_0 H_\varphi \tag{2.72}$$

分解上述变量并满足所有条件，可以用下面公式继续求解：

$$E_r=-\frac{I\mathrm{d}z}{4\pi}\int_0^\infty J_1(\lambda r)\lambda V_z'(z,t,\lambda)\mathrm{d}\lambda \tag{2.73}$$

$$E_z=\frac{I\mathrm{d}z}{4\pi}\int_0^\infty J_0(\lambda r)\lambda^2 V(z,t,\lambda)\mathrm{d}\lambda \tag{2.74}$$

$$H_\varphi=\frac{I\mathrm{d}z}{4\pi}\int_0^\infty J_1(\lambda r)\lambda(\sigma V)\mathrm{d}\lambda \tag{2.75}$$

但是，必须考虑到场源的存在。距离场源近的地方，介质的影响可以忽略不计。当 dz 段电流为 I 时，磁场由下面的方法确定。

垂直电偶源在地下某一点处的推迟势为：

$$A=\frac{I\mathrm{d}zq(t)\mathrm{e}^{-\mathrm{i}krR}}{4\pi R}e_z \tag{2.76}$$

由

$$H_\varphi=-\frac{\partial A}{\partial r} \tag{2.77}$$

得到：
$$H_{\varphi}=\frac{Idzk^{2}q(t)}{4\pi}\left(\frac{1}{k^{2}R^{2}}+\frac{\mathrm{i}}{kR}\right)\mathrm{e}^{-\mathrm{i}kR}\sin\theta \tag{2.78}$$

考虑到近区 $kR\ll 1$ 或 $R\ll\frac{\lambda}{2\pi}$，有 $\mathrm{e}^{-kR}\sim 1$，同时略去式（3.9）中的 kR 项得到：
$$H_{\varphi}=\frac{Idzq(t)}{4\pi}\frac{1}{R^{2}}\sin\theta=\frac{Idzq(t)}{4\pi}\frac{r}{R^{3}} \tag{2.79}$$

利用索末菲（Sommerfeld）积分，即：
$$\frac{\mathrm{e}^{-k_{1}R}}{R}=\int_{0}^{\infty}\mathrm{e}^{-u_{1}z}\frac{1}{u_{1}}\lambda J_{0}(\lambda r)\mathrm{d}\lambda \tag{2.80}$$

利用式（2.76）、式（2.77）和索末菲积分式（2.80），可以求出切向磁场的另一种表示方式：
$$H_{\varphi}=\frac{Idzq(t)}{4\pi}\int_{0}^{\infty}\frac{1}{u_{1}}J_{1}(\lambda r)\lambda^{2}\exp(-u_{1}|z|)\mathrm{d}\lambda \tag{2.81}$$

在不考虑金属套管附近介质影响时 $u_1=\lambda$，这样就有：
$$H_{\varphi}=\frac{Idzq(t)}{4\pi}\frac{r}{R^{3}}\equiv\frac{Idzq(t)}{4\pi}\int_{0}^{\infty}J_{1}(\lambda r)\lambda\exp(-\lambda|z|)\mathrm{d}\lambda \tag{2.82}$$

由式（2.82）可以看出，当 $z\to z_0$ 时，$\sigma V\to\exp(-\lambda|z|)q(t)$，这就是说，导数 $\mathrm{d}(\sigma V)/\mathrm{d}z$ 在 z_0 点的差值为 $2\lambda q(t)$。通过这种方式，可以得到函数 V 的下列边值问题。

在每一层中，有：
$$\begin{cases}\dfrac{\partial^{2}V}{\partial z^{2}}-\lambda^{2}V=\mu_{i}\sigma_{i}\dfrac{\partial V}{\partial t}\\ [\sigma V]\big|_{z=z_{i}}=0,[V_{z}']\big|_{z=z_{i}}=0\\ [\sigma V]\big|_{z=z_{0}}=0,[\sigma V_{z}']\big|_{z=z_{0}}=2\lambda q(t)\end{cases} \tag{2.83}$$

当 $|z|\to\infty$ 时，$V\to 0$。

当 $t>T$，$q(t)=0$ 时，$t\to\infty$，$V\to 0$。

这样得到频率域内的解。假设 $q(t)=\exp(\mathrm{i}\omega t)$，于是 $V=v(z,\omega,\lambda)\exp(-\mathrm{i}\omega t)$，对于函数 v，满足以下条件。

每一层中有下面关系式：
$$v_{z}''-u_{i}^{2}v=0$$
$$[\sigma v]\big|_{z=z_{i}}=0,[v_{z}']\big|_{z=z_{i}}=0$$
$$[\sigma v]\big|_{z=z_{0}}=0,[\sigma v_{z}']\big|_{z=z_{0}}=2\lambda$$

当$|z|\to\infty$时，$v\to 0$，这里$u_i=\sqrt{\lambda^2+k_i^2}, k_i^2=-\mathrm{i}\omega\mu_0\sigma_i$，$i$=0，1，…，$N$。

然后确定函数v，当$z<z_0$，即在垂直电偶源上方时，$v(z)=A\cdot\varsigma(z)$；

当$z>z_0$即在场源下方时，$v(z)=B\cdot\varsigma(z)$。

第i层的函数ζ可以用其上部和下部地层边界的值表示。令$\zeta_i=\zeta(z_i)$，$\zeta'_i=\zeta'_i(z_i)$，i=1，2，…，N，于是每一层中($z_i\leqslant z\leqslant z_{i+1}$)：

$$\zeta(z)=\zeta_1\cdot\exp(u_0 z),\ z\leqslant 0\ (\text{在空气中})$$

$$\zeta(z)=\zeta_i\cdot\mathrm{ch}\left[u_i(z-z_i)\right]+\frac{\zeta'_i}{u_i}\cdot\mathrm{sh}\left[u_i(z-z_i)\right] \tag{2.84}$$

或者

$$\zeta(z)=\zeta_{i+1}\cdot\mathrm{ch}\left[u_i(z-z_{i+1})\right]+\frac{\zeta'_{i+1}}{u_i}\cdot\mathrm{sh}\left[u_i(z-z_{i+1})\right]$$

$$\zeta(z)=\zeta_N\cdot\exp\left[-uN(z-zN)\right],\ z\geqslant z_N$$

现在假设ζ_1=1，按照相对垂直电偶源由上（从上部半空间）到下的次序确定ζ和ζ'，然后按照相对垂直电偶源由下到上的次序确定ζ和ζ'。当$z=z_0$时，采用函数v的边界条件，于是可以确定A和B，因此有$A\breve{\varsigma}_0-B\hat{\varsigma}_0=0$（$z$轴边界，从上至下推迟势$A$和从下至上推迟势$B$相等，上标指示极限趋近方向），$A\breve{\varsigma}'_0-B\hat{\varsigma}'_0=\dfrac{2\lambda}{\sigma(z_0)}$。

这里$\breve{\varsigma}_0=\breve{\varsigma}_0(z_0)$，于是求出$A$和$B$，得到垂直电偶源上方($z\leqslant z_0$)的解：

$$v(z)=-\frac{2\lambda}{\sigma(z_0)}\cdot\frac{\hat{\varsigma}_0\breve{\varsigma}(z)}{D} \tag{2.85}$$

而垂直电偶源下方的解为：

$$v(z)=-\frac{2\lambda}{\sigma(z_0)}\cdot\frac{\breve{\varsigma}_0\hat{\varsigma}(z)}{D} \tag{2.86}$$

式中，$D=\breve{\varsigma}_0\hat{\varsigma}'_0-\hat{\varsigma}_0\breve{\varsigma}'_0$是地层的边界常数。

式(3.16)、式(3.17)对于垂直电偶源来说是合理的，而对于垂直长导线而言则应根据变量z_0求积分。由于观测点位于地表，对式(2.85)进行积分，写成如下形式：

$$v(z,z_{01},z_{02})=-2\lambda\cdot\breve{\varsigma}(z)\left\{\frac{\hat{\varsigma}_0(z_0)}{\sigma(z_0)D}\right\}\Bigg|_{z_{01}}^{z_{02}} \tag{2.87}$$

把极限代入公式(2.87)时，也应考虑大括号内函数的不连续性。

2.3.2 分离变量法求解流经套管的电流分布

2.3.2.1 均匀半空间情况

假设在电阻率为ρ的均匀半空间插入长为L半径为a的套管。电流为I的直流场源在

z_0处流入套管。发散电流的分布与套管的线性接地电阻有关。问题可简化为，把套管看成是一个具有线性电阻的导线

$$q = \frac{\rho_m}{S_m} \tag{2.88}$$

式中，ρ_m是套管所用材料的电阻率（钢的电阻率ρ_m=2.5×$10^{-7}\Omega\cdot m$）；S_m是套管的导电截面积。

假定有下列条件：

（1）流过套管顶面的电流等于零（与其侧面相比，顶面很小可以不计）。

（2）流动电阻g由围岩电阻来确定：

$$g = k \cdot \rho \tag{2.89}$$

其中

$$k = \frac{1}{2\pi} \cdot \ln \frac{L}{a} \tag{2.90}$$

式中，k是常数，与套管的长度和半径有关。

沿套管的势能满足方程式：

$$U_z''(z) = \frac{q}{g} U(z) \tag{2.91}$$

沿套管流动的电流$I_\Pi(z)$与势能的关系为：

$$I_\Pi(z) = -\frac{1}{q} U_z'(z) \tag{2.92}$$

介质中的电流由流过套管的电流来确定，流过小段套管Δz的电流为：

$$\Delta I_c = \Delta z \frac{dI_\Pi}{dz} = -\frac{1}{g} U(z) \Delta z \tag{2.93}$$

此外，势能应具备以下条件：

（1）在地面和套管的底部：

$$U_z'\big|_{z=0} = 0, U_z'\big|_{z=L} = 0 \tag{2.94}$$

（2）在接入场源的地方（势能是连续的）：

$$U_z\big|_{z=z_0} = 0, U_z'\big|_{z=z_0} = qI \tag{2.95}$$

根据边界条件（1）（2），求解式（2.91），得到：

$$\begin{cases} U_1 = I\dfrac{q}{\alpha}\dfrac{\mathrm{ch}[\alpha(L-z_0)]\mathrm{ch}(az)}{\mathrm{sh}(aL)}, & 0 \leqslant z \leqslant z_0 \\ U_1 = I\dfrac{q}{\alpha}\dfrac{\mathrm{ch}(az_0)\mathrm{ch}[\alpha(L-z)]}{\mathrm{sh}(aL)}, & z_0 \leqslant z \leqslant L \end{cases} \tag{2.96}$$

式中，$\alpha=\sqrt{\frac{q}{g}}=\sqrt{\frac{\rho_{\mathrm{m}}}{\rho}\cdot\frac{1}{S_{\mathrm{m}}k}}$。知道了势能，根据式（2.93）可求得发散电流的分布状态。

2.3.2.2 均匀水平层状层介质情况

下面来求解套管贯穿多层介质时发散电流的分布情况。电流从套管的 z_0 处流入，考虑到所有条件求解出均匀半空间的发散电流分布情况，并在此处加入边界条件（不连续势能和流经电流），求解沿某段套管势的边值问题：

$$U''_z-\alpha_i^2U=0 \tag{2.97}$$

式中，$\alpha_i=\sqrt{\frac{q}{g_i}}$，$\gamma_i=k\rho_i$，边界条件如下：

$$\begin{cases} U'_z\big|_{z=z_a}=0, & U'_z\big|_{z=z_b}=0 \\ U_z\big|_{z=z_i}=0, & U'_z\big|_{z=z_i}=0 \\ U_z\big|_{z=z_0}=0, & U'_z\big|_{z=z_0}=qI \end{cases} \tag{2.98}$$

沿套管流过的电流 $I_\Pi(z)$ 与势能的关系为：

$$I_\Pi(z)=-\frac{1}{q}U'_z(z) \tag{2.99}$$

流经介质中的电流，根据流过套管的电流计算，流过小段套管 Δz 的电流为：

$$\Delta I_c=\Delta z\frac{\mathrm{d}I_\Pi}{\mathrm{d}z}=-\frac{1}{g}U(z)\Delta z \tag{2.100}$$

当场源 $z\leqslant z_0$ 时，$U(z)=A\cdot Z(z)$；当 $z\geqslant z_0$ 时，$U(z)=B\cdot Z(z)$。在第 i 层的边界上，函数 $Z(z)$ 为：

$$Z(z)=Z_i\mathrm{ch}\alpha_i(z-z_i)+\frac{Z'_i}{\alpha_i}\mathrm{sh}\alpha_i(z-z_i) \tag{2.101}$$

这里 $Z_i=Z(z_i)$，或由下面的边界确定：

$$Z(z)=Z_{i+1}\mathrm{ch}\alpha_{i+1}(z-z_{i+1})+\frac{Z'_{i+1}}{\alpha_{i+1}}\mathrm{sh}\alpha_{i+1}(z-z_{i+1}) \tag{2.102}$$

利用这些方程式，可以由套管底部（$Z=1$，$Z'=0$）自下而上向场源“移动”，也可以用同样方式从上向下向场源“移动”，在场源处（$Z=Z_0$）得到以下条件：

$$A\breve{Z}-B\hat{Z}=0 \tag{2.103}$$

$$A\breve{Z}'-B\hat{Z}'=qI \tag{2.104}$$

并求出常数 A、B。

于是有：

$$U(z,z_0)=\frac{qI}{D}\hat{Z}(z_0)\cdot\breve{Z}(z),\quad z\leqslant z_0 \tag{2.105}$$

$$U(z,z_0)=\frac{qI}{D}\breve{Z}(z_0)\cdot\hat{Z}(z),\quad z\geqslant z_0 \tag{2.106}$$

式（2.105）和式（2.106）中 $D=\breve{Z}(z_0)\hat{Z}'(z_0)-\hat{Z}(z_0)\breve{Z}'(z_0)$，其实强度不取决于 Z。

2.3.3 地面和地下的电场

用上面得到的垂直长导线源电场分布函数 $v_{\text{谐波场源}}$和金属套管电流分布函数 U 表示有金属套管的垂直长导线源在地下的电场。可将垂直场源看成是一端在 z_{01} 处接地，另一端根据流过套管的发散电流分布情况接入套管的不同地方，套管的每一段 dz 为点状接地：

$$\mathrm{d}I(z,z_{01})=-\frac{1}{g}U(z,z_{01})\mathrm{d}z \tag{2.107}$$

由此推出点（r，z）处的场（其中包括 z=0 时的地面场）为：

$$\mathrm{d}E_r(r,z,\bar{z},z_{01})=-\frac{\mathrm{d}I(\bar{z},z_{01})}{4\pi}\int_0^\infty J_1(\lambda)\lambda v'_{z\text{谐波场源}}(z,\bar{z},z_{01},\lambda)\mathrm{d}\lambda \tag{2.108}$$

该方程需求套管内沿 $\bar{z}$ 方向的积分，即根据图 2.5 从 z_a 到 z_b，经过积分次序的变化后可简化为下面的积分（z_a 到 z_b 分割成很多个 a~b 的均匀区段）：

$$\int_a^b v(z,\bar{z})U(\bar{z},z_{01})\mathrm{d}\bar{z}=\frac{1}{\lambda^2-\alpha^2}\left[v'_{\bar{z}}(z,\bar{z})U(\bar{z},z_{01})-v(z,\bar{z})U'_{\bar{z}}(\bar{z},z_{01})\right]\Big|_a^b$$

简而言之，$v_{\text{谐波场源}}(z,\bar{z},z_{01,\lambda})\equiv v(z,\bar{z})$，得到了沿套管的内部积分，利用函数 v 和 U 可解决边值问题。公式（2.108）中的外积分需用数值积分求解。用同样的方法计算 z_{01} 电极相连的第二个垂向电场源系统，此时需加入第一个电场源 z_{01}~z_{02}。

为了验证有套管的垂直长导线源电场分量计算的正确性，假设套管的电阻率和围岩一样，用前面不带套管垂直长导线源计算程序计算相同的模型，然后对比两个程序的计算结果。地电模型如图 2.6 所示，垂直长导线源长度为 800m，顶端 A 极深度 1000m，底端 B 极深度 1800m，电流为 1A，频率为 0.125Hz。图 2.7 是对比的结果，从图上可以看出，两个程序计算的结果一致，说明带套管的电场分量计算的正确性。

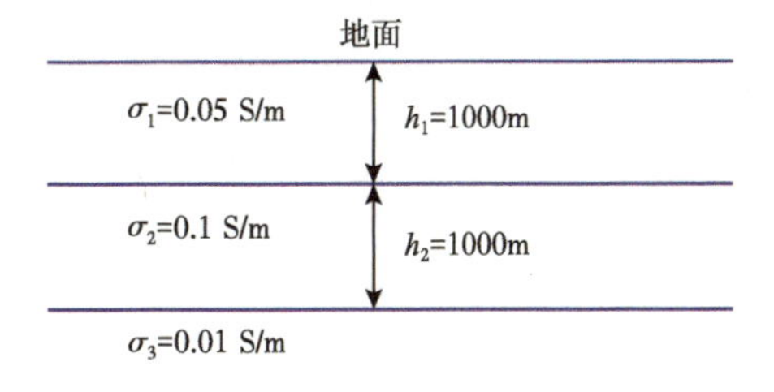

图 2.6　地电模型示意图

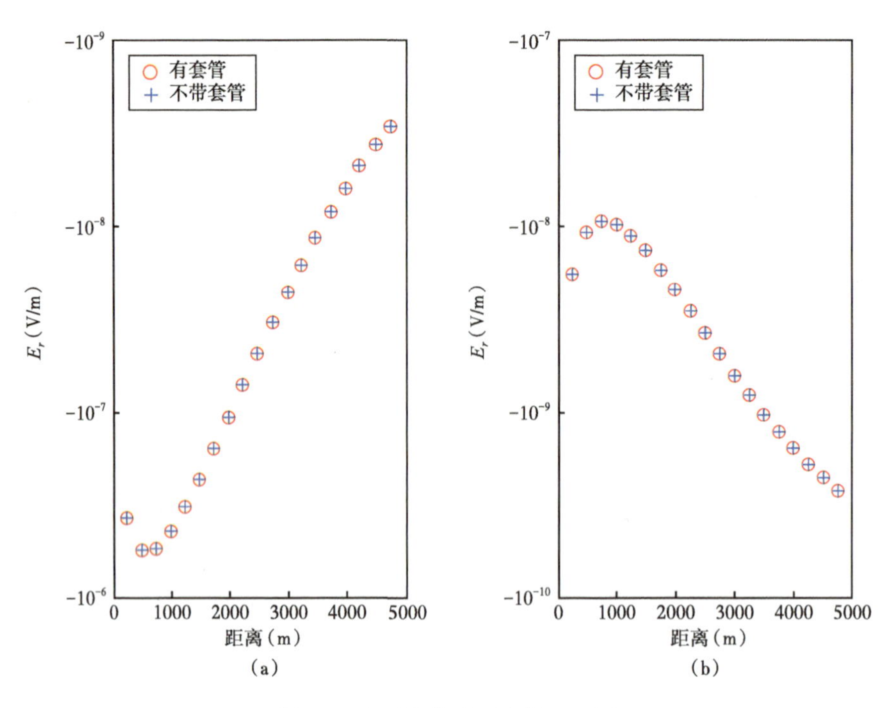

图 2.7 有无套管地面电场 E_r 对比

(a)实部;(b)虚部

2.4 含油气储层目标的井地电磁法三维模拟

井地电磁法的低频激发源是一个井中的垂直长导线场源。地下油气储层目标体一般可看作一个三维不均匀体时，采用三维模拟更符合实际情况。与有限差分和有限元法相比，体积分方程法模拟三维电磁场问题最大的优点是在求出激发源在地下半空间或水平层状介质中产生的背景电磁场后，求解地下不均匀体在地面产生的异常场时可以不用考虑激发源问题，因此，采用体积分方程法更容易实现井中油气储层目标体的垂直长导线源三维电磁模拟。

本节首先对传统体积分方程法模拟三维电磁问题的基本原理作简单的介绍，然后对采用的收缩积分方程法进行详细论述，为含油气储层目标的井地电磁法三维模拟和异常特征分析提供有效的方法和手段。

2.4.1 体积分方程法

在应用地球物理领域，体积分方程法是三维电磁场模拟的一个重要工具[44]。最早在俄罗斯的刊物上公开发表了关于该方法的文章[45]，然而很长一段时间都没有被西方的地球物理学家注意到。20 世纪 70 年代，三位地球物理学家发表了关于应用体积分方程法的文章[46-48]。此后，Wannamaker 推导出了层状介质中电场、磁场格林张量的解析表达式[42]；Anderson 采用快速汉克尔变换算法计算电磁格林张量问题[43]，并给出计算子程序。随后，又有很多研究者做了大量工作[49-55]，他们的研究成果为体积分方程法模拟三维电磁问题奠定了良好基础。

2.4.1.1　体积分方程法原理

要讨论的模型如图 2.8 所示。在电导率为 σ_1 的均匀半空间有一个长方体，其导电率 $\sigma_2 \boldsymbol{r}$ 是变化的，为 $\boldsymbol{r}$ 的函数；$\boldsymbol{r}$ 表示矢径。为使问题简单化，假设大地电磁场的源是来自高空的垂直入射到地面的平面电磁波，所以可以从讨论频率域中无源的麦克斯韦方程式出发：

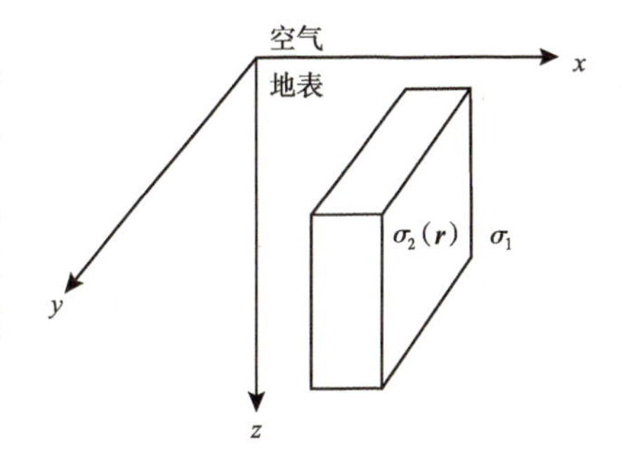

图 2.8　三维模型示意图

$$\begin{cases} \nabla \times E + \mathrm{i}\omega\mu_0 H = 0 \\ \nabla \times H - \sigma E = 0 \end{cases} \tag{2.109}$$

定义均匀地球的场为一次场，用上角标 p 表示，一次场也满足麦克斯韦方程组：

$$\begin{cases} \nabla \times E^{\mathrm{p}} + \mathrm{i}\omega\mu_0 H^{\mathrm{p}} = 0 \\ \nabla \times H^{\mathrm{p}} - \sigma_1 E^{\mathrm{p}} = 0 \end{cases} \tag{2.110}$$

从式（2.109）中分别减去式（2.110）中相应的式子，得到：

$$\nabla \times \left(E - E^{\mathrm{p}}\right) + \mathrm{i}\omega\mu_0 \left(H - H^{\mathrm{p}}\right) = 0 \tag{2.111}$$

$$\nabla \times \left(H - H^{\mathrm{p}}\right) - \sigma E + \sigma_1 E^{\mathrm{p}} = 0 \tag{2.112}$$

式中，σ 是地下的实际电导率值，在不均匀体中等于 σ_2，在不均匀体外等于 σ_1。

式（2.74）可以改写为：

$$\nabla \times \left(H - H^{\mathrm{p}}\right) - \sigma_1 \left(E - E^{\mathrm{p}}\right) + \left(\sigma_1 - \sigma\right) E = 0 \tag{2.113}$$

如果把实测场与一次场之差看作二次场，并用上角标 s 表示，则式（2.111）和式（2.113）可以简化成：

$$\nabla \times E^{\mathrm{s}} + \mathrm{i}\omega\mu_0 H^{\mathrm{s}} = 0 \tag{2.114}$$

和

$$\nabla \times H^{\mathrm{s}} - \sigma_1 E^{\mathrm{s}} = J^{\mathrm{s}} \tag{2.115}$$

其中

$$J^{\mathrm{s}} = \left[\sigma_2(r) - \sigma_1\right] E \tag{2.116}$$

是散射电流，仅在不均匀体中才存在。

对式（2.114）取旋度后代入式（2.115），得：

$$\nabla \times \nabla \times E^{\mathrm{s}} + \mathrm{i}\omega\mu_0 \left(J^{\mathrm{s}} + \sigma_1 E^{\mathrm{s}}\right) = 0 \tag{2.117}$$

移项后有：

$$\nabla \times \nabla \times E^{\mathrm{s}} - k^2 E^{\mathrm{s}} = -\mathrm{i}\omega\mu_0 J^{\mathrm{s}} \tag{2.118}$$

式中，$k_2=-\mathrm{i}\omega\mu_0\sigma_1$。

如上所述，电磁场由一次场和二次场两部分组成，通过求解式（2.110）可以很容易地求出一次场。二次场可以认为是由不均匀体中的散射电流 J^s 引起的，如式（2.115）所示，可以通过把 J^s 作为场源电流，并将式（2.114）、式（2.115）换成积方程，然后求解出二次场。

二次电场可通过将散射电流源 J^s 乘以适当的并矢格林函数 $G(r, r')$，并对不均匀体所占的体积进行积分而得：

$$E^s(r)=\int_V G(r,r')\cdot J^s(r')\mathrm{d}V' \tag{2.119}$$

式中的并矢格林函数是在存在空气—地球界面的情况下将 r 处的二次电场与 r' 处的电流源 $J^s(r')$ 联系起来，此时 r 处二次场的方向与 r' 处的源电流不再平行，因此必须采用并矢格林函数。

如假设不均匀体内的电导率为常数 σ_2，则将式（2.116）代入式（2.119）后，可得到实测电场表达式：

$$E(r)=E^p(r)+(\sigma_2-\sigma_1)\cdot\int_V G(r,r')\cdot E(r')\mathrm{d}V' \tag{2.120}$$

式（2.120）是一个非齐次的第二类弗雷德霍姆（Fredholm）积分方程式。

并矢格林函数由 van Bladel 给出[56]：

$$G(r,r')=\frac{1}{\sigma_1}\left(k_1^2 I-\nabla\nabla'\right)g(r,r') \tag{2.121}$$

其中

$$g(r,r')=\frac{\mathrm{e}^{-\mathrm{i}k_1 R}}{4\pi R} \tag{2.122}$$

$$R=|r-r'|,\ k_1^2=(-\mathrm{i}\omega\mu_0\sigma_1)$$

式中，∇' 表示相对“′”的坐标系求导数；I 是单位并矢；g 是对于整个空间标量的格林函数。

2.4.1.2　体积分方程离散形式

如图 2.9 所示，将不均匀体剖分成 N 个边长为 Δ 的立方体单元，并假设在每个单元内电场是个常数。于是式（2.120）中的积分可以用如下的求和来逼近：

$$E(r)=E^p(r)+(\sigma_2-\sigma_1)\sum_{n=1}^{N}\int_{V_n}G(r,r')\mathrm{d}V'\cdot E_n \tag{2.123}$$

尽管在每个单元内可认为电场是个常数，但是格林函数变化很快，必须保留相对它的积分。应用关系式[56]：

$$\int_V \nabla G(r,r')\mathrm{d}V=\int_S G(r,r')\mathrm{d}S \tag{2.124}$$

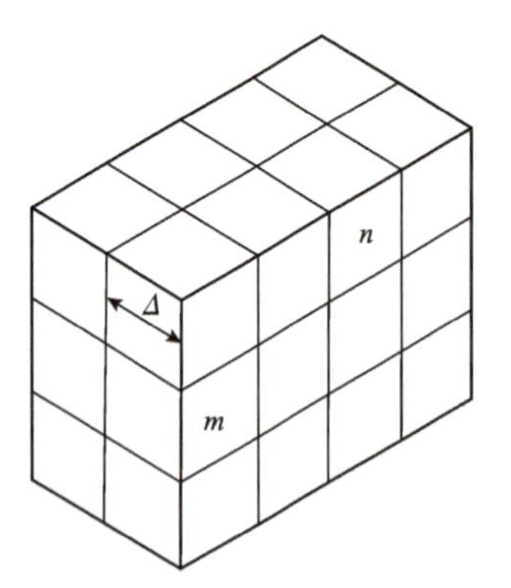

图 2.9　不均匀体剖分成立方体单元

可得：
$$E(r)=E^{\mathrm{p}}(r)+\frac{\sigma_2-\sigma_1}{\sigma_1}\cdot\sum\Gamma(r,r')\cdot E_n \tag{2.125}$$

式中，Γ 是相对有限单元体积电流的并矢格林函数；而 G 是相对无限小电流元的并矢格林函数。

并矢格林函数 Γ 可以看成是两部分之和，分别与电流源和电荷源对应：

$$\Gamma=\Gamma_A+\Gamma_\varphi \tag{2.126}$$

根据式（2.121）可知：

$$\Gamma_A=k_1^2\int_{V_n}G_A(r,r')\mathrm{d}V' \tag{2.127}$$

$$\Gamma_\varphi=\sum_{l=1}^{2}(-1)^l\int_{S_n}G_\varphi(r,r')\mathrm{d}S' \tag{2.128}$$

而
$$G_A=g(r,r')I \tag{2.129}$$

$$G_\varphi=\sum_{j=1}^{3}-\nabla g(r,r')u_j \tag{2.130}$$

上面各式中的下角标 A 和 φ 分别表示对应矢量位和标量位的作用。产生标量位部分的电荷源分布在单元之间的界面上；因此，式（2.128）中的积分是分别对 n 个单元的 6 个面的积分。于是式（2.130）中的 r' 应为：

$$r'=r_n+(-1)^l\frac{\Delta}{2}u_i \tag{2.131}$$

式中，u_j 是一个在 x、y 或 z 方向的单位矢量，也就是 $u_1=\hat{x}$，$u_2=\hat{y}$，和 $u_3=\hat{z}$。

这样，第 m 个单元中心处的电场可根据式（2.125）给出：

$$E_m=E_m^{\mathrm{p}}+\frac{\sigma_1-\sigma_2}{\sigma_1}\sum_{n=1}^{N}\Gamma_{mn}\cdot E_n \tag{2.132}$$

移项后可写成：

$$\sum_{n=1}^{N}\left[\frac{\sigma_2-\sigma_1}{\sigma_1}\Gamma_{mn}-\delta_{mn}\right]\cdot E_n=-E_m^{\mathrm{p}} \tag{2.133}$$

其中
$$\delta_{mn}=\begin{cases}\boldsymbol{I} & ,m=n\\ \boldsymbol{0} & ,m\neq n\end{cases}$$

式中，$\boldsymbol{I}$ 是 3×3 的单位阵；$\boldsymbol{0}$ 是零张量。

对 N 个 m 值中的每一个都写出式（2.133），可得到如下的分块矩阵方程式：

$$[M]\cdot[E]=-\left[E^{\mathrm{p}}\right] \tag{2.134}$$

矩阵 [M] 中的每个元素本身就是一个 3×3 阶矩阵：

$$M_{mn}=\frac{\sigma_2-\sigma_1}{\sigma_1}\varGamma_{mn}-\delta_{mn} \tag{2.135}$$

由式（2.134）解出不均匀体内每个单元中心处的电场值后，用这些结果及式（2.120）可求出不均匀体外任何一点处的电场。为了计算出任意点处的磁场，要对式（2.132）应用法拉第定律：

$$H=\frac{1}{\mathrm{i}\omega\mu_0}\cdot\nabla\times E$$

考虑到：

$$\nabla\times\nabla=0$$

得到：

$$H(r)=H^{\mathrm{p}}(r)+(\sigma_2-\sigma_1)\sum_{n=1}^{N}\int_{V_n}\nabla\times G(r,r')\mathrm{d}V'\cdot E_n \tag{2.136}$$

式中，$H^{\mathrm{p}}(r)$是水平层状介质中的一次磁场。

2.4.1.3　三维体积分方程法模拟

假设，在背景复电导率为 $\tilde{\sigma}_{\mathrm{b}}$ 介质中，存在一个不均匀体 D，它的复电导率 $\tilde{\sigma}=\tilde{\sigma}_{\mathrm{b}}+\Delta\tilde{\sigma}$ 任意变化，在通常情况下与频率相关，见图 2.10。

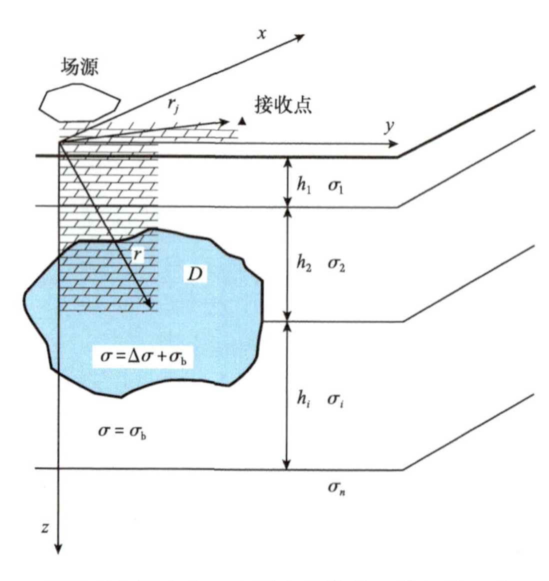

图 2.10　层状半空间中有一电导率变化的不均匀体三维地电模型

假定 $\mu=\mu_0=4\pi\times10^{-7}$H/m，这里 μ_0 是真空中的磁导率。模型的激发场源可以是任意形式的源，电磁场的时间谐变因子为 $\mathrm{e}^{-\mathrm{i}\omega t}$。复电导率中包括了位移电流的影响：$\tilde{\sigma}=\sigma-\mathrm{i}\omega\varepsilon$，

这里σ和ε分别表示电导率和介电常数。模型中的电磁场可以表示成背景场和异常场的和，即：

$$E = E^{b}+E^{a},\ H = H^{b}+H^{a} \tag{2.137}$$

在场源激发下，式（2.137）中背景电磁场是由模型背景电导率$\tilde{\sigma}_b$产生的，异常电磁场是由异常电导率$\Delta\sigma$产生的。

在不均匀体区域D上，扩散电流引起的异常电磁场可以写成积分的形式：[47-48]

$$E^{a}\left(r_j\right)=G_E\left[\Delta\tilde{\sigma}\left(r\right)E\right]=\iiint_D \hat{G}_E\left(r_j \mid r\right)\Delta\sigma(r)\left[E^{b}\left(r\right)+E^{a}\left(r\right)\right]\mathrm{d}V \tag{2.138}$$

$$H^{a}\left(r_j\right)=G_H\left[\Delta\tilde{\sigma}\left(r\right)E\right]=\iiint_D \hat{G}_H\left(r_j \mid r\right)\Delta\sigma\left(r\right)\left[E^{b}\left(r\right)+E^{a}\left(r\right)\right]\mathrm{d}V \tag{2.139}$$

式中，G_E和G_H分别为电场和磁场格林算子；$\hat{G}_E\left(r_j \mid r\right)$和$\hat{G}_H\left(r_j \mid r\right)$分别为背景电导率为$\tilde{\sigma}_b$的层状介质上的电场和磁场格林张量。它们可以通过求解下列微分方程得出：[57-58]

$$\nabla\times\hat{G}_H=\tilde{\sigma}_b\hat{G}_E+\hat{\delta} \tag{2.140}$$

和

$$\nabla\times\hat{G}_E=\mathrm{i}\varpi\mu_0\hat{G}_H \tag{2.141}$$

其中

$$\hat{\delta}=\begin{bmatrix}\delta\left(r_j-r\right) & 0 & 0\\ 0 & \delta\left(r_j-r\right) & 0\\ 0 & 0 & \delta\left(r_j-r\right)\end{bmatrix} \tag{2.142}$$

式中，$\hat{\delta}$是德耳塔函数。

$\nabla\times$算子一次只影响张量的一列。已经证明式（2.140）、式（2.141）在水平层状介质中的解可以化简成一些由汉克尔变换的函数组成[43, 59-61]。详细求解过程已由 Wannamaker 等推导出[42]。

如果假设点r_j在异常区域D内，式（2.138）变成关于异常电场E^{a}的奇异的第二类矢量 Fredholm 积分方程：

$$E^{a}\left(r_j\right)=G_E\left[\Delta\tilde{\sigma}\left(r\right)\left(E^{b}\left(r\right)+E^{a}\left(r\right)\right)\right],r,r_j\in D \tag{2.143}$$

同样，可以将积分方程表示成总场的形式：

$$E\left(r_j\right)=E^{b}\left(r_j\right)+G_E\left[\Delta\tilde{\sigma}\left(r\right)E\left(r\right)\right],r,r_j\in D \tag{2.144}$$

一旦计算出了异常区域D的扩散电磁场，用式（2.138）、式（2.139）就可求出任意接收点r_j处异常电磁场。

2.4.2 收缩的体积分方程法

上面谈到的方法是一种传统的体积分方程法，它在模拟三维电磁问题时只考虑有限个单元，并且求解完全的线性方程组。实际上，模拟井地电磁法三维低频电磁问题采用的是收缩体积分方程法。解大型线性方程组时，迭代法是获得精确解的最可行方法。如果传统的体积分方程用一个新的体积分方程代替，这个新的体积分方程的格林算子的模小于或等于一，那么迭代法解线性方程组的收敛速度可以大大提高。这就是为什么称为收缩的积分方程法[62]。变换后的格林算子可以看成是传统的体积分方程的预条件矩阵。

针对超大型矩阵求逆问题，前人曾经有过存储和计算效率的研究。Xiong 采用块状迭代原理解决电磁正演问题[52]，在该算法中，每次只有大矩阵中的一个小子矩阵被存储。Portniaguine 等采用收敛算法，它是对整个系数阵进行了一个特殊线性变换，变换后系数矩阵的大部分元素接近零[63]。如此，大大减少了存储空间。

迭代法解线性方程组避免直接求系数矩阵的逆。在电磁场正演模拟中，迭代法起了很大作用。关于有限元或有限差分中迭代算法的收敛性问题，前期已有很多研究[64-66]。然而，关于迭代法求解积分方程法中形成的线性方程组的方法只有几种被研究过[67-70]。

文献［71-73］研究了基于格林算子的范数小于或等于一的修正的体积分方程法。在收敛算子基础上，收缩的体积分方程可以认为是给传统的积分方程增加了预条件矩阵。这个预条件矩阵由地电模型的电导率分布确定，较容易计算。已有的传统的体积分方程法电磁法模拟程序易于修改成有预条件矩阵的收缩积分方程法计算程序。与这些论文[71-73]中采用的迭代法相比，收缩积分方程可以用目前常用的任何一种迭代方法求解。

2.4.2.1 收缩的体积分方程

积分方程式（2.143）可以写成另一种算子的形式：

$$E^{a}=A^{a}\left(E^{a}\right) \tag{2.145}$$

非线性算子 A^{a} 由下面式子给出：

$$A^{a}\left(E^{a}\right)=G_{E}\left(\Delta\tilde{\sigma}E^{b}\right)+G_{E}\left(\Delta\tilde{\sigma}E^{a}\right) \tag{2.146}$$

求解式（2.145）最简单的方法是用迭代方法：

$$E^{a,k}=A^{a}\left(E^{a,k-1}\right),k=1,2,\cdots \tag{2.147}$$

这种方法还称作 Born 或 Neumann 级数。如果 A^{a} 是一个收敛算子，式（2.145）就是收敛的；这意味着，对于任意 $E^{a,1}$ 和 $E^{a,2}$，有 $\left\|A^{a}\left(E^{a,1}-E^{a,2}\right)\right\|<\left\|E^{a,1}-E^{a,2}\right\|$，$\|\cdots\|$ 表示 L_2 范数。

总电场的积分方程式（2.143）可用同样方法表示：

$$E=A^{t}(E) \tag{2.148}$$

其中

$$A^{t}(E)=E^{b}+G_{E}(\Delta\tilde{\sigma}E) \tag{2.149}$$

但是，A^{a} 和 A^{t} 算子只有在弱扩散时是收缩算子，也就是说不均匀体的尺寸远远小于波长，电导率之比 $\Delta\tilde{\sigma}/\tilde{\sigma}_{b}$ 很小。

在迭代消元法[68]基础上，Pankratov 等、Zhdanov 和 Fang 对格林算子 G_E 进行了线性变换，使得格林算子的范数在任意电导率和频率下都小于 1，保证了用迭代法求迭代解线性方程组时始终收敛[71-72]。这种特殊线性变换是根据异常电磁场分布有差异而提出的。

这样式（2.142）、式（2.143）的积分方程可以转化成收缩的积分方程，按照 Zhdanov 和 Fang 的表示方法[72]，式（2.142）可以写成：

$$aE^{a}+bE^{b}=G^{m}\left[b\left(E^{a}+E^{b}\right)\right] \tag{2.150}$$

其中
$$a=\frac{2\operatorname{Re}\tilde{\sigma}_{b}+\Delta\tilde{\sigma}}{2\sqrt{\operatorname{Re}\tilde{\sigma}_{b}}},\quad b=\frac{\Delta\tilde{\sigma}}{2\sqrt{\operatorname{Re}\tilde{\sigma}_{b}}} \tag{2.151}$$

算子 $G^{m}(x)$ 是最初格林算子的一个线性变换：

$$G^{m}(x)=\sqrt{\operatorname{Re}\tilde{\sigma}_{b}}\,G_{E}\left(2\sqrt{\operatorname{Re}\tilde{\sigma}_{b}}\,x\right)+x \tag{2.152}$$

用简单的代数变换，方程（2.150）可以重新写成如下的形式：

$$\tilde{E}+(b-a)E^{b}=\tilde{E}-\sqrt{\operatorname{Re}\tilde{\sigma}_{b}}\,E^{b}=G^{m}\left[ba^{-1}\tilde{E}\right] \tag{2.153}$$

其中
$$\tilde{E}=aE \tag{2.154}$$

式中，$\tilde{E}$ 是标量电场。

式（2.153）还可以写成如下形式：

$$\tilde{E}=C\left(\tilde{E}\right)=G^{m}\left[ba^{-1}\tilde{E}\right]+\sqrt{\operatorname{Re}\tilde{\sigma}_{b}}\,E^{b} \tag{2.155}$$

对于有损耗介质，式（2.155）中的 $C\left(\tilde{E}\right)$ 是一个收敛算子[72]：

$$\left\|C\left(\tilde{E}^{(1)}-\tilde{E}^{(2)}\right)\right\|\leqslant k\left\|\tilde{E}^{(1)}-\tilde{E}^{(2)}\right\| \tag{2.156}$$

式中，$\|\cdots\|$ 表示 L_2 范数，$k<1$；$\tilde{E}^{(1)}$ 和 $\tilde{E}^{(2)}$ 是任意两个解。

这就是为什么将这种方法称为收缩的积分方程法，将 C 称作收缩的积分算子的原因。

用式（2.143）中的格林算子和式（2.152）、式（2.155）可以写成：

$$\tilde{E}=\sqrt{\operatorname{Re}\tilde{\sigma}_{b}}\,G_{E}\left[2\sqrt{\operatorname{Re}\tilde{\sigma}_{b}}\,ba^{-1}\tilde{E}\right]+ba^{-1}\tilde{E}+\sqrt{\operatorname{Re}\tilde{\sigma}_{b}}\,E^{b} \tag{2.157}$$

变换后得：

$$\left(1-ba^{-1}\right)\tilde{E}-\sqrt{\operatorname{Re}\tilde{\sigma}_{b}}\,G_{E}\left[\Delta\tilde{\sigma}a^{-1}\tilde{E}\right]=\sqrt{\operatorname{Re}\tilde{\sigma}_{b}}\,E^{b} \tag{2.158}$$

根据式（2.42），有下面关系式：

$$1-ba^{-1}=(a-b)a^{-1}=\sqrt{\operatorname{Re}\tilde{\sigma}_{\mathrm{b}}}a^{-1} \tag{2.159}$$

这样，关于标量电场 $\tilde{E}$ 的收缩体积分方程由下面式子表示：

$$\sqrt{\operatorname{Re}\tilde{\sigma}_{\mathrm{b}}}a^{-1}\tilde{E}=\sqrt{\operatorname{Re}\tilde{\sigma}_{\mathrm{b}}}E^{\mathrm{b}}+\sqrt{\operatorname{Re}\tilde{\sigma}_{\mathrm{b}}}G_E\left[\Delta\tilde{\sigma}a^{-1}\tilde{E}\right] \tag{2.160}$$

式（2.160）是收缩体积分方程法模拟三维电磁响应问题的基本方程，与式（2.148）相同，其预条件矩阵的形式为：

$$\sqrt{\operatorname{Re}\tilde{\sigma}_{\mathrm{b}}}a^{-1}\tilde{E}=\sqrt{\operatorname{Re}\tilde{\sigma}_{\mathrm{b}}}A^{\mathrm{t}}\left(a^{-1}\tilde{E}\right) \tag{2.161}$$

2.4.2.2 收缩体积分方程的数值解

Hursan 和 Zhdanov 证明，从积分方程式（2.144）出发，离散形式的式（2.161）可以形成一个有预条件矩阵的线性方程组 [62]。这里的预条件矩阵是一个对角矩阵。这样，只需对已有的程序进行一些修改，就可以开发一个求解有预条件矩阵的线性方程组的计算程序。

为了求解数值化后的积分方程，需要将不均匀体离散成 N 个单元（图 2.11），假定在每个单元上的复电阻率 $\Delta\tilde{\sigma}$ 和电场是个常量，式（2.143）可以写成离散形式：

$$e^{\mathrm{a}}=\widehat{\boldsymbol{G}}_D\widehat{\boldsymbol{S}}^{\mathrm{a}}\left(\boldsymbol{e}^{\mathrm{a}}+\boldsymbol{e}^{\mathrm{b}}\right) \tag{2.162}$$

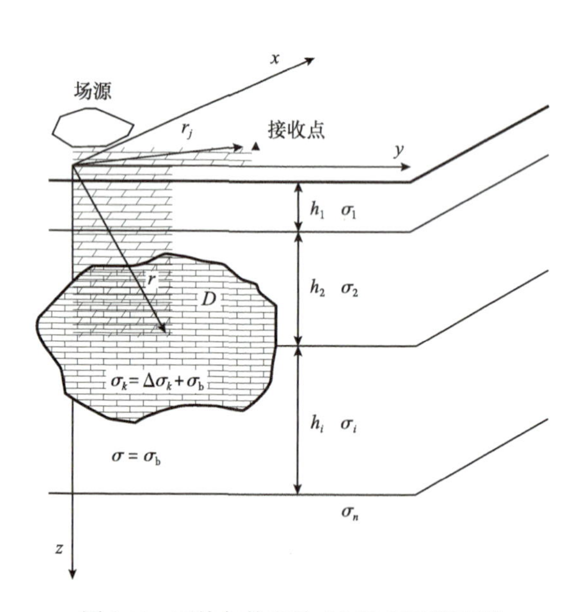

图 2.11 不均匀体离散成网格单元模型图

式（2.162）中，$\widehat{\boldsymbol{G}}_D$ 是一个 $3N\times3N$ 矩阵，由每个小单元电场格林张量的积分组成：

$$\hat{G}_D=\begin{bmatrix} \Gamma_{xx}^{11} & \cdots & \Gamma_{xx}^{1N} & \Gamma_{xy}^{11} & \cdots & \Gamma_{xy}^{1N} & \Gamma_{xz}^{11} & \cdots & \Gamma_{xz}^{1N} \\ \vdots & \vdots & \vdots & \vdots & \vdots & \vdots & \vdots & \vdots & \vdots \\ \Gamma_{xx}^{N1} & \cdots & \Gamma_{xx}^{NN} & \Gamma_{xy}^{N1} & \cdots & \Gamma_{xy}^{NN} & \Gamma_{xz}^{N1} & \cdots & \Gamma_{xz}^{NN} \\ \Gamma_{yx}^{11} & \cdots & \Gamma_{yx}^{1N} & \Gamma_{yy}^{11} & \cdots & \Gamma_{yy}^{1N} & \Gamma_{yz}^{11} & \cdots & \Gamma_{yz}^{1N} \\ \vdots & \vdots & \vdots & \vdots & \vdots & \vdots & \vdots & \vdots & \vdots \\ \Gamma_{yx}^{N1} & \cdots & \Gamma_{yx}^{NN} & \Gamma_{yy}^{N1} & \cdots & \Gamma_{yy}^{NN} & \Gamma_{yz}^{N1} & \cdots & \Gamma_{yz}^{NN} \\ \Gamma_{zx}^{11} & \cdots & \Gamma_{zx}^{1N} & \Gamma_{zy}^{11} & \cdots & \Gamma_{zy}^{1N} & \Gamma_{zz}^{11} & \cdots & \Gamma_{zz}^{1N} \\ \vdots & \vdots & \vdots & \vdots & \vdots & \vdots & \vdots & \vdots & \vdots \\ \Gamma_{zx}^{N1} & \cdots & \Gamma_{zx}^{NN} & \Gamma_{zy}^{N1} & \cdots & \Gamma_{zy}^{NN} & \Gamma_{zz}^{N1} & \cdots & \Gamma_{zz}^{NN} \end{bmatrix} \tag{2.163}$$

$$\Gamma_{\alpha\beta}^{jk}=\iiint_{D_k} G_{\alpha\beta}^{E}\left(r_j \mid r_k\right)\mathrm{d}V, \qquad \alpha,\beta=x,y,z$$

$\boldsymbol{e}^{\mathrm{b}}$ 和 $\boldsymbol{e}^{\mathrm{a}}$ 分别是背景电场和异常电场，它们是 $3N\times1$ 的列矢量：

$$\begin{cases} \boldsymbol{e}^{\mathrm{b}}=\left[E_{x,1}^{\mathrm{b}},\cdots,E_{x,N}^{\mathrm{b}},E_{y,1}^{\mathrm{b}},\cdots,E_{y,N}^{\mathrm{b}},E_{z,1}^{\mathrm{b}},\cdots,E_{z,N}^{\mathrm{b}}\right]^{\mathrm{T}} \\ \boldsymbol{e}^{\mathrm{a}}=\left[E_{x,1}^{\mathrm{a}},\cdots,E_{x,N}^{\mathrm{a}},E_{y,1}^{\mathrm{a}},\cdots,E_{y,N}^{\mathrm{a}},E_{z,1}^{\mathrm{a}},\cdots,E_{z,N}^{\mathrm{a}}\right]^{\mathrm{T}} \end{cases} \tag{2.164}$$

$\hat{\boldsymbol{S}}^{\mathrm{a}}$ 是关于异常电导率对角矩阵，矩阵的行数和列数都是 $3N$：

$$\hat{\boldsymbol{S}}^{\mathrm{a}}=\mathrm{diag}\left(\left[\Delta\tilde{\sigma}_1,\cdots,\Delta\tilde{\sigma}_N,\Delta\tilde{\sigma}_1,\cdots,\Delta\tilde{\sigma}_N,\Delta\tilde{\sigma}_1,\cdots,\Delta\tilde{\sigma}_N\right]\right) \tag{2.165}$$

注意，式（2.163）需要计算格林张量的主值 [48, 51, 53]。

可以定义一个由每个单元背景电阻率组成的对角矩阵，矩阵的行数和列数都是 $3N$：

$$\hat{\boldsymbol{S}}^{\mathrm{b}}=\mathrm{diag}\left(\left[\tilde{\sigma}_1^{\mathrm{b}},\cdots,\tilde{\sigma}_N^{\mathrm{b}},\tilde{\sigma}_1^{\mathrm{b}},\cdots,\tilde{\sigma}_N^{\mathrm{b}},\tilde{\sigma}_1^{\mathrm{b}},\cdots,\tilde{\sigma}_N^{\mathrm{b}}\right]\right) \tag{2.166}$$

式（2.162）可以写成关于总电场（$\boldsymbol{e}=\boldsymbol{e}^{\mathrm{a}}+\boldsymbol{e}^{\mathrm{b}}$）的形式：

$$\boldsymbol{e}=\boldsymbol{e}^{\mathrm{b}}+\hat{\boldsymbol{G}}_D\hat{\boldsymbol{S}}^{\mathrm{a}}\boldsymbol{e} \tag{2.167}$$

这是一个关于总电场的 $3N\times3N$ 线性方程组：

$$\hat{\boldsymbol{A}}\boldsymbol{e}=\boldsymbol{e}^{\mathrm{b}} \tag{2.168}$$

其中

$$\hat{\boldsymbol{A}}=\hat{\boldsymbol{I}}-\hat{\boldsymbol{G}}_D\hat{\boldsymbol{S}}^{\mathrm{a}} \tag{2.169}$$

矩阵 $\hat{\boldsymbol{A}}$ 是一个 $3N\times3N$ 的复非厄密共轭矩阵，当未知数少时，直接求解比较好，特别是多个场源时。如果 N 很大，存储它需要占用很大的内存。更不用说求 $O(N^3)$ 复矩阵的逆。可是已经证明，与 $\hat{\boldsymbol{A}}$ 相乘不需要存储整个 $\hat{\boldsymbol{A}}$ [68]。这样，迭代法很适合求出式（2.168）的解。

在一般情况下，$\hat{A}$ 是一个病态矩阵，特别是当不均匀体的尺寸远远大于波长，电导率之比 $\Delta\tilde{\sigma}/\tilde{\sigma}_b$ 很大时。这样造成迭代法求解方程组的收敛速度很慢或发散。下面进一步说明用离散形式的式（2.165）替代式（2.167）后，各种迭代法的计算速度都会提高，这是因为预条件矩阵起到了稳定化作用。离散形式（2.165）如下：

$$\sqrt{\operatorname{Re}\hat{\boldsymbol{S}}^{\mathrm{b}}}\left(\hat{\boldsymbol{I}}-\hat{\boldsymbol{G}}_D\hat{\boldsymbol{S}}^{\mathrm{a}}\right)\hat{\boldsymbol{a}}^{-1}\tilde{\boldsymbol{e}}=\sqrt{\operatorname{Re}\hat{\boldsymbol{S}}^{\mathrm{b}}}\boldsymbol{e}^{\mathrm{b}} \tag{2.170}$$

对角矩阵 $\hat{\boldsymbol{a}}$ 等于下式：

$$\hat{\boldsymbol{a}}=\left(2\sqrt{\operatorname{Re}\hat{\boldsymbol{S}}^{\mathrm{b}}}\right)^{-1}\left(2\operatorname{Re}\hat{\boldsymbol{S}}^{b}+\hat{\boldsymbol{S}}^{\mathrm{a}}\right) \tag{2.171}$$

$$\tilde{\boldsymbol{e}}=\hat{\boldsymbol{a}}\boldsymbol{e} \tag{2.172}$$

分析式（2.168）、式（2.169），发现式（2.172）是式（2.168）的预条件矩阵形式：

$$\tilde{\boldsymbol{A}}\tilde{\boldsymbol{e}}=\tilde{\boldsymbol{e}}^{\mathrm{b}} \tag{2.173}$$

其中

$$\tilde{\boldsymbol{A}}=\boldsymbol{M}_1\hat{\boldsymbol{A}}\boldsymbol{M}_2,\quad \tilde{\boldsymbol{e}}^{\mathrm{b}}=\hat{\boldsymbol{M}}_1\boldsymbol{e}^{\mathrm{b}} \tag{2.174}$$

$$\boldsymbol{e}=\hat{\boldsymbol{M}}_2\tilde{\boldsymbol{e}} \tag{2.175}$$

$$\hat{\boldsymbol{M}}_1=\sqrt{\operatorname{Re}\hat{\boldsymbol{S}}^{\mathrm{b}}} \tag{2.176}$$

$$\hat{\boldsymbol{M}}_2=\left(2\sqrt{\operatorname{Re}\hat{\boldsymbol{S}}^{\mathrm{b}}}\right)\left(2\operatorname{Re}\hat{\boldsymbol{S}}^{\mathrm{b}}+\hat{\boldsymbol{S}}^{\mathrm{a}}\right)^{-1} \tag{2.177}$$

这样将式（2.168）变成预条件矩阵形式：

$$\hat{\boldsymbol{M}}_1\hat{\boldsymbol{A}}\hat{\boldsymbol{M}}_2\left(\hat{\boldsymbol{M}}_2^{-1}\boldsymbol{e}\right)=\hat{\boldsymbol{M}}_1\boldsymbol{e}^{\mathrm{b}} \tag{2.178}$$

式中，$\hat{\boldsymbol{M}}_1$ 是左预条件矩阵；$\hat{\boldsymbol{M}}_2$ 是右预条件矩阵。

构建矩阵 $\hat{\boldsymbol{M}}_1\hat{\boldsymbol{A}}\hat{\boldsymbol{M}}_2$ 的主要目的是它的条件数比 $\hat{\boldsymbol{A}}$ 的小。通过范数不大于 1 的收敛格林算子完成构建工作。

2.4.2.3 稳定化的双共轭梯度算法

当线性方程组的系数矩阵的条件数接近一或系数矩阵是一个单位矩阵，采用共轭梯度迭代法解线性方程组是一种非常有效的方法。

共轭梯度（BICG）法解线性方程组的收敛过程中经常会出现振荡现象。van der Vorst 在共轭梯度法的基础上，提出了稳定的双共轭梯度法，在很多情况下它比共轭梯度法收敛效果要好[74-75]。

这样就可以把式（2.178）中 $\hat{\boldsymbol{M}}_1$ 看成稳定化的双共轭梯度算法中的左预条件矩阵，$\hat{\boldsymbol{M}}_2$ 看成稳定化的双共轭梯度算法中的右预条件矩阵 $\boldsymbol{M}_2$，式（2.178）可以写成：

$$\boldsymbol{A}\boldsymbol{u}=b \tag{2.179}$$

其中 $$\boldsymbol{A}=\widehat{\boldsymbol{M}}_1\widehat{\boldsymbol{A}}\widehat{\boldsymbol{M}}_2,\ \boldsymbol{u}=\widehat{\boldsymbol{M}}_2^{-1}\boldsymbol{e},\ \boldsymbol{b}=\widehat{\boldsymbol{M}}_1\boldsymbol{e}^{\mathrm{b}}$$

从而形成求解收缩体积分方程的稳定化的双共轭梯度算法，算法如下：

$r^{(0)}=Au^{(0)}-b,u^{(0)}$ 为初始猜想值

令 $\tilde{r}=r^{(0)},\beta_0=0,p^{(0)}=0,v^{(0)}=0,\omega_0=0$

for i=1，2，…

$\rho_{i-1}=\tilde{r}^{\mathrm{T}}r^{(i-1)}$

$p^{(i)}=r^{(i-1)}+\beta_{i-1}\left[p^{(i-1)}-\omega_{i-1}v^{(i-1)}\right]$

$v^{(i)}=Ap^{(i)}$

$\alpha_i=\rho_{i-1}/\left[\tilde{r}^{\mathrm{T}}v^{(i)}\right]$

$s=r^{(i-1)}-\alpha_i v^{(i)}$

$t=As$

$\omega_i=\left(t^{\mathrm{T}}s\right)/\left(t^{\mathrm{T}}t\right)$

$u^{(i)}=u^{(i-1)}-\alpha_i p-\omega_i s$

$r^{(i)}=s-\omega_i t$

$\beta_i=(\rho_i/\rho_{i-1})/(\omega_i/\alpha_i)$

end

当满足收敛条件后，停止循环，得到方程式（2.179）的解。

与传统的体积分方程法相比，收缩体积分方程法可以模拟不均匀体的尺寸远远大于波长、不均匀体电导率与背景电导率之比很大时的地电模型。应用迭代算法求解收缩体积分方程的收敛性比求解传统的体积分方程的收敛性要好。在有预条件矩阵的收缩体积分方程法中，可以用 BICGSTAB 迭代算法求解线性方程组。

2.4.3 体积分方程的并行算法

过去几十年，对于复杂的地电模型的三维电磁数值模拟取得了巨大的进步。但是，随勘探区的逐渐复杂，有时单个计算机的计算速度和内存都无法满足处理实际生产资料的要求，从而要求电磁问题的三维正反演能够在机群上进行。已经有几篇很好的关于三维电磁正演模拟采用并行算法的文章[76-77]。然而，直到最近几年，有限差分法（FD）和有限元法（FE）并行算法做得比较完善。即使在一台计算机上，积分方程法（IE）模拟三维电磁问题的并行算法比有限差分和有限元法的更难实现，实现积分方程法的并行算法非常困难。但是需要注意到积分方程法的一个特点，就是只对不均匀体区域进行离散剖分，而有限差分和有限元法需要对整个计算区域进行离散剖分。

并行性的关键在于算法，而算法必须适应具体的计算机结构。根据并行计算机能够同时执行的指令与处理数据的多少，可以把并行计算机分为：（1）单指令流多数据流并行计算机（SIMD）；（2）多指令流多数据流并行计算机（MIMD）。从物理上划分，共享内存和分布式内存是两种基本的并行计算机存储方式，除此之外，分布式共享内存也是一种越来

越重要的并行计算机存储方式。

对于现实世界的物理问题，为了能够高效地并行求解，必须建立它的并行求解模型。一个串行的求解模型是很难在并行计算机上取得满意的并行效果的。有了并行求解模型，即可以针对该模型设计高效的并行算法，还可以对该问题的求解进行精确描述和定量分析，进而对各种不同的算法进行性能上的比较，最后通过并行程序设计，实现问题和并行计算机的结合。

并行程序设计，需要将问题的并行求解算法转化为特定的适合并行计算模型的并行算法。为了达到这一目的，首先是问题的并行求解算法必须能够将问题内在的并行特征充分体现出来，否则并行求解算法将无法利用这些并行特征，从而使问题的高效并行求解成为不可能；其次是并行求解模型要和并行计算模型尽量吻合，这样就为问题在向并行计算机上的高效解决提供了前提。

目前两种最重要的并行编程模型是数据并行和消息传递。数据并行是将相同的操作同时作用于不同的数据，消息传递则是在各个并行执行的部分之间通过传递消息来交换信息、协调步伐、控制执行。消息传递的基本通信模式是简洁明了，学习和掌握这些部分并不困难，因此目前大量的并行程序设计仍然是消息传递并行编程模式。

并行算法是给定并行模型的一种具体、明确的解决方法和步骤。根据运算的基本对象的不同，可以将并行算法分为数值并行算法（数值计算）和非数值并行算法（符号计算）。根据进程之间的依赖关系，可以将并行算法分为同步并行算法（步调一致）、异步并行算法（步调、进展互不相同）和纯并行算法（各部分之间没有关系）。根据并行计算任务的大小，可以将并行算法分为粗粒度并行算法（一个并行任务包含较长的程序段和较大的计算量）、细粒度并行算法（一个并行任务包含较短的程序段和较小的计算量以）及介于二者之间的中粒度并行算法。

对于相同的并行计算模型，可以有多种不同的并行算法来描述和刻画。由于并行算法设计的不同，可能对程序的执行效率有很大的影响，不同的算法可以有几倍、几十倍甚至上百倍的性能差异是完全正常的。对于机群计算，有一个很重要的原则即设法加大计算时间相对于通信时间的比重，减少通信次数甚至以计算换通信。这是因为，对于机群系统，一次通信的开销要远远大于一次计算的开销，因此要尽可能降低通信的次数，或将两次通信合并为一次通信。

并行任务的分配可以根据正演的频点数和不均匀体的电场格林张量进行，下面从这两个方面阐述基于体积分方程法的井地低频电磁法三维正演并行算法，并对它们的计算精度和计算速度进行了验证。井地低频电磁法三维反演并行算法和三维正演一样，因此不进行原理和结果的介绍。

2.4.3.1 并行算法的基本思路

电磁问题模拟中对计算机有两个要求，一是计算内存，二是计算速度。虽然体积分方程法在模拟三维电磁问题时只对不均匀体区域进行剖分，仅计算不均匀体在地面上形成的异常场，但是当不均匀体的几何尺寸比较大或网格剖分得比较密时，就会造成计算的网格数比较大，从而存储不均匀体的电场格林张量需要大量的计算机内存，目前的个人计算机是不能满足要求的。三维电磁模拟时经常是计算很多个频点，频点数的多少也影响计算所用的时间。考虑到计算时间和计算机内存需求这两个问题，分别采用按频点数分配任务和按不均匀体的电场格林张量分配任务开发基于体积分方程法的井地低频电磁法三维并行程序。开发语言用 Visual Fortran 6.5 和消息传递接口库（MPI）。

1）按频点数分配任务

在不均匀体的电场格林张量占用计算机内存比较少，也就是不均匀体的网格单元数相对比较小，单个计算机的内存可以满足存储不均匀体的电场格林张量前提下，按频点数设计并行算法。将本来由一台计算机一个进程计算所有的频点，均匀分配到所选定的节点上（一个 CPU 的节点发送一个进程，双 CPU 的节点发送两个进程）多个进程，由每个进程单独自计算，所有进程计算结束后由主进程（Leader）收回每个节点上的计算结果，这样做的好处减少了进程之间的通信时间。基本思路如图 2.12 所示。

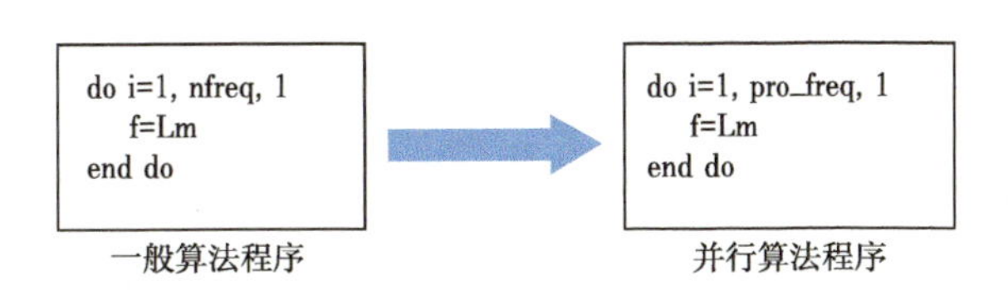

图 2.12　按频点分配任务的并行算法示意图

图 2.12 中，nfreq 是指需要计算总频点数，pro_freq 是指主进程分配给某个进程需要计算的频点数。

2）按电磁格林张量分配任务

根据式（2.178）可以将离散后的体积方程写成：

$$f = \hat{\boldsymbol{L}}\boldsymbol{m} \tag{2.180}$$

式中，$\hat{\boldsymbol{L}} = \hat{\boldsymbol{M}}_1 \hat{\boldsymbol{A}} \hat{\boldsymbol{M}}_2$，$f = \hat{\boldsymbol{M}}_1 \boldsymbol{e}^{\mathrm{b}}$，$m = \hat{\boldsymbol{M}}_2^{-1} \boldsymbol{e}$。

式（2.180）是一个线性方程组，通过稳定化的双共轭梯度法（BICGSTAB）法可求出方程组的解。

式（2.180）中的系数矩阵 $\hat{\boldsymbol{L}}$ 是由左条件矩阵 $\hat{\boldsymbol{M}}_1$、右条件矩阵 $\hat{\boldsymbol{M}}_2$ 以及不均匀体区域上的电磁场格林张量 $\hat{\boldsymbol{G}}_D$ 相乘组成。已经证明与系数矩阵 $\hat{\boldsymbol{L}}$ 相乘可以变成水平面（xy 面）上二维卷积，然后沿垂直方向相加每个水平面上二维卷积。

式（2.180）也可以写成标量的形式：

$$f_{\alpha i} = \sum_{\beta = x,y,z} \sum_{n=1}^{N_z} \left(l_{\alpha i \beta n} * m_{\beta n} \right), \beta = x, y, z; i = 1, 2, \cdots, N_z \tag{2.181}$$

式中，$l_{\alpha i \beta n}$ 是方程（2.151）中系数矩阵 $\hat{\boldsymbol{L}}$ 中的元素；α 和 β 对应着 x，y，z 分量；i 和 n 是沿垂直方向表示电场格林张量时的接收点和源的位置；* 表示水平面（xy）上的二维卷积；N_z 是 z 方向的剖分网格数。

可以利用离散的卷积定理：

$$l_{\alpha i \beta n} * m_{\beta n} = \mathrm{FFT}^{-1}\left[\mathrm{FFT}\left(l_{\alpha i \beta n} \right) \cdot \mathrm{FFT}\left(m_{\beta n} \right) \right] \tag{2.182}$$

式（2.182）可以将式（2.181）中的卷积运算变成快速傅里叶变换后的矩阵相乘运算，这样计算量由 $O(N^2)$ 减少到 $O(N\log N)$，$N=N_x\times N_y$，N_x 和 N_y 分别指 x 和 y 方向的剖分网格数。

为了保证任务分配得比较平均，采用一维块状循环分配任务。水平面 xy 平面上的三个方向分量（电场格林张量）各自作为一个任务单元，按 z 方向循环，先分配 x 方向分量，然后分配 y 方向分量，最后分配 z 方向分量。这样保证了每个进程单元（process unit，PU）分配到的元素是顺序排列，访问每个进程单元内存中变量的速度将会提高，解方程的速度也会加快。假定有五个进程单元（PU），不均匀体区域沿 x、y、z 三个方向被剖分成 6×4×7 的网格单元（图 2.13）。

每个进程中可能分配的最大任务数是 task_max=ceiling（N_z×3/process_num），每个进程中可能分配的最小任务数是 task_min=int（N_z×3/process_num）。其中 N_z 是 z 方向的剖分网格数，process_num 是进程单元总数，ceiling 和 int 函数见 Visual Fortran 6.5 编程手册。

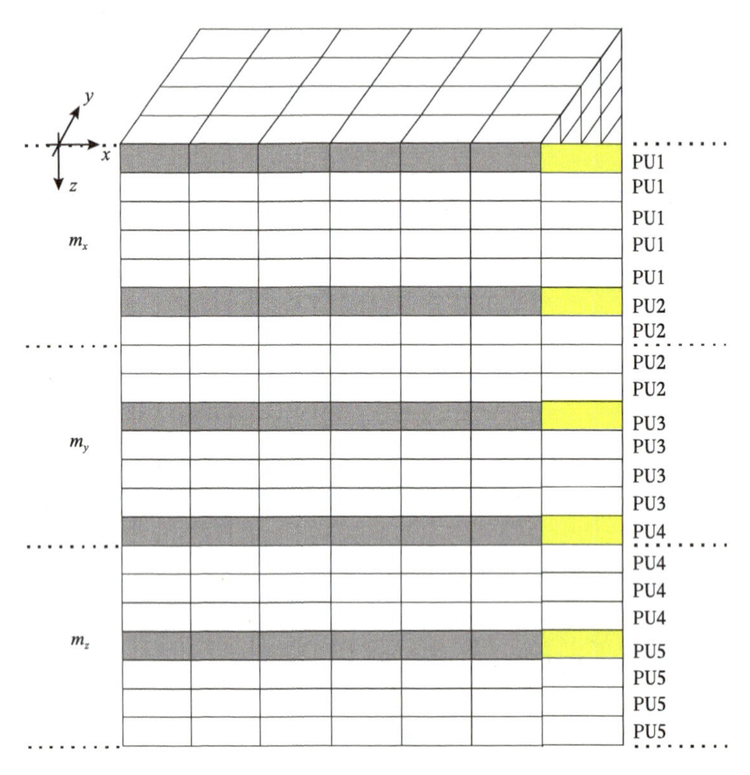

图 2.13　矢量 $\boldsymbol{m}$ 内存分配模式（5 个进程单元分配 6×4×7 的网格单元）

每个进程单元按水平层（xy 平面）分配方程（2.180）中 $\boldsymbol{m}$ 矢量：

$$
\begin{cases}
\text{PU1:}\quad \boldsymbol{m}^{(1)}=\{m_{x1},m_{x2},m_{x3},m_{x4},m_{x5}\} \\
\text{PU2:}\quad \boldsymbol{m}^{(2)}=\{m_{x6},m_{x7},m_{y1},m_{y2}\} \\
\text{PU3:}\quad \boldsymbol{m}^{(3)}=\{m_{y3},m_{y4},m_{y5},m_{y6}\} \\
\text{PU4:}\quad \boldsymbol{m}^{(4)}=\{m_{y7},m_{z1},m_{z2},m_{z3}\} \\
\text{PU5:}\quad \boldsymbol{m}^{(5)}=\{m_{z4},m_{z5},m_{z6},m_{z7}\}
\end{cases}
\tag{2.183}
$$

式中，m 的上标是进程单元的序号。

用同样的内存分配模式，公式（2.181）中系数矩阵 $\boldsymbol{L}$ 的分配情况如下：

$$\left\{\begin{array}{ll}\text{PU1:} & l^{(1)}_{(xyz)(1,2,\cdots,7)}=\left\{l_{x(1,2,3,4,5)(xyz)(1,2,\cdots,7)}\right\}\\ \text{PU2:} & l^{(2)}_{(xyz)(1,2,\cdots,7)}=\left\{l_{x(6,7)(xyz)(1,2,\cdots,7)},l_{y(1,2)(xyz)(1,2,\cdots,7)}\right\}\\ \text{PU3:} & l^{(3)}_{(xyz)(1,2,\cdots,7)}=\left\{l_{y(3,4,5,6)(xyz)(1,2,\cdots,7)}\right\}\\ \text{PU4:} & l^{(4)}_{(xyz)(1,2,\cdots,7)}=\left\{l_{y(7)(xyz)(1,2,\cdots,7)},l_{z(1,2,3)(xyz)(1,2,\cdots,7)}\right\}\\ \text{PU5:} & l^{(5)}_{(xyz)(1,2,\cdots,7)}=\left\{l_{z(4,5,6,7)(xyz)(1,2,\cdots,7)}\right\}\end{array}\right. \quad (2.184)$$

其中大括号中的 l 下标是压缩形式写法，具体可解释成：$l_{x(6,7)(xyz)(1,2,\cdots,7)}$表示$l_{x6(xyz)(1,2,\cdots,7)}$，$l_{x7(xyz)(1,2,\cdots,7)}$，$l_{x6(xyz)(1,2,\cdots,7)}$表示$l_{x6x(1,2,\cdots,7)}$，$l_{x6y(1,2,\cdots,7)}$，$l_{x6z(1,2,\cdots,7)}$，$l_{x6x(1,2,\cdots,7)}$表示$l_{x6x1}$，$l_{x6x2}$，$\cdots$，$l_{x6x7}$。

这样，并行的矩阵运算可以写成：

$$\begin{pmatrix} f^{(1)}\\ f^{(2)}\\ \vdots\\ f^{(P)}\end{pmatrix}=\hat{\boldsymbol{L}}\boldsymbol{m}=\begin{pmatrix}\hat{\boldsymbol{L}}^{(1)}\boldsymbol{m}\\ \hat{\boldsymbol{L}}^{(2)}\boldsymbol{m}\\ \vdots\\ \hat{\mathrm{L}}^{(P)}\boldsymbol{m}\end{pmatrix}=\begin{pmatrix}\sum_{\beta=x,y,z}\sum_{n=1}^{N_z} l^{(1)}_{\beta n} * m_{\beta n}\\ \sum_{\beta=x,y,z}\sum_{n=1}^{N_z} l^{(2)}_{\beta n} * m_{\beta n}\\ \vdots\\ \sum_{\beta=x,y,z}\sum_{n=1}^{N_z} l^{(P)}_{\beta n} * m_{\beta n}\end{pmatrix} \quad (2.185)$$

2.4.3.2 算法验证

为了分别验证按频点分配任务和按不均匀体电场格林张量分配任务这两种并行算法的正确性，将开发的 Pelbipole 并行程序放到曙光 4000 机群上，任意选十个节点作并行计算，与单机计算程序 elbipole 计算结果对比。计算模型如图 2.14 所示，三层水平层状介质，第二层中有一个不均匀体（红线框表示），每层的电导率和厚度见图 2.14。不均匀体的 x、y 方向长度是 1000m，厚度为 600m，电导率是 0.1s/m。

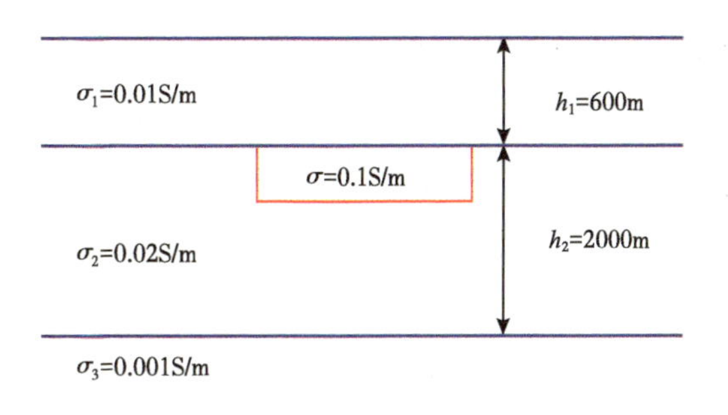

图 2.14　地电模型示意图

接收点区域 x 和 y 方向大小为 −2500~2500m，网格间隔为 100m，见图 2.15。地面接收点在网格单元的中心，见图 2.15 中蓝色点。

1）按频点分配任务并行算法验证

计算频率 24 个，它们是 0.001Hz、0.0025Hz、0.005Hz、0.075Hz、0.01Hz、0.025Hz、0.05Hz、0.075Hz、0.1Hz、0.25Hz、0.5Hz、0.75Hz、1Hz、2.5Hz、5Hz、7.5Hz、10Hz、25Hz、50Hz、75Hz、100Hz、250Hz、500Hz 和 750Hz。计算分量是 E_x、E_y、H_x 和 H_y。

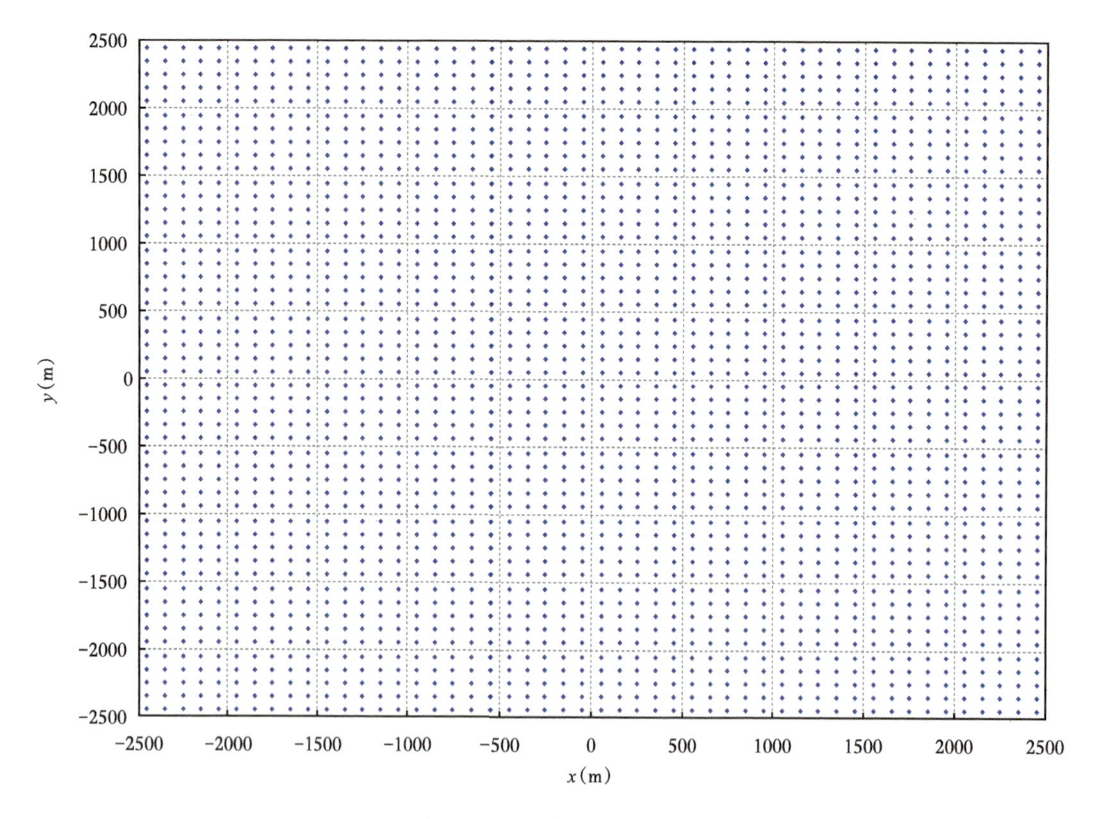

图 2.15　地面接收点示意图

由于计算的结果数据量比较大，无法一一给出，故只给出频率为 0.001Hz、接收点坐标是（x=-2450~2450m，y=-2450m）的那条测线的对比结果。图 2.16 至图 2.19 分别是 E_x、E_y、H_x 以及 H_y 四个分量两种程序计算结果对比图。可以看出两种程序计算的结果吻合非常好，这说明按频点分配任务的并行程序的算法是正确的。

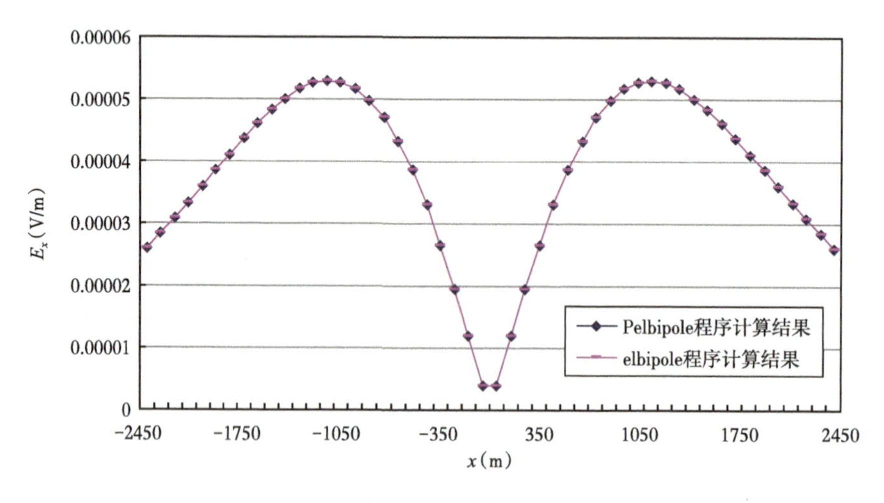

图 2.16　E_x 剖面图

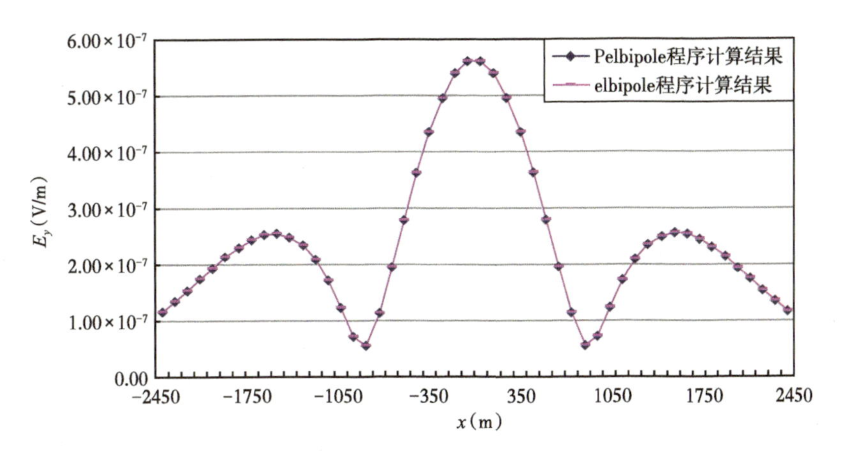

图 2.17 E_y 剖面图

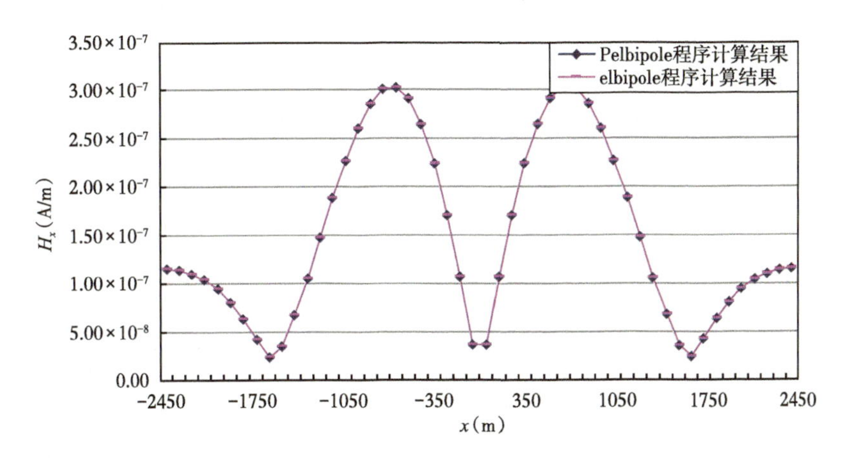

图 2.18 H_x 剖面图

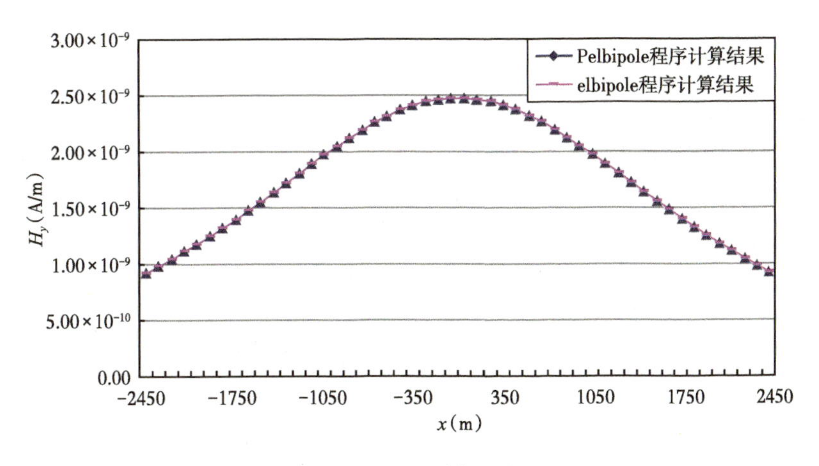

图 2.19 H_y 剖面图

2）按不均匀体电场格林张量分配任务的并行算法验证

针对如图 2.14 所示的地电模型，激发频率选为 100Hz，分别用单机的计算程序与按不均匀体电场格林张量分配任务的并行计算程序作正演计算。地面接收点由间距 100m，x 坐标从 −2450m 到 2450m，y 坐标都为 −2450m 的 50 个点组成的一条线。图 2.20 是单机计算程序与按不均匀体电场格林张量分配任务的并行计算程序的计算结果对比图，图 2.20（a）是 E_x 对比图，图 2.20（b）是 E_y 对比图。

由图 2.20（a）、图 2.20（b）可以看出，并行程序计算结果和单机程序计算的结果吻合得很好，绝对误差很小。这说明按不均匀体电场格林张量分配任务的并行算法是正确的。

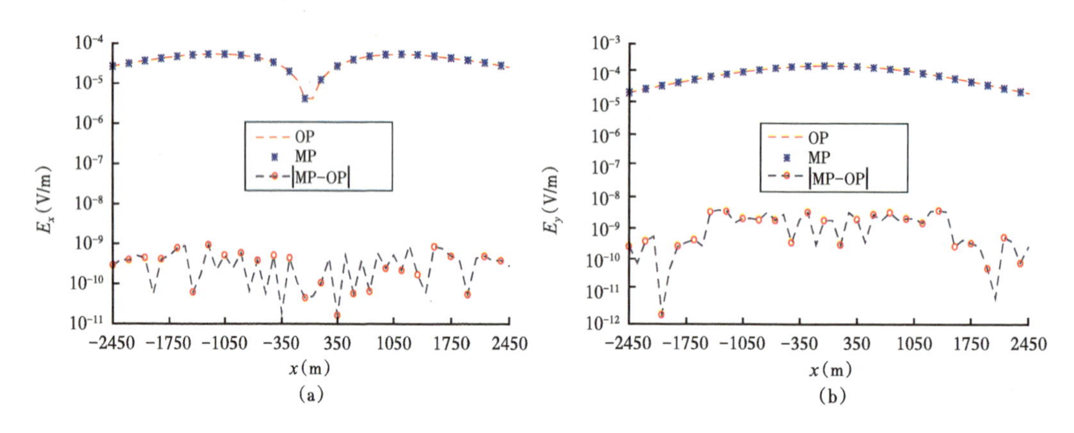

图 2.20　并行计算程序（MP）与单机计算程序（OP）计算结果对比

2.4.3.3　计算速度测试

由于按频点分配任务的并行程序在任务分配完成后每个进程单元之间不再进行相互通信，直到最后计算结束，主进程（Leader）收回每个进程计算结果，因此按频点分配任务的并行程序计算时间与进程数之间是一种近似线性减少的关系，并行效率和计算速度都非常高。在这里主要是对按不均匀体电场格林张量分配任务的并行程序计算时间做测试对比。

曙光 4000 型机群（PC cluster）有 64 个节点，每个节点有两个 CPU，主频为 2.8GHz，物理内存为 2G。测试过程中，每个节点分配一个进程进行计算。计算一个频点，频率为 100Hz，地电模型见图 2.14，接收点网格参数见图 2.15。不均匀体的剖分网格数分别为 93600（60×60×26）、200000（100×100×20）。图 2.21 是两种剖分网格分别在 1 个、2 个、4 个、8 个、16 个 CPU 上计算时间对比图。计算不均匀体区域的扩散场时，采用 BICGSTAB 法迭代求解式（2.180），图 2.22 是不同网格数、不同进程数 BICGSTAB 迭代一次所用的时间对比图。

由图 2.21 可以看出，随着剖分网格数增加，对应计算时间迅速增加。由图 2.21 还可以看出，在剖分网格数相同的情况下，随着进程数的增加，计算时间在减少，但是不是线性关系。这是由于随着进程数的增加，进程之间的通信量增加，也就是要消耗一定的 CPU 时间进行交换数据。因此随着进程数的增加，并行效率会有所下降。由图 2.22 可见，BICGSTAB 迭代一次时间随着进程数的增加，迭代时间迅速减少，在剖分网格数不大的情况下，迭代时间与进程数之间基本是近似线性减少的关系。从上面的结果可以看出并行计算在电磁法三维模拟的优势。

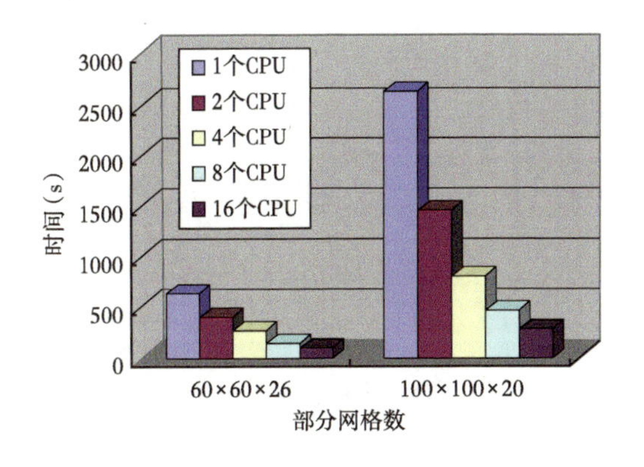

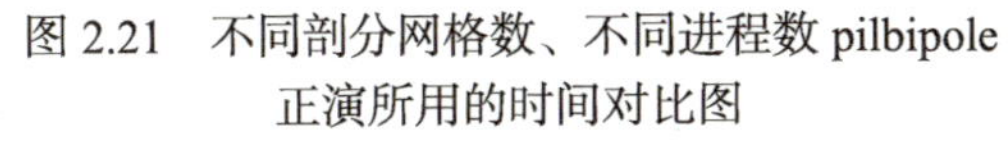
图 2.21 不同剖分网格数、不同进程数 pilbipole 正演所用的时间对比图

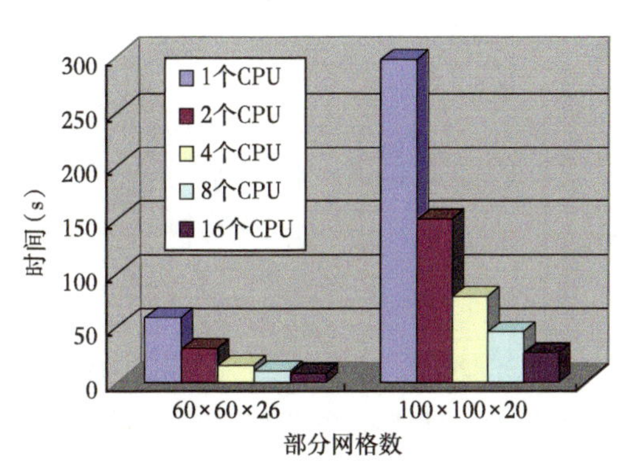

图 2.22 不同剖分网格数、不同进程数 BICGSTAB 法迭代一次所用时间对比图

2.4.3.4 计算剖分网格数测试

按频点分配任务的并行算法实际上没有解决内存问题，只解决了计算速度的问题。但按不均匀体电场格林张量分配任务的并行算法既解决了计算速度问题，又解决了内存需求大的问题。为了检验在有限个节点（node）情况下所能够计算的最大网格数，在 16 个节点上进行测试，每个节点上只分配一个进程。表 2.1 是 16 个节点上剖分网格数和计算时间对比表。

表 2.1 16 个节点剖分网格数和计算时间对比表

剖分网格数	正演一个频点的时间（s）	BICGSTAB 迭代一次的时间（s）
400000（100×100×40）	918	87.6
800000（100×100×80）	3503	310
860000（100×100×86）	4973	389

由表 2.1 可见，16 个节点在每个节点上运行一个进程的情况下，最大能够计算的网格数 860000（100×100×86），在这样的剖分网格数情况下，正演一个频点需要 4973s。最大剖分网格数可以满足对野外实测数据的模拟，所用计算时间也是可以接受的。如果增加节点数，相应的计算网格数也会增加，但是节点数的增加与计算网格数的增加不是倍数关系。

3 工作方法及仪器系统

井地电磁法特指井中激发、地面接收的方法。为了区分，将地面激发、井中接收的方法称为井地电法，把激发和接收分别置于两口井的方法称为井间电法或跨孔电磁法。这里仅讨论井中激发、地面接收的井地电磁法。

3.1 分类

井地电磁法是地球物理勘探中一种重要的技术，它通过井内和地表的电磁场布设和测量，探测地下地质体的特性。根据具体应用和原理，可以将井地电磁法进一步细分为多个类别。根据方法的差异，井地电磁法可分为井地充电法、井地直流电法、井地频率电磁法、井地时间域电磁法、井地时频电磁和井地时频差分电磁法。

3.1.1 井地充电法

井地充电法[27-30, 40-41, 59]（Borehole-to-Surface Charging Method，简称 BSCM）的基本原理与其他电法勘探类似，但它特别注重通过在钻井中直接施加场源，使电流在井中地下介质内流动。井地充电法通过测量地表的电位变化，来解释地下地层的电性结构。传统的井地充电法工作前提是所探测的目标体为导体，工作方法是将场源一个电极 A 下至井中与探测目标导体相连，另一个电极 B 接到无穷远处，在井附近进行数据采集。电极 A 与目标体相连可以分为两种情况，一是裸眼井未下套管情况下，井下电极直接下至目标体；二是通过钢套管与地下目标体连通。孔隙储层或矿体供电时成为一个“大电极”，其电场分布取决于导电矿体几何特征、电性参数及供电点的位置等。因此，可以通过在地面及井中布设测网，研究电场的分布规律来了解矿体的分布、产状、埋深等。通常把供电电源一个电极接在目标体上，另一个电极放在无穷远处。孔隙储层或矿体通电后是一个近似等电位的带电体。可在地表、钻孔或坑道中观测电位或电位梯度的变化，特别是观测充电与不通电的变化。根据实测曲线可分析推断孔隙储层或矿体形状，产状、埋深、目标体之间是否相连及确定注水流速、流向等问题。孔隙储层或矿体导电性越好，地形越平坦，围岩越均匀，充电磁的地质效果越好。

井地充电法主要应用于地下水、金属矿产和油气资源探测中，具体工作方法步骤如下：

（1）设置电极：在钻井中安装供电电极，确保电极与地层或井筒接触良好。

（2）施加电场：通过电极向地下介质输入电流，形成电场。

（3）地面测量：在地表布置测量电极，收集不同位置的电位数据。

（4）数据处理与解释：通过对测量到的电位数据进行解析，可构建地下电性剖面图，进而推断地下地质体的性质和分布。

井地充电法的主要优点：（1）由于电流直接通过井内电极施加到地下目标，这种方法具有很高的分辨率，能够精准地确定目标平面范围及方向；(2)探测深度较大，适用于深部地层目标的快速圈定范围和识别走向。

井地充电法的技术特点与应用：电极布置灵活，可以根据具体地质条件和勘探目标，灵活调整电极的布置方式，以优化电场的形成和数据采集效果；数据反演与成像比较简单，可快速实现高精度的地下目标成像。

井地充电法有着广泛的应用领域。在油气勘探中，井地充电法用于识别油气藏的位置和性质，评估储层的电性特征。在矿产资源勘查中，井地充电法尤其适用于金属矿、煤炭等矿产的勘查。在环境与工程地质领域，井地充电法可以监测地下水污染、废弃物埋藏和其他环境问题。在地质灾害监测方面，井地充电法可预警和监测滑坡、地面沉降等地质灾害。

在全球范围内，井地充电法已被广泛应用于各种地质条件下的资源勘探和环境监测。例如，某些大型油气田项目采用井地充电法成功确定了多个油气层的位置和性质，有效指导了后续的钻探工作；在某些矿区，通过该方法成功识别了深埋矿体，为矿产资源的开发提供了可靠的数据支持；在地下水污染调查中，通过该方法有效监测到污染扩散的范围和深度，为环境治理提供了依据。

井地充电法作为一种高效、精准的地球物理勘探方法，在油气、矿产勘查及环境与工程地质领域有广泛的应用前景。通过持续的技术创新和实践应用，井地充电法有望为地球资源的高效开发和环境保护提供更为强有力的支持。

3.1.2 井地直流电法

井地直流电法[60-62] (Borehole to surface Direct Current Method, 简称 BSDC)是利用井中电极输入电流，通过测量地表电场分布来探测研究地下介质电性特征，目前已经发展了井地高密度电法。

井地直流电法的工作方法是将地面直流电磁的一个场源电极 A 置于井中或与钢套管井相连接，另一个电极 B 置于无穷远处或连接另一个比较远的套管井，接收电极 MN 以 A 为激发场源，进行三极测深。随着地面高密度电磁的发展，井地高密度电磁也应运而生，其工作方法跟地面高密度基本类似，只是其中一个供电极下井，在井中布设一系列流动激发点，地面与井中联合反演，提高探测精度。因此，井地高密度电磁是地面高密度电磁的进一步演化，也可以看成是地面与井中方法的联合。

井地直流电法具体工作步骤如下：

(1)布设电极：在井中布置供电电极，并在地表布设多个接收电极点。

(2)激发直流电流：通过井中电极向地下放电，形成直流电场。

(3)测量 MN 电位差：地表布设采集站，通过接收电极测量不同位置的电位，得到电场分布数据。

(4)数据处理解释：通过解析电场分布数据，构建地下电性剖面图，从而推断地下介质的物理性质和分布。

井地直流电法的主要优点：探测深度受井深度限制，能够在复杂地形条件下进行有效勘探，较少受到地形起伏和表层条件的影响；设备设置和操作相对简单，便于野外施工。

井地直流电法的技术特点与应用：高密度井地直流电法通过密集的电极布设和高精度的电位测量，可以获得高分辨率的地下电性剖面图，识别到细小的地质异常。

在国际和国内的许多油气田及矿产资源勘探项目中，井地直流电法都有成功的应用案例。如利用该方法成功识别出地下含油层、含气层，并通过后续钻井验证了其准确性；通过井地直流电法对地下污染进行追踪，提供了有效的数据支持。

井地直流电法作为一种经典但依然有前途的地球物理勘探技术，凭借其独特的技术优势和广泛的应用前景，必将在未来的资源勘探、地下水勘查、环境监测和地质灾害预警中继续发挥重要作用。希望通过技术创新和实践应用，推动该领域的进一步发展。

3.1.3 井地频率域电磁法

井地频率电磁法[63-64]（Borehole-to-Surface Frequency Domain Electromagnetic Method，简称 BSFEM）是一种在油气田勘探和开发中应用非常广泛的地球物理勘探技术，它通过在井内设置激发装置并在地面布设接收装置，以频率域的电磁波为探测手段，分析地下介质的电性特征，进而识别和圈定油气藏。井地频率域电磁法的布极装置比井地直流电磁要灵活多变，除了与前面井地直流电磁的布极工作方式外，一个电极下井，另外一个电极可以在井口附件，这在直流电磁中是没有意义的，因为直流电磁是几何测深，激发场源的两个接地电极 A 和 B 的距离与探测深度相关，而频率域电磁法除了与装置的几何大小有关外，还与激发频率相关，通过改变频率进行测深。因此，井地频率域电磁法有多种布极工作方式，供电电极的位置可以有 5 种：（1）A 电极置于井下套管中，B 电极于无穷远处，即 $A_{井中}$—$B_{无穷远}$；（2）A 电极置于井下套管中，B 电极置于井口附近，近似垂直场源，即 $A_{井中}$—$B_{近井}$；（3）A 电极置于井下套管中，B 电极置于一定远处套管井，即 $A_{井中}$—$B_{套管井}$；（4）A 电极与钢套管相连，B 电极置于无穷远处，即 $A_{套管井}$—$B_{无穷远}$；（5）A 电极与钢套管相连，B 电极置于一定远处套管井，即 $A_{套管井}$—$B_{套管井}$。

井地频率电磁法通过在井中使用特定频率的电流源激发电磁场，该电磁场在地下介质中传播时，根据不同地层的电性特征会产生不同的响应。地面上的接收装置记录这些响应频谱，通过对频谱特性的分析，可以绘制出地下介质电性的剖面图，识别油气藏及其边界。

井地频率电磁法的主要优点：灵敏度高，井地频率电磁法能够对电性差异较小的地层作出敏感反应，因此对识别细小的油气藏、裂缝及其他地质特征有显著优势；由于激发源靠近目标储层，井地频率电磁法能够提供高精度、高分辨率的地下成像；能够提供频率域内的多种信息，包括相位、振幅等，这对全面解析地下结构和物性具有重要意义。

井地频率电磁法的技术特点与应用：（1）多频激发和多点接收，即在井中常常会设置多个频率的激发电流源，而在地面布设多个接收点来捕捉不同频率下的电磁响应，通过对这些数据显示进行综合分析，可以获得更为精细的地下成像；（2）通过对接收信号的频谱进行分析，可以识别出不同地层的电性特征，从而更精确地划分油气藏、含水层及其他地质单元。

井地频率电磁法的适用范围广：（1）在油气藏勘探方面，用于识别和圈定油气藏的空间分布；（2）在地质构造研究方面，通过分析频谱特性，可以用于断层、裂缝等地质构造的研究；（3）在动态监测方面，用于实时监测油气田开发过程中的变化，如注水动态、压裂效果等。

在国际上，井地频率电磁法被广泛应用于海上和陆上油气田勘探。例如，在北海、墨西哥湾等地区，通过这一技术取得了多项油气发现，进一步验证了其高效性和准确性。国内的应用同样取得显著成果。例如，在我国大庆油田，通过井地频率电磁法成功圈定了多个隐蔽的油气藏，为后续开发提供了重要依据；在四川盆地复杂地层条件下，通过该方法有效识别了多层油气藏，优化了钻井参数，显著提高了勘探成功率。

井地频率电磁法作为一种先进的地球物理勘探技术，凭借其独特优势和广泛应用前景，必将在未来油气资源勘探和开发中继续扮演重要角色。希望通过不断的技术创新和实践应用，进一步推动这一技术的发展，为全球能源资源的高效勘探开发做出贡献。

3.1.4 井地时间域电磁法

井地时间域电磁法[65-67]（Borehole-to-Surface Time-Domain Electromagnetic Method，简称 BSTEM）又可称井地瞬变电磁法（Borehole-to-Surface Transient Electromagnetic Method），是一种在油气田勘探和开发中具有重要应用价值的地球物理勘探技术。井地时间域电磁法与井地频率域电磁法布极装置类似，同样有 5 种方式：井下激发电极 A 和地面激发电极 B，电极 A 可以置于井下或接在套管上，电极 B 可以在无穷远处，也可以接在另外一个较远的套管井，还可以布设在激发井 A 附近。差别在于激发接收参数不同，时间域记录供电断电后的衰减曲线，研究随时间变化特性。它通过在井内设置激发装置和在地面布设接收装置，利用电磁波在地层中的传播特性和响应时间，来检测和解析地下结构及其电性特征。

井地时间域电磁法通过激发电流在地下介质中产生瞬态电磁场，当电磁波在地下传播并遇到不同电性特征的地层（如油气藏、含水层等）时，会产生特定的电磁响应。接收装置可以记录这些响应信号。通过分析这些信号的时间—频率特性，可以获得地下结构的信息，进而识别和圈定油气藏。

井地时间域电磁法的主要优点：（1）相较于传统的地面电磁勘探方法，井地时间域电磁法因为激发源更接近目标储层，能够提供更高的分辨率，对小规模油气藏的识别尤为有效；（2）利用井地时间域电磁波的深度穿透能力，可以有效探测深层和复杂地质条件下的油气分布；（3）该方法不仅可以在油气藏勘探中应用，还可以用于监测注水动态和剩余油气分布，为油田的开发和管理提供实时数据支持。

井地时间域电磁法的技术特点与应用：为了提高探测精度和数据可靠性，通常会在井中布置多个激发装置，并在地面部署多个接收装置。通过对不同信号源和接收点的数据进行综合解析，能够提供更为精准的地下图像。由于地下环境复杂，电磁信号容易受到各种噪声干扰，先进的信号处理技术和去噪算法是井地时间域电磁法成功的关键，包括对套管效应、地质不均匀性等影响的处理。

井地时间域电磁法适用于多种应用场景：如通过分析电磁响应特性，可以识别和圈定油气藏的边界及其分布情况；用于监测注水或其他增强采油措施的效果，实时掌握油气田动态变化。

在国外，尤其是俄罗斯、沙特等油气资源丰富的地区，井地时间域电磁法已被广泛用于大型油田的勘探和开发中。这一方法成功圈定了多个油气藏的范围，并通过与钻井数据的对比验证了其准确性。

国内也有不少应用实例。例如，通过引入激电效应的复电阻率模型和阿尔奇公式，井地时间域电磁法在复杂储层、多套储层的含油饱和度预测方面取得了显著成果，为油气勘探开发提供了高精度支持。

井地时间域电磁法作为一种先进的地球物理勘探技术，凭借其独特的技术优势和应用效果，将在油气资源勘探和开发中发挥越来越重要的作用。希望相关研究和实践能够推动这一技术的不断创新和发展，并应用于更广泛的地质勘探与资源开发领域。

3.1.5 井地时频电磁法

井地时频电磁法[19,43-44]（Borehole-to-Surface Time-Frequency Electromagnetic Method，简称 TFEM）是一种时间域和频率域一体化的电磁勘探方法。井地时频电磁法的布极装置与时间域和频率域类似，一次布极同时获得时间域和频率域信息。如图 3.1 所示，激发电极 A 布设在油气层的上方和下方，B 极布设在井口附件（50m 之内），在研究目标上方的地面布设测网。

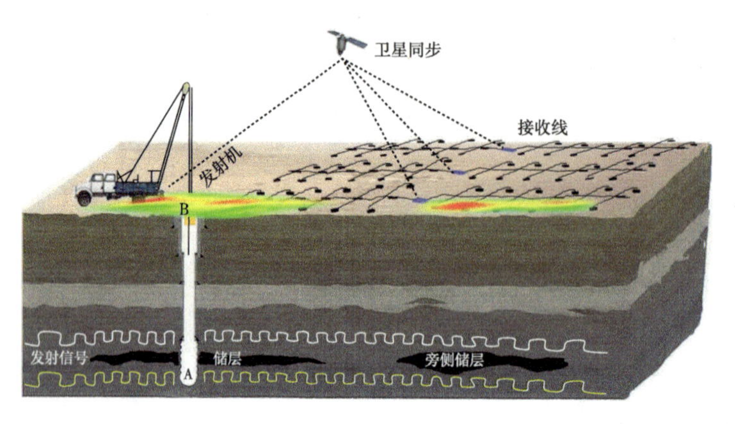

图 3.1　井地电磁法的施工方法

当有多套储层时，井中激发场源的激发电极 A 置于井中每套储层的上方和下方，形成多次激发。图 3.2 为两套储层的情况，因此有四个激发点，通过对每套储层的两次激发和两次采集信号的差分处理，圈定储层边界，如果两套储层之间距离小，则可以只设置 1 个激发点，即图中的 A2、A3 重合，发育多套储层时也用同样的方式设置激发点。

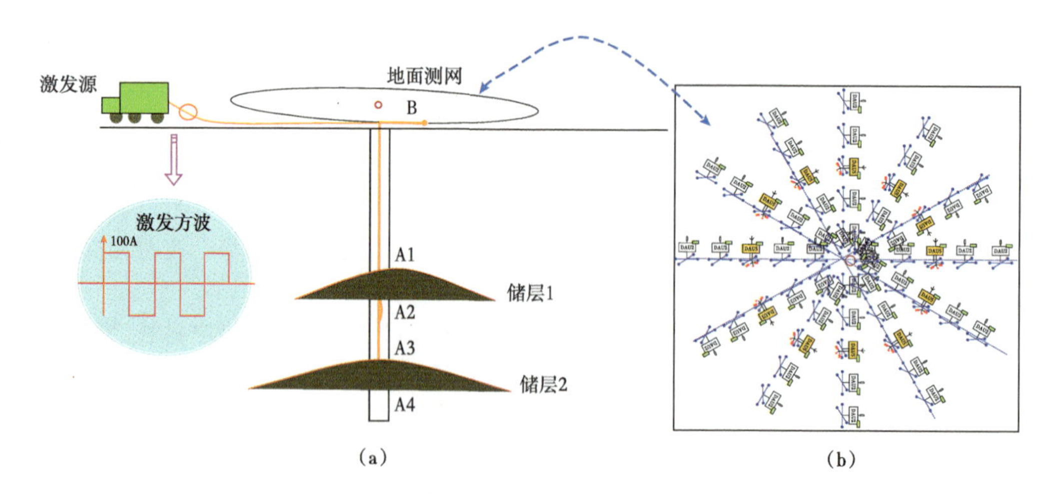

图 3.2　两套储层多个激发及地面测网设计

（a）激发系统及井中激发场源布设；（b）地面放射状阵列采集系统

井地时频电磁法通过在井中供入电磁信号并在地表接收相应的电磁响应，分析地下介质的电性特征。此方法将传统的时间域和频率域电磁法的优点结合起来，提供更为丰富和全面的地下信息，以提高勘探精度和有效性。井地时频电磁法的核心在于同时利用时间域和频率域的数据：通过释放瞬变电磁脉冲，测量地下介质对瞬变电磁脉冲的响应。瞬变电磁脉冲的优势在于可以捕捉到浅层到深层的导电体信息，同时利用一定频率范围内的电磁信号，分析各频率成分下的电磁响应。频率域数据能提供良好的频谱信息，有助于识别不同地质体的电性差异。

井地时频电磁法数据获取与处理的主要步骤：

（1）井中电源布置：在井内放置电磁发射装置，施加瞬时电磁脉冲和连续正弦波信号。（2）地表接收：在地表布置接收系统，电极或接收线圈测量地下介质的电磁响应信号。（3）同步记录时间域电磁响应数据。（4）通过叠加和傅里叶变换处理，获得时间域和频率域电磁响应。时间域数据通过分析瞬变响应随时间的衰减特性，推断地下不同深度的电性特征。频率域数据通过分析各频率成分的响应强度和相位变化，推断地下介质的频谱特征。（5）联合反演：结合时间域和频率域的数据进行联合反演，以获得高分辨率的地下电性结构图。

井地时频电磁法的主要优点：（1）多维数据融合，即结合时间域和频率域数据的各自优点，能提供更加全面和精细的地下电性信息；（2）能够同时捕捉浅层和深层的电性特征，提高地下目标的识别精度。

井地时频电磁法适用于各种复杂地质条件，可有效应对不同地层的电性差异。井地时频电磁法主要应用于识别油气藏的位置和性质，提高油气储层的勘探准确性。在矿产资源勘查中，井地时频电磁法适用于导电性差异明显的金属矿、非金属矿等的勘查。在环境与工程地质中，井地时频电磁法用于监测地下水污染、废弃物埋藏和其他环境问题；在地质灾害监测中，井地时频电磁法可用于预警和监测滑坡、地面沉降等地质灾害。

井地时频电磁法作为一种融合了时间域和频率域两大技术优势的先进勘探方法，具有广阔的应用前景。通过不断的技术创新和实践应用，井地时频电磁法有望在油气、矿产、环境及地质灾害监测等领域发挥更加重要的作用。

3.1.6 井地时频差分电磁法

井地时频差分电磁法[65-67]（Borehole-to-Surface Time-Frequency Differential Electromagnetic Method，简称 TDEM）是井地时频电磁法和差分技术结合的电磁勘探方法。井地时频差分电磁法通过在井中释放电磁信号并在地表接收相应的电磁响应，分析地下介质的电性特征，进一步使用差分处理来增强信号特征，提高探测精度和有效性。井地时频差分电磁法采用一套仪器系统，进行储层上下两次激发，而在资料处理中将上下两次激发数据进行差分处理，同时将时—频数据有机结合、互相补充，提高了方法的分辨率和探测精度。

相对于前面提到的常规方法，该方法有如下多方面的改进或优势：

（1）激发场源：激发场源采用长直导线源井中激发的方式，激发点可以根据油气藏深度不同而灵活布置，多套油层可以设置多个激发点，激发点间距可以小到 2m，激发点位置不同对地质异常体的激发强度及产生的二次场都有明显差别，通过差分处理可以较好地消除油气藏上覆地层不均匀性的影响，对于多套油气层可分别研究。

（2）差分处理：对相邻场源的时间域和频率域的数据进行差分计算，提取电磁响应信号的差异特征，增强信号的分析效果和分辨力。

井地时频差分电磁法主要的特点是井中布设一系列的发射场源，在地表布置接收电极或接收线圈，记录地下介质的电磁响应信号；对相邻场源的时间域和频率域的原始数据进行差分处理，计算电磁响应的差异特征。

井地时频差分电磁法的主要优点：（1）信噪比提高，差分处理能够有效抑制背景噪声，突出目标信号特征；（2）分辨力增强，时间域和频率域数据的联合差分处理，提高地下目标的分辨力和精度；（3）多维信息融合，综合时间域、频率域和差分数据，提供更全面的地下电性信息。

井地时频差分电磁法的应用领域：

（1）油气勘探：用于识别油气藏分布和性质，提高勘探的准确性。

（2）矿产资源勘查：适用于多种矿产资源的勘查，特别是导电性差异明显的金属矿、非金属矿等。

（3）环境与工程地质：监测地下水污染、废弃物埋藏和其他环境问题。

（4）地质灾害监测：用于预警和监测滑坡、地面沉降等地质灾害。

尽管井地时频差分电磁法具有诸多优势，但其应用仍然面临一些挑战：

（1）数据处理复杂：多种数据的采集和差分处理需要高性能计算设备和复杂的算法支持，尤其是联合反演过程中对信号特征的提取。

（2）设备需求高：对设备的灵敏度、准确性和稳定性要求较高，同时需要适应复杂地质环境。

井地时频差分电磁法通过融合时间域、频率域和差分处理技术，为地下电性结构提供高分辨率和高信噪比的探测手段，在油气、矿产、环境及地质灾害监测等领域具有重要的应用前景。未来的技术创新和应用研究，将推动这一领域的发展和进步。

3.2 发射与接收方法

3.2.1 场源布置方法[69]

井地电磁法的激发场源系统包括发电机、逆变系统、供电导线和电极AB，接地的AB与导线组成供电回路。井地电磁法激发场源系统的布设是井地电磁法施工方法的重要一环，激发场源布设方式决定了方法特性和解决地质问题的能力，下面按激发场源AB布设的相对位置做进一步讨论。激发场源AB，一般将电极A置于井下，电极B置于地面。井中激发场源的电极A位置可分井中供电和接套管井供电两种方式，而置于地面的另一个场源激发电极B可以分为无穷远接地、套管井接地和场源激发井的地面附近接地三种情况，除激发电极A为套管井时电极B不能置于场源套管井A附近接地以外，由电极A和电极B的组合法可以有五种场源AB的布极方式［图3.3（a）（b）（c）（d）（e）］，分别为$A_{井中}$—$B_{无穷远}$、$A_{井中}$—$B_{套管井}$、$A_{井中}$—$B_{近井}$、$A_{套管井}$—$B_{套管井}$、$A_{套管井}$—$B_{无穷远}$。另外，近年发展起来的井地高密度电法，电极B置于无穷远处，电极A可以在井中和地面多点布设，形成井中激发和地面激发联合的激发系统［图3.3（f）］。

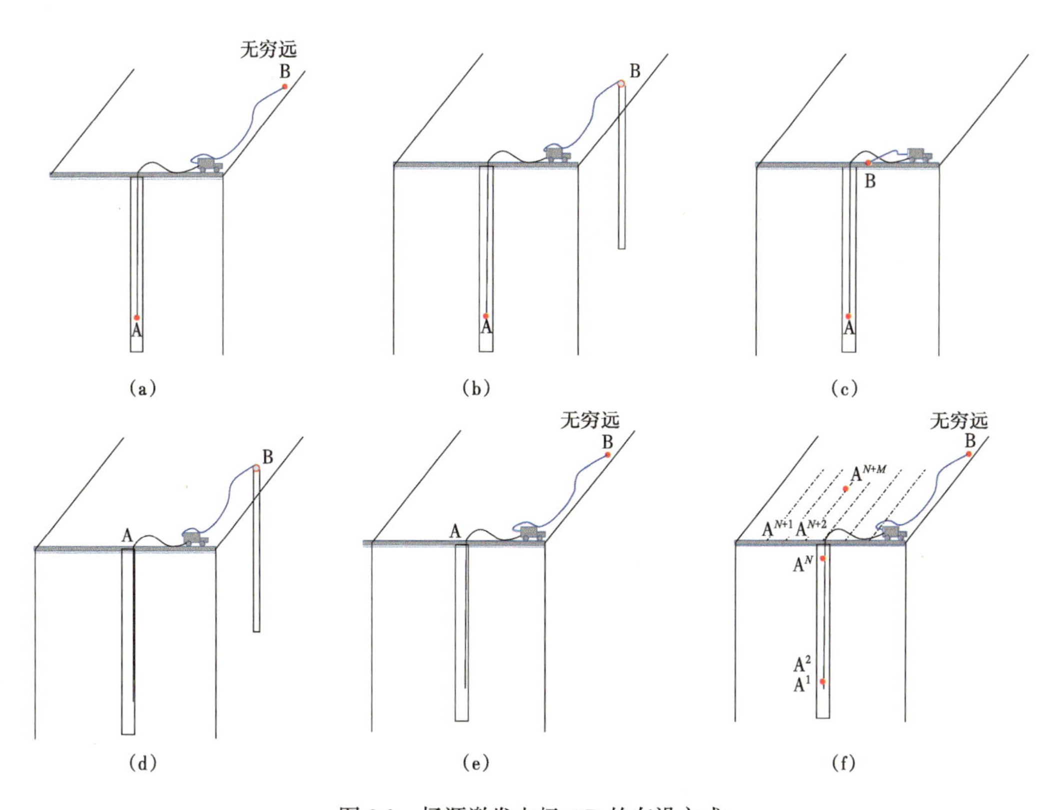

图 3.3 场源激发电极 AB 的布设方式

(a)：A 位于井中，B 位于无穷远；(b) A 位于井中，B 接于另一口套管井；(c) A 位于井中，B 位于 A 极井附近地面；(d) A、B 都接套管井；(e) A 接套管井，B 位于无穷远；(f) 高密度井地电磁法，A 可置于井中和地面，B 位于无穷远

上述场源布设类型各自具有独特性，主要表现在激发电流的分布规律不同。场源激发电极 A 在井中时，激发点 A 的强电流经由井中液体（有套管时经套管）进入地层，因此，能够在激发点 A 附近形成较强电流，而直接通过套管井的激发，电流是通过套管与地层接触，流经地层的电流是比较均匀分布的。如果电极 B 也在套管井中，则在两套管井之间的电流受钢套管井位置影响，流经地层的电流分布是均匀的。如果电极 B 在无穷远点，在电极 B 附近的电流密度由浅至深逐步减弱，而在电极 A 附近则仍然比较均匀。

当然，如图 3.4 所示的电流分布是假设大地电阻率均匀情况，实际电流分布受地层电阻率影响，往往是比较复杂的、不均匀的。对于场源电极 A 位于井中而电极 B 位于 A 井

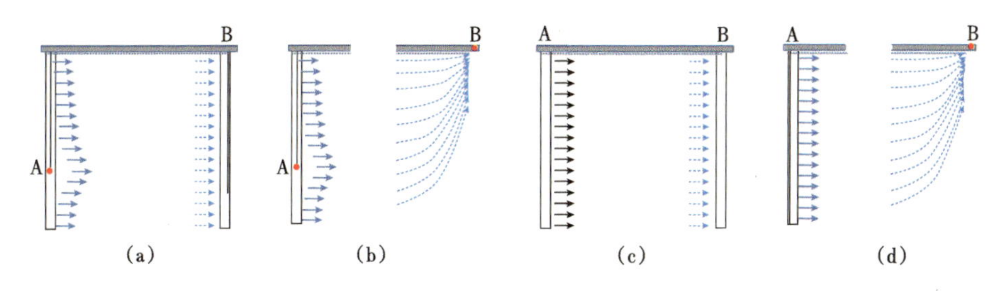

图 3.4 场源电流分布

(a) $A_{井中}$—$B_{套管井}$；(b) $A_{井中}$—$B_{无穷远}$；(c) $A_{套管井}$—$B_{套管井}$；(d) $A_{套管井}$—$B_{无穷远}$

地面附近的情况，电流密度分布相当于垂直导线源的电流分布。

3.2.2 接收系统布置方法 [64]

井地电磁法的接收系统包括采集站、电磁探头和由有线或无线组成的测网。井地电磁法测网常常是以激发井为中心进行布设，无论是电极 B 在无穷远还是在激发井附近，在探测目标上方地面布设成如下几种规则测网：放射状测网、环形测网、规则方格测网（图 3.5）；其中电场为以激发井为中心径向布设或切向布设，对于规则方格测网，为方便电场测量施工，MN 也可以沿测线方向布设，在数据处理时进行坐标转换，求出径向和切向电场。

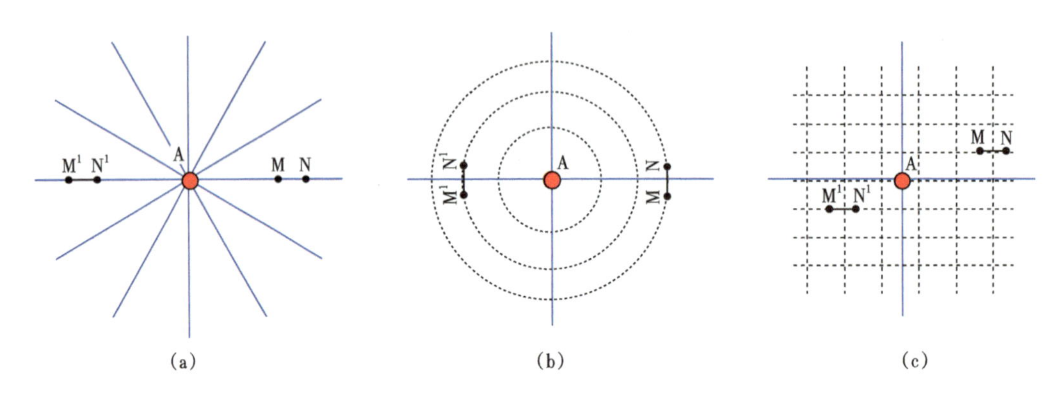

图 3.5 井地电磁法规则测网布设

（a）放射状测网；（b）环形测网；（c）规则方格测网

在实际生产中，往往很难按规则测网布设，一般有如下几种布设方式：自由导线布设、与地震测网重合、混合型测网（图 3.6）。对于不规则测网，一般要求测量径向电场，但为施工方便及提高施工效率，实际测量时是沿测线方向布设，在数据处理时进行坐标转换，求出径向和切向电场。

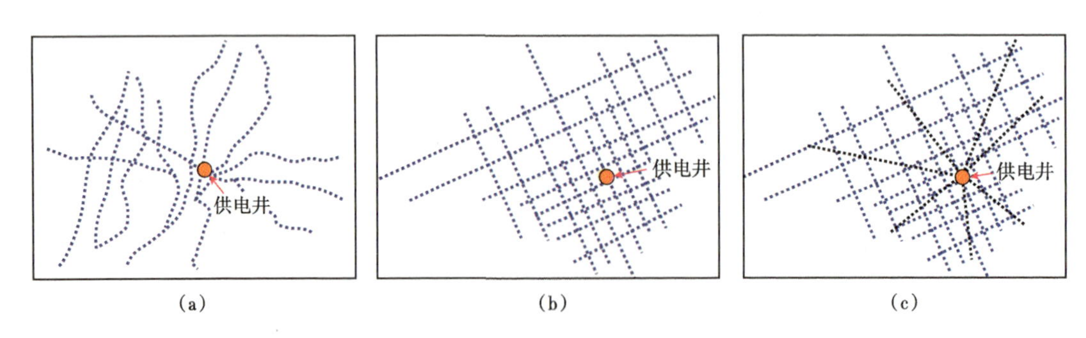

图 3.6 井地电磁法非规则测网布设

（a）自由导线布设；（b）与地震测网重合；（c）混合型测网

3.2.3 三维网络同步测量方法 [40-41]

前面讨论的都是常规井地电磁法。近年来，在油田开发注水检测中，出现一种三维网络同步测量系统，在地面一次性布设密集环状测网，一般采用围绕激发井的三维多环网络同步观测系统。如图 3.7 所示，每个节点都布设一电极，所有节点都测量电位，以一个虚拟的共同接地点可以计算获得网络各节点电位、网络环间径向梯度、网络环上切向梯度等三个电位参量。由于整个网络呈闭环状态，可引入位场数据闭环等于 0 的原理实现数据的去噪过程，能够极大地压制噪声干扰，形成网络同步电位监测系统。

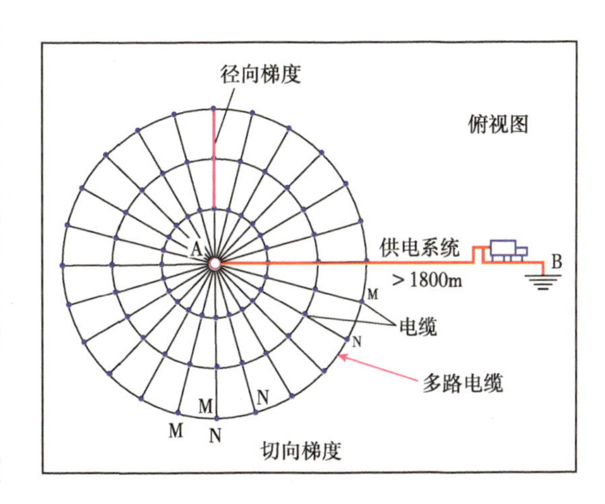

图 3.7　三维多环网络同步观测系统

三维网络同步测量系统工作原理：向监测井 A 供以周期性方波电流，在监测井周围布置测网。而供电的另一个电极设置为套管井 B，与监测井 A 至少两倍井深度距离，或至少三倍井深度距离的人工接地点 B。供电电流为周期性正负方波，电流 50~100A。供电电流在 A 井附近形成长直导线源场，通过监测井 A 的套管流向另一供电电极 B 形成环路。测量网络由 3~5 个以激发井 A 为中心的同心环组成。

该系统常常用于注水监测。注水监测前先测量一次背景场，注水后动态监测地面三个电位参量的变化，由于注入水一般为盐水，电阻率很小，相对于注水前来说注水后地下会产生一个新的导电体，因此，通过动态去除注水之前的背景，可以获得相对不同基点的由新导电体产生的电位，以及环上切向电位梯度和径向电位梯度三个异常参数。

与传统方法相比，该方法具有如下特点：多分量动态监测，一次布极获得电位及不同方向的梯度；具有现场数据分析评估手段，可以保证数据质量；可以进行多分量正反演模拟，能获得较准确的监测结果。

3.3　施工方法 [69]

施工参数设计是一个勘探工程最基础也最重要的工作，不做设计则无法或无序进行工作，设计缺陷或错误则工程必然产生问题或事故，好的设计不但能够获得优质数据也能获得好效益。井地电磁法施工也一样，下面从几个方面进行介绍。

3.3.1　施工踏勘

踏勘是施工设计的必要环节，详细深入的踏勘能够使施工方案科学有效。踏勘主要进行井场井况、接地条件、噪声水平等调查。

（1）激发井井场井况调查：①钻井液类型——是淡水钻井液还是其他，无有毒气体溢出；②井压情况——井压不高时，可敞开井作业，对于高压井需要压井措施，确保不影响下井作业；③井场——最好无地下管网或地面设施，如有需要管网布设图。

（2）测网布设条件调查：①井周围地表地貌条件平坦开阔，有利于施工，是否有水域、山石、沙漠；②确定测线布设方式放射状还是沿道路 / 山沟的湾线；③接收条件以湿润、致密土层为佳，如果为沙漠、山地等，需要准备盐水以改善接地状况。

（3）探区电磁干扰调查：在探区井旁及远至探区边界布设 2~4 台 MT 采集站，进行 24 小时数据采集，井旁采集站的作用主要是了解井旁附近电磁噪声频率特征及强度；离井较远的采集站主要调查井周边噪声强度，制作时序曲线，了解噪声波形特征［图 3.8（a）］，并进行傅里叶变换和频谱分析，了解探区电磁噪声的主要频率［图 3.8（b）］、由井及远电磁噪声的变化以及白天到晚上电磁噪声变化情况等，以确定采用多大激发电流和能够探测的范围（测网半径）。

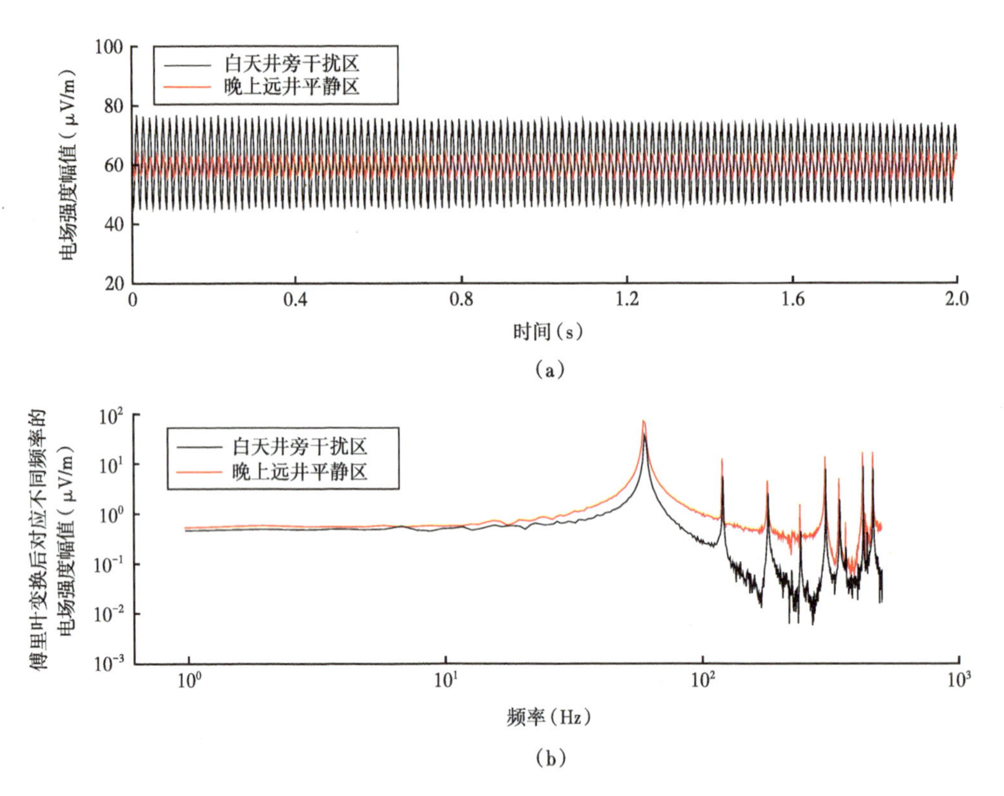

图 3.8　时序信号曲线及噪声频谱分析图

（a）时序信号曲线；（b）噪声频谱分析

3.3.2　施工参数模拟

3.3.2.1　建立地电模型

根据收集的地质、录井、电测井、物性和地球物理资料，建立场源井或测区地电模型，需要探测的目标储层宜划分为单独的一层。

一般建立均匀层状模型，考虑场源和测点的三维布设。均匀大地模型以探区电测井和已知资料为基础构建，分层以地震反射界面和测井岩性界面为准，取两者的合集，即将地震反射界面加上电测井的岩性界面，地层电阻率则取相应分层区段电测井电阻率的平均值，如图 3.9 所示。

3.3.2.2　正演计算模型电磁异常

对上面设计的模型进行正演，按照实际施工装置，布设场源和测点，主要模拟分析如下几个方面的问题。

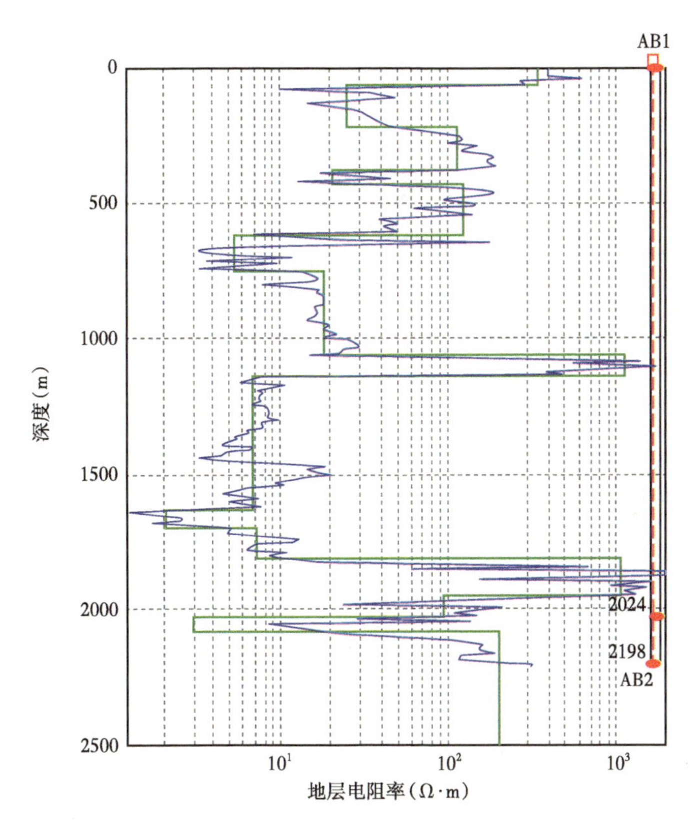

图 3.9 电测井曲线及分层模型

蓝线是电测井曲线，绿线是根据电测井划分的分层模型；AB1、AB2 分别为激发场源的两极；右侧数据为测量电极深度

(1)确定最佳激发位置：根据电测井资料设计井下激发点，模拟地下各层电流分布，根据电流分布确定最佳激发位置。

根据探区激发井的电测井曲线和产油情况获得油气藏储层深度位置，再通过分析电测井电阻率曲线，在储层上下离顶底面 10~100m 的区段找到电阻率相对较低的点设置激发电极，模拟计算储层上下两次激发沿井筒的电流分布曲线，以及两次激发沿井筒的电流分布差值曲线(图 3.10)。

(2)确定并设计接收测网及采集参数：进行不同收发距电场信号强度的模拟，设计最小最大收发距，计算理论上最大收发距；了解从井口至探区边界电场强度的变化，以便确定接收电偶极的最大最小长度。

设计如图 3.11 (a)所示的模型(异常体电阻率不一样)，模拟一条从井口向外辐射的测线，正演计算测线上测点电磁场，然后做出振幅的差分处理曲线，见图 3.11。差分处理之后，突出了异常体的影响，特别是异常体边界。随着离开异常体的距离增大，差分振幅异常幅度逐渐降低。离异常体超过 1km，差分振幅可以降低达近 2 个数量级，异常体电阻率降低，差分振幅异常降低。由于电磁场幅度变换较大，需要根据仪器动态范围，调整增益和电偶极 MN 的长度。随着远离激发井和异常体，以及异常体电阻率降低，电磁场幅度降低，则需要选择较大增益和较长电偶极距，同时增加叠加次数，提高信噪比。

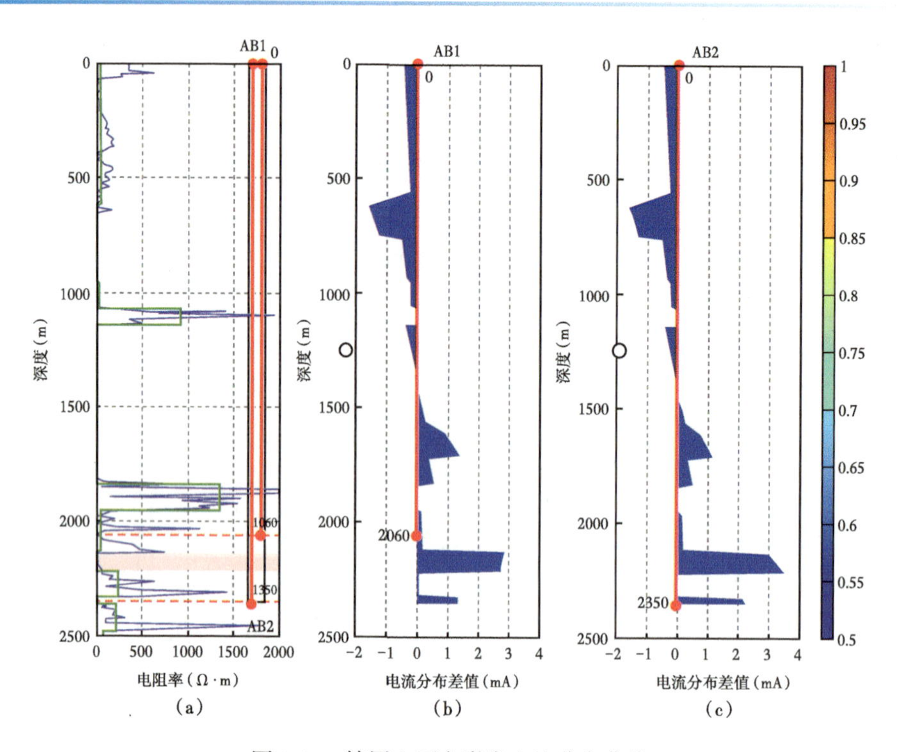

图 3.10　储层上下方激发电流分布曲线

(a)模型及激发布设;(b)上方激发;(c)下方激发

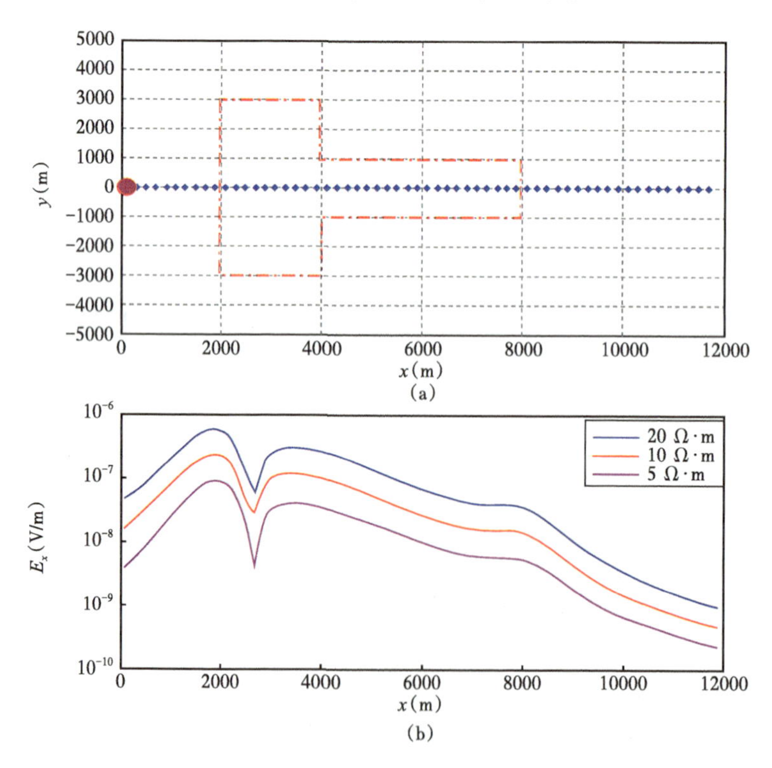

图 3.11　电场曲线

(a)模型及装置;(b)振幅剖面曲线

（3）确定探测目标的最佳激发频率。进行频率测深模拟，以最佳收发距和最佳场源装置，按照设计的频率正演并与无异常体的模型正演结果比较，了解异常特征、强度等，特别是异常出现的频率；对储层目标体异常频率进行分析，通过有目标层与无目标层的正演曲线对比可以发现目标层对应的频率（图 3.12）。方法之一是将有目标层的曲线与无目标层曲线叠加，从高频（时间早期）到目标层出现的频率两条曲线几乎重合，从该频率开始的低频段两条曲线分开；方法之二是直接将两者相减，得到差值曲线，就可发现目标层出现的频率。在实际探区这个频率随着测点位置变化而向前后移动，因此针对目标层需要在该频段加密激发频率。

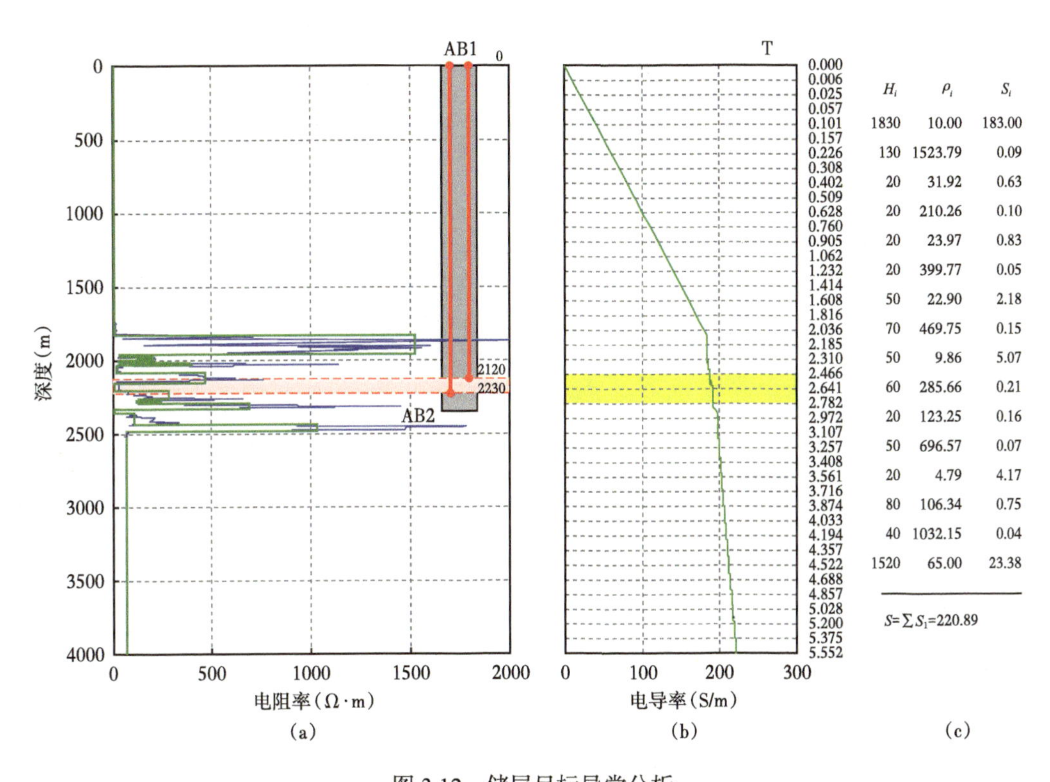

图 3.12 储层目标异常分析

（a）电测曲线及模型；（b）有 / 无储层的叠合曲线图；（c）有 / 无储层的差值曲线图

（4）确定噪声成分并分析信噪比。根据踏勘测试确定探区主要噪声频率，正演计算各噪声频率的信号强度，以确定激发频率。正演获得电磁场振幅 E_{AMP} 的量值大小，并与探区主要噪声 e_{noise} 系列进行比较，分析信噪比。主要噪声采集是通过探区采集的 MT 信号［图 3.13（a）］，采用傅里叶变换获得频谱［图 3.13（b）］。大部分背景噪声为随机噪声，振幅强度很小，其中强度明显大于背景的即为强噪声，将对应的频率和强度标记为 $e_{noise}(f_i)$，频率分别为 f_1，f_2，f_3，…，f_n，将这些频率噪声强度与正演场值进行对比，评估这些频率的电磁场信噪比，以便进行激发频率设计时采取相应的措施提高采集资料品质，如避开噪声频率激发，如果无法避开则增加该频率的激发次数，通过采集后信号的叠加提高信噪比。

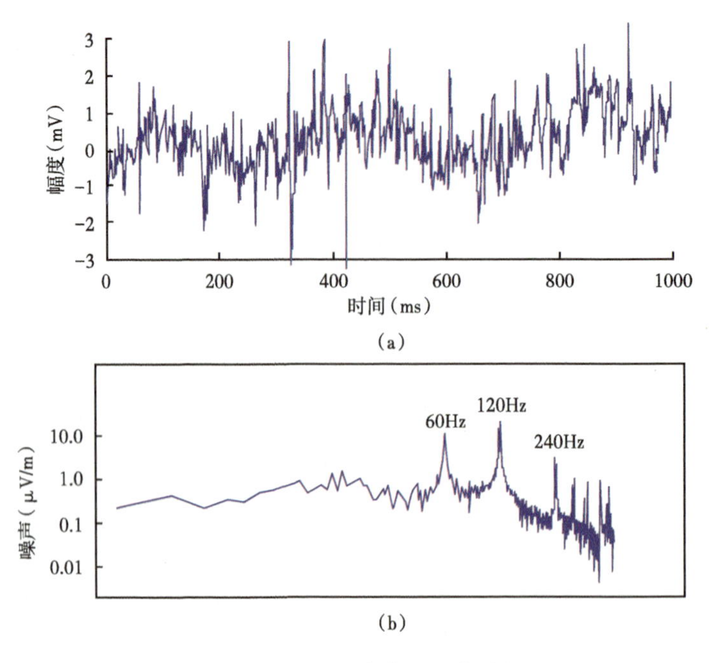

图 3.13　噪声频率信号强度分析

（a）实测电场信号；（b）频谱分析曲线

3.3.3　施工参数设计

3.3.3.1　激发场源设计

根据激发井的地电模型模拟结果，确定激发井中激发电极的数量和沉放深度，以及激发电流等施工参数。

（1）激发场源地面接地点 A 的设计。在井口附近一定范围以内，一般为激发电极 AB 长度的 1/10，到井口距离由下式确定：

$$D_A < H \times 10\% \tag{3.1}$$

式中，H 为激发电极 B 下井深度，即激发场源 AB 的长度。

如果有多个激发点，则取最小激发电极 B 的深度。例如储层深度 2100m，厚度 50m，在储层上下布设 2 个两次激发电极，储层上方电极 B 布设深度 2000m，储层下方电极激发电极 B 布设深度 2200m，则 $D_A < 2000\text{m} \times 10\% = 20\text{m}$。

（2）激发场源井下接地点 B 的设计。根据前面的模拟结果，如果只有一套储层，则在该储层上下设计两个激发点 B1/B2；如果是两套储层，一般需要设计四个激发点 B1/B2/B3/B4；如果两套储层挨得近，则可以只布设 3 个激发点 B1/B2/B3，中间激发点 B2 为上下两套储层的共用点。

3.3.3.2　激发频率设计

根据激发井的地电模型研究结果，结合前面噪声频率分布特征（有效避开干扰噪声频率），确定激发频率范围、加密频率的位置（根据异常体深度）、叠加次数（干扰频率附近需要增加叠加次数）。

（1）接收施工参数设计：根据激发井的地电模型研究结果，确定地面接收测网范围、

密度，接收电极的长度等。

（2）测网设计：根据地质任务、地表接收条件和地形条件，围绕激发井设计测网，测网可设计为放射状、网格状、不规则状三种形式或其中任意形式的组合方式，见 3.2 节。测线的长度宜超过探测目标边界不少于 5 个测点。设计测线宜与研究区内已知其他物探测线重合，测点宜与已有的钻孔靠近。设计测线要避开城镇、密集的居民点及强干扰源。

（3）测点距设计：测点距为 25~100m，一般采用 50m 点距，根据探测目标深度和规模或工程经费来确定。

井中供电激发方式的应用条件见表 3.1。

表 3.1 井中供电激发方式的应用条件

项目	要求	备注
井径	＞ 70mm	井中激发电极直径：40mm / 50mm
井斜	＜ 30°，要保证井中激发电极能放置到设计的激发深度	水平井需要牵引
套管	激发井段无套管或有射孔	
井深	＜ 7000m，井深 ＞ 目标层深度 10m	储层下方激发电极放置要求有一定长度
井液位置	井中液面位高于井中激发点	
温度	＜ 180℃	目前井中激发电极要求
井施工	井地电磁测井前通井，保证井眼畅通、井控安全	洗井压井

3.3.4 数据采集工作 [69]

3.3.4.1 仪器测试与标定

（1）发射仪器的测试：开工前和收工后应对发射仪器进行测试，测试其发射脉冲波的前沿陡度和电流纹波；施工期间定期测试。两次测试间隔不大于一个月，发射脉冲波的前沿陡度要求小于 2ms，电流纹波应小于发射波幅度的 5%。

（2）接收仪器的标定：开工前和收工后应采用标准信号对仪器进行标定；施工期间定期标定。两次标定间隔不大于一个月，相邻两次标定的振幅和相位相对误差 m 的绝对值均应不大于 2%。

m 根据式（3.2）、式（3.3）计算：

$$m = \pm \frac{1}{n} \sum_{i=1}^{n} \frac{|A_i - A'_i|}{\overline{A_i}} \times 100\% \tag{3.2}$$

$$\overline{A_i} = (A_i + A'_i) \tag{3.3}$$

式中，m 为 仪器标定相对误差；n 为仪器标定频率数，个；A_i 为第一次标定第 i 个频率的振幅或相位，mV 或（°）；A'_i 为第二次标定第 i 个频率的振幅或相位，mV 或（°）；$\overline{A_i}$ 为相邻两次标定第 i 个频点的振幅或相位平均值，mV 或（°）。

（3）接收仪器的一致性测定：两台（道）或两台（道）以上仪器在同一测区施工时，施工前、后应进行一致性测定，其振幅和相位的均方相对误差 m_j 的绝对值均应不大于 2%。m_j 根据式（3.4）、式（3.5）计算：

$$m_j=\pm\sqrt{\frac{1}{2n}\sum_{i=1}^{n}\left(\frac{\overline{A_i}-A_{ij}}{\overline{A_i}}\right)^2}\times 100\% \tag{3.4}$$

$$\overline{A_i}=\frac{1}{M}\sum_{j=1}^{M}A_{ij} \tag{3.5}$$

式中，m_j 为一致性测定均方相对误差；n 为观测频率数，个；M 为投入施工仪器台（道）数，台（道）；A_{ij} 为第 j 台（道）仪器第 i 个频率的振幅或相位，mV 或（°）；$\overline{A_i}$ 为所有仪器第 i 个频率的振幅或相位平均值，mV 或（°）。

3.3.4.2 观测系统布设

（1）激发场源布设：采用垂直长导线源，井口附近激发电极 B 与井中激发电极 A 构成垂直长导线源的两极。井口电极 B 埋设位置应根据钻井资料提供的井底坐标确定，对于斜井一般选择在井中电极 A 的投影上方。

（2）井中电极 A 的沉放：按设计位置分别沉放在目标层上方和下方，与井口 B 极共同构成激发源；多套目标层需要分别设置激发电极，并按 AB1，AB2，…，ABn 编号。井中电极 A 与供电电缆相接，沉放到设计深度。

（3）测线和测点的布设：测线可在设计测线距 10% 范围内调整，施工困难地区可放宽至 20%。测点在强干扰区、过井或山区时，可根据实际情况调整测点，但测点沿测线方向偏移应小于设计点距的 20%，在地形条件特别复杂地区，可适当放宽到 50%，垂直测线偏移小于 300m。测点不宜选在山顶、狭窄的深沟、岩石裸露区或明显的局部电性不均匀体上，宜避开电磁干扰源。

测点平面坐标和高程应实测，测点应埋设木桩，并标明测线、测点编号。

（4）接收装置及布设：接收采用排列、多道同步接收方式进行，两个排列之间至少应有 1 个重复测点。接收参数为电场分量，电场一般采集径向分量 E_r。全区测点电场分量 E_r 方位应采用对井方向，方位偏差应小于 1°，接收偶极 M 极为近井点，N 为远井点，测点为接收偶极 MN 中点。电极距根据接收信号的强弱可在 20~100m 之间选择，一般为 25m 或 50m。在近井点，根据信号强弱，电极距可缩短。接收电极采用不极化电极，接收电极接地电阻应不大于 3kΩ。接收电极坑深度 30cm，砾石、岩石等困难地区宜采用钻井方式钻至坑深 0.5m，坑内用泥土填满，泥浆不少于 10cm，接收电极要在采集提前 20min 埋置好。保持与土壤接触良好，两电极埋置条件要求基本相同。电极及接入仪器的信号线均不应悬空或并行放置，需压实或掩埋，防止晃动。接收信号线的绝缘电阻应大于 2MΩ。

3.3.5 数据采集与记录

测点布设完毕后，应检查道号与点号对应关系是否正确，各道是否接通，连接是否牢固。仪器启动后，首先进行噪声、增益等测试和记录参数检查。仪器各项指标符合设计要求、输入参数检查无误后方可进行数据采集。

同一排列的数据应按设计频率扫频接收，分别采集每一个激发源的激发电流数据和测点接收数据。

每次采集结束，操作员应及时回放，显示信号随收发距变化的振幅曲线，初步衡量发射、接收的记录质量，出现问题及时查找原因并重新采集。

3.3.6 现场资料处理

及时录入班报和探头测试数据，绘制接地电阻、极差平面图，每天对极差相对较大的测点资料进行回放检查。

（1）噪声监控与分析：在激发前采集站记录长度为40s的背景噪声，获得每个测点噪声背景，同样获取每点的噪声和信号振幅，绘制平均信噪比平面图。

（2）信号处理：信号叠加，回放采集时间系列信号，剔除不规则干扰信号，再叠加；选择叠加前的原始信号曲线和叠加后的曲线，进行频谱分析，绘制最大振幅、主要频率比值平面图。

（3）滤波处理：滤波处理时，宜对滤波前后信号进行频谱分析，以了解滤波对信号的影响。

（4）电场频谱：将时间序列数据转换至频率域，并建立测区所有测线的总数据库（包括测点坐标、发射采集数据和接收采集数据）。保存原始数据，做好文件索引，以便查找。

（5）频率域数据分析：对数据进行初始检查，删除采集中产生的空道，对畸变数据进行检查。绘制电场振幅相位曲线，分析噪声干扰情况。

3.3.7 资料质量评价

全频段振幅曲线和相位曲线的质量评价分为：

Ⅰ级：85% 以上频点的数据连续性好，能唯一确定曲线形态。

Ⅱ级：75% 以上频点的数据无明显脱节现象，没有三个以上的连续畸变频点。

Ⅲ级（不合格）：数据点分散，不能满足Ⅱ级的要求。

每个测点的振幅和相位曲线应分别评定，并对两条曲线按级登记，对Ⅲ级曲线应注明不合格原因。

3.3.8 野外资料验收

原始资料应包括：

（1）接收和发射时间序列原始记录数据；

（2）仪器使用、维护和测试记录；

（3）记录班报。

现场处理资料主要包括：

（1）实际材料图；

（2）全频段振幅和相位曲线；

（3）测线预处理振幅特征曲线。

统计表，主要包括：

（1）仪器标定误差统计分析图表；

（2）一致性误差统计分析图表；
（3）检查点误差统计分析图表；
（4）物理点振幅、相位曲线及物理点质量评定分析图表。
测量资料应包括：
（1）点位测量记录；
（2）检查点误差统计分析图表。
野外生产工作总结报告，内容主要有：
（1）任务来源、地质任务、工区位置、工作量；
（2）任务完成情况；
（3）仪器测试、使用情况；
（4）方法技术及质量情况；
（5）质量保证措施；
（6）初步结果分析；
（7）其他。

3.4 仪器系统 [70-72]

大功率恒流时频电磁仪主要由数据采集系统和恒流发射系统两大部分构成，两者通过卫星定位系统进行同步。图 3.14 为井下电磁仪器构成示意图，图 3.15 为大功率恒流时频电磁仪原理。

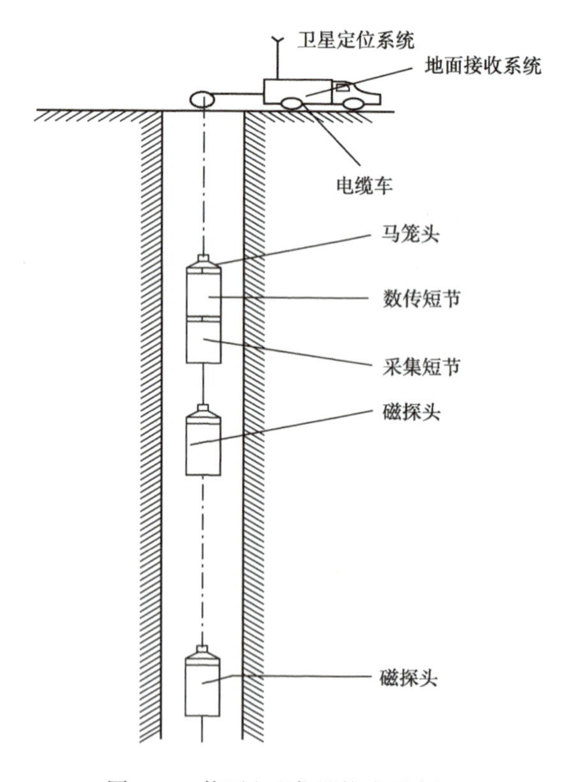

图 3.14 井下电磁仪器构成示意图

3.4.1 数据采集系统

主控机主板采用 Digital Logic 公司出品的性能稳定、耐温宽（-40~85℃）的工业主板 MSM800。在主控机内有 3 块板子：两块高精度采集板完全相同，分别采集 1~12 道和 13~24 道数据；第三块是卫星定位板，用来接收卫星定位同步信号。

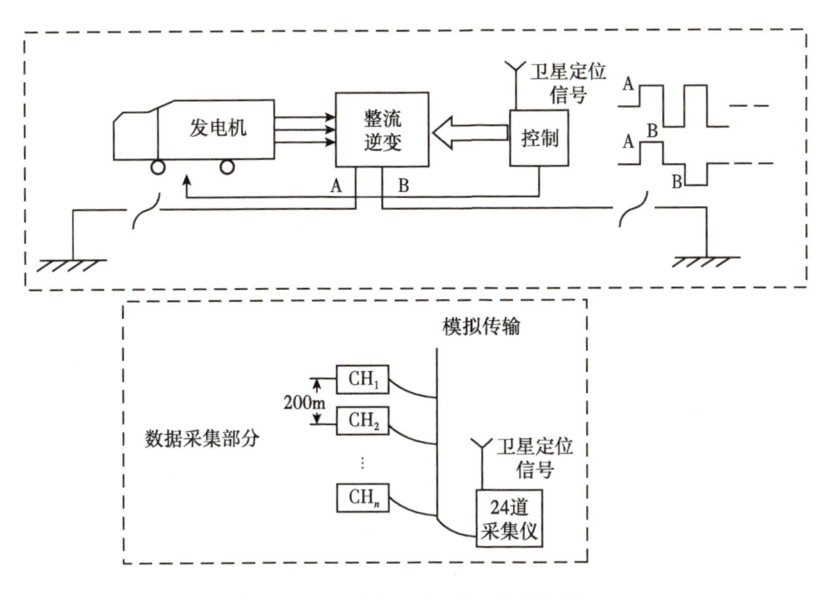

图 3.15　大功率恒流时频电磁仪原理

为了使仪器结构可靠，采集板与主板之间采用 PC104 总线直接连接，非常适合野外使用。采集原理如图 3.16 所示。

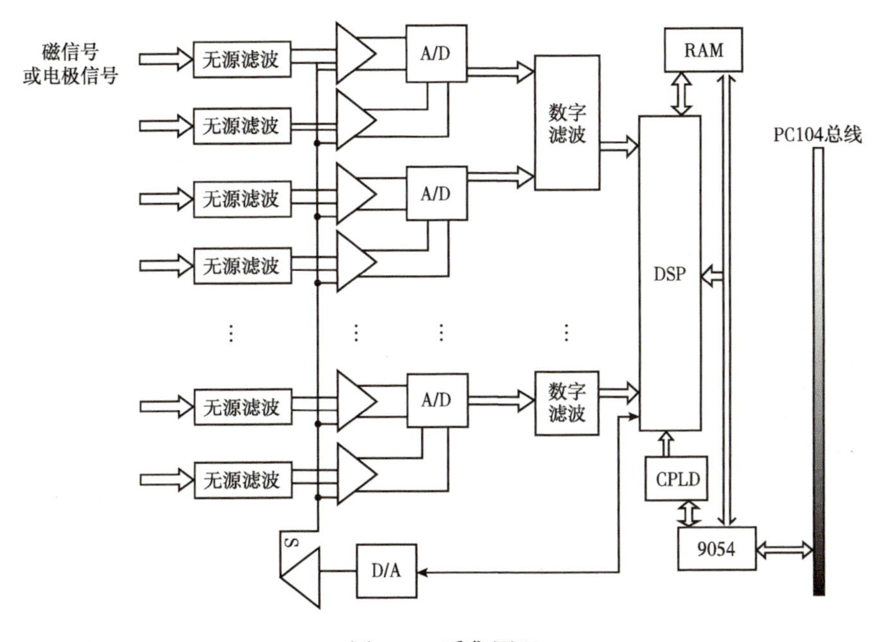

图 3.16　采集原理

在电磁法勘探中，时频信号通常都比较弱，有些地区只有 10μV 左右。为了能采到高质量的有效数据，采用目前地震勘探使用的精度最高的采集套片 CS5372（24 位 A/D）、CS5376（数字滤波）、CS3301（前放），动态范围可达 127dB。每道的噪声在 36dB、2ms 采样时小于 0.2μV，可确保得到高保真数据。

采用操作方便的 Windows XP 系统。数据采集流程如图 3.17 所示。

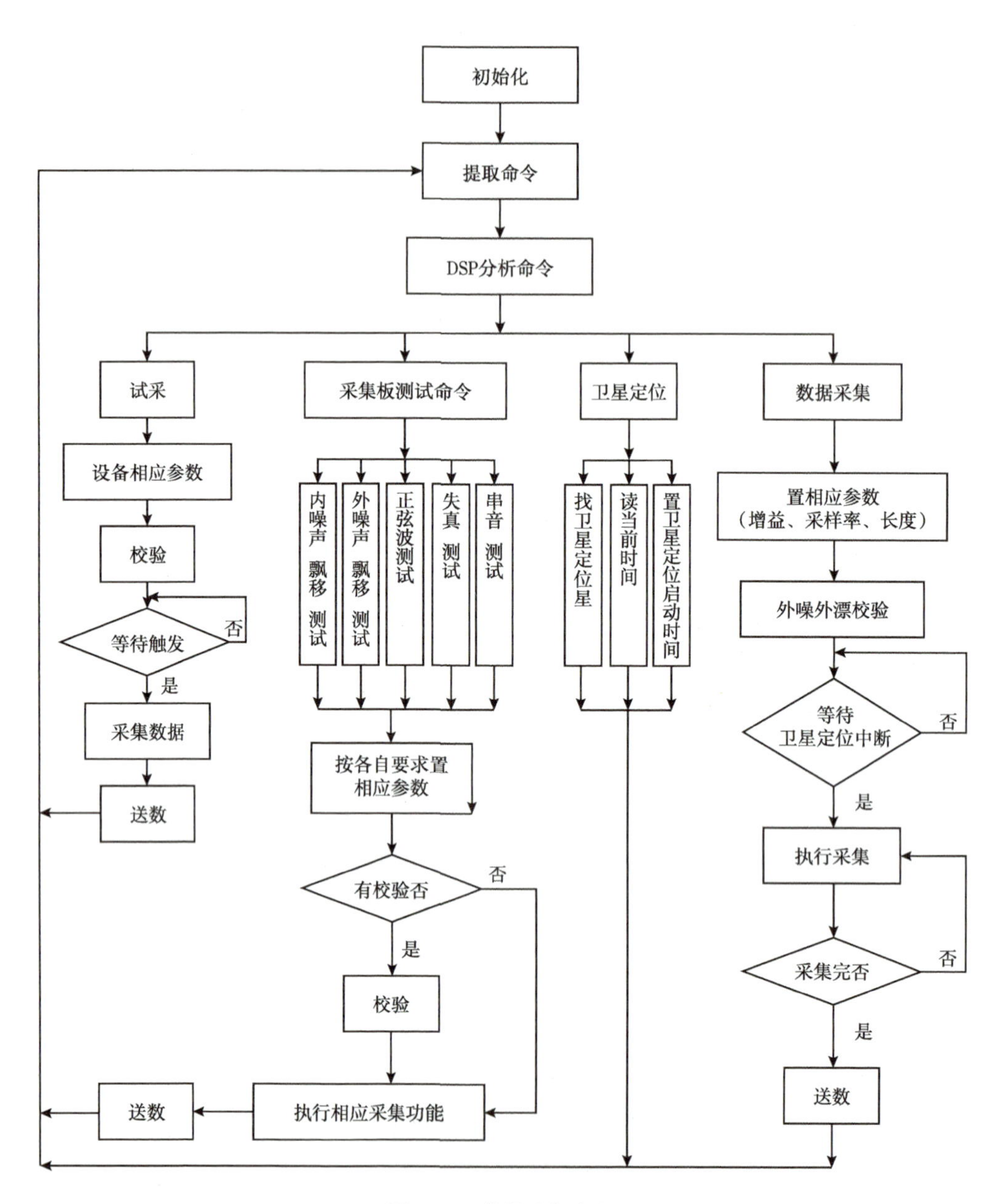

图 3.17　数据采集流程

3.4.2　井地恒流时频电磁仪的激发系统

大功率（120kW）恒流发射系统是该仪器的核心部分，主要由恒流发电机、整流逆变器和驱动控制器三大部分构成（图 3.18）。

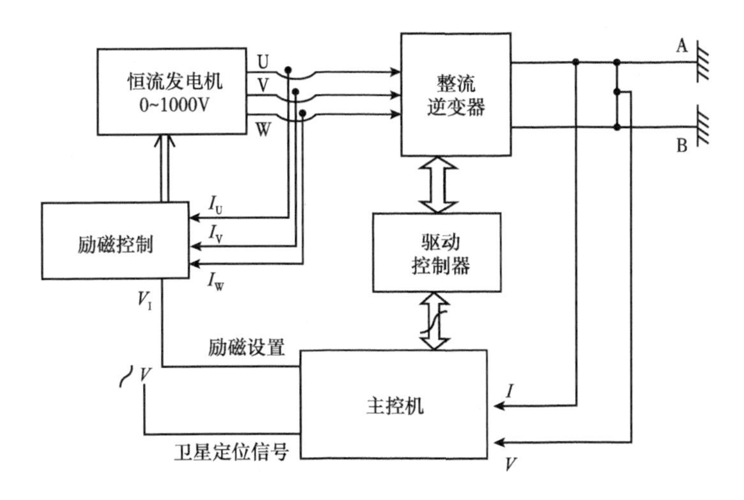

图 3.18　发射系统

I—负载电流取样；U—负载电压取样

发射系统使用的恒流发电机与普通发电机的根本区别在于其输出电压不是恒定值，而是随负载的变化自动调节，确保负载输出的电流恒定。电压调节范围 0~1000V，输出功率可达 200kW（图 3.19）。

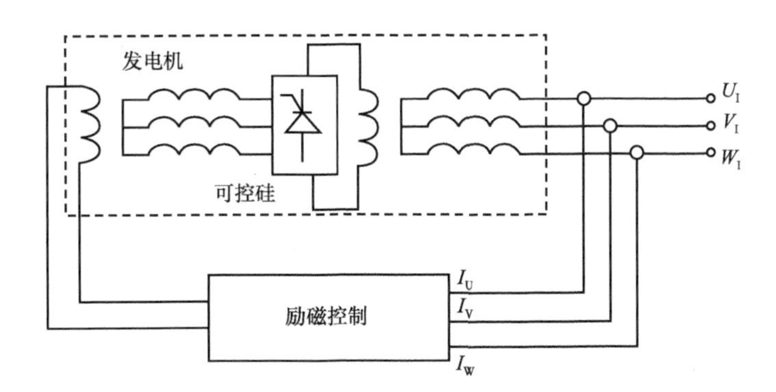

图 3.19　恒流发电机示意图

U_I—U 相输出电压；V_I—V 相输出电压；W_I—W 相输出电压

图 3.20 是恒流发电机的工作原理。

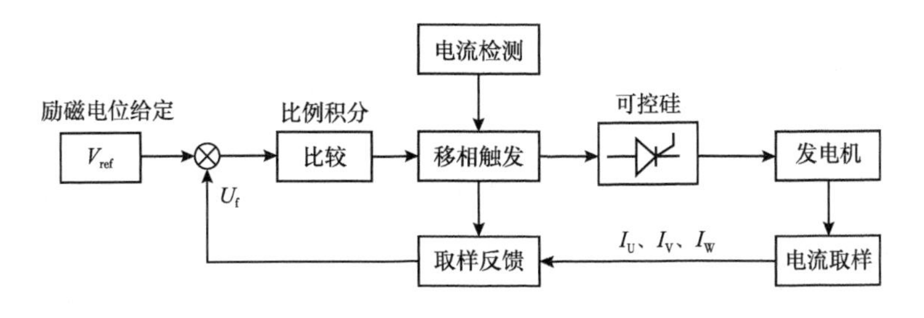

图 3.20　恒流发电机工作原理

V_{ref}—励磁电流设置电位；V_f—负载反馈电位；I_U—U 相电流反馈信号；I_V—V 相电流反馈信号；I_W—W 相电流反馈信号

在工作之前设置好励磁电位（工作电流），工作后，恒流发电机输出电流取样后与设置电流进行比较，若负载增大，发电机电流下降，这时励磁控制器里的移相触发脉冲前移，增加可控硅的导通时间，使励磁电流增大，发电机输出电压升高，负载电流上升，反之发电机电压降低，电流下降，从而维持发电机输出负载电流不变。

在勘探时需向大地提供逆变的时频波形，主要由三相整流、逆变驱动、状态检测、系统保护和散热等几部分组成。框图如图 3.21 所示。

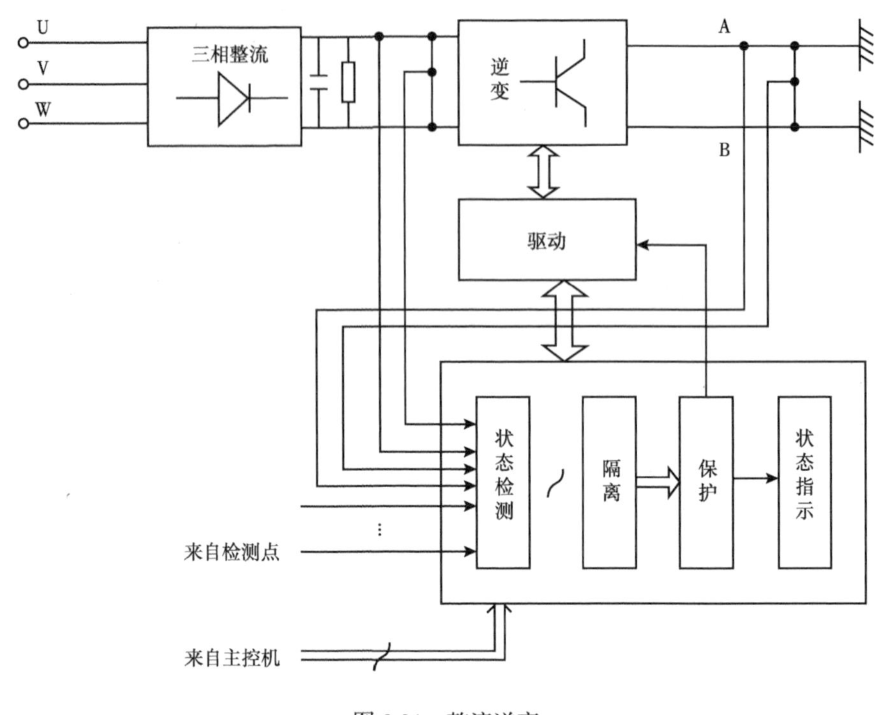

图 3.21　整流逆变

发电机输出的三相交流电压经整流后，逆变出电磁勘探所需要的各种频率波形。根据勘探需求，设计了两种工作方式，一种是时域（归零方式），其频率范围为 2^{-10}~2^{10}Hz，占空比有 1∶1、1∶2、1∶3、2∶1、3∶1；另一种为频域，频率范围为 2^{-10}~2^{10}Hz，占空比 1∶1。

主回路原理如图 3.22 所示。

大电流、高压容易产生干扰，在主回路中电感是引起干扰的主要来源。若主回路的电感为 L，那么产生浪涌电压 ΔV 的能量为 $\frac{1}{2}(L\cdot I^2)$，其中 I 为主回路工作电流。为了减小电感 L，在接线工艺上采用叠层母线结构，并将滤波电容尽量靠近母线，使回路中的寄生电感最小。

另外，在主回路中使用的电阻、电容均为无感元件，设计了合理的吸释电路，消除 IGBT 开通、关断时产生的浪涌电压。

在工作过程中有几十甚至上百安培的电流流过，导通功耗与开关损耗会在管子上产生巨大的热量。由于器件的耐温有限，若不采取有效的散热措施，将会损坏器件。为了防止工作期间管子温度升高，采用散热效率最好的水循环和强风冷却系统（图 3.23）。

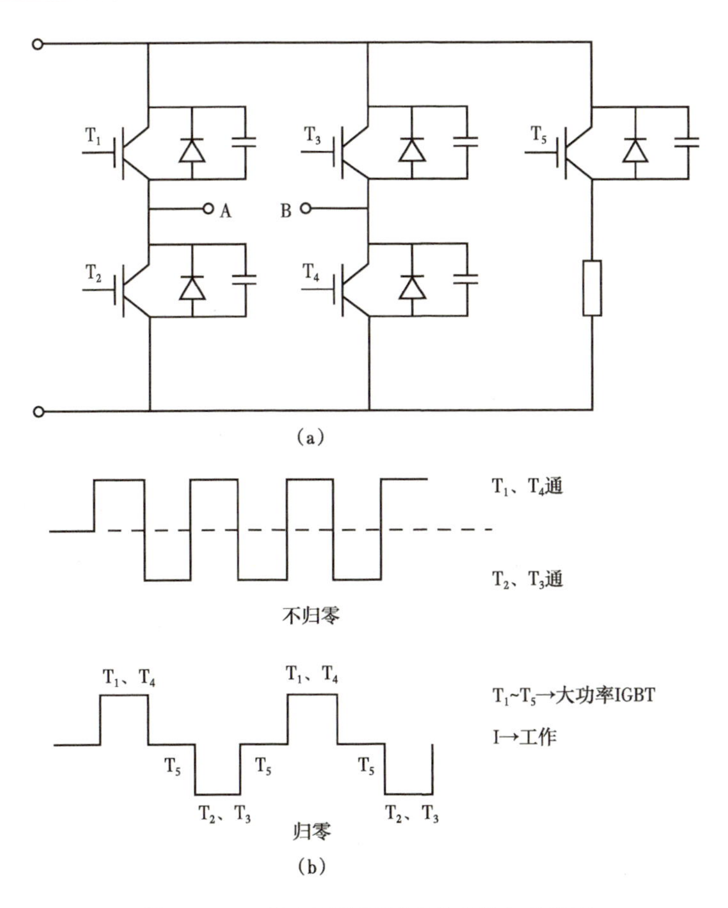

图 3.22　H 桥主回路原理及逆变输出示意图
（a）H 桥主回路原理示意图；（b）输出波形

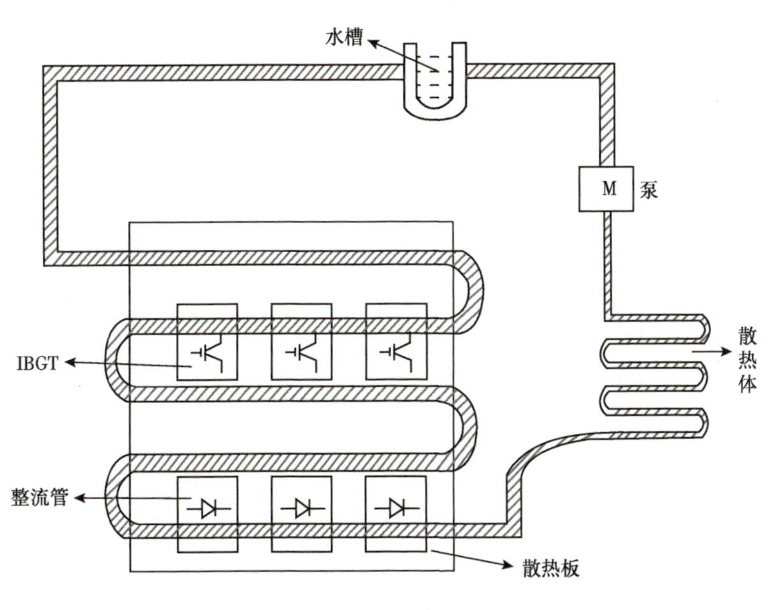

图 3.23　水冷散热结构

这种散热结构非常适合野外作业，不但散热好、效率高，而且体积小、重量轻。

发射系统主控机的主要功能为逆变提供各种工作频率、波形，对主回路的电流、电压、温度信号进行采集，发射系统与接收系统精确同步，并设置发电机励磁电位（工作电流），如图 3.24 所示。

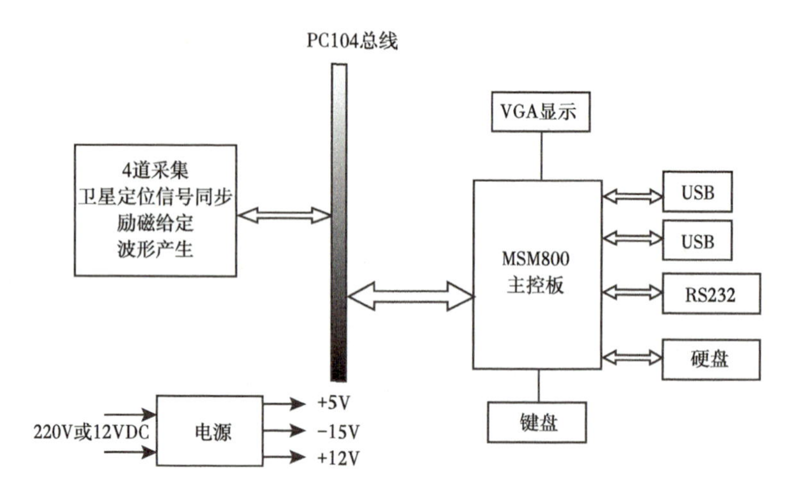

图 3.24 主控机示意图

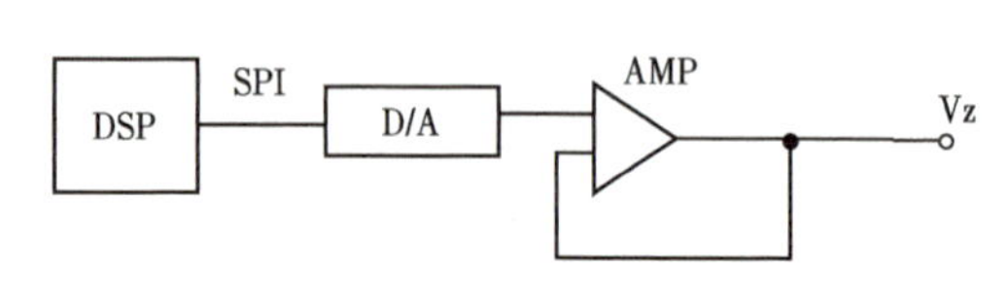

图 3.25 励磁电位设置示意图

（1）数据采集和卫星定位信号同步与接收部分原理完全相同。

（2）励磁电位设置：根据工作电流的要求，在 0~12V DC 设置对应电流为 0~150A，基于励磁电位的设置采用 16 位 D/A 产生（图 3.25），设置精度可达 5mA。

（3）波形输出：为逆变驱动提供输入级的驱动信号。电磁勘探时，按一组频率表（表 3.2）连续扫频，连续工作时间可达几个小时。

表 3.2 频率表

序号	频率（Hz）	周期数	方式	占空比	增益（dB）	电流（A）
1	1	200	频域	1∶1	0	10
2	0.01	100	频域	1∶1	36	10
3	10	1000	频域	1∶1	24	10
…	…	…	…	…	…	…
31	100	100	频域	1∶1	0	10

一个频率表最多可设置 31 个频率，频率范围 2^{-10}~2^{10}Hz（最小步长 0.001Hz）；方式分为时域或频域；电流是 10~150A 任意值。

（4）操作系统：采用 Windows XP 操作系统，主控流程如图 3.26 所示。

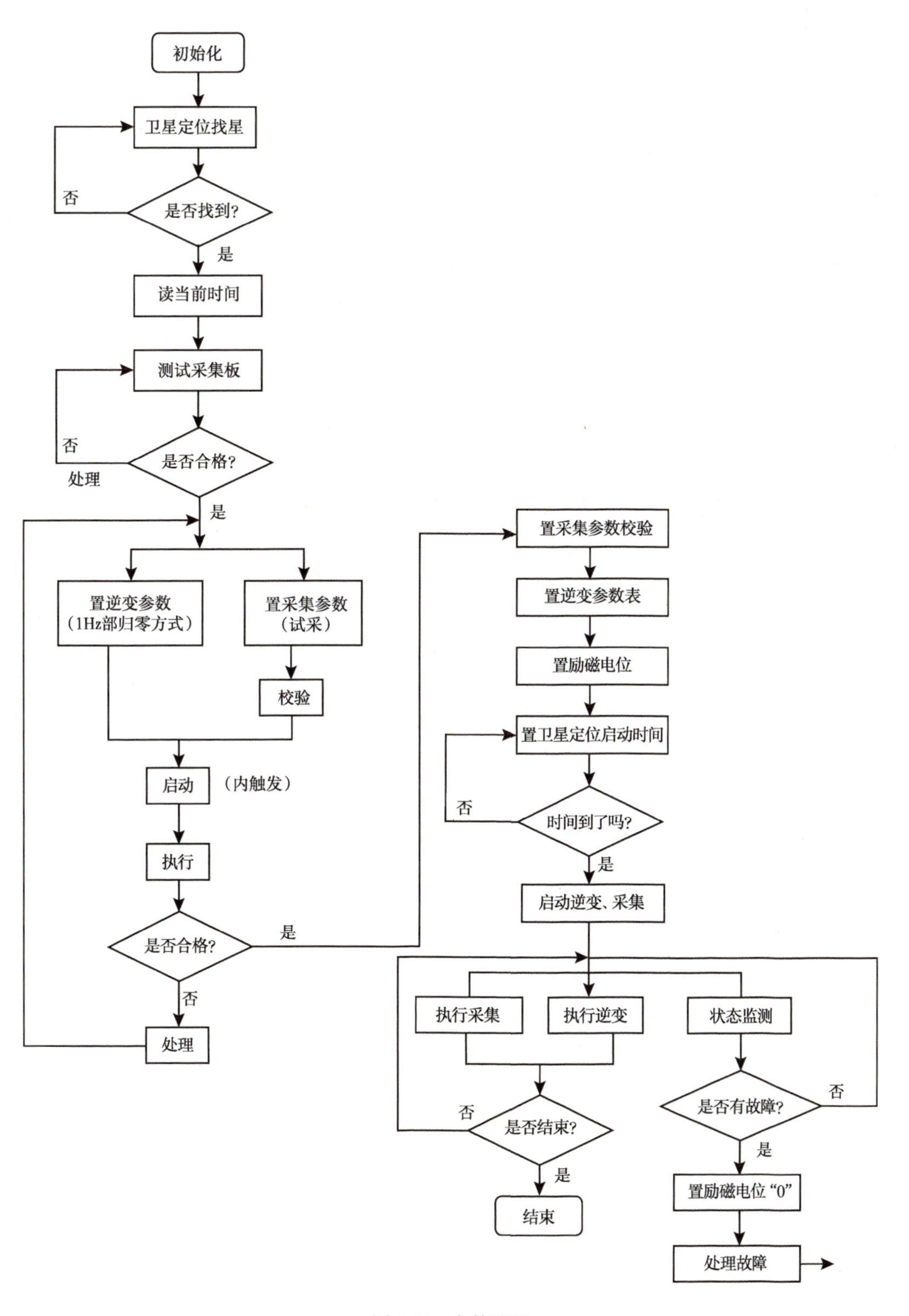

初始化
卫星定位找星
是否找到?
否
是
读当前时间
测试采集板
是否合格?
否
处理
是
置逆变参数
（1Hz部归零方式）
置采集参数
（试采）
校验
启动
（内触发）
执行
是否合格?
是
否
处理
置采集参数校验
置逆变参数表
置励磁电位
置卫星定位启动时间
时间到了吗?
否
是
启动逆变、采集
执行采集
执行逆变
状态监测
是否结束?
否
是
结束
是否有故障?
否
是
置励磁电位“0”
处理故障

图 3.26　主控流程

3.4.3 井地电磁仪的激发电极

井地电磁法施工时，需要在油井中油层顶面、底面分别释放大功率方波电流信号（20~60A）。为实现在电极 A 点和电极 B 点供大电流，地面电极 B 点埋入金属导体作为地面接地点，井下电极 A 需要专用电极，即井中激发电极。井中电极 A 应由耐酸碱、抗腐蚀、抗氧化的材料制作，可选用高纯度铜棒或合金材料。借助测井缆车实现在电极 A 点分别释放大电流的目的。供电电缆的技术指标应满足：

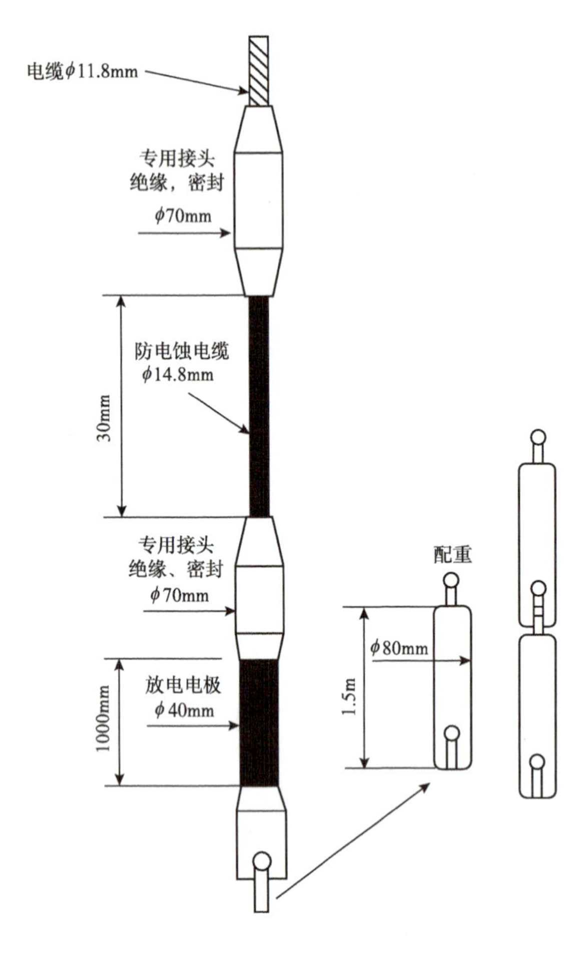

图 3.27　井下激发电极结构

200℃ 导体交流电阻≤ 3Ω/km。

200℃ 绝缘电阻，线芯与铠装间≥ 5 MΩ·km。

工作额定电压，线芯与铠装间 50~0.01Hz（1000V）。

高温绝缘电阻≥ 10MΩ·km（200℃）。

高温高水压绝缘电阻≥ 10MΩ·km（200℃，66MPa）。

电缆直径≤ 10mm。

温度指标≥ 260℃。

额定电压≥ 1000V（交流）。

供电电缆的最底端与井下电极连接，井下电极的结构如图 3.27 所示，采用专用接头与下端防电腐蚀的专用电缆相连，然后通过专用接头与放电电极相连。由于井孔中井液的存在，电极下沉需要增加配重，根据井液的浮力差异在电极下端通过专用接头配置一定长度的金属棒 1~3 根。专用接头采用绝缘材料，密封设置，同时直径与井孔匹配，比电缆和电极都要大，主要是避免电极与套管井壁接触，使激发电流完全通过井液与大地接通。

4 正演模拟分析

井地电磁模拟包括了物理模拟和数值模拟。为了研究和了解复杂地电模型电磁响应规律和空间特征，可以借助于物理模型进行模拟实验，包括水槽模型实验法、土槽模型实验法、导电纸等模拟实验方法。随着三维数值模拟技术的发展，物理模拟方法逐渐被数值模拟方法所替代。数值模拟方法包括有限差分、有限元、边界元等方法。但是物理模型模拟依然是直观研究某些特殊问题的重要手段。

本章模拟的井地电磁法单指井中不与套管接触供电的形式，因在井中供电能选择性地对所研究的油气储层形成最直接最有效的激发，探测精度更高些，在油气田滚动勘探开发中具有良好的应用前景[23,29]。

但是，人们对该方法的物理机理和异常规律认识几乎是空白。国内，在20世纪90年代西南石油学院张天伦开展了室内水槽直流电物理模拟实验，采用外涂绝缘漆的细铜丝模拟井及供电点，在水面进行剖面测量，取得了有意义的研究结果[31-33]，提出了一些直流电井下激发的工作方法，并开展少量试验。其后，中国地质大学（武汉）和东方地球物理公司联合开展了井地电磁法物理模拟，对井中激发场源影响进行了模拟研究。成都理工大学在室内水槽环境下对井地电磁法模式进行了电磁场响应的模拟研究[74]。

近年来，数值模拟研究也做了不少工作，国内相关院校开展了垂直导线源直流电三维有限差分模拟研究[46,75]，取得了一定的进展；南方科技大学杨迪琨提出新型三维模拟算法[76-77]，使用棱边电导率概念模拟细长的钢套管，并开发相应的正反演软件。由于钢套管效应由网格单元棱边代替，避免了对直径几十厘米的钢管进行剖分，显著提高了计算效率，在生产一线实用性较强。

本章重点讨论井地电磁法的三维模拟，又分为两个部分，即物理模拟和数值模拟。物理模拟在水槽中进行，旨在研究钢套管井中供电，存在高阻或低阻异常体时地面电位的平面异常规律，为井地电磁法研究油气储层或水层提供物理机理方面的依据，包括注水监测模拟、横向组合体和纵向组合体的模拟三个部分。同时开展了数值模拟研究，对物理模拟结果作了验证，并进一步研究了诸多模型的电磁异常空间规律。这里先讨论井地电磁法水槽模拟方法及异常特征，然后讨论频率域三维井地电磁法的数值模拟和油藏模型异常规律特征。

4.1 井中供电电场分布物理模拟

井地电磁法是指在井中供电、地面接收电磁场的一类电磁测深方法，其主要特征是激发场源位于井下，可以分为井套管供电和井套管内供电，比如注水监测一般采用套管供电，而圈定油气藏边界的井地电磁法则采用套管内供电。但是采用不同的供电方式有什么差别？套管外地层中电场特征如何？套管的存在是否对井地电磁法产生无法克服的困难？钢套管对一次电磁场的影响以及地面电磁场异常规律如何？

20世纪末，人们研究井间电磁层析成像方法时就非常关心井下激发时钢套管对电磁场的屏蔽和衰减作用。由于井间电磁层析成像方法在油气藏储层描述方面的潜在商业价值，因此成为当时电磁勘探方法研究的热点。但因为钢套管对电磁场有屏蔽和吸收作用，钢套管的影响成为该方法推广应用的致命弱点。

井地电磁法中钢套管的影响研究，关系到该方法的进一步发展和在油田开发中的推广应用。不过井地电磁法相对于井间电磁方法最明显的优势有三点，一是接收测点在地面，不存在异常体产生的二次场被钢套管吸收问题；二是井地电磁法可以采用大电流激发，具有信噪比高的优点；三是井地电磁法探测范围可以达到井筒以远3km，可用于圈定油气藏边界，这也是井间电磁所难以达到的。那么，井地电磁法激发场源电场分布特征以及受套管影响情况如何呢？

为了进一步明确套管影响规律，开展供电电流的模拟研究，了解套管外电流分布规律，对于指导井地电磁法施工作业、完善方法的理论基础具有现实意义。

4.1.1 物理模拟实验准则

模型和模拟实验所遵循的总原则即“相似性”原理[34]。进行物理模拟时，模型尺寸与野外实际地质目标相比要小得多，只要保持模型按比例缩小，电阻率比值保持不变，所采用装置相同且按比例缩小，则可得到与野外实际相似的结果。基本准则如下：

（1）实尺模型系统和模拟模型系统的磁导率需相同，电导率、线度以及频率和时间必须按比例模拟转换，保证模拟模型系统和实尺模型系统的感应系数相同。

（2）如果在制作和安置模型时保持实际地电断面和观测装置的长度比例关系不变，而统一缩小为$1/k$（$0<k<\infty$），则模型试验所测得的视电阻率和极化率参数将与实际条件下的对应参数值相同。

（3）如果在制作模型时保持地电各部分之电性参数的比例关系不变，而统一改变D倍（$0<D<\infty$），所测得的相对视电阻率和极化率参数将与实际条件下的对应参数值相同。

（4）如果同时将实际地电断面和装置的长度缩小为$1/k$，电性参数改变D倍来构建一组模型，则所测得的相对电性参数仍不变。

对于低频谐变电磁法，在不考虑位移电流及磁导率为常数情况下，相似性准则如下：

$$\omega_M \sigma_M R_M^2 = \omega_F \sigma_F P_F^2 \tag{4.1}$$

式中，脚标表示模型（M）和野外实际（F）；R为几何尺寸；σ为电导率；ω为角频率。

当采用直流电时，可以看作频率很低的情况，此时，电导率与装置几何尺寸的平方乘积保持不变即可。

4.1.2 激发电极电场的物理模拟方法

4.1.2.1 物理模拟方法

本实验目的是通过室内水槽模拟，研究供电电极在金属套管中供直流电的情况下地下与地面电场的分布，了解钢套管对供电电流的影响规律。

为了方便而有效研究钢套管周围的电场，采用方形水盘（150cm×80cm×8cm）来模拟，即在很浅的方形水盘中设置套管和电极。实际上，由于装置挟持在两个绝缘体之间，因此，电场规律与实际三维空间还是有差别的。

金属套管用25cm×4.5cm×1.0cm紫铜水槽模拟，用电池芯做供电电极，碳棒做无穷远点电极，12V蓄电池做供电电源。

图4.1是装置布设示意图，图中给出了水槽、无穷远点、电位参考点、供电电极及金属套管的位置。

观测方式采用排列测量，在水面以套管为中心布设方阵测网，测网线距9.5cm，点距6cm，布设测线13条，每条测线布设测点28个。

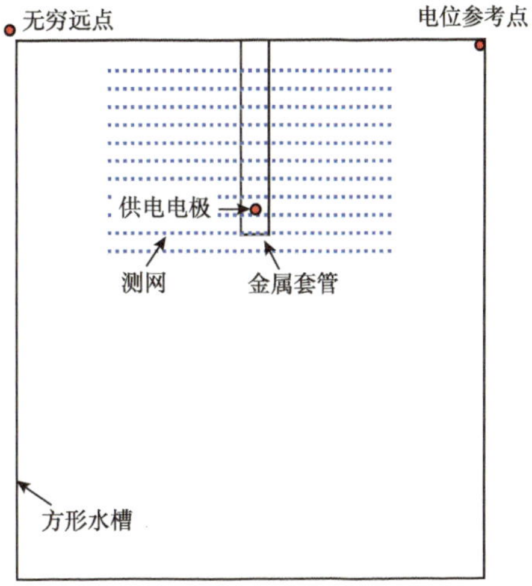

图4.1 装置布设示意图

4.1.2.2 激发电极电场实验结果分析

图4.2（a）是在无钢套管时，点电源供电的电位测量结果。从图中可以看出，电位等值线呈浑圆状，以供电点为中心，电位随着半径增大逐渐减小。图中黑色放射状线为电流线。电位等值线光滑，基本呈中心对称分布，同时也说明在点电源供电时，形成的电场是个圆形等势体，这与普遍认识和理论结果吻合。

图4.2（b）是存在钢套管时，点电源在钢套管中与钢套管接触供电时的电位测量结果，即直接用钢套管供电。从图中可以看出，电位等值线呈圆柱状，与供电点与套管接触位置几乎不相关，而是以钢套管为轴对称中心，电位随着远离套管而逐渐减小，远离地面端电位较小。电位等值线光滑，图中黑线为电流线，电源与钢套管接触供电时相当于用钢套管供电，形成的电场是个圆柱形等势体。

图4.2（c）是点电源在钢套管中与钢套管不接触供电时的电位测量结果。从图中可以看出，电位等值线呈不对称哑铃状，哑铃的下端与供电点位置对应，哑铃的上端与套管地面位置对应，而整个电位等值线仍然基本以套管中心为轴对称，远离套管电位逐渐减小。

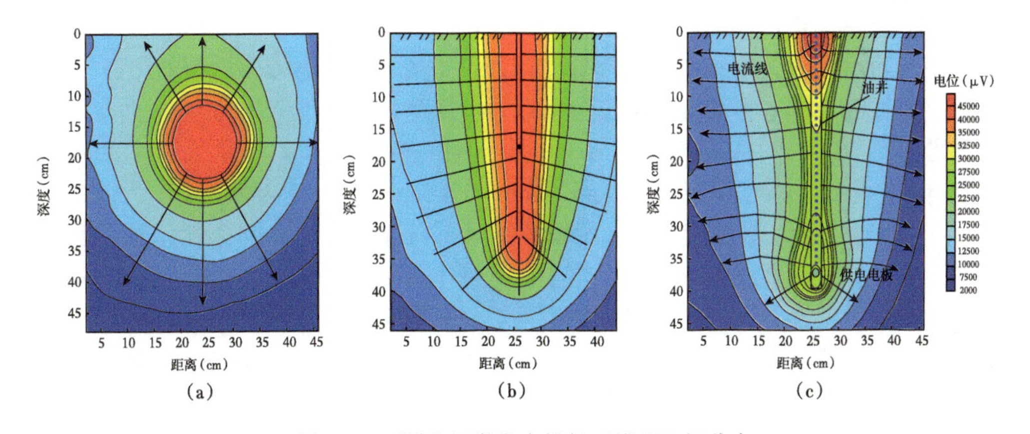

图4.2 不同电极激发水槽物理模拟电场分布

（a）点电源电位；（b）钢套管供电时的电位分布；（c）点源在套管中供电时的电位分布

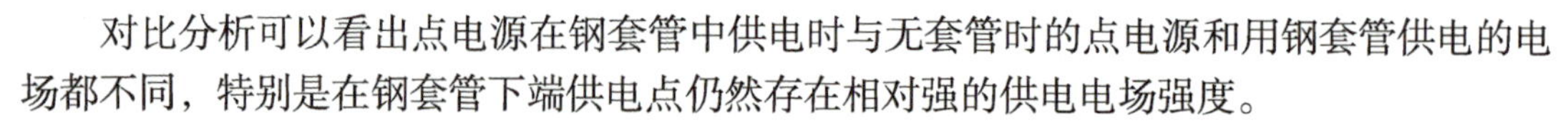

对比分析可以看出点电源在钢套管中供电时与无套管时的点电源和用钢套管供电的电场都不同，特别是在钢套管下端供电点仍然存在相对强的供电电场强度。

4.1.2.3　激发电极电场特征认识

当然，上述水盘模拟钢套管对供电电场分布的影响受测量环境影响，获得的异常形态不太规则。特别要指出的是，这一模拟结果是在内外电阻率相同条件下得出的，如果套管内部充填物电阻率与套管外部围岩的电阻率不同或不均匀，电场特征会有变化，再就是水盘模型上下高阻绝缘体夹持与全三维模拟结果也会有差别，对模型电阻率变化方面的研究还不太完整，但基本规律还是比较清楚的。该实验表明，井地电法钢套管中供电与直接用钢套管供电是有差别的。

还要指出的是，这里的水槽模拟只是直流电，如果是交流电还有很大差别，因为钢套管对高频电磁场具有较强的吸收作用，可以预见通过钢套管的横向电流会减弱，而通过套管下端的电流会相对增强，这对于研究油气藏会更为有利。为了进一步研究钢套管对电磁场的影响，下面开展三维模型物理模拟研究。

4.1.3　三维模型物理模拟

4.1.3.1　物理模拟方法

实验在长 5m、宽 3m、深 2.5m 的大水槽中进行，电位采集仪采用 128 道网络电位记录仪，该仪器能完成 128 个接地电极之间的任意两点电位的测量。测量电极采用参比电极，该电极由内电极、盐桥溶液及液络部三个主要部分构成。该电极具有内阻小、极差小而且稳定、不受温度影响等特点。

用 40cm 长、直径 1.2cm 的不锈钢管模拟金属套管，用细紫铜棒模拟供电电极，用绝缘板（一般尺寸为 100cm×60cm×0.8cm）模拟油层，用紫铜板（一般尺寸为 100cm×60cm×0.15cm）模拟圈闭中的水层，供电电源为 45V 电池。为调节电压，在供电回路中串接可调电阻，整个水槽模拟装置见图 4.3。供电电极设置在高阻板或低阻板上方和下方，另一极在无穷远（或在套管附近）。在水面以研究目标为中心布设方阵测网，测网线距 9.5cm，点距 6cm，布设测线 13 条，每条测线布设测点 28 个。

4.1.3.2　水槽模拟实验结果

1）模型 1：单个异常体的模拟

套管在低阻水平板旁侧和中央，模拟油田开发中的注水压裂或驱油监测和油气藏开采动态监测，通过井下供电测量地面电位，研究异常规律，推断油气水动态。

注水监测模拟：注入水体（低阻板）在井一侧的模拟，水平板埋深分别为 4.0cm 和 7.0cm，供电电极入水深度分别为 2.5cm、4cm 和 5.5cm，图 4.4 为低阻体（注入的水体）埋深 4.0cm、供电电极入水深度 5.5cm 的模拟结果，在异常体远端位置处上方地面存在基本对应的正电位异常，虚线框为低阻板位置。从图中可以看出，金属套管位置处出现负异常，远端处出现的正异常大致与低阻板的边界对应；模拟结果表明，当供电电极的深度小于低阻板时，异常幅度减小，特征不明显，如深度为 2.5cm 时基本看不到低阻板的特征。当低阻板埋深增大时，只要供电电极深度大于低阻板埋深且供电电流足够强，模拟结果基本一致。

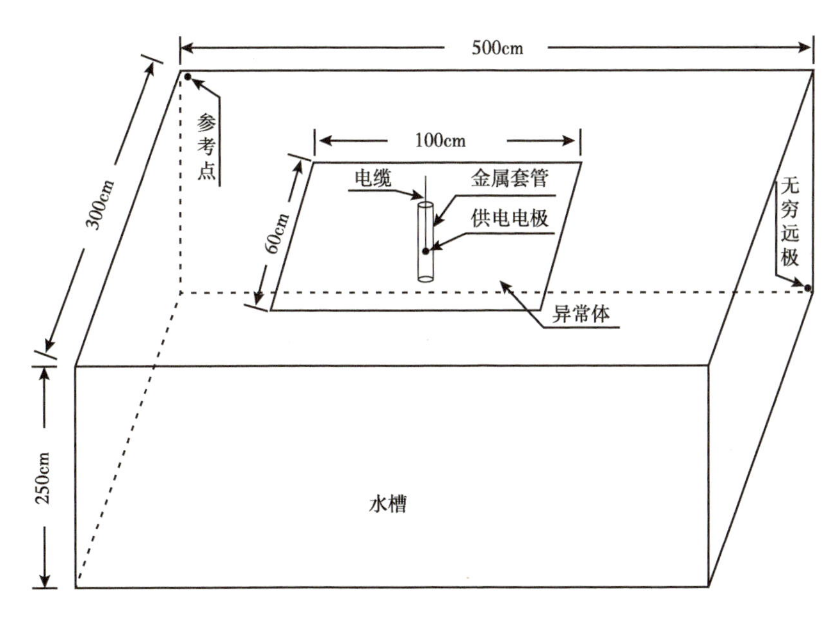

图 4.3 装置示意图

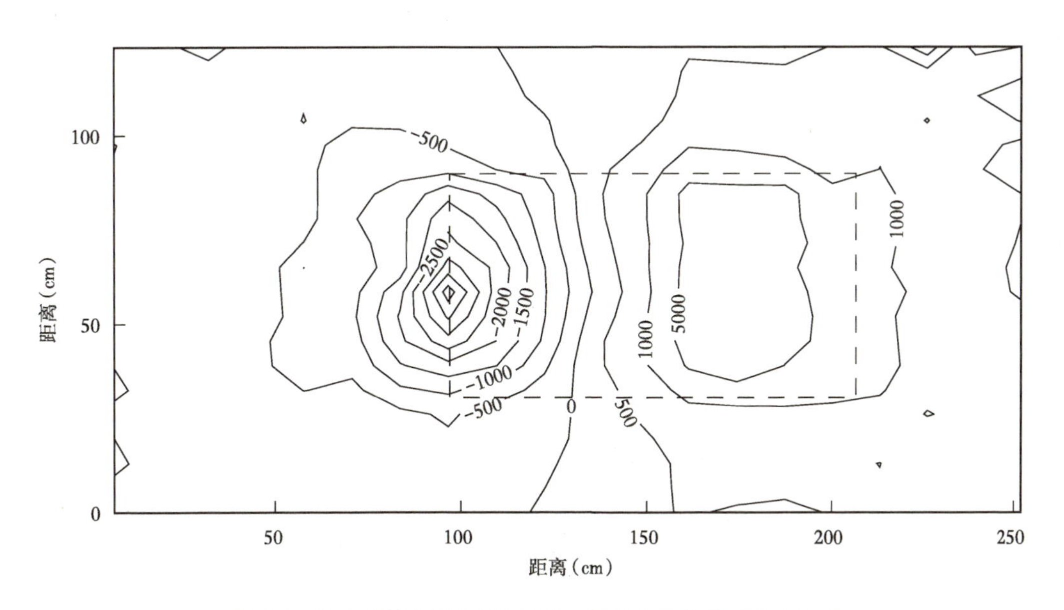

图 4.4 注入水体（低阻板）在井一侧的电位等值线（μV）图

低阻体埋深 4.0cm，供电电极入水深度 5.5cm

注入水体（低阻板）在井周围的模拟：当套管在水体（低阻板）中央、低阻体埋深 7.5cm、供电电极入水深度 12.5cm 时，地面电位异常正如所预料的结果：低阻板中心出现负异常，两端出现电位正异常，正异常的极值位置对应低阻板体边界，见图 4.5。

图 4.6 为油气藏开采动态监测模拟。油气藏为高阻（高阻水平板），井位于油气藏中央，通过井下供电动态监测高阻油气藏边界变化。即将上面低阻板换成高阻水平板，套管在水平板中央，高阻体埋深 4.0cm，供电电极入水深度 5.5cm。图 4.6 的模拟结果表明，

在异常体上方水面存在基本对应的电位异常，虚线框为高阻板位置；可以看出与低阻板异常有明显差别，套管中央供电处的异常与高阻板产生的异常一致。将供电电极的深度变为7.5cm时结果与5.5cm时基本一致；当供电电极比高阻板要浅时地面异常微弱。

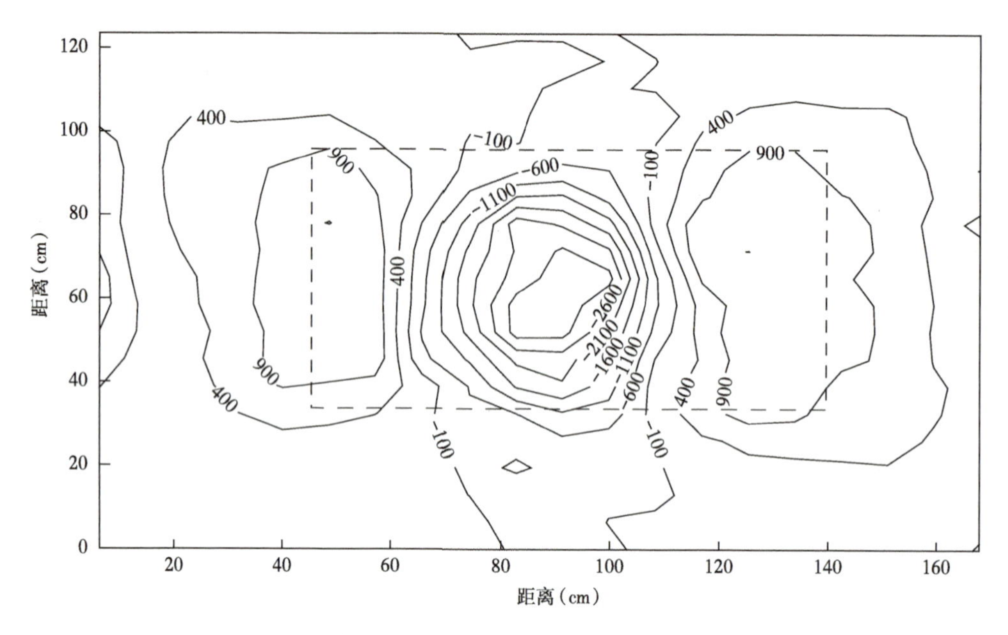

图4.5　注入水体（低阻板）在井周围时的电位等值线（μV）图

低阻体埋深7.5cm，供电电极入水深度12.5cm

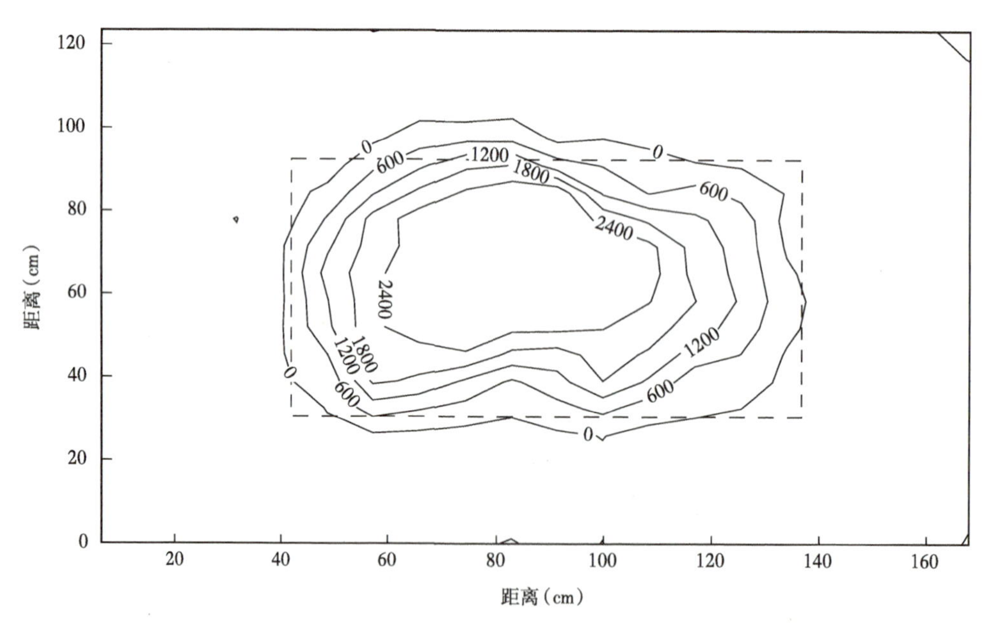

图4.6　高阻体（高阻水平板）在井周围的电位等值线（μV）图

高阻体埋深4.0cm，供电电极入水深度5.5cm

这一模拟结果表明，油田开发中用井地电法寻找低阻水体或高阻油层将具有良好的效果。油田中水相对于油气藏和围岩一般为低阻电性体，在水体分布区供电激发，异常极值对应着异常体的边界；当供电激发位置偏离水体分布区时，依然存在类似的异常特征，因此，在低阻异常体中和偏离低阻体供电激发，在地面可以大致圈定出低阻异常体的边界和延展方向；与此类似，对于高阻油层在中间或偏离供电激发，其异常边界对应于油层范围。因此，井地直流电法可以用于圈定已知油气藏的范围，同时预测相邻断块含油气情况。

根据模拟结果可以推断，如果在油田开采初期进行井地电磁法测量获得油田初始背景异常，开采若干年后再进行井地电磁法测量，可以了解剩余油气的分布；如果开采后回灌地下水，则注入层位由高阻体变为低阻体，根据地面异常可以确定油水范围，在注水压裂中可以监测注水方位和水驱前缘位置。

2）模型 2：横向组合体的模拟

旁侧干扰体与注水监测的模拟：在水平低阻板旁放置垂直高阻板，在低阻板的中间设置钢套管并供电，低阻体埋深 3.5cm 和 4.0cm，供电电极入水深度 3.5cm、5.0cm 和 6.5cm。图 4.7 的模拟结果表明，在异常体上方水面存在分别对应的电位异常，与单个异常体模拟结果类似。图中虚线框为低阻板位置，点线框为高阻板位置。从图中可以看出，低阻板中间（金属套管位置）处出现负异常，在低阻板边缘出现正异常，左侧与高阻板对应处出现负异常。可以明显判断出低阻板的边界和高阻板的位置，供电电极的深度大于高阻或低阻板时与上面结果基本一致。低阻体埋深 4.0cm，供电电极入水深度 3.5cm 时异常微弱。

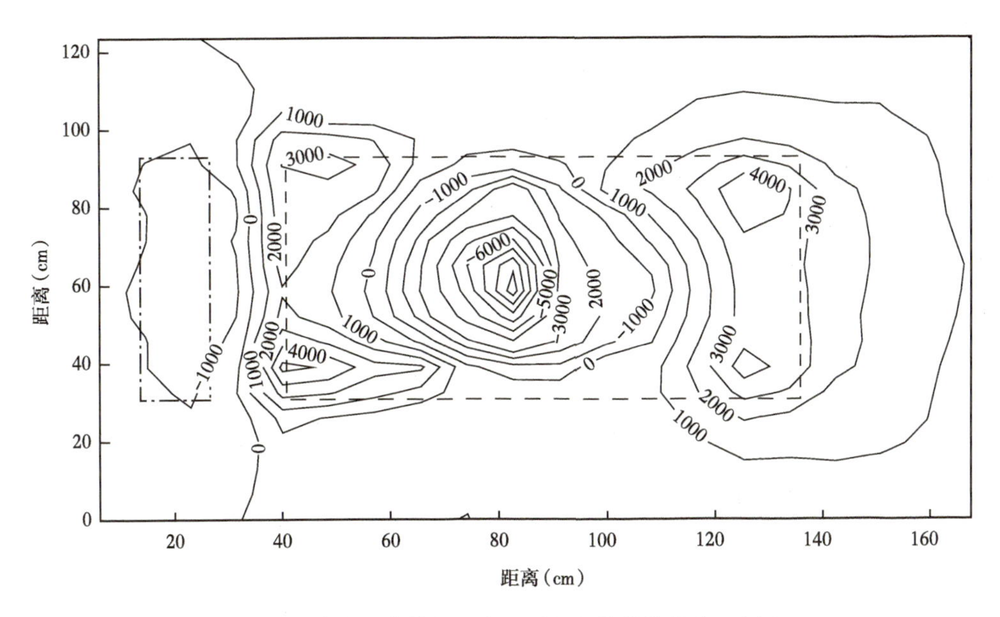

图 4.7　旁侧干扰体与注水监测的电位等值线（μV）图

低阻体埋深 3.5cm，供电电极入水深度 5.0cm

将供电套管移至低阻板和高阻板之间并供电。图 4.8 模拟结果表明，在异常体上方存在分别对应的电位异常。虚线框为低阻板位置，点线框为高阻板位置。在低阻板右端处出现正异常，可以判断出低阻板的边界。供电电极的深度变为 6.5cm 时的结果和 5.0cm 的结果基本一致。

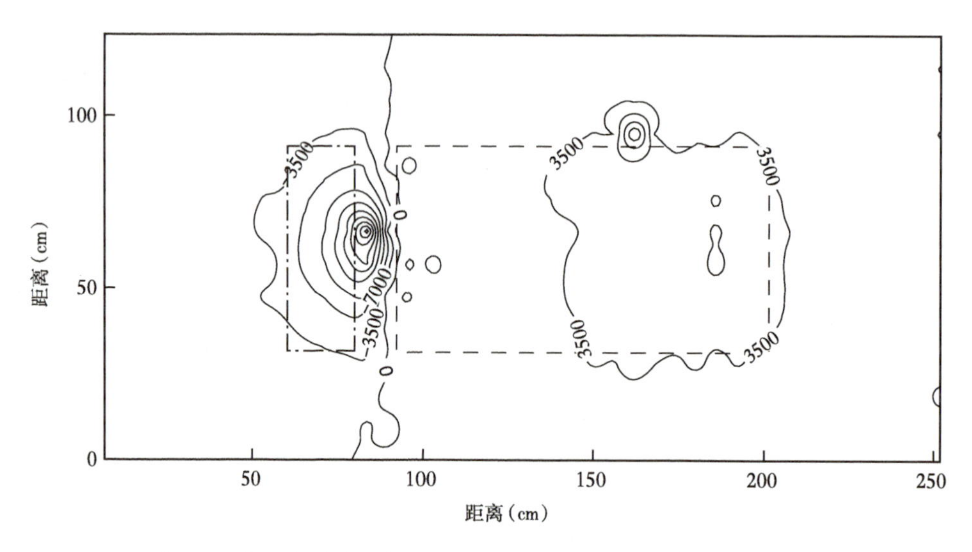

图 4.8　供电套管移至低阻板和高阻板之间的电位等值线（μV）图

低阻体埋深 4.0cm，供电电极入水深度 5.0cm

这一模拟结果表明：在油气田注水监测中，所研究的水层体旁侧存在高阻干扰体时，通过在异常体中央和边缘供电可以确定异常体的边界和延展方向。旁侧高阻干扰体对监测注水边界几乎没有影响。井地电磁法在油田注水开发中，对于井旁油水、断层等不同岩性组合体有一定的横向分辨率，对于油气藏的检测也有同样的效果。

3）模型 3：纵向组合体的模拟

对不同深度注水体和油气层进行监测模拟。上下分别放置水平低阻板和水平高阻板，低阻板在上高阻板在下，低阻板 70cm×60cm×0.2cm，高阻板 100cm×60cm×0.8cm，两者方向垂直，套管处于异常体中央，供电电极分别放置在水平高阻板的上方和下方，研究两次测量的差，以达到消除上方低阻板的影响。图 4.9 是高阻板埋深 14.0cm、低阻板埋深

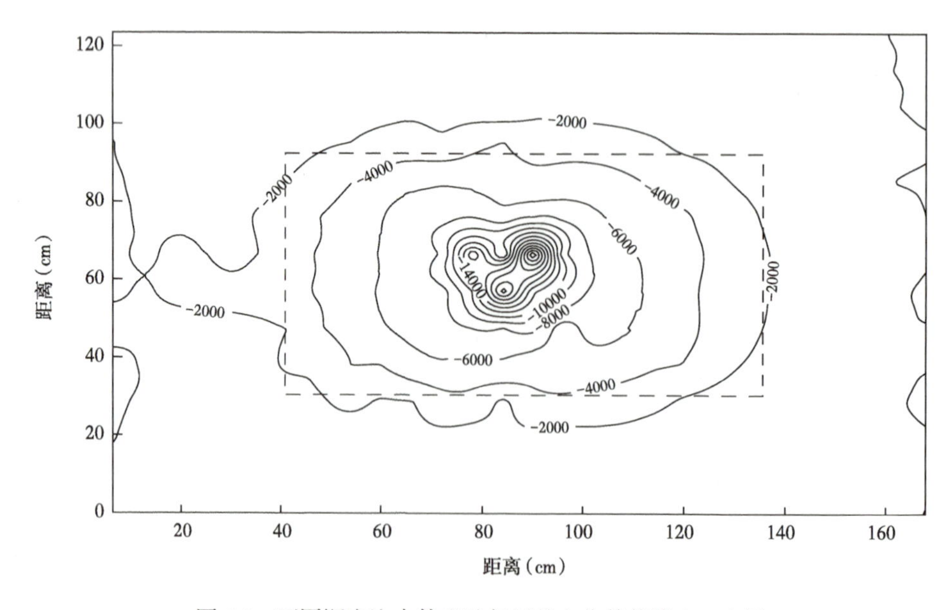

图 4.9　不同深度注水体和油气层的电位等值线（μV）图

7.0cm、供电电极埋深为 13cm 和 18cm 两次测量相减的电位等值线图，图中虚线框部分为高阻板位置。异常所在位置与高阻板位置一致。上方低阻板异常基本消除，说明通过移动激发点可以去除浅层干扰，圈定研究目标的范围。

将低阻板的几何尺寸增大到与高阻板一样大，两者方向垂直放置。图 4.10 是高阻板埋深 14.0cm、低阻板埋深 7.0cm、供电电极埋深分别为 9.5cm 和 19.5cm 时的模拟结果，在异常体上方水面存在对应的电位异常，而且异常很明显，虚线框为高阻板位置。从图中可以看出，电位等值线与高阻板体形状、位置基本一致，说明通过激发点差分处理可以消除浅层干扰圈定目标异常体的边界。

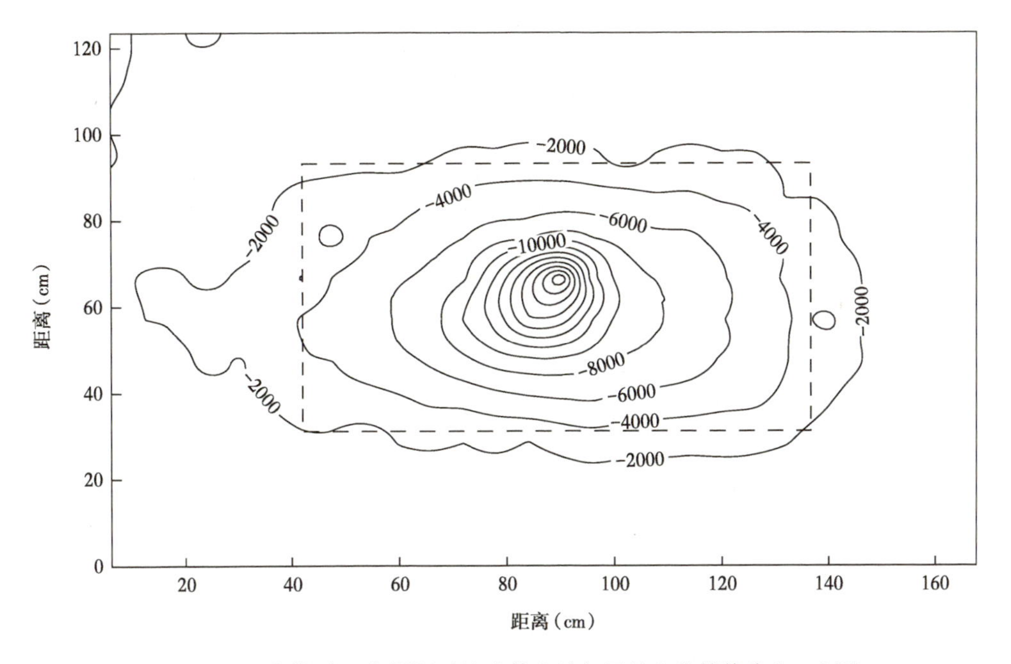

图 4.10 不同深度、相同尺寸注水体和油气层的电位等值线（μV）图

这一模拟结果表明：井地电磁法在油水界面探测中具有重要意义，对于所要研究的目标油气藏，通过移动激发和差分处理，井地电磁法能够比较有效地消除上方电性不均匀的影响，特别是对于上下几套油水层同时存在的情况，在层与层之间存在一定距离时，井地电磁法有可能分别研究出不同储层的分布范围。

4.1.3.3 物理模拟认识与结论

上述水槽模拟研究仍受测量环境影响，获得的异常形态不太规则，再就是受水槽大小及深度的影响，对模型深度变化方面的研究还不太完整，但基本规律还是很清楚的。该实验表明，井地直流电法的工作方式也可应用于油田开发和注水开采中，监测或寻找剩余油气水的分布。

要指出的是，这里的水槽模拟只是直流电法，由于交流电的室内模拟比较复杂影响因素多，不便开展模拟，但上面得出的某些规律是一致的，只是井下交变电流激发下地面电磁场规律具有更高的分辨率和探测效果，后面的数值模拟说明了这一点。显而易见，开展井地电磁法研究对油田开发开采、指导生产井网部署、提高开发效益具有实际应用价值。为了进一步研究交流电下钢套管对电磁场的影响，下面开展数值模拟研究。

4.2 井地直流电三维数值模拟算例分析

井地电磁法的低频激发源是井中的一个垂直长导线场源。当地下的目标体是一个三维不均匀体时，三维模拟更符合实际情况。三维数值模拟能够模拟地下电磁场在复杂地质构造下的传播特性，通过计算地下储层的电阻率、导电率分布和地下储层目标的响应特征，为解释和解决实际勘探中遇到的问题提供重要依据。三维数值模拟可以模拟不同储层地质模型及相关参数变化对观测数据的影响，从而优化勘探方案和提高勘探效率。本节主要通过井地直流充电法三维数值模拟，探讨数值模拟在井地电磁法中的应用及其在地下勘探中的重要性。通过分析数值模拟在井地电磁勘探中的作用和价值，旨在为今后的研究和实践提供有益的参考和指导，促进井地电磁勘探技术的进步与发展。

对计算区域采用六面体剖分方法进行体积剖分，即用平行于三个坐标平面的三组平面去划分三维地电断面成一系列的长方体（单元），而且这些长方体的顶点即为节点。由于体积离散法要求每个计算单元的导电率必须为一个恒定值，因此对水平产状的模型计算相对比较简单，故而在数值计算的模型产状都为水平状。

节点数量直接影响数值计算的时间以及计算机内存需求。为了保证计算精度的同时，尽可能减少计算时间和计算机内存的占用，计算区域的几何尺寸为200cm×200cm×16cm或200cm×200cm×32cm，x方向网格间距为4cm，y方向网格间距4cm，z方向网格间距1cm或2cm。用矩形柱体管模拟油井（圆柱体管），矩形柱体管的矩形断面内径0.5cm，外径0.5cm。

所有的计算模型围岩的电阻率为1Ω·m，低阻异常体的电阻率为0.1Ω·m，高阻异常体的电阻率为10Ω·m，点电源的电流为5A。井壁电阻率为0.01Ω·m，钻井液电阻率为1Ω·m。高阻干扰体电阻率为10Ω·m，低阻干扰体电阻率为10Ω·m。

4.2.1 不同异常体数值模拟

4.2.1.1 单一油气藏的数值模拟结果

套管在低阻水平板旁侧和中央，模拟油田开发中的注水压裂或驱油监测和油气藏开采动态监测，井下供电测量地面电位，根据异常规律推断油气水动态。

（1）供电点电源位于板体中心下方。图4.11是注水监测模拟，用低阻板体模拟注入的低阻水体；图中给出了计算的地面电位异常，虚线框部分为低阻板位置，板体上方对应处存在相应的电位异常，在低阻板边界处出现正异常极值。图4.12是油气藏边界监测模拟，用高阻板模拟油气层；图中显示的是高阻板埋深400m、供电电极深度600m时的地面电位异常，虚线框部分为高阻板位置，高阻板对应地面异常范围，异常从中心的极大逐渐向外减小至零，但在异常体边界异常梯度最大，可以比较清楚地反映板体的轮廓。对比可以看出，油气层（高阻板体）与水层（低阻板体）的异常差别很明显，水层产生的异常从中心的负极值向外增大，在异常体边界出现极值；而油气层产生的异常从中心的正异常向外减小，在异常体边界之外异常减小至零。

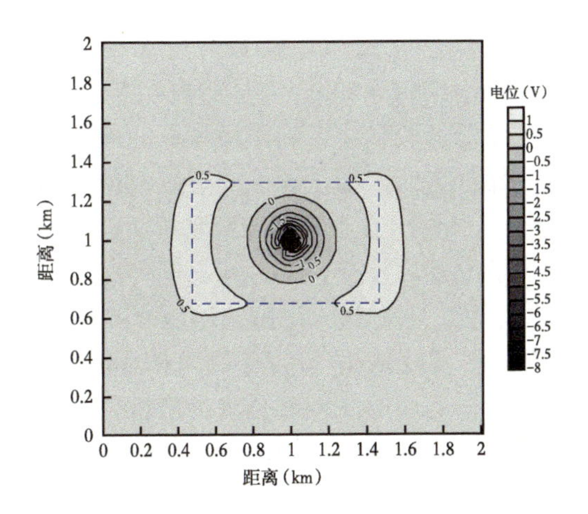

图 4.11 注水监测模拟地面电位异常等值线图

低阻板埋深 400m，供电电极深度 600m

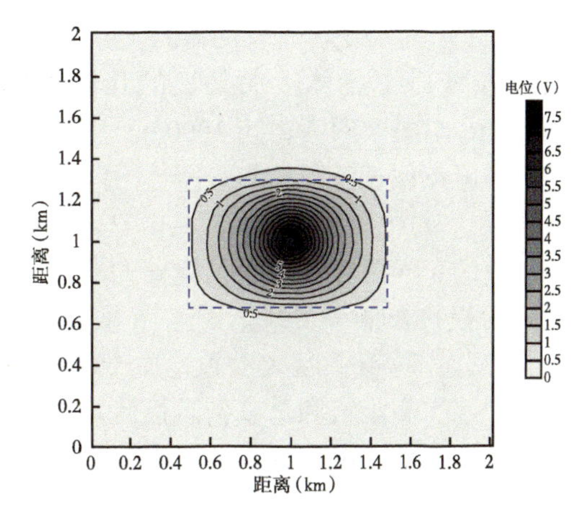

图 4.12 油气藏边界监测模拟地面电位异常等值线图

高阻板埋深 400m，供电电极深度 600m

（2）点电源位于低阻板的下方旁侧位置。图 4.13 是注水监测模拟，用低阻板体模拟注入水体沿着一个方向扩散情况。图中给出了计算的地面电位异常。虚线框部分为低阻板位置。从图中可以看出，点电源对应位置处出现负异常极值，在离开供电点往低阻体方向出现拉长的正异常，可以看出低阻板体的大致位置。图 4.14 是油气藏边界监测模拟，用高阻板模拟油气层。图中显示的是高阻板埋深 400m、供电电极入水深度 600m 时计算的地面电位异常。虚线框部分为高阻板位置。从图中可以看出，点电源对应位置处出现正异常极值，在离开供电点往高体方向出现与高阻板对应的负异常，负异常极值对应着高阻板的三个边界。

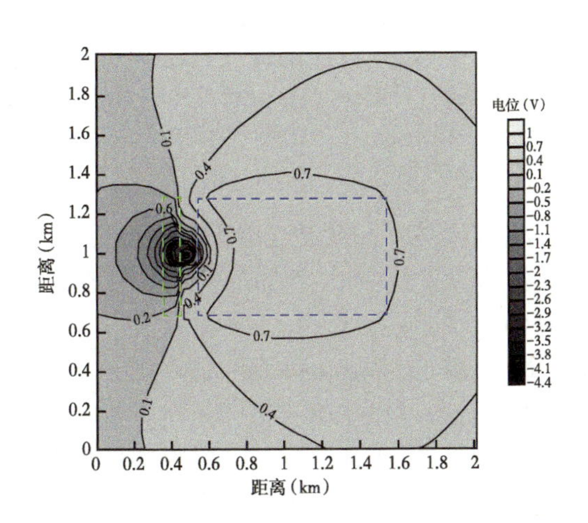

图 4.13 注入水沿着一个方向扩散时的地面电位异常等值线图

低阻板埋深 400m，供电电极深度 600m

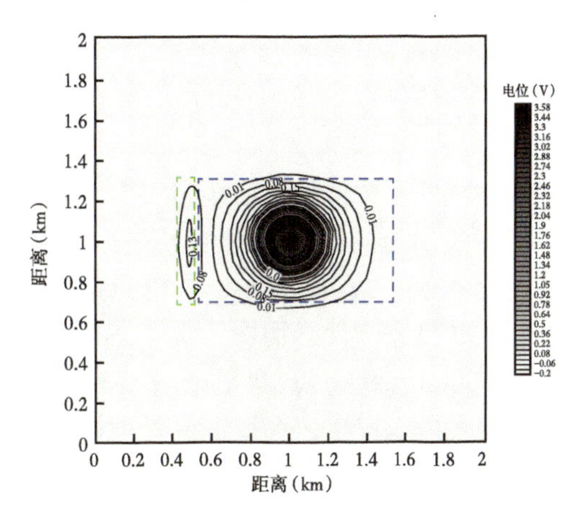

图 4.14 注入水沿着一个方向扩散时的地面电位异常等值线图

高阻板埋深 400m，供电电极深度 600m

4.2.1.2 横向组合体的数值模拟结果

图 4.15 是存在旁侧干扰体时注水监测的模拟，用水平低阻板模拟水层，用垂直高阻板模拟地质干扰体。水平板的几何尺寸为 1000m×600m×200m：垂直板几何尺寸为 40m×600m×70m，两者之间 1000m。图中给出了水平低阻板和垂直高阻板计算的地面电位异常，供电点位于低阻体和高阻体之间。右虚线框部分为低阻板位置，左虚线框位置为高阻板位置。从图中可以看出，供电点对应位置出现负异常，在往水体（低阻板）延伸方向出现对应的正异常，高阻板位置处的电位负异常与供电点异常叠合在一起，但仍然可以发现被高阻板拉长的等值线。图 4.16 是旁侧干扰体与油气层监测的模拟，用水平高阻板模拟油气层，用垂直低阻板模拟地质干扰体（尺寸同上，只是供电点位于高阻体中间）。图中给出了水平高阻板和垂直低阻板计算的地面电位异常。右虚线框部分为高阻板位置，左虚线框位置为低阻板位置。从图中可以看出，高阻板对应位置处地面出现正异常，在低阻板对应位置处出现电位异常闭合圈。

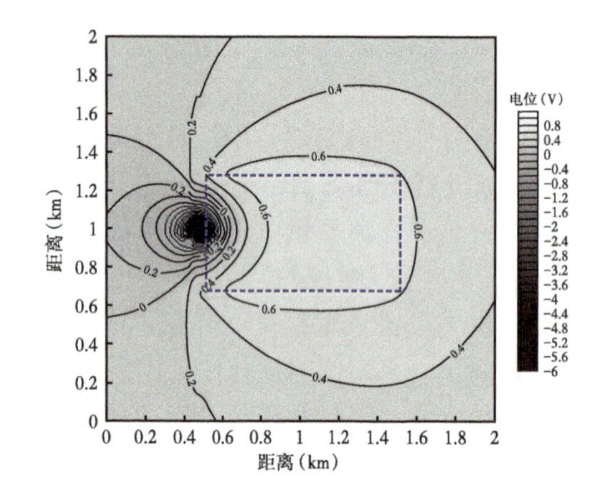

图 4.15 供电电极位于两低阻体之间时的地面电位异常等值线图

阻板埋深 400m，供电电极入水深度 600m

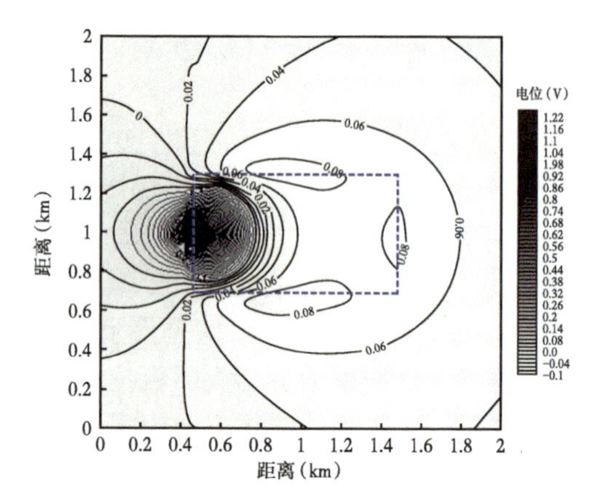

图 4.16 供电电极位于高阻体之间时的地面电位异常等值线图

高阻板埋深 400m，供电电极深度 600m

4.2.1.3 纵向组合体的数值模拟

存在浅层地质干扰体时油气藏开发监测模拟。油气层（高阻板）埋深 800m，其上方存在低阻水层，埋深 400m，供电点电源位于低阻板中央下方，点电源分别放置在深度为 700m 和 1100m 处，而图示异常为两者所计算的电位之差。图 4.17 是高阻板尺寸较大（1000m×600m×200m）、低阻板较小（为 800m×400m×200m）相互垂直放置的地面异常。从图中异常可以看出，经过差分处理浅部低阻水体的影响几乎全部去掉，所剩异常主要为下部油气层（高阻板）的电位异常，异常边界指示出油气藏范围。图 4.18 是上部低阻板几何尺寸增大后（与高阻板一样大，但互相位置不变）的模拟结果，可以看出经过差分处理浅部低阻水体的影响也基本去掉，所剩异常主要为下部油气层（高阻板）的电位异常，异常边界指示出油气藏范围。以上模拟结果说明，通过在高阻板上下两次供电，然后差分处理可以消除浅部地质干扰体对下部研究目标的影响。

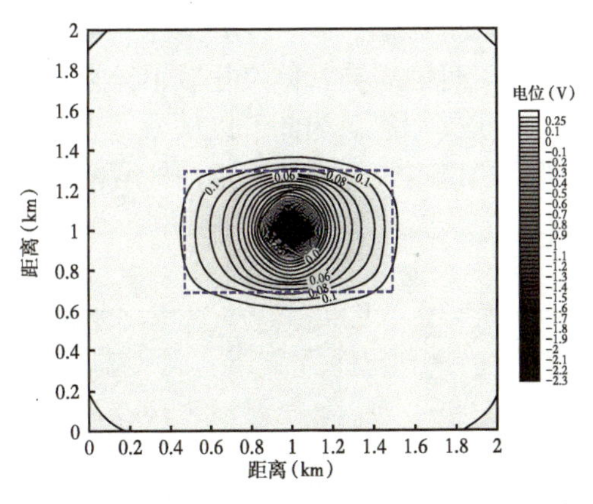

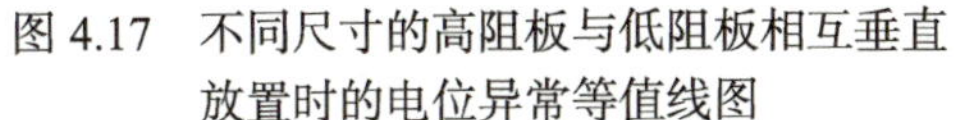

图 4.17 不同尺寸的高阻板与低阻板相互垂直放置时的电位异常等值线图

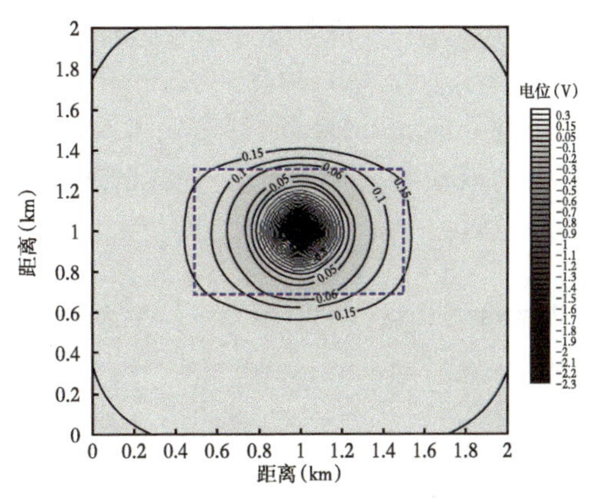

图 4.18 相同尺寸的高阻板与低阻板相互垂直放置时的电位异常等值线图

与前节物理模拟结果对比可以看出，上述三个方面的数值模拟结果与物理模拟结果规律完全一致，可以说明数值模拟算法的正确性。

4.2.2 数值模拟异常规律分析

为了进一步模拟研究井地电磁法在油气田开发中监测油气藏开采以及注入水体动态变化地面电位的变化规律，通过改变模型深度来了解井地电磁法的探测深度；通过改变模型大小尺寸来了解井地电磁法对油气藏规模大小的探测分辨能力；通过改变模型厚度来了解井地电磁法对薄油气层的分辨能力；通过改变模型电阻率（油被水取代后电阻率发生变化）来了解井地电磁法对油气水动态监测能力，从而得出井地电磁法应用于油气田开发解决相关问题的能力。

模型的基本参数：异常体大小为 1km×2km×0.2km，围岩和异常体电阻率分别为 10Ω·m 和 1000Ω·m，电流为 20A，异常体埋深为 1km，供电点位置为 3.5km。

（1）油气藏深度变化对地面异常的影响：图 4.19（a）（b）（c）分别是异常体埋深为 500m、1000m、2000m 时的异常，可见随着深度加大异常逐渐变弱，深度达到 2000m 异常变得模糊，肉眼难以分辨其形态。因此可以认为，当油气藏埋藏深度大于油气藏纵向或横向尺寸时，井地电磁法难以有效分辨并圈定油气藏范围或注水前缘位置。

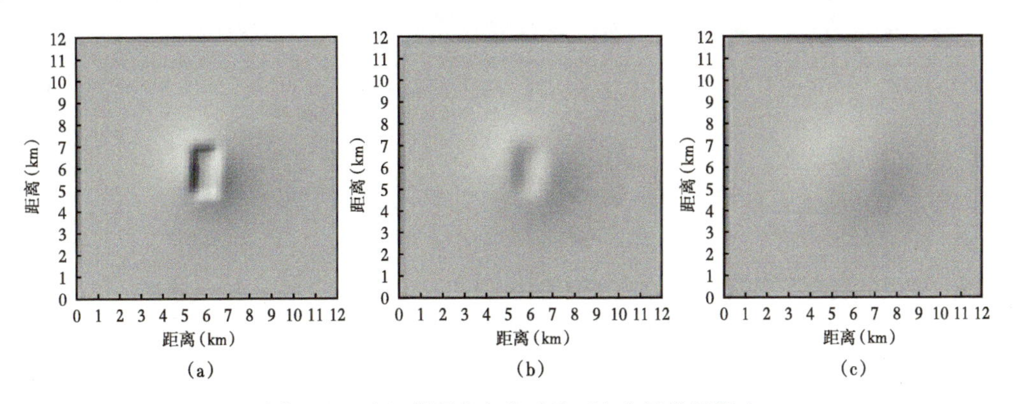

图 4.19 油气藏深度变化对地面电位异常的影响

（a）500m；（b）1000m；（c）2000m

（2）油气藏平面规模变化对地面异常的影响：图 4.20（a）（b）（c）分别是异常体尺寸为 1km×2km、0.5km×1km、0.2km×0.5km 时的异常，可见随着异常体尺寸减小异常逐渐变弱，小到 0.2km×0.5km 时异常变得模糊，肉眼难以分辨其形态。因此可以认为，当油气藏平面纵向或横向尺寸小于油气藏埋深时，井地电磁法难以有效分辨并圈定油气藏范围或注水前缘位置。

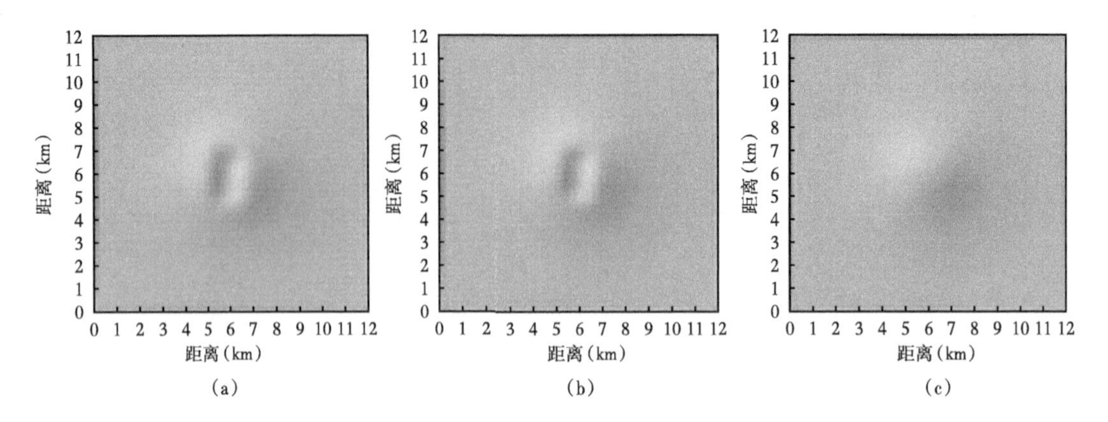

图 4.20　油气藏平面规模变化对地面电位异常的影响

（a）1km×2km；（b）0.5km×1km；（c）0.2km×1km

（3）油气藏总厚度变化对地面异常的影响：图 4.21（a）（b）（c）分别是异常体厚度为 200m、100m、50m 时的异常，可见随着厚度变薄异常逐渐变弱，厚度小到 50m 异常变得模糊，肉眼难以分辨其形态。因此可以认为，当油气藏总厚度小于其埋深 10% 时，井地电磁法难以有效识别并圈定油气藏范围或注水前缘位置，即在纵向上分辨率为 10%。

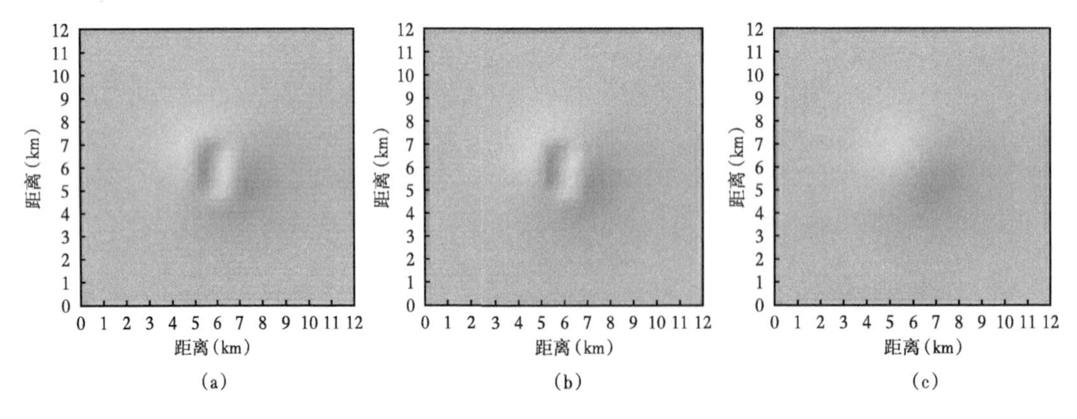

图 4.21　油气藏总厚度变化对地面电位异常的影响

（a）200m；（b）100m；（c）50m

（4）油气水动态变化对地面异常的影响：图 4.22（a）（b）（c）分别是异常体电阻率与围岩电阻率之比为 50、10、5 时的异常，可见随着异常体与围岩电性的差异逐渐变小，比值小到 5 时异常变得模糊，肉眼难以分辨其形态。因此可以认为，当油气被水替换后电阻率差异越大，井地电磁法监测效果越好，即工作中应尽量减小注水电阻率提高动态监测的效果。

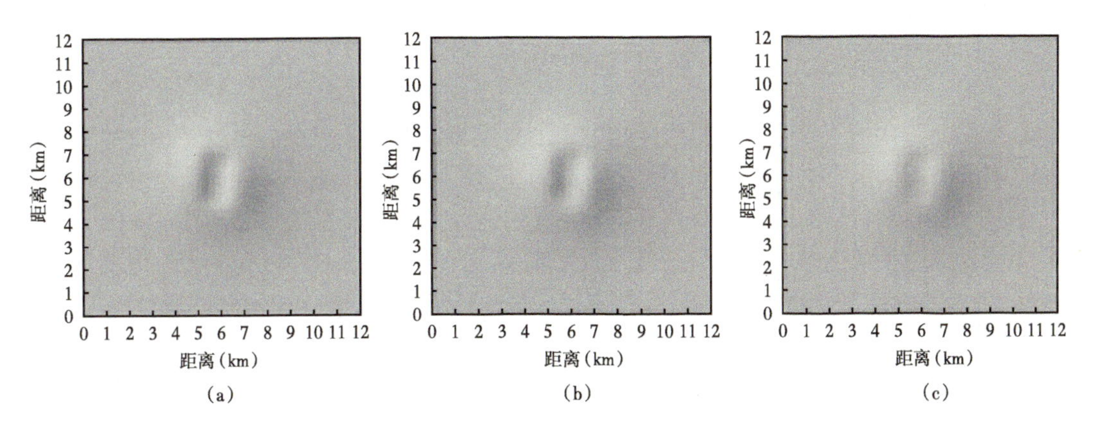

图 4.22 油气水动态变化对地面电位异常的影响

(a)异常体电阻率与围岩电阻率之比为 50;(b)异常体电阻率与围岩电阻率之比为 10;(c)异常体电阻率与围岩电阻率之比为 5

上面取得的异常及有关规律只是常规定性的，随着其他条件的变化，上面的规律会相应改变，比如供电电流加大或采集数据的仪器精度提高，识别异常的能力会相应提高。除此之外，现代数据处理还可以进一步提高井地电磁法对探测目标的分辨能力。比如对上述肉眼难以分辨的异常采用常用的位场导数(垂向导数)就可以使异常明显增强，图 4.23 即是对本来微弱的异常求垂向一次和二次导数后，异常特征明显增强。对比表明，二次导数可以使异常体在深度加大一倍、尺寸减小一半、厚度减薄一半及电性对比降低为原来的一半后仍然获得较清晰的异常。因此，实际工作中可以采用一些成熟的处理手段和方法，使异常增强以提高对异常体的分辨能力。如果采用更先进的信号分析和三维正反演模拟，加入已知约束信息，可以相信井地电磁法分辨能力将进一步提高。

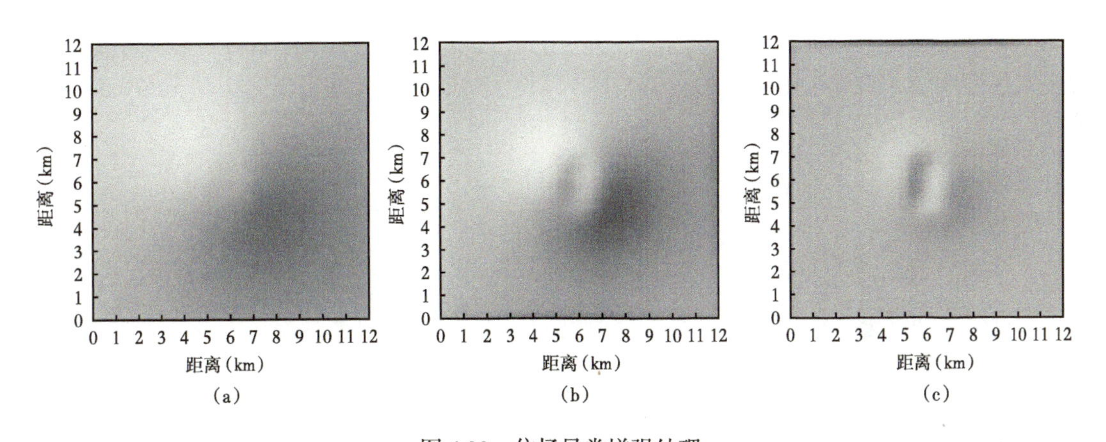

图 4.23 位场异常增强处理

(a)原异常;(b)一次导数;(c)二次导数

从单一异常体数值模拟、横向组合体的数值模拟、纵向组合体的数值模拟的计算结果电位异常等值线图中可以看出都存在电位异常，通过这些电位异常可以确定出地下异常体的边界。这些计算结果为井地直流充电法物理模拟提供指导。

4.3 井地电磁法三维模型模拟算例分析

本节将介绍井地电磁法基于三维模拟的模型异常特征的研究成果。通过建立真实地质结构的三维模型，模拟电磁场在地下的传播和响应，分析不同类型地质体产生的电磁场响应特征。通过分析异常特征为研究异常信号与地下构造之间的关系提供支持，为井地电磁地球物理勘探设计提供技术支撑。通过本小节的研究成果，将深入了解井地电磁法在地下勘探中的应用潜力和局限性，为地质勘探和资源开发提供更加科学和有效的方法和技术支持。

4.3.1 井地电磁法有限差分模拟算例

4.3.1.1 源在中心时的低阻体模型

为了说明三维体的电磁响应特征，构建如图4.24所示的场源在中心的低阻模型示意图，其中异常体位于［-800m，800m］×［-600m，600m］×［500m，900m］，电阻率为0.2Ω·m，背景围岩电阻率为0.02Ω·m，垂直有限长线电流源长L=600m，经过目标体的中心上下端点深度分别为400m和1000m；供电电流的幅度为1A，频率为500Hz。基于上述有限差分方法进行模拟，使用75×75×85的网格剖分，共1066784个未知量。图4.25至图4.28为地面上的电磁场分布等值线图，其中（a）为背景场，（b）是异常场，而图4.29仅有H_z分量的异常场分布图，井地垂直有限长电流源的正常场没有H_z分量。可见，地面响应各分量均存在对称性，地面上不同位置的测线得到的响应曲线大小是不同的，虽距离源远的地方场的幅值一定是下降并趋于0的，但也并非距离源越近响应的幅度就越大；异常规律体现在测线上各分量的响应曲线上，x值小的测线对应的响应幅值也就不一定是幅值最大的（图4.30）。图4.31至图4.34为地面x=-400m、20m、800m和1800m时对应的y方向上的测线上的电磁场水平分量异常场响应曲线，其中（a）为总场曲线，（b）为异常场曲线。从图4.31至图4.34的电磁场地面响应分布等值线图上可以观测到其横向幅值变化特征；在测线方向上看，异常体导致在异常体的相应y方向位置上的E_x分量出现一个单峰曲线，而E_y分量显示一个双峰值曲线，在异常体对应的y方向中心异常场响应为波谷，幅值为0；H_x分量响应曲线

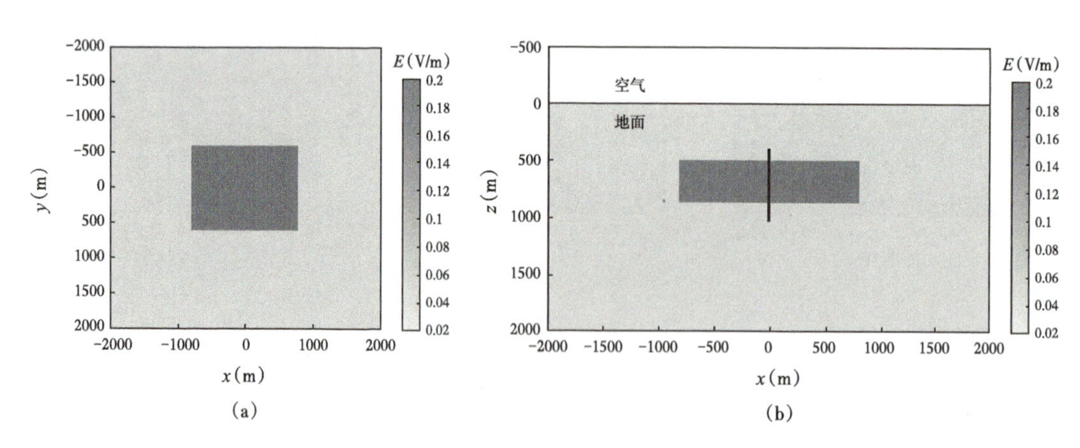

图 4.24　源在中心时的低阻模型断面电导率分布示意图

（a）xy断面（z=700m）;（b）xz断面（y=0m）

与 E_y 分量响应曲线是类似的，H_y 分量背景场响应曲线与 E_x 分量背景响应曲线是类似的，但异常场响应曲线较复杂。不同测线上的响应曲线具有多个关于（y=0m）对称的多峰值曲线，各曲线形态也不再一致。模拟结果显示，井地电磁法可以由不同分量的异常响应获得地下目标体的信息，从而可为高分辨率地显示目标体地电分布提供理论证据。

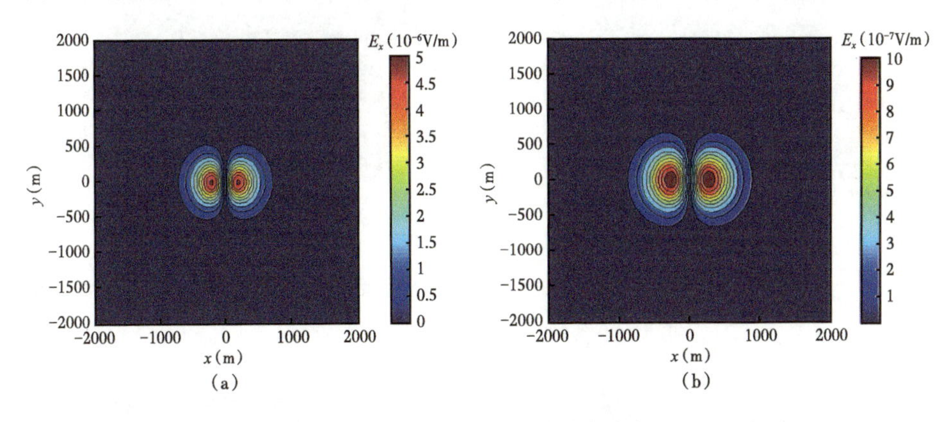

图 4.25　地面上 E_x 分量响应分布

（a）背景场；（b）异常场

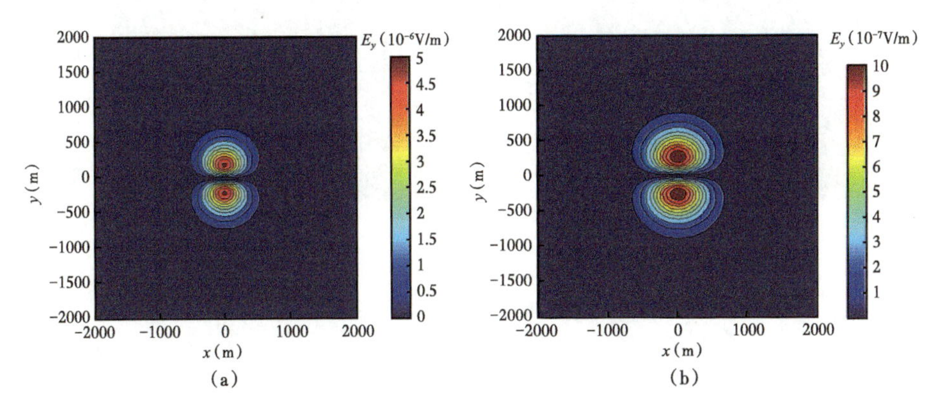

图 4.26　地面上 E_y 分量响应分布

（a）背景场；（b）异常场

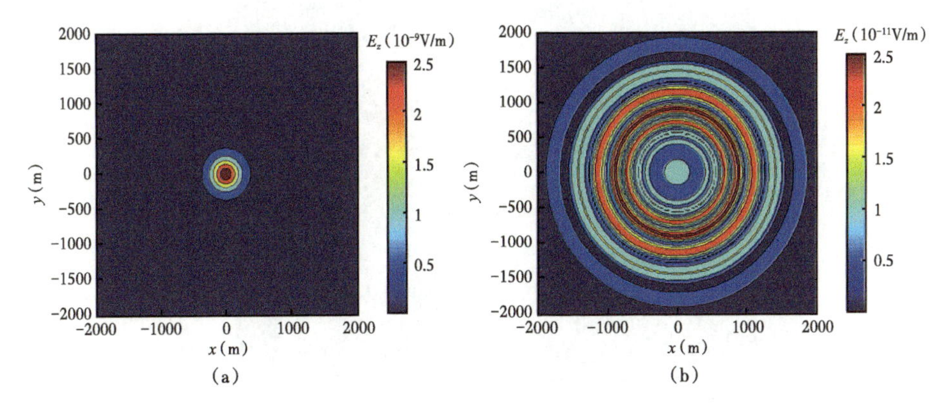

图 4.27　地面上 E_z 分量响应分布

（a）背景场；（b）异常场

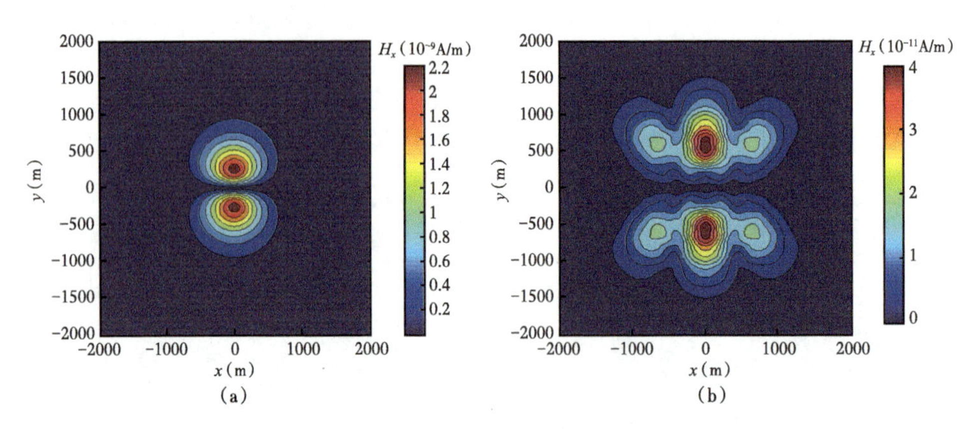

图 4.28 地面上 H_x 分量响应分布

(a)背景场;(b)异常场

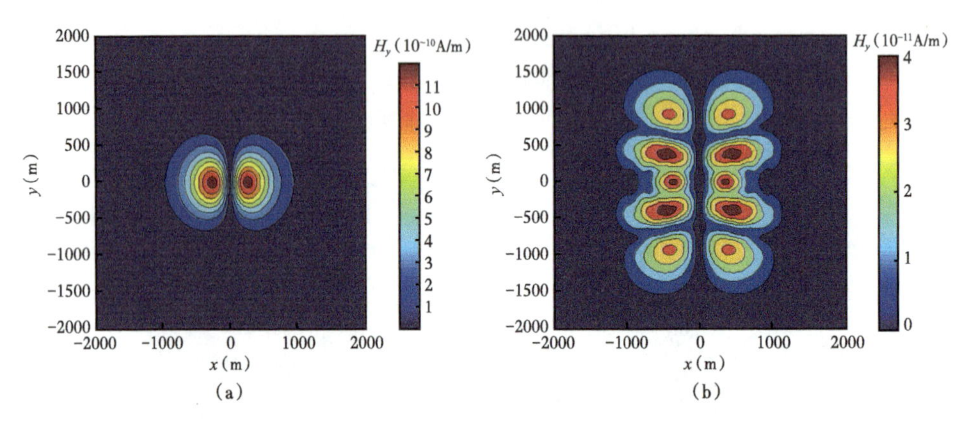

图 4.29 地面上 H_y 分量响应分布

(a)背景场;(b)异常场

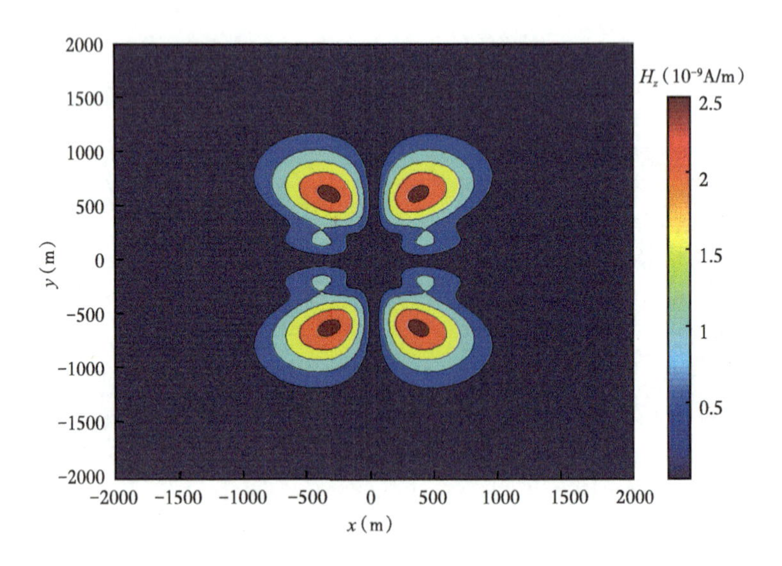

图 4.30 地面上 H_z 分量响应分布

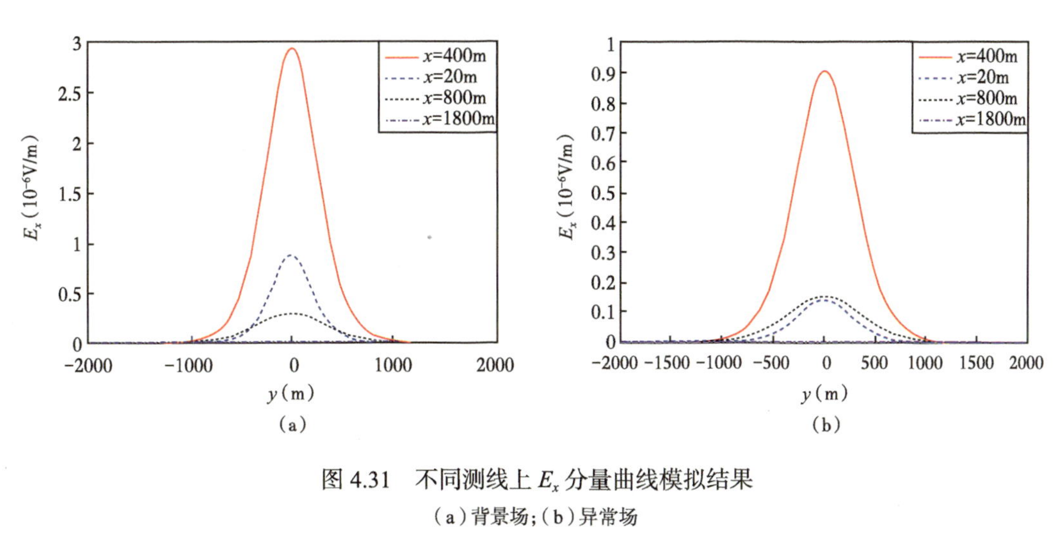

图 4.31 不同测线上 E_x 分量曲线模拟结果

(a)背景场;(b)异常场

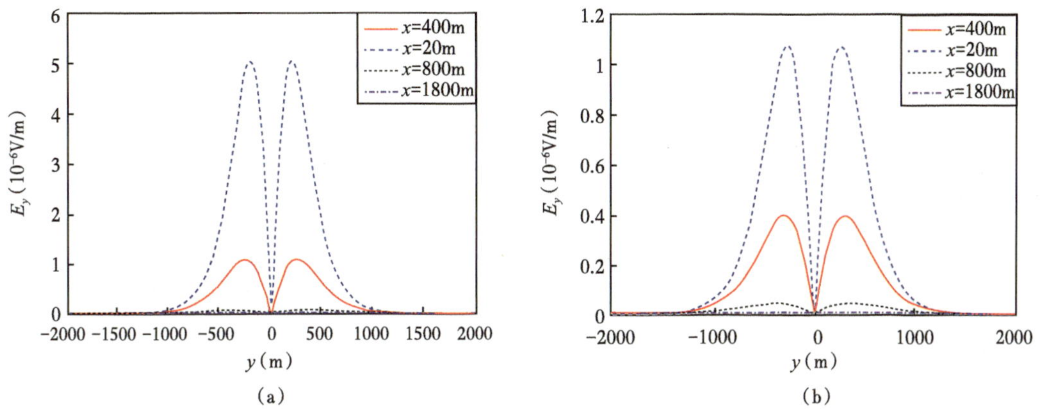

图 4.32 不同测线上 E_y 分量曲线模拟结果

(a)背景场;(b)异常场

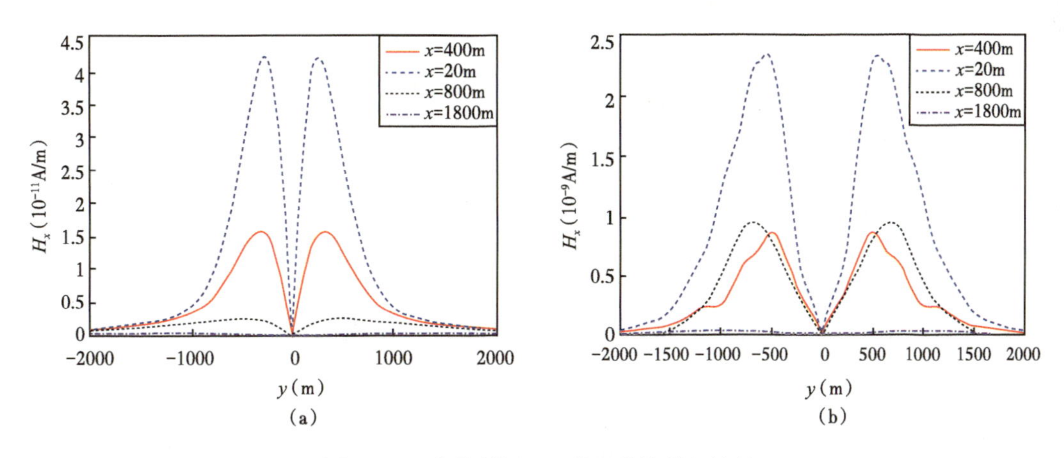

图 4.33 不同测线上 H_x 分量曲线模拟结果

(a)背景场;(b)异常场

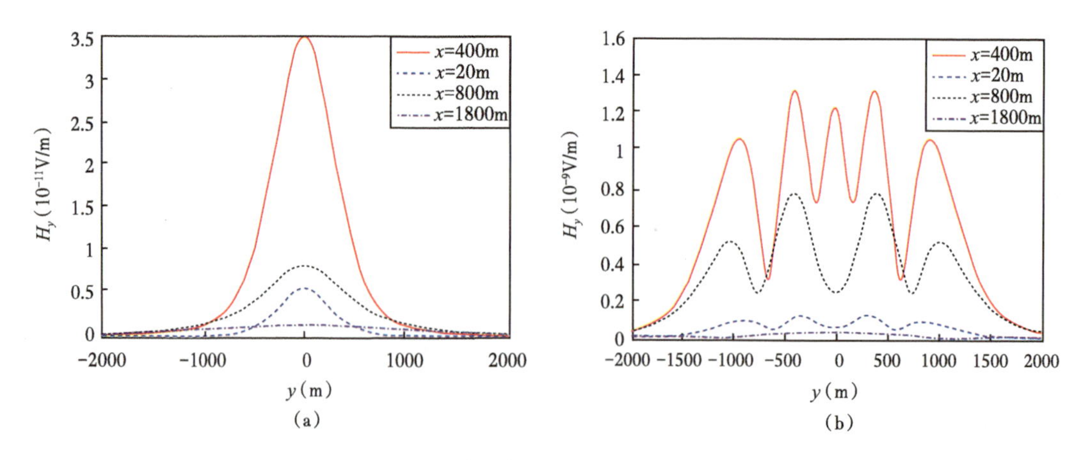

图 4.34　不同测线上 H_y 分量曲线模拟结果

(a)背景场;(b)异常场

4.3.1.2　源在三维目标体模型外侧时的空间电磁场分布

理论模型为一立方体异常体模型，直角坐标系下，立方体的中心坐标为(-1.5km，-1.5km，1.5km)，垂直油井位于 z 轴上，地面的井口处为坐标原点。供电脉冲电流为 30A，激励频率为 0.125Hz。A 供电点在井口，B 供电点在井下 1.5km 的地方，图 4.35 为三维模型示意图。

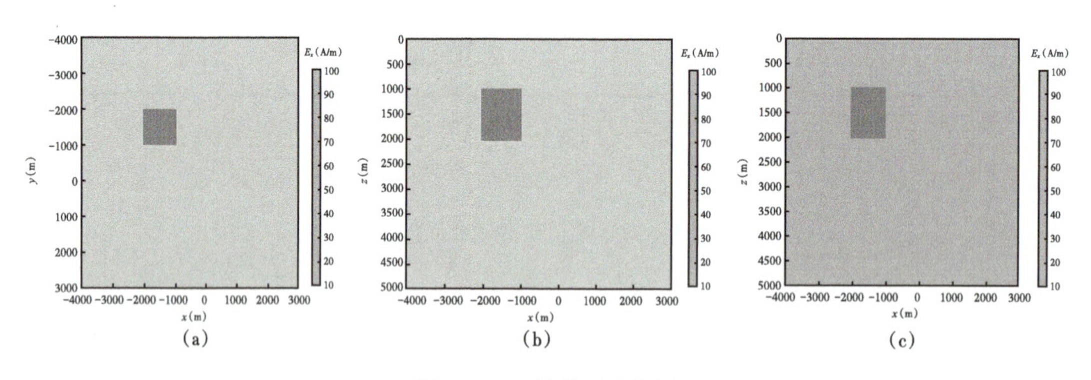

图 4.35　三维模型示意图

(a) xy 断面(z=1500m);(b) xy 断面(y=1500m);(c) yz 断面(x=1500m)

4.3.1.3　源在外侧时的高阻模型

如图 4.36 至图 4.38 所示，假定发射源在低阻目标体外侧，其水平坐标为坐标原点，600m 长的垂直电流源的上下端点深度分别为 400m 和 1000m，并位于三维目标体模型的 x 负向一侧 50m 的地方，设高阻目标体的电阻率为 5000Ω·m，空间坐标范围是 [50m，1650m]×[-600m，600m]×[500m，900m]，均匀半空间围岩电阻率为 0.02Ω·m，模型示意图如图 4.39 所示。供电电流的幅度为 1A，频率为 500Hz。使用上述有限差分方法进行模拟，使用 89×89×80 的网格剖分，共 1750005 个未知量。图 4.40 是地面 x=-400m、25m、1500m 和 2500m 时对应的 y 方向上的测线上的电磁场异常场响应曲线，各曲线形态与前面模型响应结果一致，异常体中心对应位置为幅值为 0 的波谷，两侧对称出现波峰，是发射源在 z 轴上、关于 y 轴对称模型的响应特征。

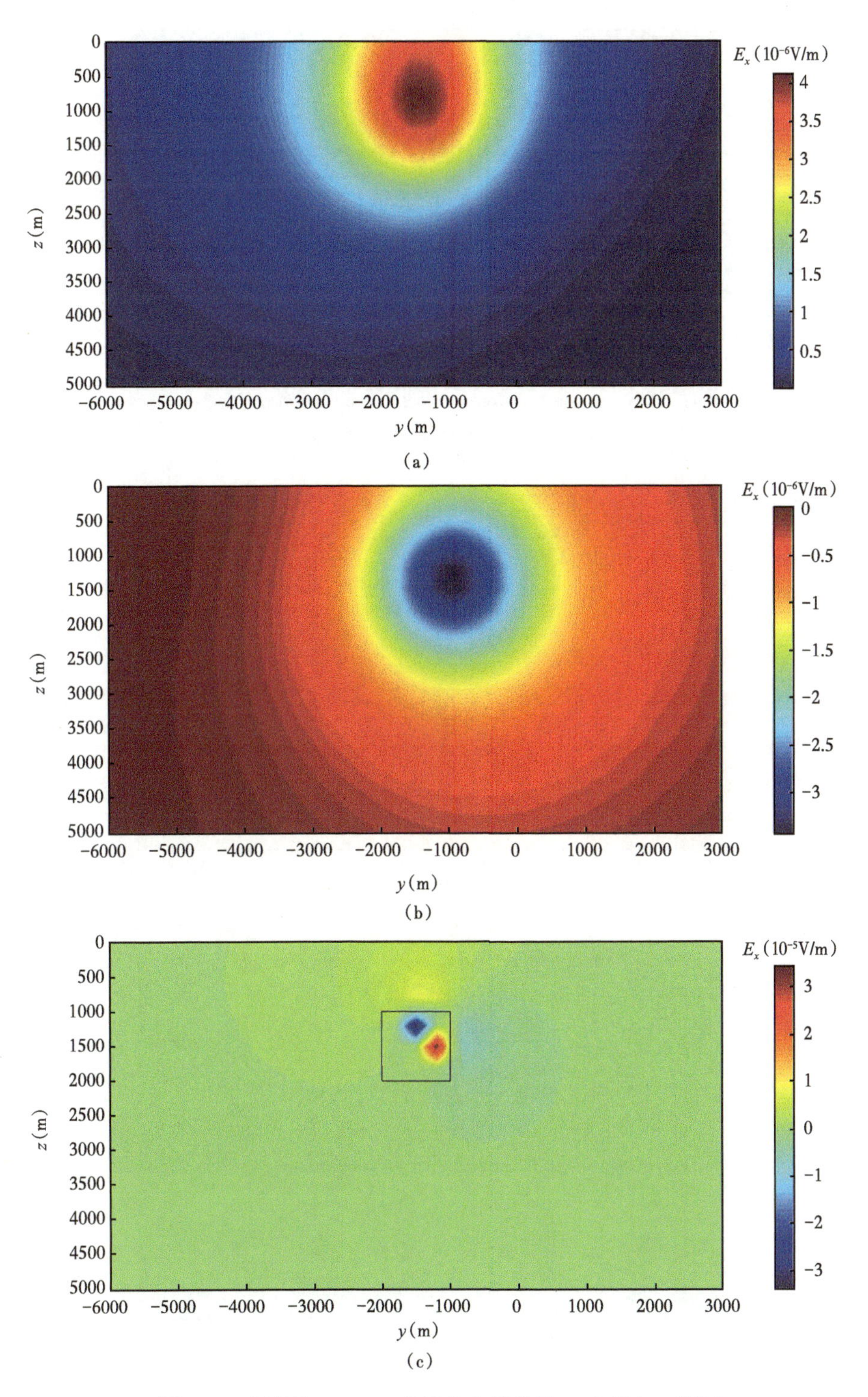

图 4.36 频率为 0.125Hz 的异常电场分量 E_x 实部在 y_z 断面

(a) 异常 E_x 实部在 yz 断面（x=−3000m）上的分布；(b) 异常 E_x 实部在 yz 面上的分布（x=0m）；(c) 异常 E_x 的实部在 yz 断面上的分布（x=−1500m）

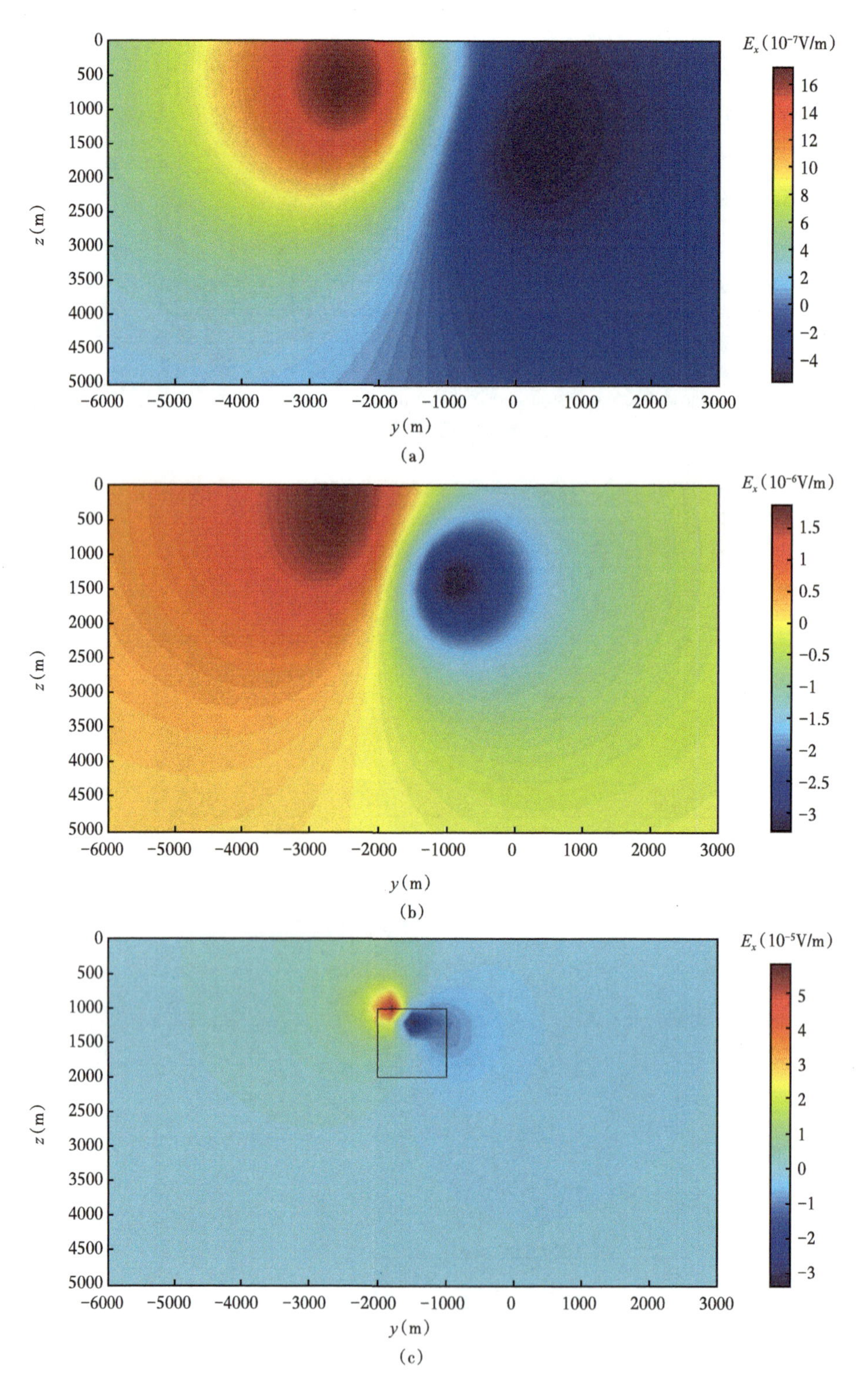

图 4.37　0.125Hz 下异常电场分量 E_x 实部在 xz 断面

（a）异常 E_x 实部 xz 断面（y=−3000m）上的分布；（b）异常 E_x 实部在 xz 面上的分布（y=0m）；（c）异常 E_x 的实部在 xz 断面上的分布（y=−1500m）

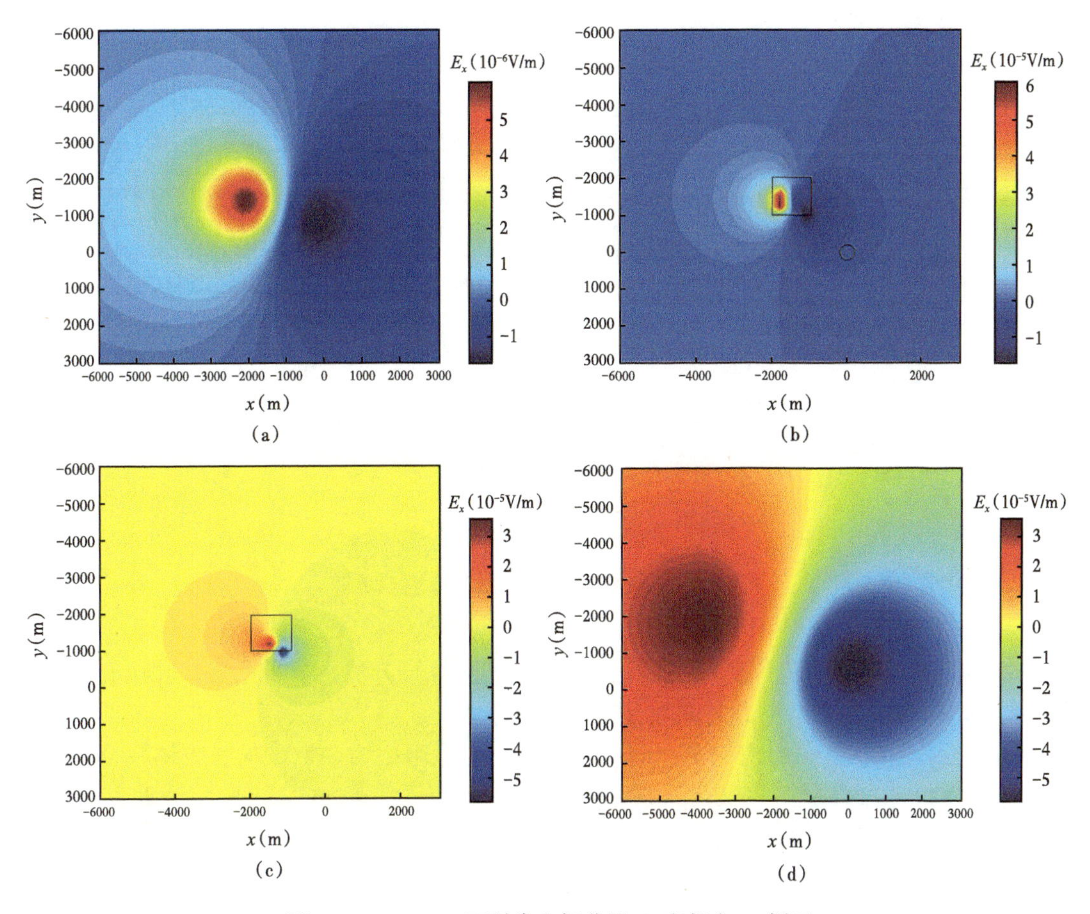

图 4.38　0.125Hz 下异常电场分量 E_x 实部在 xy 剖面

(a)异常 E_x 在 xy 剖面上的分布(z=0m);(b)异常 E_x 实部在 z=1000m 水平剖面上的分布;(c)异常 E_x 实部在 z=1500m 上的分布;(d)异常场 E_x 实部在 z=3900m 剖面上的分布

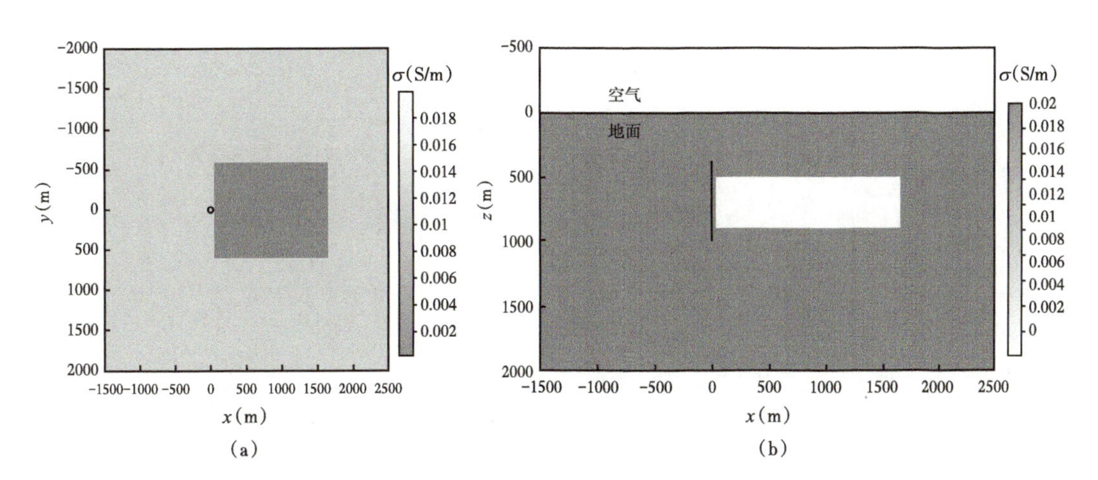

图 4.39　源在侧面时的高阻模型断面电导率分布示意图

(a)xy 断面(z=700m);(b)xz 断面(y=0m)

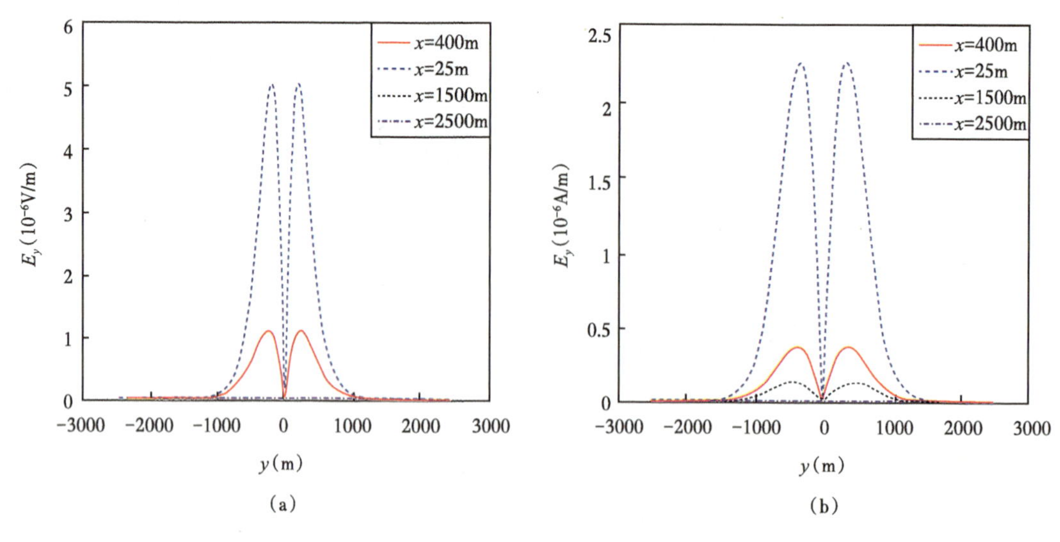

图 4.40　不同测线上 H_y 分量曲线模拟结果

（a）背景场；（b）异常场

井地电磁三维时间域正演方法采用频域有限差分计算方法，再采用傅里叶逆变换的方法变换到时间域中，从而得到时间域井地电磁响应。

设电阻率为 50Ω·m 的均匀半空间围岩中有一个电阻率为 5Ω·m 的长方体模型，空间分布为 [−800m，800m]×[−600m，600m]×[500m，900m]，z=0m 是 xOy 面，垂直有限长电流源位于 z 轴上，供电电极的上下端点深度分别为 400m 和 1000m。模型与激励源的示意图见图 4.41。单位强度的电流信号断电后 0.11028ms 开始测量信号，至 149.2794ms 之间共测量 25 个信号。三维数值模拟网格剖分个数为 70×70×80，计算地面测线上的电磁场瞬时信号和测点上的电磁场瞬变信号，共耗时 69145.1s。图 4.42 至图 4.56 是地面测线或测点上的瞬时响应曲线计算结果。

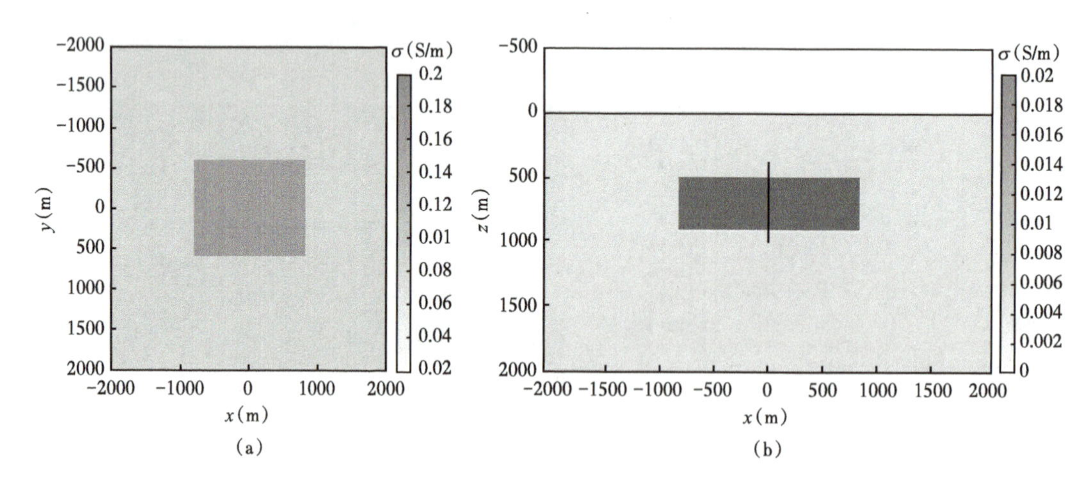

图 4.41　计算模型示意图

（a）xy 剖面（z=700m）；（b）xz 剖面（y=0m）

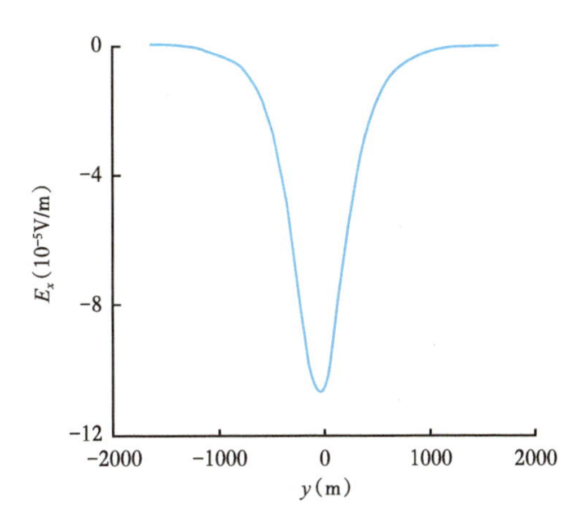

图 4.42　x=20m 测线上 T=0.112076ms 时的测线 E_x 信号曲线

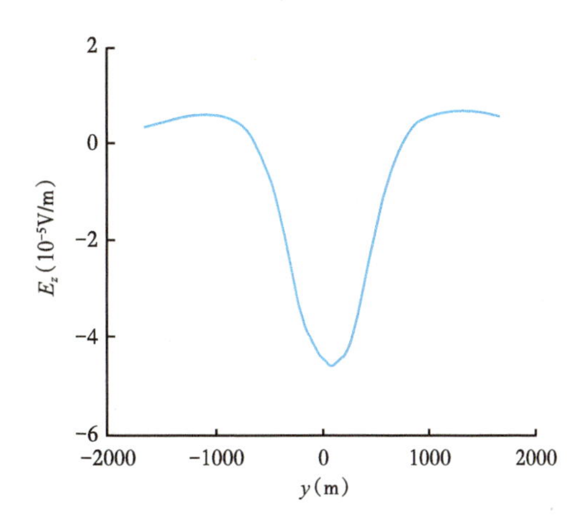

图 4.43　x=20m 测线上 T=0.112076ms 时的测线 E_z 信号曲线

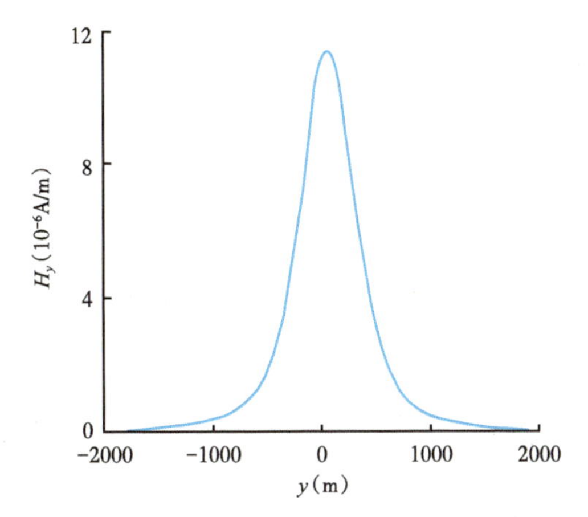

图 4.44　x=20m 测线上 T=0.112076ms 时的测线 H_y 信号曲线

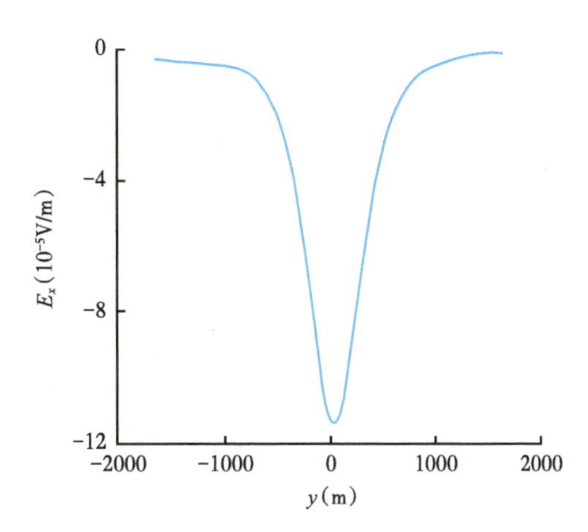

图 4.45　x=20m 测线上 T=7.39946ms 时的测线 E_x 信号曲线

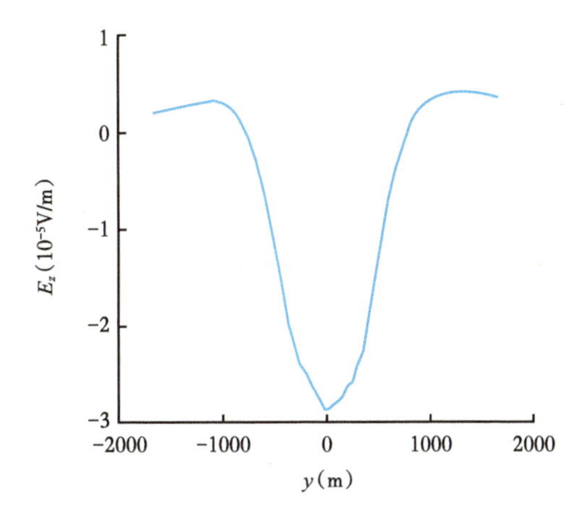

图 4.46　x=20m 测线上 T=7.39946ms 时的测线 E_z 信号曲线

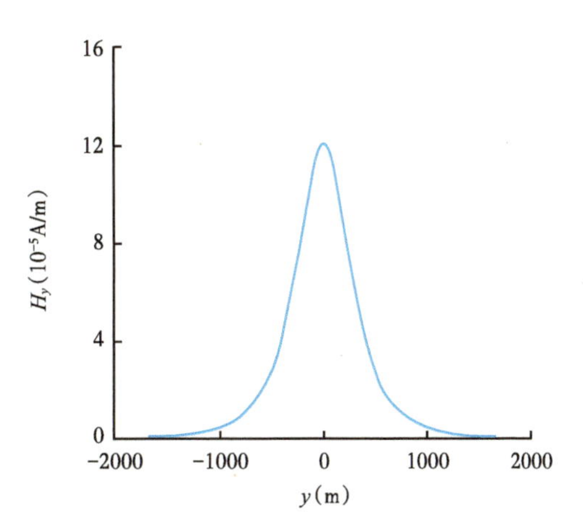

图 4.47　x=20m 测线上 T=7.39946ms 时的测线 H_y 信号曲线

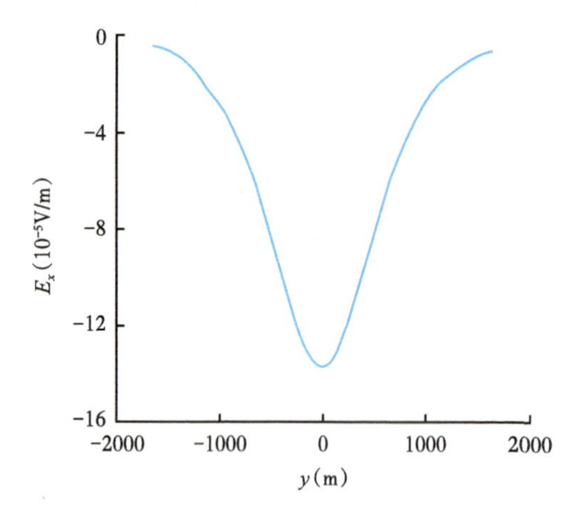

图 4.48 x=20m 测线上 T=33.2353ms 时的测线 E_x 信号曲线

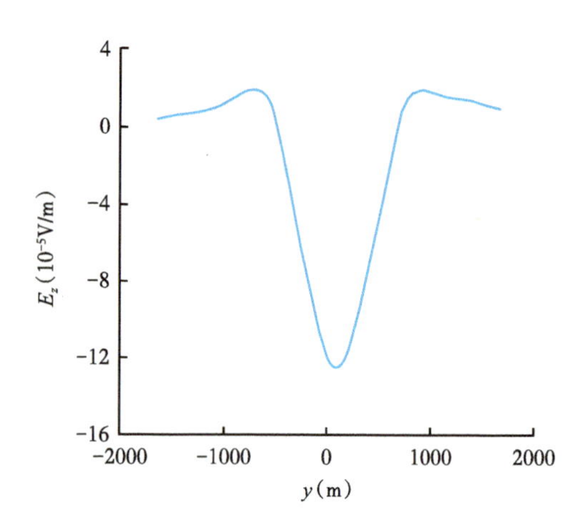

图 4.49 x=800m 测线上 T=33.2353ms 时的测线 E_z 信号曲线

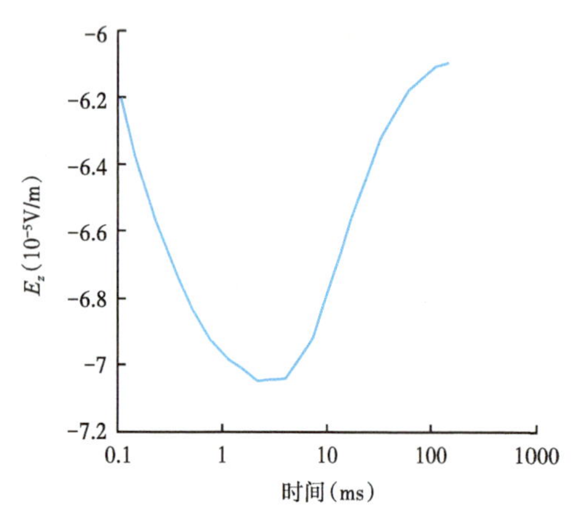

图 4.50 测点(20, 20)处的 E_x 分量瞬变响应曲线

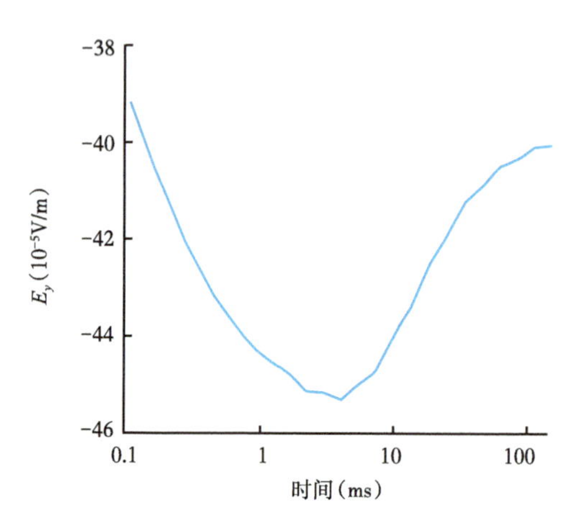

图 4.51 测点(20, 20)处的 E_y 分量瞬变响应曲线

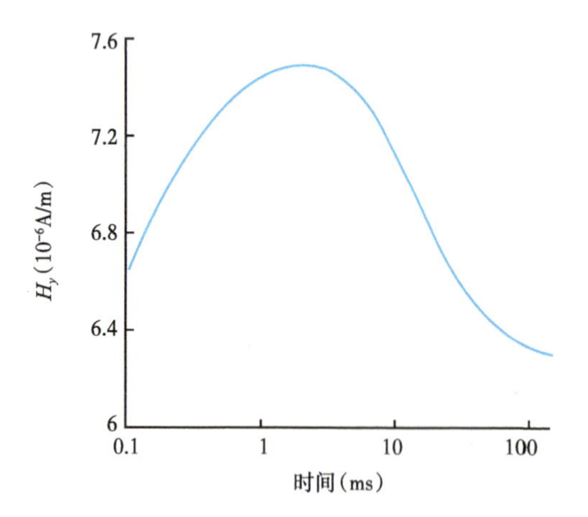

图 4.52 测点(20, 20)处的 H_y 分量瞬变响应曲线

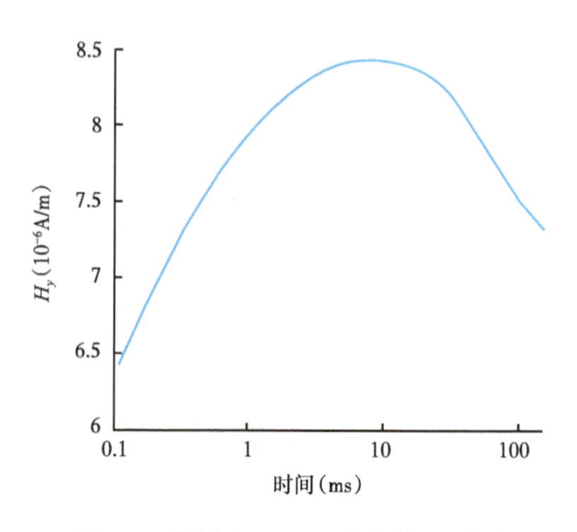

图 4.53 测点(800, 300)处的 H_y 分量瞬变响应曲线

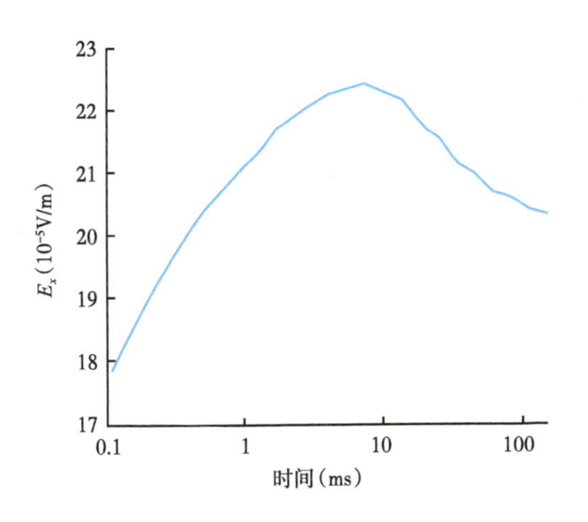

图 4.54 测点(-400，-600)处的 E_x 分量瞬变响应曲线

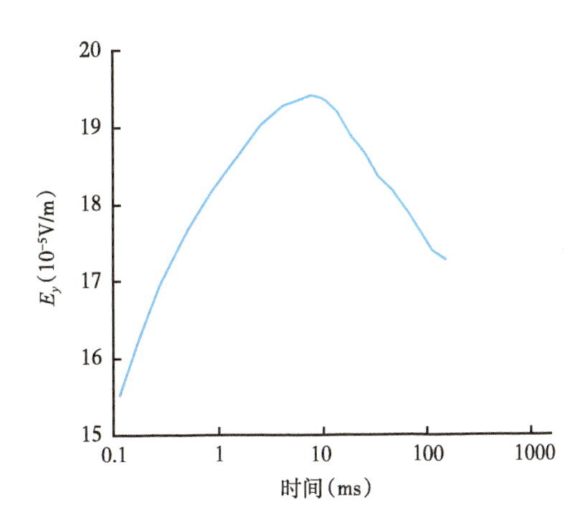

图 4.55 测点(-400，-600)处的 E_y 分量瞬变响应曲线

上述三维正演模拟研究的结果对于指导野外生产具有非常实际的意义，主要体现在如下几方面：

(1)为获取目标层有用信息，应该根据模型研究结果选择适宜的发射频段。

(2)地面测线的布设应根据目标体的埋深和电性特征进行选择。根据地表情况，可以利用以井口为中心的放射状测线、与三维地震勘探的网格测网，或是以弯曲线和折线为主的不同测网，也可以是以上三种的混合测网，但测线长度应以能覆盖目标体异常为原则，测点距应视勘探精度要求而定。

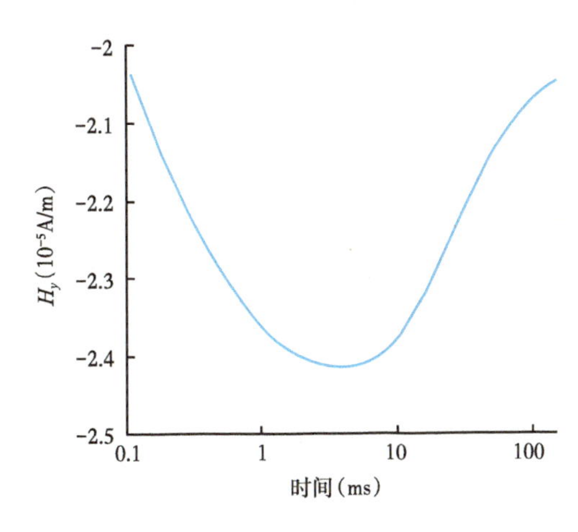

图 4.56 测点(-400，-600)处的 H_y 分量瞬变响应曲线

(3)同时根据目标层和上下地层之间的电性关系，综合利用测井资料等，可以有针对性地选择激发的深度和激发信号的强度，以纵向上能控制目标体为准。

4.4 含油气储层目标的井地电磁法三维模拟算例分析

井地低频电磁法野外资料处理方法中视电阻率和双频相位是目前常用的两个参数。视电阻率用如下公式计算：

$$\text{视电阻率} = \frac{2\pi r^2}{1 + r^3 / R^3} |E_r|$$

式中，r 是指从地面电极 B 到 MN 中点的距离；R 是从井中电极 A 到 MN 中点的距离；E_r 是径向电场。

双频相位表示为：

$$双频相位=\frac{F_1\omega_3-F_3\omega_1}{\omega_3-\omega_1}=\frac{3F_1-F_3}{2}$$

式中，F_1 为一次谐波的相位；F_3 为三次谐波的相位；ω_1 为一次谐波角频率；ω_3 为三次谐波角频率。

本章对沙特某油藏进行了三维正演模拟，并对模拟结果进行分析。根据沙特嘎瓦油田的油藏模式（图 4.57）建立三维油藏模型（图 4.58），模型中不均匀体 x、y 方向的尺寸是 3000m，z 方向最大厚度 90m，上顶埋深 2130m，下底埋深 2220m。通过电测井资料建立一维地电模型（图 4.59），每层的电阻率、厚度、电极位置以及油藏位置见图 4.59。围岩是为均匀 15 层地电模型（每一层的厚度和电阻率见图 4.59），模型电阻率为 10Ω·m 的低阻油藏模型在第 11 层中（围岩油层）。模型上顶供电电极 A1 深度为 2120m，模型下底供电电极 A2 深度为 2230m，油层位置在 2132~2214m，电阻率为 21.2Ω·m，见图 4.59。激发频率为 0.001Hz、0.005Hz、0.01Hz、0.05Hz、0.1Hz、0.5Hz、1Hz、5Hz、10Hz 和 50Hz，电流 50A。根据上述参数进行井地低频电磁法三维正演模拟。图 4.60 是在模型下底以不同频率供电的视电阻率 X 剖面曲线图，可以发现随着频率的增加，低阻油藏模型上方对应的视电阻率幅值在减弱（x 轴正方向），低阻油藏模型上方对应着低视电阻率异常。图 4.61 是在模型下底以不同频率供电的视电阻率一次导数 X 剖面曲线图，可以看出极大值对应着低阻油藏模型的右边界，极小值对应着低阻油藏模型的左边界；随着频率的增加，极值幅值在减小，对应的低阻油藏模型边界越来越不明显。图 4.62 是模型上顶和下底分别供电相减的差分视电阻率 X 剖面曲线图，可以看出，随着频率的增加，低阻油藏模型上方对应的差分视电阻率幅值（绝对值）在减弱，低阻油藏模型上方对应着差分视电阻率高异常；极大值和极小值绝对值不一样，说明对低阻油藏模型不同厚度处的反映不一样。图 4.63 是模型上顶和下底分别供电相减的差分视电阻率一次倒数 X 剖面曲线图，极小值对应着低阻油藏模型的右边界，极大值对应着低阻油藏模型的左边界；随着频率的增加，极值的幅值在减小，对应的低阻油藏模型边界越来越不明显；与模型下底供电一次导数相比，它反映的边界更精确。

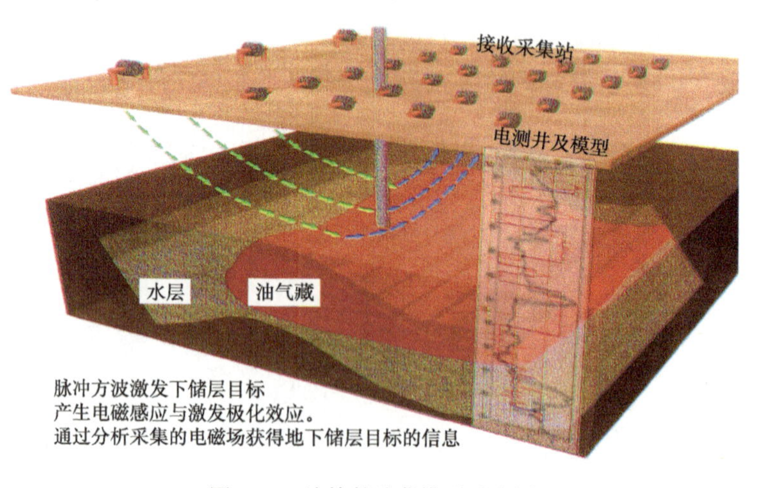

图 4.57　沙特某油藏模型示意图

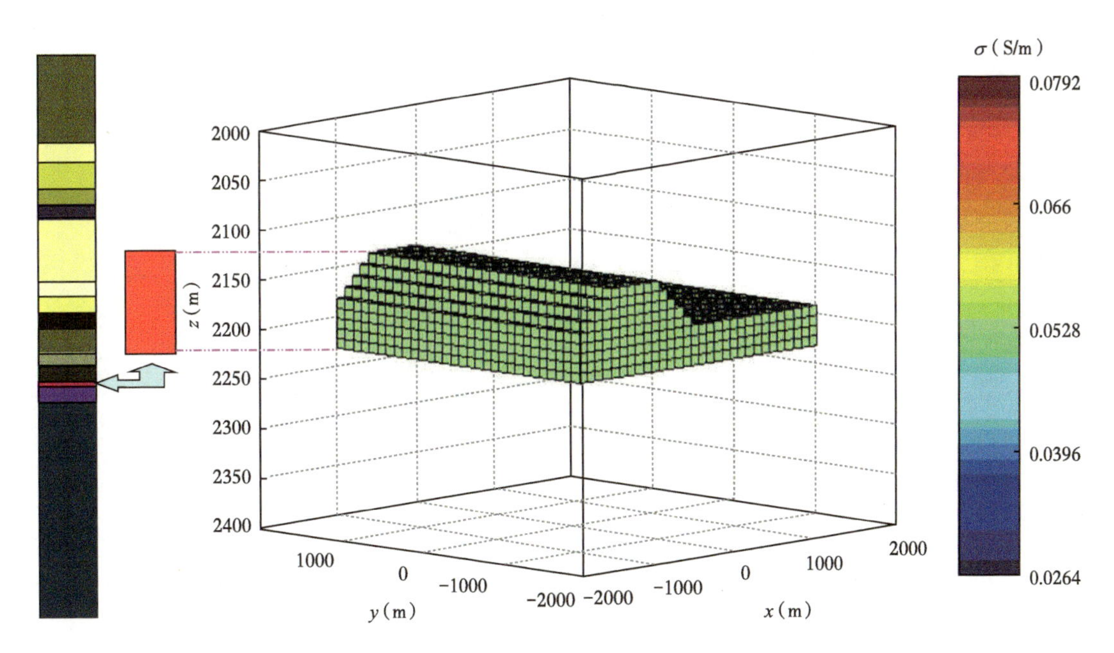

图 4.58　油藏模型三维示意图

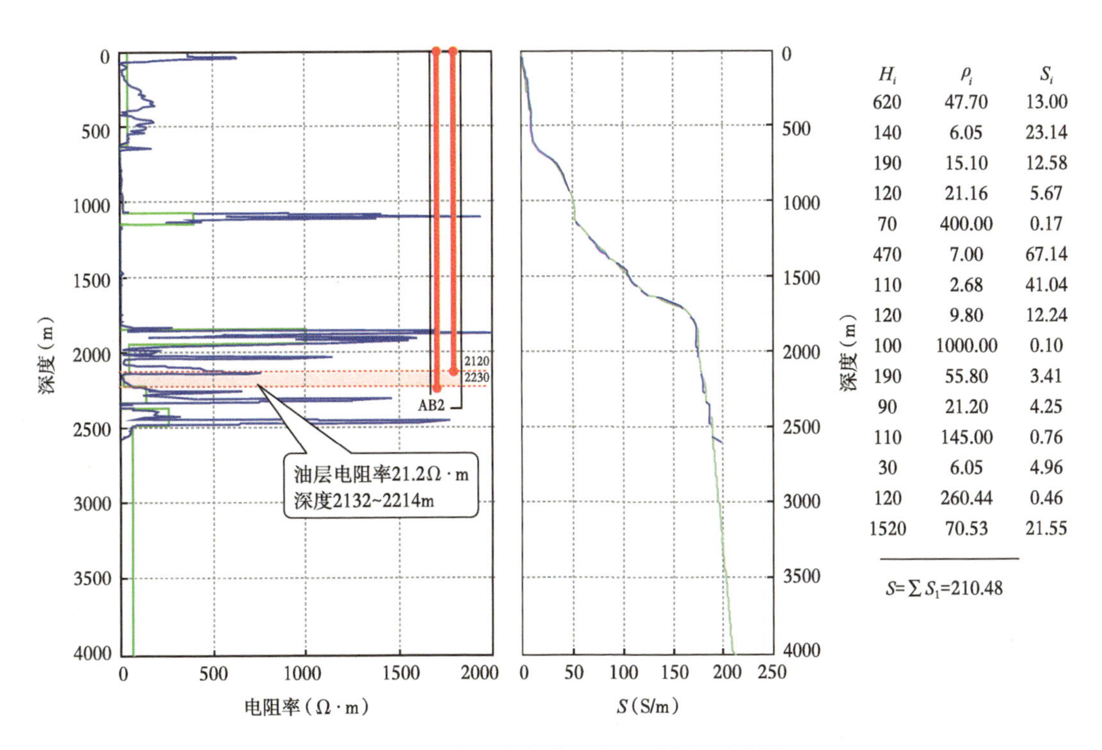

H_i	ρ_i	S_i
620	47.70	13.00
140	6.05	23.14
190	15.10	12.58
120	21.16	5.67
70	400.00	0.17
470	7.00	67.14
110	2.68	41.04
120	9.80	12.24
100	1000.00	0.10
190	55.80	3.41
90	21.20	4.25
110	145.00	0.76
30	6.05	4.96
120	260.44	0.46
1520	70.53	21.55

图 4.59　地层、电极位置和油层位置示意图

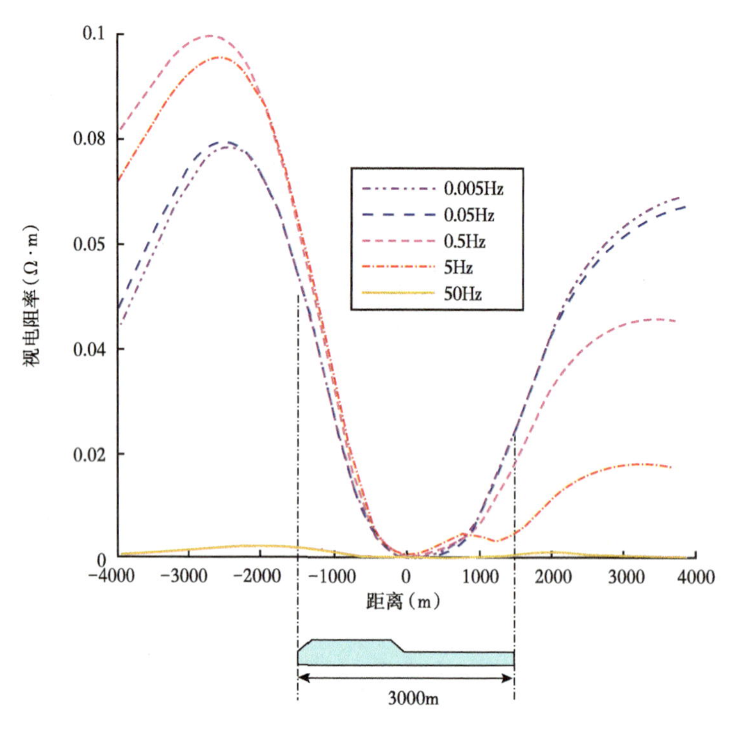

图 4.60　模型下底供电视电阻率 X 剖面曲线图

x=0，y=-4000~4000m

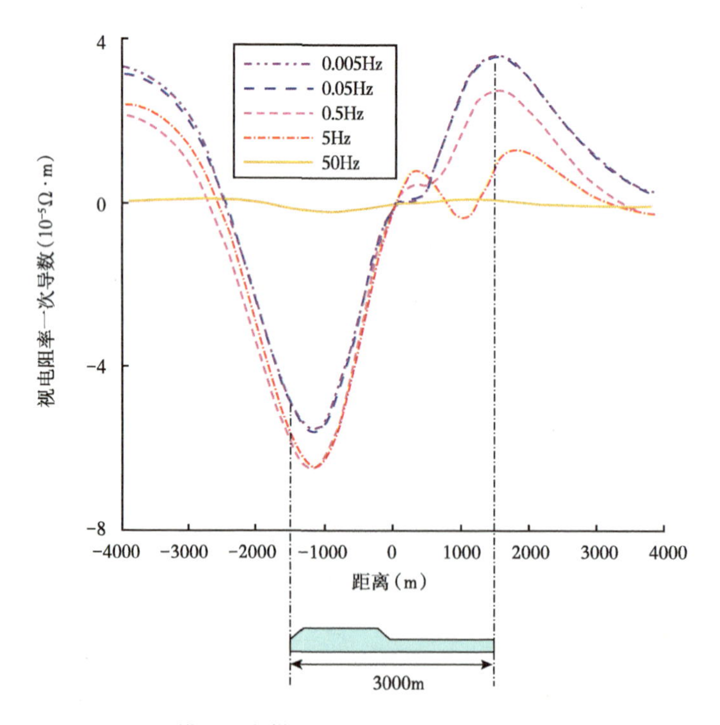

图 4.61　模型下底供电视电阻率 X 剖面一次导数曲线图

x=0，y=-4000~4000m

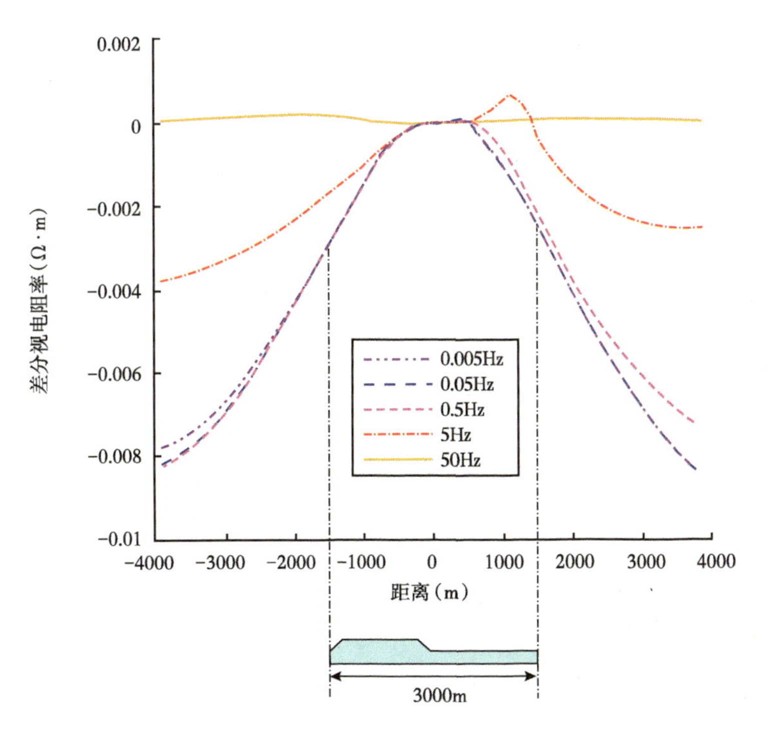

图 4.62 模型上顶和下低激发用 *n* 模型上方和下底供电相减差分视电阻率 X 剖面曲线图

x=0，*y*=−4000~4000m

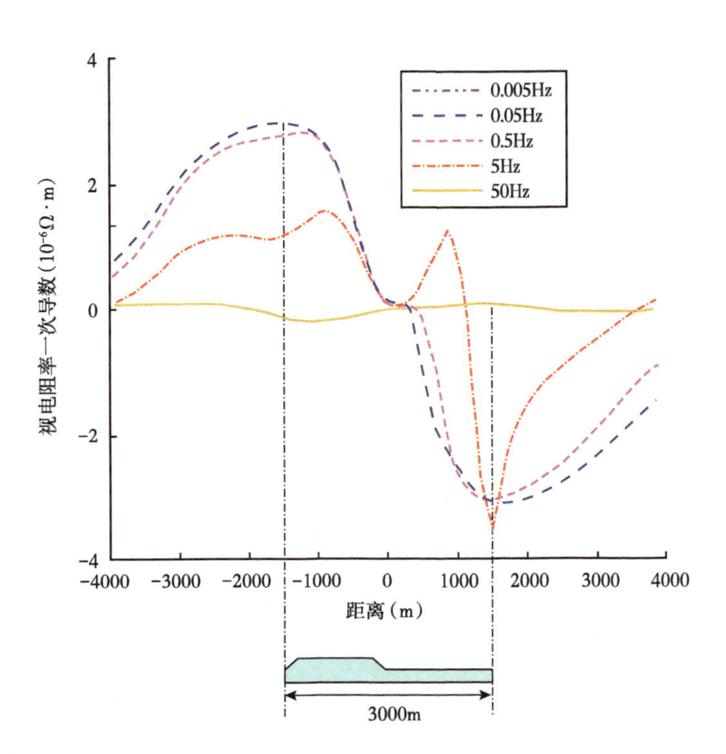

图 4.63 模型上顶和下低模型上方和下底供电相减差分视电阻率 X 剖面一次导数对比图

x=0，*y*=−4000~4000m

5 数据处理

井地电磁法资料的常规处理与地面时频电磁法差别不大，也主要包括对原始数据进行滤波去噪、对叠加后的信号进行频谱分析、将不同频率的资料生成总频谱、对低频分量叠加信号进行计算等。其中，对所得特征参数进行滤波去噪，并剔除“坏”道，沿剖面进行空间滤波；计算与激发极化有关的双频相位（Dual frequency phase，DFP）参数和与目的层视电阻率有关的双频振幅（Dual frequency amplitude，DFA）参数。

激发极化双频相位参数用于在剖面和平面上来识别激发极化的局部异常，所以要先将所有剖面上的激发极化信息划分为区域的和局部的分量。为此，每条剖面用最小平方法计算背景曲线，然后从每条测量的激发极化相位参数曲线上将背景值或区域分量减去，并以曲线形式表示出来，在此基础上编制异常平面图。视电阻率参数处理基本做法同双频相位参数处理相同，这些处理都已经在生产中推广应用，在此不具体详述，仅给出一般流程，重点研究小波去噪以及地形和静态位移影响。

对于地形复杂、起伏很大的地区，必然存在地形影响。如果施工地区地形起伏在 50m 以上，则需要进行地形校正，消除地表高低起伏对电法异常分布的影响。同时，地表浅层电性不均匀体的影响也会严重影响资料解释，利用空间滤波法进行静态位移校正，有效地消除这些电性不均匀体在近地表处产生与频率无关的附加高频电场对实测电场振幅变化的不良影响。

叠前时间域信号的处理是提高信噪比最重要的环节。即使获得了反映电性结构的视电阻率断面，其中也存在诸如静态位移等地质干扰。这里引入小波变换多尺度分析对叠前时域信号进行频谱分析，引入正交小波对叠前时间信号进行去噪与信号重构，引入二维小波变换多尺度分析对视电阻率数据进行频谱分析，了解地质信息的频谱成分，以便提取有用信息。

5.1 资料处理流程

为了对井地电法资料处理解释有一个比较清晰的了解，图 5.1 给出了井地电磁法资料处理流程，其基本步骤有以下五个：

（1）建立工区统一数据库：

①数据格式导入：将点位测量数据、激发电流波形数据、接收点电磁场数据、已知井的坐标，电测井电阻率数据等按一定格式导入数据库。

②预览数据及质量评价：浏览采集的数据，对数据进行初始检查，删除零道和不合格品测点，并对数据质量进行评价。

③数据去噪与叠加：对曲线进行常规滤波去噪、小波去噪等，然后进行叠加。

④归一化处理：利用激发电流资料对观测数据进行归一化处理，标定各道原始采集数据。

⑤时频转换：对数据进行傅里叶变换，获得频率域数据。

⑥一致性处理：由于每个排列激发的电流可能会有微弱的变化，为了消除这种因为激发电流产生的差异，利用野外各道采集的标准信号的频率响应数据对全区测点进行处理，消除频率响应差异。

⑦地形校正：当工区地形起伏比较大时，需要对振幅参数进行地形校正处理。

（2）异常信息提取：提取各测线层电阻率异常、双频振幅、双频相位、三频振幅、三频相位等电性异常信息，绘制相关剖面图件，测线间进行空间校正和闭合处理，绘制平面分布图。

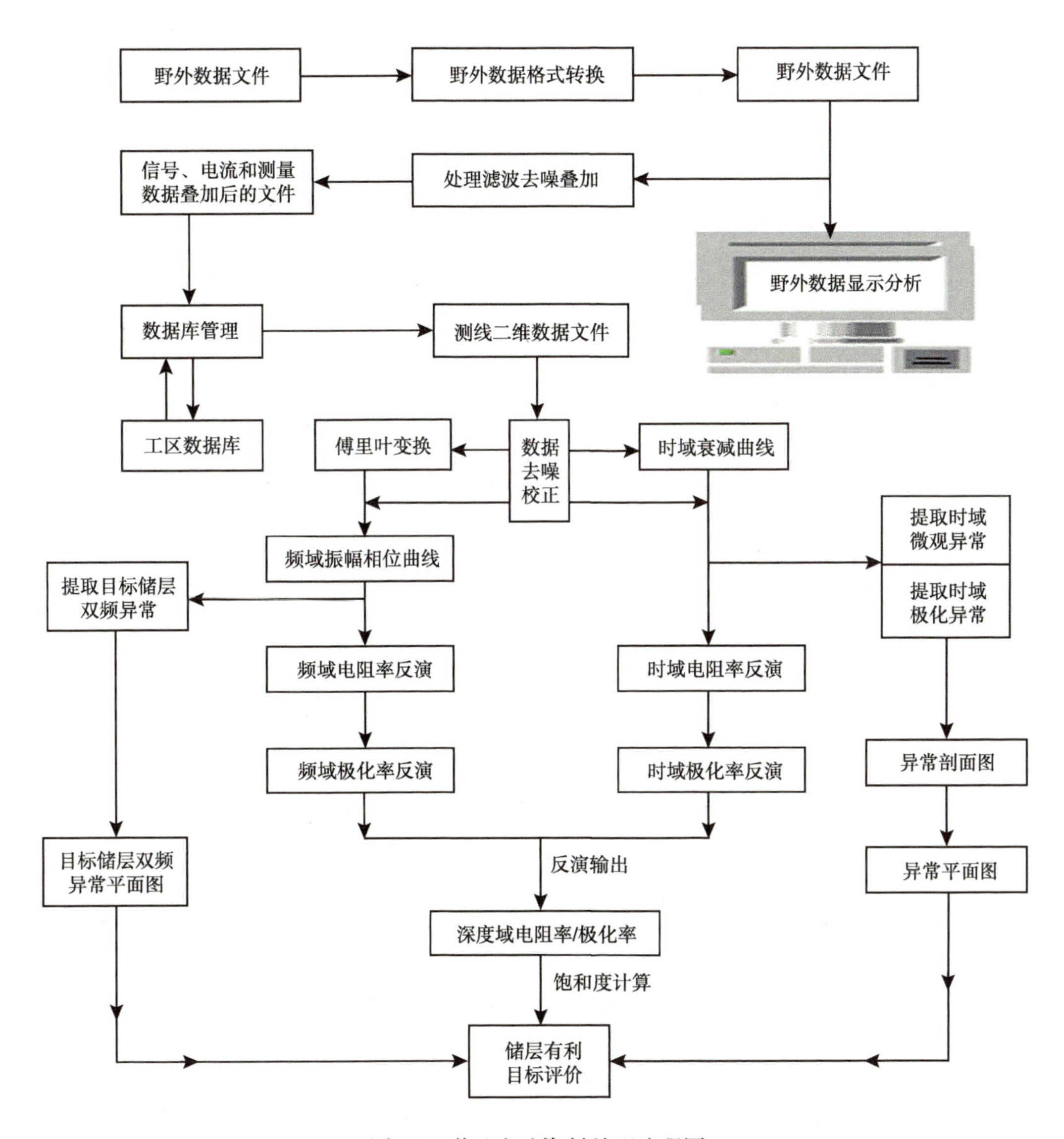

图 5.1　井地电法资料处理流程图

（3）资料的解释：分析全测区主要参数沿测线变化，研究与圈闭含油气性有关的电阻率和极化性参数的分布规律；统计工区内已知钻井电测资料，对相应测线的异常进行标定；分析测区平面参数异常图，研究与目的层有关的含油气性参数的平面分布规律。综合分析剖面、平面和地质资料，预测相应目标储层的含油气性；通过剖面和平面的标定，预测已知含油气储层中油气藏的边界。

双频相位和三频相位参数，反映储层激发极化的关键参数，可作为含油气远景预测的主要信息。

双频振幅和三频振幅参数，主要反映该频率反映目标地层电阻率变化，是预测目标油层的关键参数之一，可作为含油气远景预测的补充信息。

（4）图件绘制：对储层上下激发（一个 AB）获得的数据，可以分别计算出双频相位、三频相位和双频振幅。对于 AB1、AB2 和 AB3 三次激发源的数据，可以绘制上述三套图件及相应的剖面图、平面图。差分异常的求取：将油层下方计算的结果减去油层上方计算的结果，就得到了目标储层双频相位差、三频相位差和双频振幅差的异常值。同样可以绘制上述三套图件及相应的剖面图、平面图。如果有多套储层，就可以分别获得每套储层上述异常的平面图。

（5）异常叠合处理及解释：将目标储层的上述多种异常进行归一化处理，然后把多种异常进行加权叠合，形成综合异常。由此，可以分别获得不同储层的综合异常平面图，在综合异常平面图的基础上，结合已知信息划分并预测油气有利区作为综合评价结果图。

5.2 数据噪声分析

5.2.1 背景噪声频谱分析

在野外施工中，每个测点在正常采集前都记录 1min 以上的背景信号，采样率与正常采集相同，以某地实测数据进行分析，图 5.2（a）是激发前记录的原始时序数据，采样率 1ms，幅值在 ±30μV/m 左右。经过傅里叶变换，得到该点背景信号的功率谱，见图 5.2（b），频率范围为 0.01~500Hz。

从如图 5.2（b）所示的功率谱特征曲线上可以看出，现场噪声的频率成分主要包括 60Hz 及其谐波成分，低频成分较为稳定。其余各点的频谱特征均类似。分析干扰源，推测主要为工业电干扰，且幅值较大、频率单一且有规律，即 60Hz 及其谐波。

5.2.2 噪声分布特征

前面已经分析发现工区主要噪声为 60Hz 及其谐波，因此将 60Hz 及其谐波噪声与其他频率噪声单独进行分析。下面也以如图 5.2 所示的测线实测数据为例，对背景数据进行分离，分别获得 60Hz 噪声和其他噪声的曲线，并将两者进行对比（图 5.3）。可以看出，该数据在中间段 130~155 测点间 60Hz 噪声明显增大，最大可达 33μV/m，最小约为 3.1μV/m，因此，60Hz 工业用电噪声是主要干扰；而非 60Hz 噪声却相当小，最大为 3.6μV/m，最小仅为 0.36μV/m，只有主要噪声的十分之一，是次要干扰。

如图 5.3 所示，信号从 0.1~10s 共激发 21 个周期信号，包括一次、三次和五次谐波总计获得 63 个频率（周期为 0.02~10s）的信号曲线。通过傅里叶分析获得的信号避开 60Hz 干扰频率，因此，主要干扰噪声对于整个信号的频率域数据处理没有影响。对于时间域数据处理采用 60Hz 陷波技术进行去除。

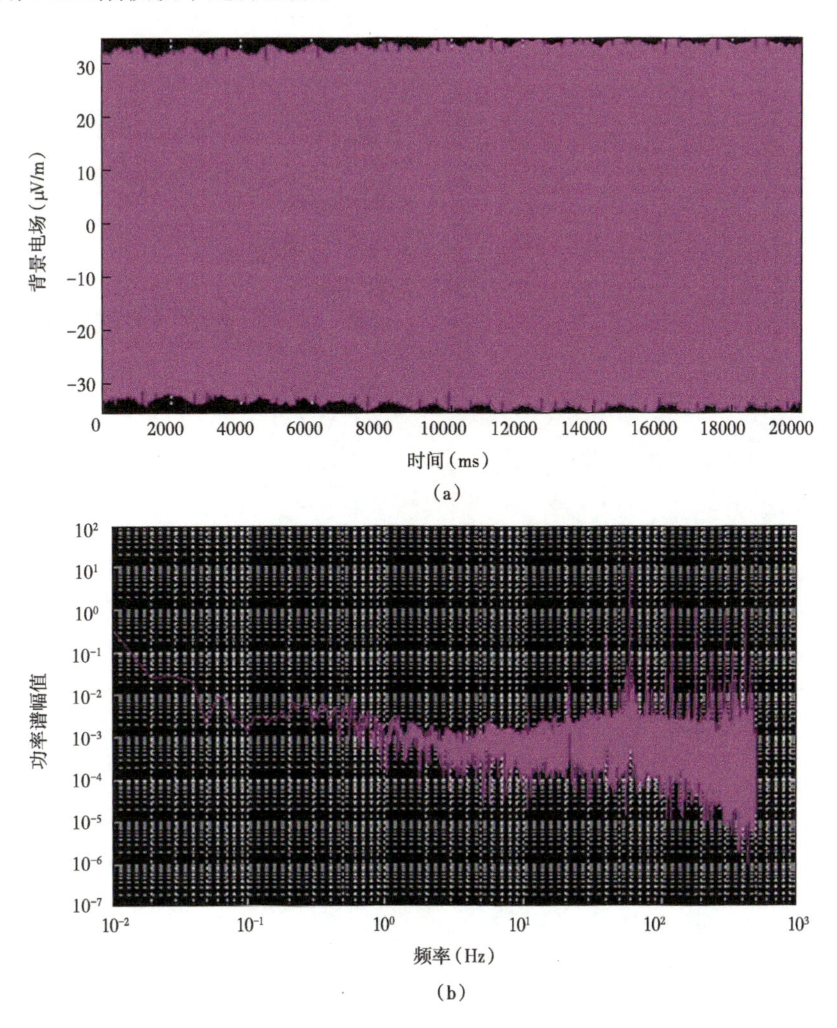

图 5.2　某地实测噪声数据电场时间序列（a）及其对应功率谱曲线（b）

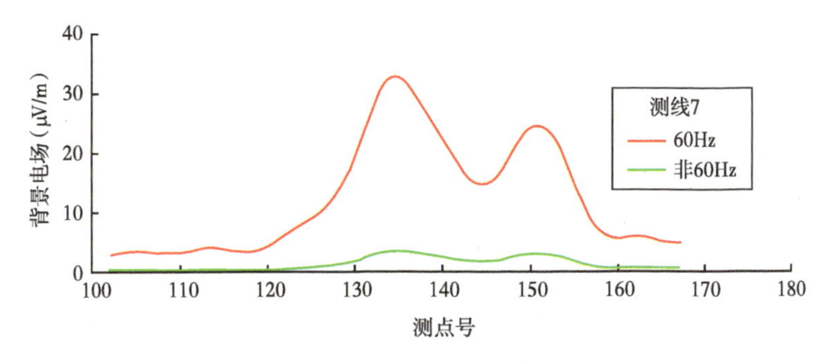

图 5.3　实测数据［图 5.2（a）］非 60Hz 和 60Hz 噪声对比曲线图

进一步将探区每个测点的主要噪声（这里即 60Hz 噪声）和其他噪声（即非 60Hz 噪声）的振幅全部计算并成图，见图 5.4 和图 5.5。

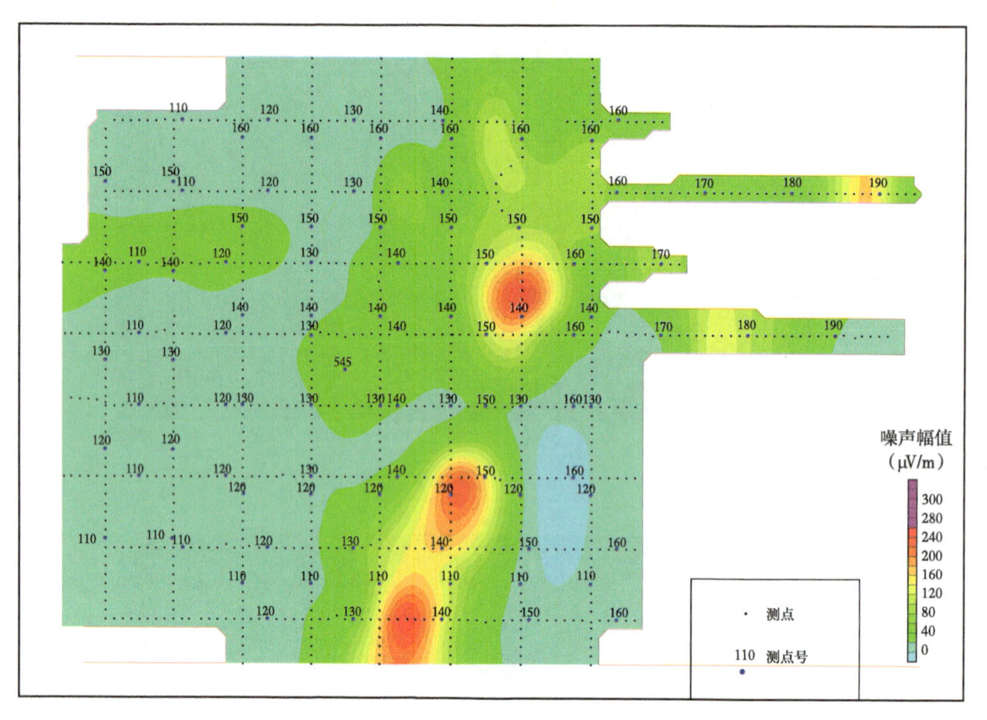

图 5.4　60Hz 噪声平面图

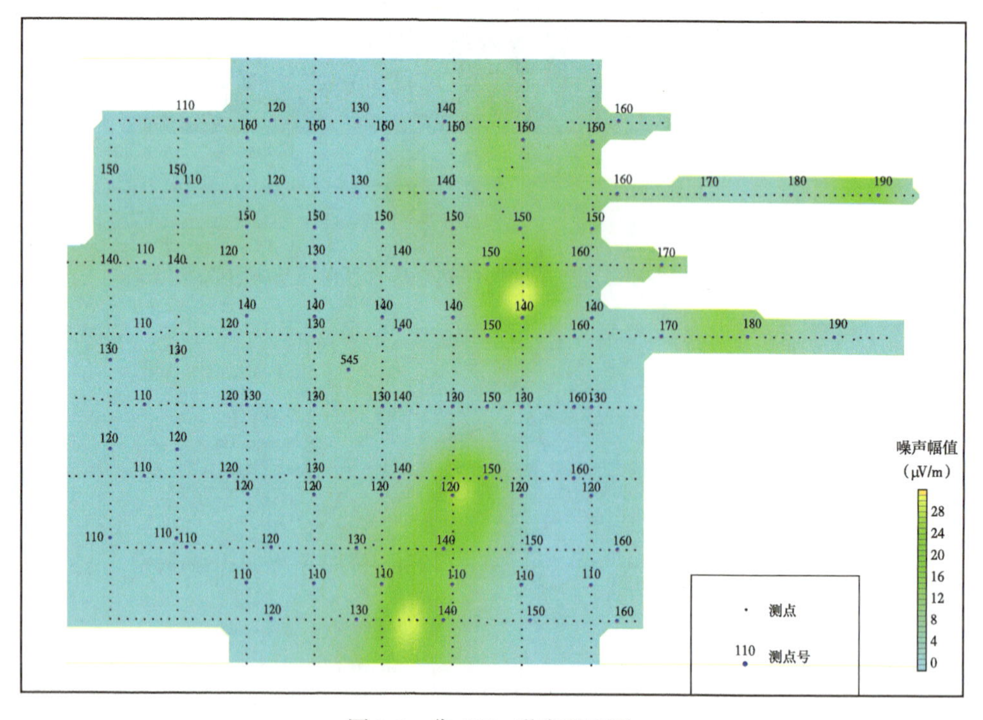

图 5.5　非 60Hz 噪声平面图

从图 5.4 中的 60Hz 噪声平面图上可以看出，该工区的主要干扰噪声分布在工区的东部，南北向呈现为条带状分布的三个独立的区域，与该区域工业用电输送干线相关。同时平面图东北部单线异常也有明显的 60Hz 工业电噪声存在，最大值可以达到 300μV/m 以上，大部分在 40μV/m，可能与局部发电或变压设备相关。

同样，其他噪声干扰的高值也与该区域工业用电输送干线 60Hz 噪声相关，应该是 60Hz 谐波的存在，从图 5.5 可以看出，非 60Hz 噪声也主要分布在工区的东部，南北向呈现为条带状分布，最大值达 30μV/m，大部分在 4μV/m 以下，这是由于该区工业用电输送干线产生的三次谐波和五次谐波次生干扰，强度只有主要干扰的十分之一。因此，实际工作中建议对主噪声的谐波成分也进行分析和压制。图 5.5 显示出非 60Hz 中 63 个工作频率背景噪声和的平面图，可见除主要干扰外背景噪声很小。

5.2.3 探区噪声时变特征分析

如前所述，在施工时对每个点都采集了超过 1min 的背景信号，包括激发前和激发后。为了分析探区噪声时变特征，这里选择一个测点实测数据进行分析。图 5.6 是激发前记录的原始时序数据，采样率 2ms，经过傅里叶变换，得到该点背景信号的频谱，见图 5.7，频率范围约为 0.5~500Hz。

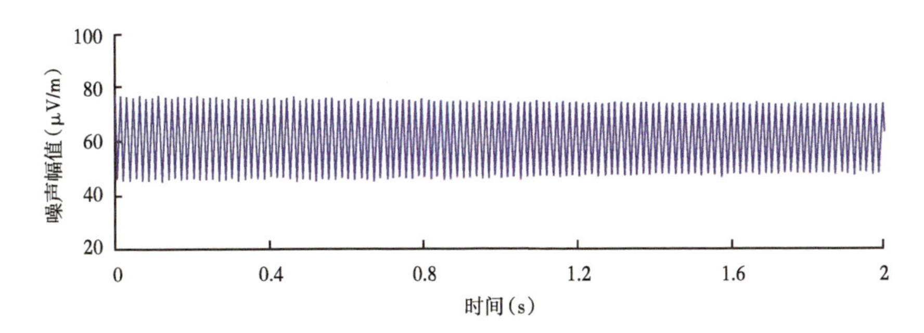

图 5.6 激发前某点观测噪声原始时序数据

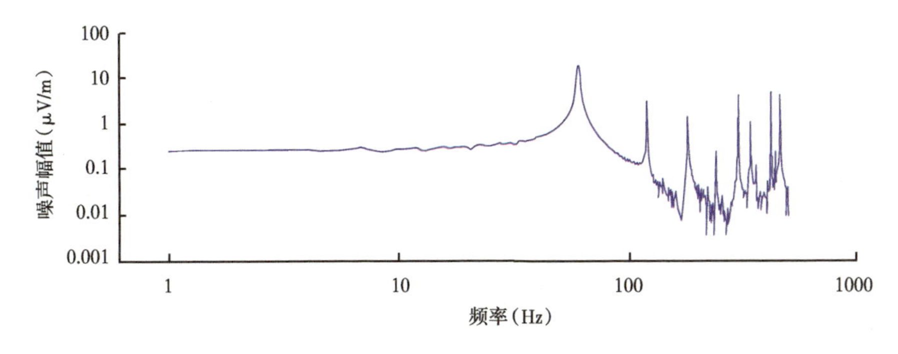

图 5.7 激发前某点噪声信号频谱曲线

从如图 5.6 所示的频谱特征曲线上可以看出，现场噪声的频率成分主要包括 60Hz 及其谐波，低频成分较为稳定。其余各点的频谱特征均类似，分析认为干扰源为工业电干扰。

图 5.8 是激发结束后记录的原始时序数据，与激发前对比，除波动幅度稍有差异外，噪声的幅值没有明显变化。图 5.9 是激发后的频谱，同样，激发后现场噪声的频率成分仍以 60Hz 及其谐波干扰为主，除高频谐波部分有局部变化外，基本频率成分没有变化，即工区内干扰噪声的频率成分在激发前后没有变化。

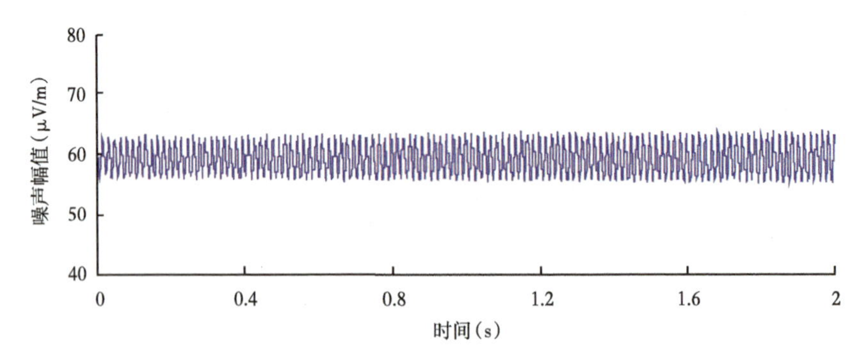

图 5.8　激发后某点观测噪声原始时序数据

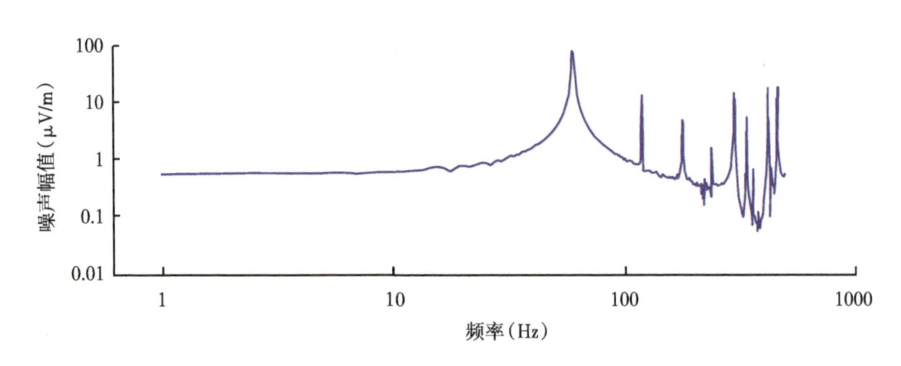

图 5.9　激发后某点噪声信号频谱曲线

这里统计 2 条测线的噪声幅值，噪声最大值为 120.4μV/m，噪声最小值为 0.042μV/m，平均值约为 2.89μV/m，即工区噪声整体处在一个很低的水平上（表 5.1）。

表 5.1　噪声水平统计表

测线	1	2	3	4	5	6	7	8	9	10	11	12
最小值（μV/m）	0.096	0.11	0.347	0.574	0.12	0.427	0.178	0.302	0.042	0.159	0.079	0.29
最大值（μV/m）	15.7	2.659	2.85	16.45	12.02	7.885	20.88	120.4	26.97	14.73	17.54	39.87
平均值（μV/m）	2.167	1.659	1.408	3.338	2.611	2.371	3.548	5.118	3.488	2.485	5.551	4.414

5.2.4　探区噪声特征分析

由于 60Hz 噪声在数据处理中可以采用陷波压制，这里主要讨论低频噪声的分布。图 5.10 展示的是测线 1 频率为 0.5Hz 时的背景信号振幅。可以看出，背景噪声强度较小，平均值为 0.0021μV/m；其中 166 点背景噪声振幅较大，幅值为 0.0157mV/m。图 5.11 是测线2频率为0.5Hz时的背景信号振幅，可以看到背景噪声比较平稳，平均值为0.0166mV/m，是否为地下管线或其他电缆线沿测线形成的干扰，需要经过实地调查，测线或测点尽量避开或偏离这一类干扰源。

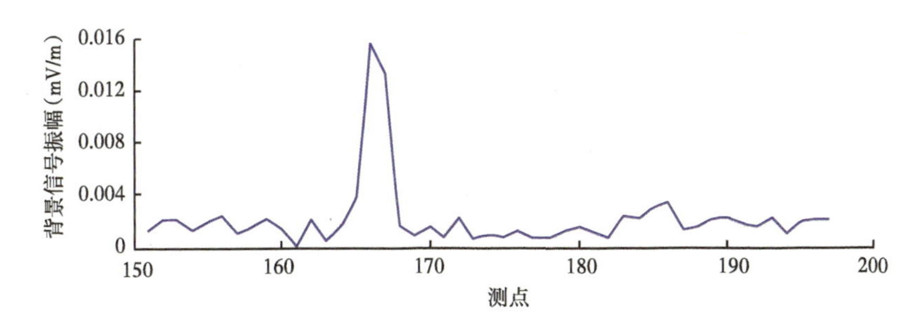

图 5.10 测线 1 电场 0.5Hz 背景信号振幅曲线

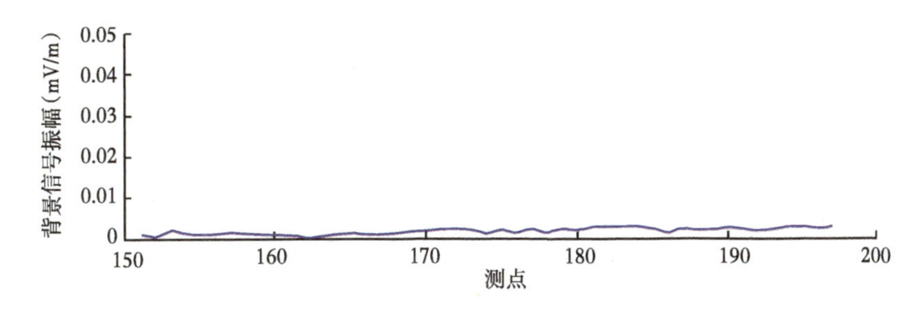

图 5.11 测线 2 电场 0.5Hz 背景信号振幅曲线

图5.12、图5.13是该探区实测数据噪声在激发前后及两者之差的噪声时变平面等值线图。从图5.12可以看出，工区内大部分区域噪声水平较为平稳，噪声异常呈团块状分布，主要集中在工区的左上、中部及右下区域。分析其原因，除了与工区内管线分布及其他噪声干扰源的影响有关。与激发前的噪声比较，如图5.13所示，激发后的噪声平面分布特征变化不大，只有个别测点有明显的变化，可能与随机人为干扰有关。

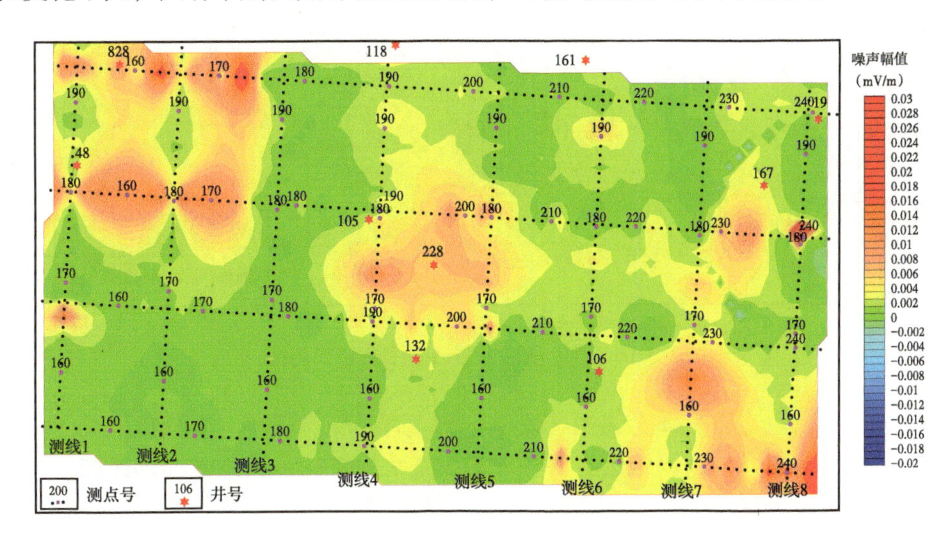

图 5.12 激发前背景信号平面特征

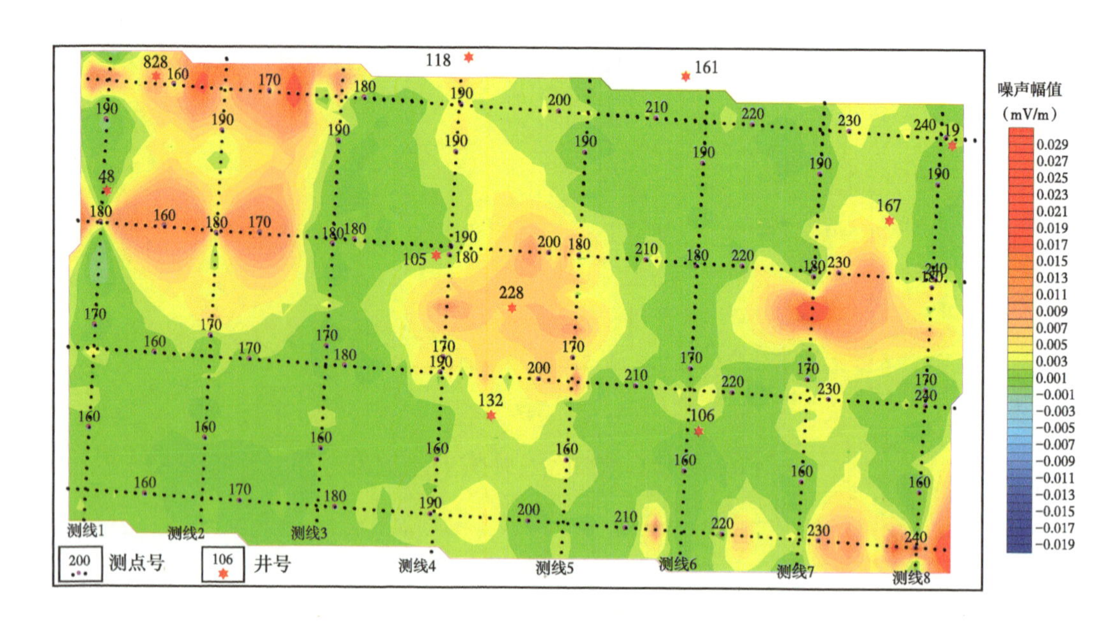

图 5.13　激发后背景信号平面特征

图 5.14 为背景电场噪声的变化，可以看出，除个别测点有较大的变化外，工区内前后两次采集的噪声变化幅度很小。

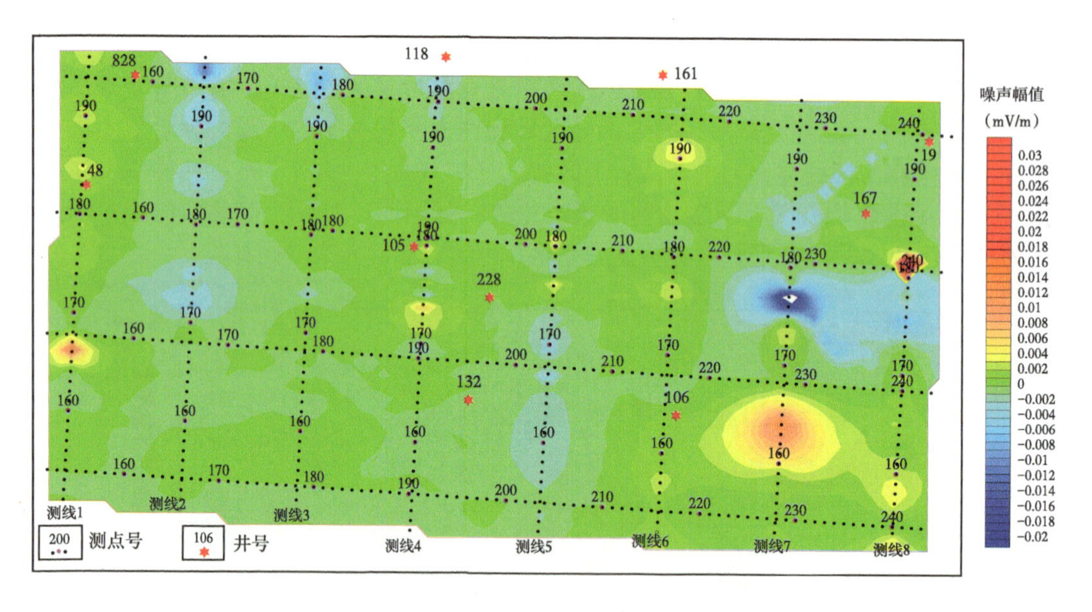

图 5.14　激发前后背景噪声变化平面特征

综上分析可以看出，总体上该探区大部分测点背景噪声很小、时变稳定，与信号强度比均小于一个数量级以上，但依然需要关注激发前后背景噪声较强的局部区域，排查并分析噪声来源，尽量消除干扰源后再采集；在时变较大的测点需要分析原因，寻找最佳采集时间。

5.3 数据去噪及质量评价

5.3.1 基于实测数据的井地电磁数据去噪

按照激发频率扫描激发，同时采集数据，经过处理后获得频率域数据，然后从每个观测点的数据中减去背景噪声，就可以压制或去除采集数据中的背景噪声，从而改善数据的质量。下面以某地实测数据背景噪声数据为例说明去噪方法和效果。

图 5.15 是工区现场采集 0.5Hz 电场振幅信号和 0.5Hz 电场背景噪声曲线，观测电场振幅信号最大值约为 37.2mV/m，最小值约为 0.2425mV/m，而背景电场噪声最大幅值仅约为 0.00196mV/m，电场振幅背景噪声处在一个很低的水平上，噪声对数据质量的影响几乎可以忽略。

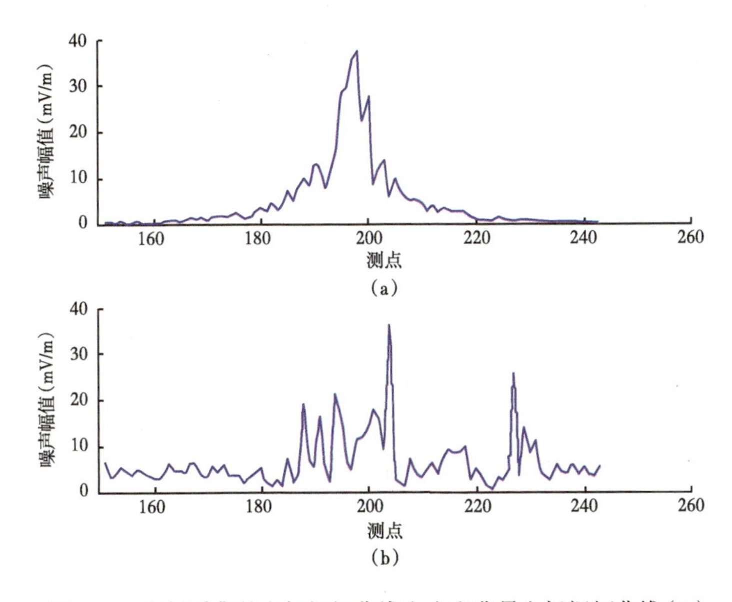

图 5.15　现场采集的电场振幅曲线（a）和背景电场振幅曲线（b）

将电场振幅噪声从观测电场振幅数据中减去之后，就基本去除了现场噪声对数据质量的影响，去噪效果见图 5.16，可以看出，由于采集数据信噪比较高，噪声对观测信号的影响几乎可以忽略，故去噪后的曲线形态与去噪前基本没有差别。

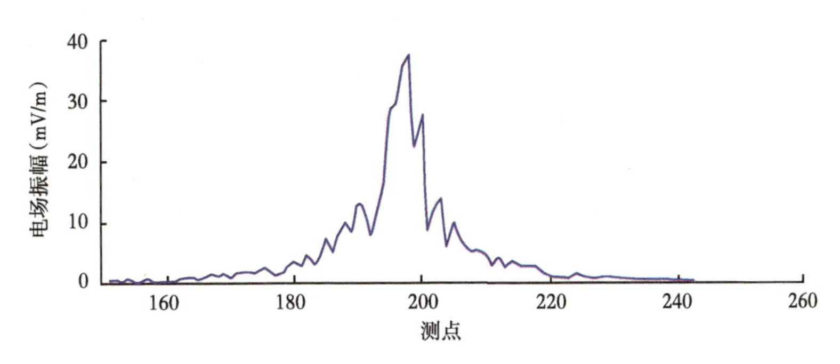

图 5.16　某实测数据（图 5.15）去噪后信号振幅曲线

图 5.16 去噪后电场振幅剖面曲线不平滑，表明还存在一些其他原因的干扰，使剖面曲线变化成齿状。根据多年电磁勘探经验，这是由地表电性不均匀性造成的，如果展示为剖面等值线则表现为静态位移，采用 5 点平滑滤波即可消除。图 5.17 是对消除背景噪声后进行 5 点平滑处理得到的剖面曲线。 对整条测线的剖面电场振幅数据进行滤波处理即可消除或压制浅地表不均匀体产生静态位移或其他噪声的影响。

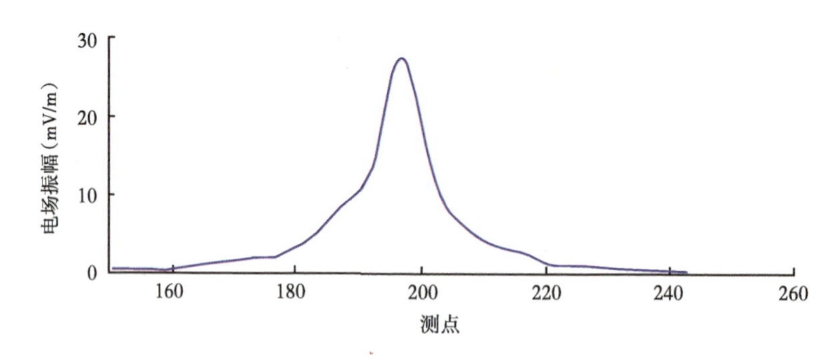

图 5.17　某实测数据（图 5.15）平滑滤波后信号振幅曲线

5.3.2　数据时频域去噪

信号分析方法对地球物理勘探信号处理产生了深远影响，起初是傅里叶分析的广泛应用，不仅是数据滤波 [112]，而且可以进行变换并描述场源 [113]。随后，小波变换被发展成为强有力的信号分析工具 [114]，并被引入地球物理领域 [115]。傅里叶和小波算子的目的是根据波长研究观测场的情况，傅里叶方法对于平稳波描述是有效的 [116]，可是当信号显著非平稳时其应用可能会成问题。取而代之的小波算子的使用，如由 Grossman 和 Morlet 首先定义，使波长自适应卷积算子随信号被考虑部分的波长变换而变换 [117]。换言之，小波算子可以关注单个目标。此外，使用特殊的小波，通过延拓的方法分析信号不同尺度的性质 [118]，如侯遵泽、杨文采等对实测平面数据进行分析。都取得了好的效果 [119-120]。这里引入多分辨率小波分析的基本理论 [121]，对井地时频电磁模型数据和实测数据进行多尺度分析，讨论小波方法对井地时频电磁数据处理能力，以提高资料的处理效果。

5.3.2.1　小波变换和多分辨率分析理论

井地时频电磁数据是所施加的激发场源通过大地而产生的电磁场异常与各种干扰的叠合，而要研究对象经常被掩盖在噪声和背景信号中，井地时频电磁资料的处理任务就是要从原始信号中消除噪声、分离背景信号，以获得反映研究对象的有用信息。

小波算法可以用不同尺度或分辨率来处理数据，这种信号分析观点使多分辨率分析具有过去其他方法所不具备的特性，因而小波得到了广泛的应用。对新兴井地电法来说，小波变换的应用具有重要意义。

1）小波变换

在小波变换中的函数集是对于实数时间上平方可积 [121]，这种集被定义成 $L^2(R)$:

$$f(x) \in L^2(R) \Rightarrow \int_{-\infty}^{+\infty} |f(x)|^2 \mathrm{d}x < \infty \tag{5.1}$$

小波分析的函数系是通过拉伸（变尺度）和平移（时间移动）一个称为母小波的原型函数产生的，小波函数 $\psi(x) \in L^2(R)$ 具有 2 个特殊参数，称为拉伸（a）和平移（b），它是连续变换的。一系列小波基函数 $\psi_{a,b}(x)$ 可以写为：

$$\psi_{a,b}(x)=\frac{1}{\sqrt{|a|}}\psi\left(\frac{x-b}{a}\right) \quad a,b\in R;a\neq 0 \tag{5.2}$$

其中，平移参数“b”控制小波在时间上的位置，“窄”小波可以得到高频率信息，而“宽”小波可以得到低频率信息，这意味着参数“a”对于不同频率而变换。连续小波变换定义为：

$$W_{a,b}(f)=<f,\psi_{a,b}>=\int_{-\infty}^{+\infty} f(x)\psi_{a,b}(x)\mathrm{d}x \tag{5.3}$$

小波系数被视为随着不同基函数而变化的函数的内积。

随后，学者们发明了一种小波族，它们被称为细密、紧支撑正交小波，并被使用在离散小波变换（DWT）中。在该方法中，尺度函数通常被用于计算 ψ，尺度函数 $\varphi(x)$ 和对应的小波函数 $\psi(x)$ 被定义成：

$$\varphi(x)=\sum_{k=0}^{N-1}c_k\varphi(2x-k) \tag{5.4}$$

$$\psi(x)=\sum_{K=0}^{N-1}(-1)^K c_K\varphi(2x+K-N+1) \tag{5.5}$$

其中，N 是偶数个小波系数 c_k，k=0 至 N-1，离散标准正交 $L^2(R)$ 的细密支撑小波基是通过单个小波函数 $\psi(x)$ 拉伸和平移而描述的，假设拉伸参数“a”和“b”得到离散数值：$a=a_0^j$，$b=kb_0a_0^j$，其中 k，$j \in$ Z，$a_0>1$ 和 $b_0>0$，小波函数可以被改写为：

$$\psi_{i,k}(x)=a_0^{-j/2}\psi\left(a_0^{-j}x-kb_0\right) \tag{5.6}$$

离散参数小波变换（DPWT）定义为：

$$\mathrm{DPWT}(f)=\langle f,\psi_{j,k}\rangle=\int_{-\infty}^{+\infty} f(x)a_0^{-j/2}\psi\left(a_0^{-j}x-kb_0\right)\mathrm{d}x \tag{5.7}$$

2）多分辨率分析（MRA）

Mallat 介绍了一种计算离散参数小波（DPWT）的有效算法，称为多分辨率分析（MRA）[122]，$L^2(R)$ 的多分辨率分析包含 $L^2(R)$ 的 V_j 空间逼近，尺度函数 $\varphi(x) \in V_0$ 存在如下：

$$\varphi_{i,k}(x)=2^{-j/2}\varphi\left(2^{-j}x-k\right), \qquad j,k\in Z \tag{5.8}$$

对于尺度函数 $\varphi(x) \in V_0 \subset V_1$，这里有数列 $\{h_k\}$：

$$\varphi(x)=2\sum h_k\varphi(2x-k) \tag{5.9}$$

此方程被称为二尺度差分方程，此外，定义 W_j 是在 V_{j+1} 中 V_j 的补空间，例如

$V_{j+1}=V_j \oplus W_j$ 和 $\bigoplus_{+\infty}^{-\infty} W_j = L^2(R)$，由于 $\psi(x)$ 是小波并且它也是 V_0 的一个元素，数列 $\{g_k\}$ 存在如下：

$$\psi(x)=2\sum g_k \varphi(2x-k) \tag{5.10}$$

可以推断信号 $f(x)$ 多尺度描述可以在频率域不同尺度中通过函数 $\varphi(x)$ 正交系完成，下面完成 V_j 中函数的计算，信号 $f(x)\in V_0$ 在 V_j 的投影定义成 $P_V f^i(x)$：

$$P_V f^i(x)=\sum_k c_{j,k}\varphi_{j,k}(x) \tag{5.11}$$

其中，$c_{j,k}=\langle f,\ \varphi_{j,k}(x)\rangle$。同时，函数 $f(x)$ 在子空间 W_j 的投影定义成：

$$P_W f^i(x)=\sum_k d_{j,k}\psi_{j,k}(x) \tag{5.12}$$

其中，$d_{j,k}=\langle f,\psi_{j,k}(x)\rangle$。由于 $V_j=V_{j-1}\oplus W_{j-1}$，原函数 $f(x)\in V_0$ 重新写成：

$$c_{j-1,k}=\sqrt{2}\sum_i h_{i-2k}c_{j,k} \tag{5.13}$$

和

$$d_{j,k}=\sqrt{2}\sum_i g_{i-2k}c_{j,k} \tag{5.14}$$

对多分辨率的描述与有限冲激响应（FIR）滤波器有联系。如图 5.18 所示，尺度函数 φ 和小波谱 ψ（表示信号在不同尺度下的小波系数的幅值或能量分布）可以采用滤波器理论得到，而系数又可以通过最后两方程式来定义，如果 $x=t/2, F\{\varphi(x)\}$ 被考虑，其中有：

$$\varphi(\omega)=H\left(\frac{\omega}{2}\right)\varphi\left(\frac{\omega}{2}\right) \tag{5.15}$$

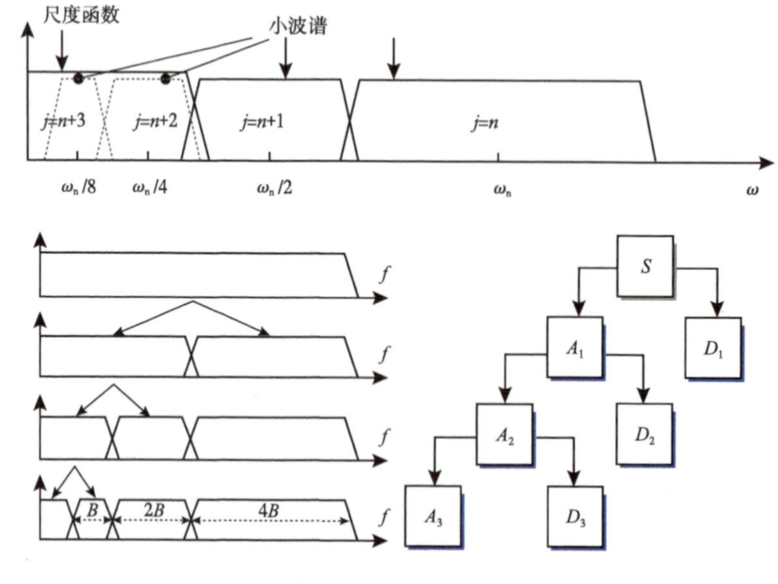

图 5.18　多分辨率分析与一维离散小波分解过程

当 $\varphi(0)\neq 0$，$H(0)=1$，意味着 $H(\omega)$ 是低通滤波器，根据此结果 $\varphi(x)$ 通过低通滤波器 $H(\omega)$ 计算，母小波 $\psi(t)$ 通过定义函数 $G(\omega)$ 计算，因此：

$$H(\omega)G^{*}(\omega)+H(\omega+\pi)G^{*}(\omega+\pi)=0 \tag{5.16}$$

其中，$H(\omega)$ 和 $G(\omega)$ 是对于多分辨率分析的一对共轭正交滤波器组（quadrature mirror filters）：

$$G(\omega)=-\exp(-\mathrm{j}\omega)H^{*}(\omega+\pi) \tag{5.17}$$

替换 $H(0)=1$ 和 $H(\pi)=0$，可以分别得到 $G(0)=0$ 和 $G(\pi)=1$，这意味着 $G(\omega)$ 是高通滤波器，结果是，多分辨率分析是一种使用在高通和低通滤波器的二通道子带编码器，原始信号可以从中重构。

假设原始信号 S 中最低频率成分为 0，最高频率成分为 1，则各层小波分解分解是带通或低通滤波器，且各阶所占的具体频率可由小波中心频率来求得。

由于小波中心频率 F_c 描述了小波的主导频率，当尺度因子 a 变化时，中心频率变为 F_c/a，尺度频率为 $F_a=\dfrac{\Delta\cdot F_c}{a}$，其中 Δ 是采样周期。根据小波尺度与视频率关系可以计算得到各尺度分解的细节所对应频率范围，对于采样间隔为 1ns、采样长度为 1024ns 的井地时域电磁信号采用 rbio6.8 小波分解 5 阶，得到的各尺度上的细节对应频率段（表 5.2）。

表 5.2　小波分解参数

参数	第 1 阶细节	第 2 阶细节	第 3 阶细节	第 4 阶细节	第 5 阶细节	第 5 阶概貌
尺度	2	4	8	16	32	32
频率（Hz）	647.2~323.6	323.6~161.8	161.8~80.9	80.9~40.45	40.45~20.23	≤ 20.22
周期（s）	0.0015~0.0030	0.003~0.0062	0.0062~0.012	0.012~0.028	0.028~0.049	≥ 0.049

5.3.2.2　井地磁场分量小波多尺度分析[123-125]

1）人工合成信号的分析

这里选取某测点实测磁场分量 102 次重复采集的平均值作为样本数据（长度 1~1024ns），并对其添加高斯白噪声生成信噪比为 30dB 的被污染信号［图 5.19（a）］，然后对信号进行一维离散小波 5 阶分解，得到第 5 阶概貌［或称第 5 阶近似，主要展示信号的低频部分，代表信号的整体趋势，如图 5.19（b）所示］、第 1~5 阶细节图（细节图表示信号的快速变化部分，如图 5.20 所示）。

显然，在叠后曲线上加入白噪声的人工合成信号包含各个频率段的噪声。对上述分解结果分析认为，从第 1 阶到第 5 阶频率逐渐降低，第 1 阶细节频率最高，一直到第 5 阶分别描述了不同频率的信号和干扰噪声，但各个频段噪声能量分布均匀，而含有信号的部分其能量比较强，从图 5.20（b）开始频率在 200~300Hz 时，早期出现较强信号，其强度明显高于干扰。随着小波尺度加大、频率降低，早期强信号越来越强且丰富，而第 5 阶概貌反映的是信号的基本特征。可见，用小波研究瞬变信号噪声频谱和不同频段的信噪比具有明显的优势。

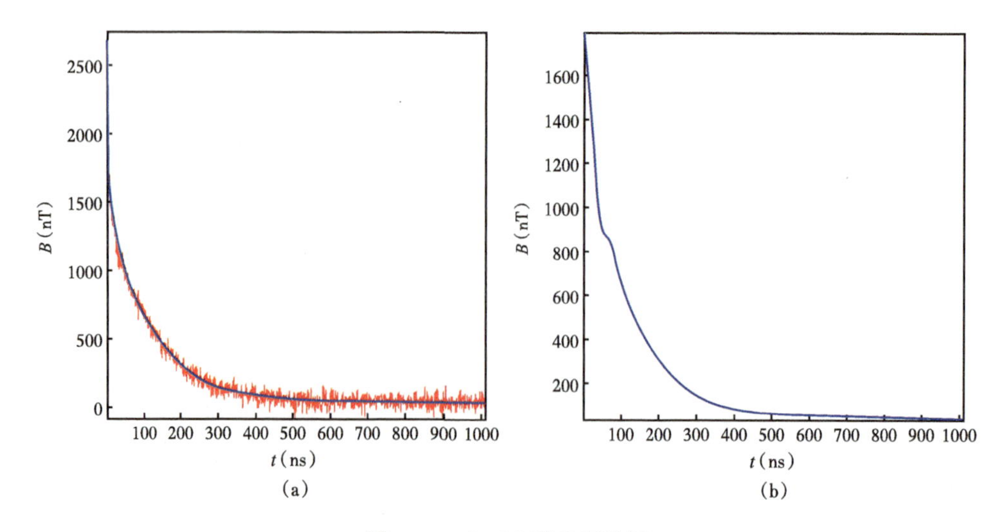

图 5.19 人工含噪磁场数据

(a)含噪信号;(b)纯信号

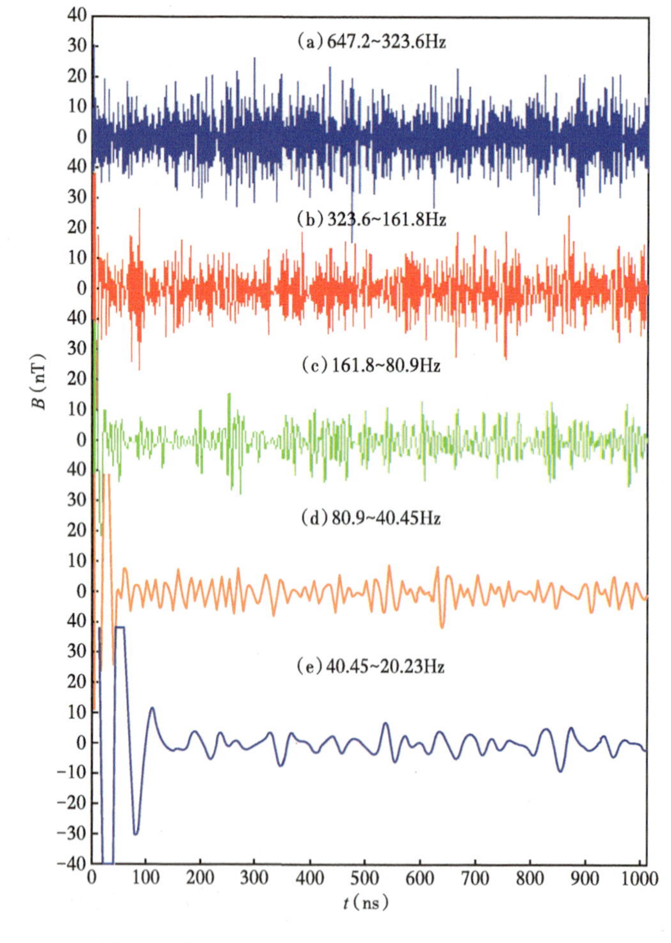

图 5.20 时域电磁数据磁场分量测点人工噪声曲线一维小波多尺度分解

(a)(b)(c)(d)只绘出了正纵坐标，负纵坐标同(e)

2）叠前实测数据的分析

下面选取实测的井地瞬变电磁数据中磁场分量的某测点叠前一个记录［图 5.21（a）］作为样本数据做一维离散小波 5 阶分解和第 5 阶概貌［图 5.21（b）］，分别得到第 1~5 阶细节（图 5.22）。

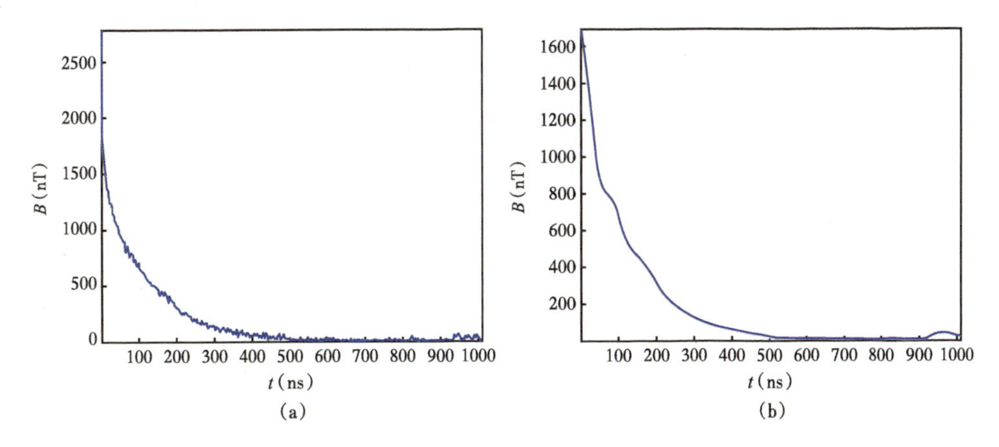

图 5.21　井地实测含噪磁场数据（a）及第 5 阶概貌（b）

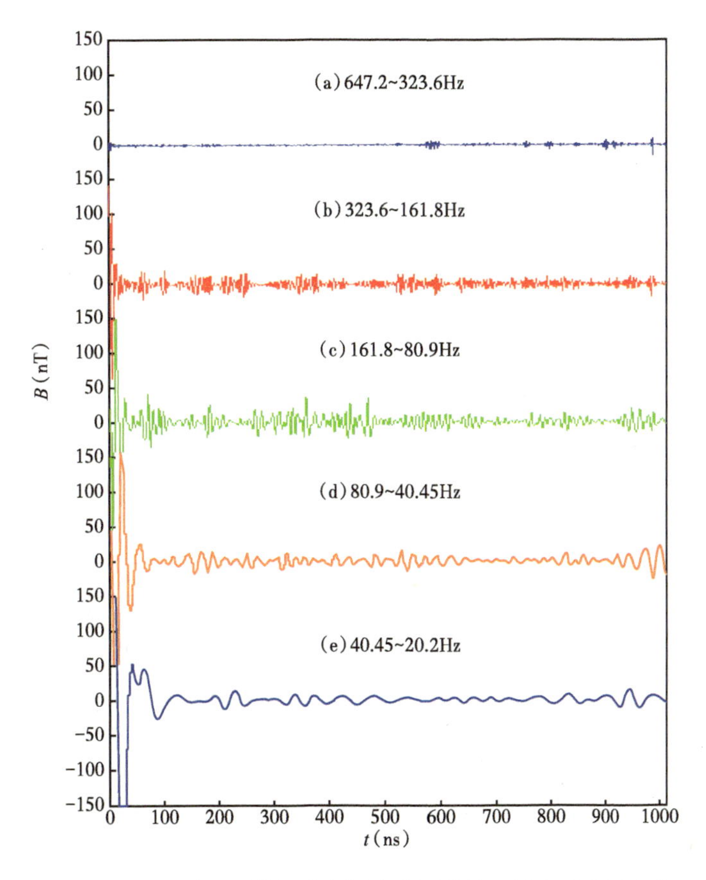

图 5.22　井地时域电磁数据磁场测点实测曲线一维小波多尺度分解

（a）（b）（c）（d）只绘出了正纵坐标，负纵坐标同（e）

显然，叠前曲线各个频率段的噪声信噪比完全不同（图 5.22），这是与上述人工信号最明显的区别。对上述分解结果分析认为，从第 1 阶得到的高频信号能量小，强干扰信号也少，而早期出现的较强信号，其强度明显高于干扰，与图 5.22 中的信号相当；随着小波尺度加大、频率降低，早期强信号越来越强且丰富；而第 5 阶概貌反映的是信号的基本特征，与加噪信号对比可以了解这里信号强度相当，但噪声较小。通过分析瞬变信号频谱和不同频段的信噪比，可以了解信号和噪声分布，特别是对比相邻信号，有利于进行相关处理提取有用信号。

3）叠后信号的分析

下面选取实测的时间域电磁数据中磁场分量的某测点叠后一个记录，作为样本数据进行一维离散小波 5 阶分解，分别得到第 1~5 阶细节（图 5.23）。

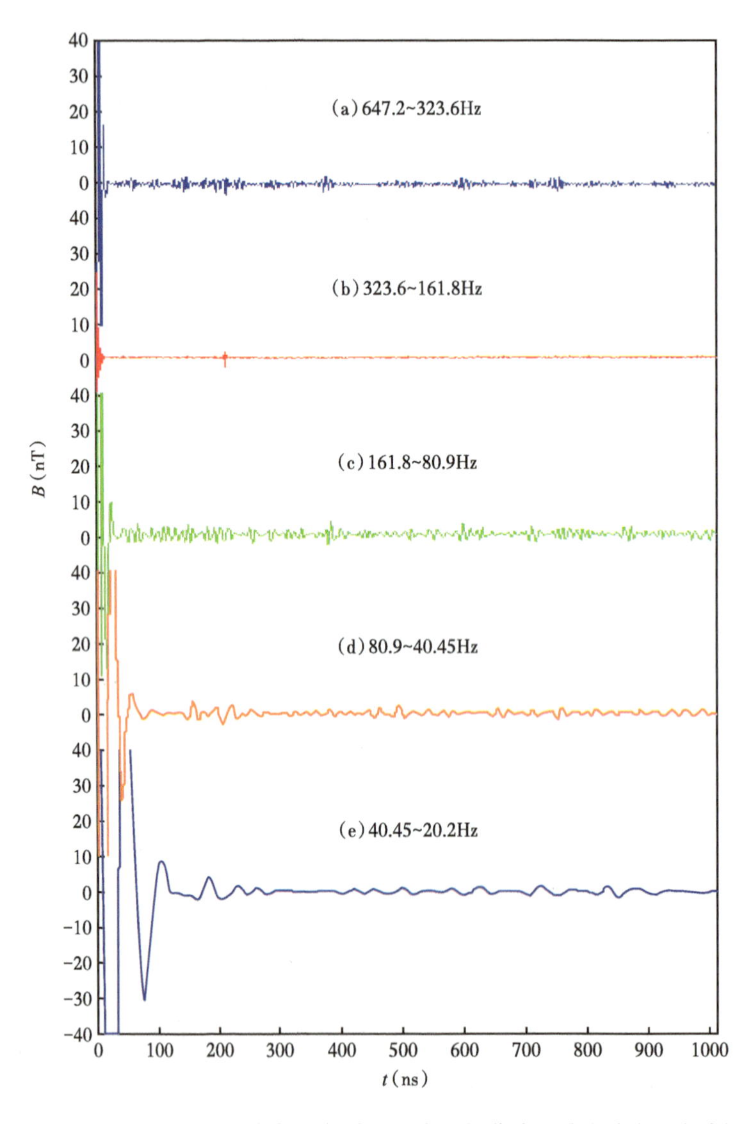

图 5.23　井地时域电磁数据磁场分量测点叠加曲线一维小波多尺度分解

（a）（b）（c）（d）只绘出了正纵坐标，负纵坐标同（e）

显然，叠后信号已经对随机噪声进行了压制。因此，从叠后信号的分解结果可以看出噪声得到很大的压制，特别是高频噪声，从第 1 阶到第 4 阶分解的早期信号强度依然比较强，尤其是第 1 阶信号的强度得到恢复，噪声得到压制；而第 5 阶低频信号还是较强、降低较少，特别是早期，说明第 5 阶含有更多的信号。与加入人工噪声的分解结果对比（图 5.19、图 5.20），可以分析两者所含信号基本一致，特别是分解后的概貌是一致的。与叠前信号对比（图 5.21、图 5.22），非常明显的是信号没有损失，而噪声大大降低，但是叠前分离获得的细节与概貌和叠后有较大差别，显然，叠前信号要比叠后信号有更丰富的信息。

5.3.2.3 电场分量小波多尺度分析

1）人工合成信号的分析

电场信号与磁场信号有着不同的特征，不过零点方波激发时电场分量有一次场。选取实测的井地时域电磁数据中电场分量某测点 32 次重复采集的平均值作为样本数据（长度 1~2048ns），并对其添加高斯白噪声生成信噪比为 50dB 的被污染人工合成信号［图 5.24（a）］，然后进行一维离散小波 6 阶分解和第 6 阶概貌［图 5.24（b）］，分别得到第 1~6 阶细节（图 5.25）。

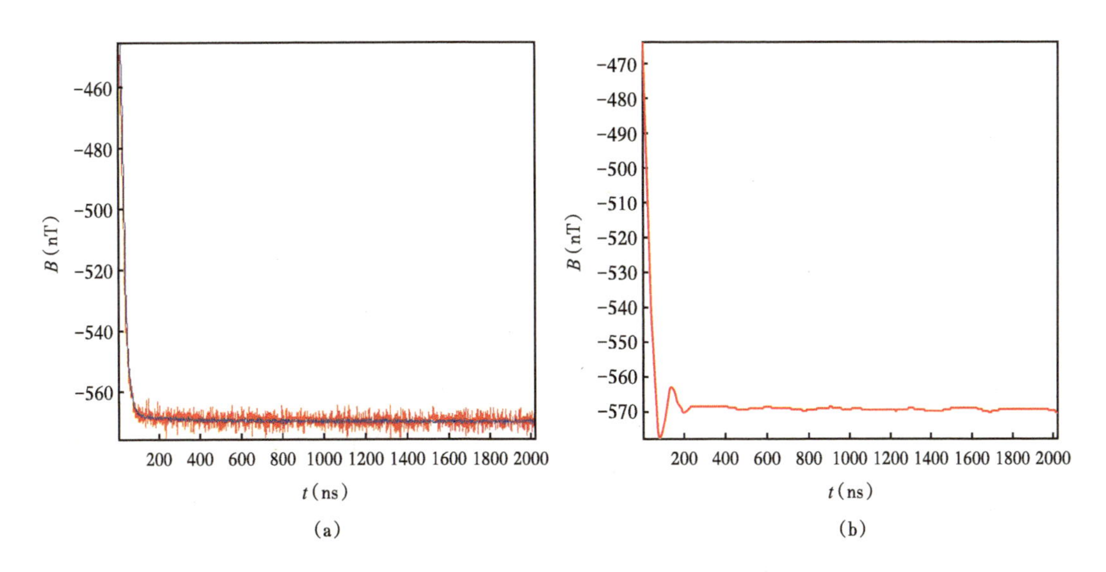

图 5.24 人工含噪电场数据（a）和第 6 阶概貌（b）

同样，在叠后电场信号中加入白噪声的人工合成信号包含各个频率段的噪声。与磁场分量一样，从第 1 阶到第 5 阶频率逐渐降低，第 1 阶细节频率最高，一直到第 5 阶分别描述了不同频率的干扰噪声，但各个频段噪声能量分布均匀。与磁场信号分解不同的是，由于电场信号在早期变化大，在 200ns 前信号能量强。在第 5 阶分解时早期才出现较强信号，其强度明显高于干扰。

2）叠前实测数据的分析

下面选取实测的瞬变电磁数据中电场分量某测点叠前记录作为样本数据［图 5.26（a）］进行一维离散小波 6 阶分解和第 6 阶概貌［图 5.26（b）］，分别得到第 1~6 阶细节（图 5.27）。

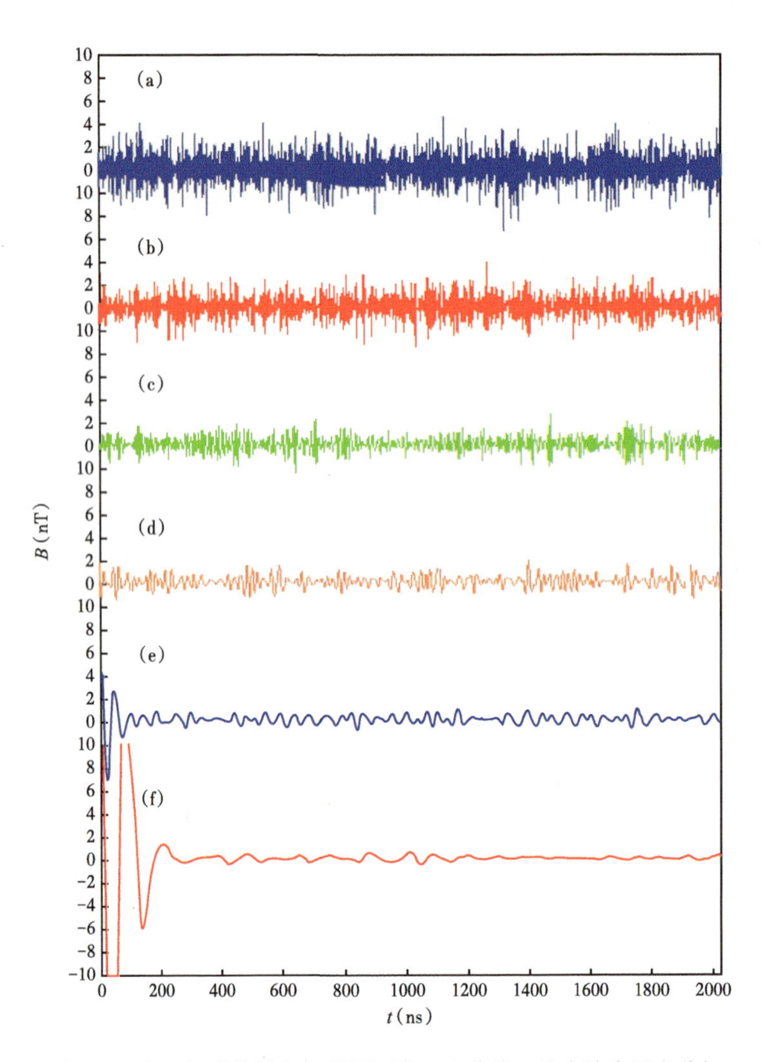

图 5.25　人工加噪数据电场分量测点理论曲线一维小波多尺度分解

(a)(b)(c)(d)(e)只绘出了正纵坐标，负纵坐标同(f)

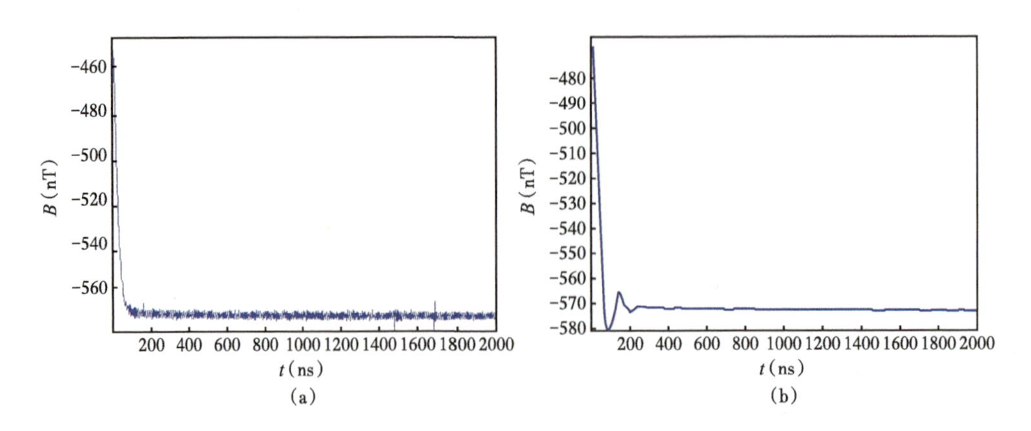

图 5.26　瞬变电磁数据中电场分量实测数据(a)和小波第 6 阶概貌(b)

显然，叠前曲线分解后各个频率段的信噪比完全不同。第 1 阶分解得到的高频随机干扰能量分布均匀，特别高的干扰信号少；第 2 阶和第 3 阶显示局部存在强随机干扰；第 4 阶和第 5 阶开始在早期得到较强的信号，在不同时间能量有差别，在早期信号能量强，晚期信号减弱。通过研究瞬变信号噪声频谱和不同频段的信噪比，可以进行针对性的去噪处理，比如可以认为第 1~3 阶［图 5.27（a）（b）（c）］分解出的成分干扰为主，而第 4~6 阶信号为主。

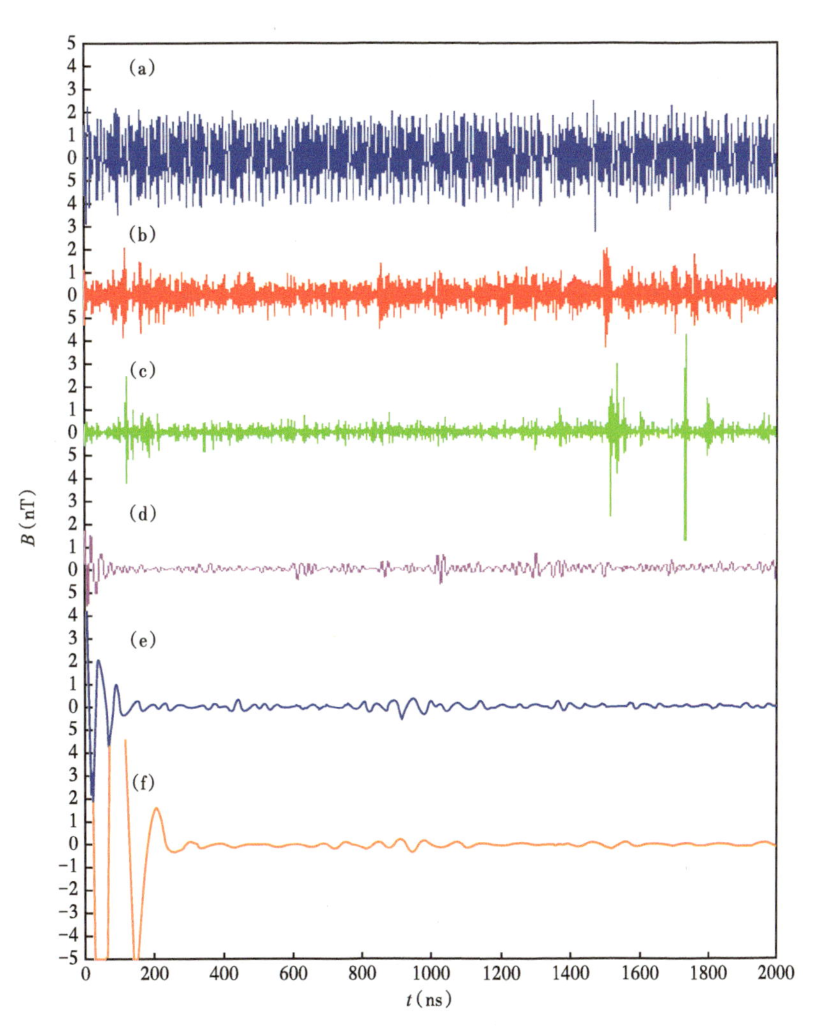

图 5.27　电场分量测点实测曲线一维小波多尺度分解

（a）（b）（c）（d）（e）只绘出了正纵坐标，负纵坐标同（f）

3）叠后信号的分析

这里选取某测点实测电场分量 102 次重复采集的叠加为样本数据（长度 1~1024ns），进行一维离散小波 6 阶分解，分别得到第 1~6 阶细节（图 5.28）。

显然，叠后信号已经大大压制了随机噪声。因此，从叠后信号的分解结果可以看出信噪比，从第 1 阶到第 4 阶分解的信号强度降低最明显，特别是第 1 阶的信号强度很小；而第 5 阶低频信号还是较强、降低较少；对比第 5、第 6 阶细节，叠后加入随机信号与不加随机信号的处理结果细节变化多，显然，叠前信号要比叠后信号有更丰富的信息。而且，信号主要集中在瞬变信号的首支，即早期，高频在100ns前，低频在300ns前信号能量比较强，晚期信号能量很小。

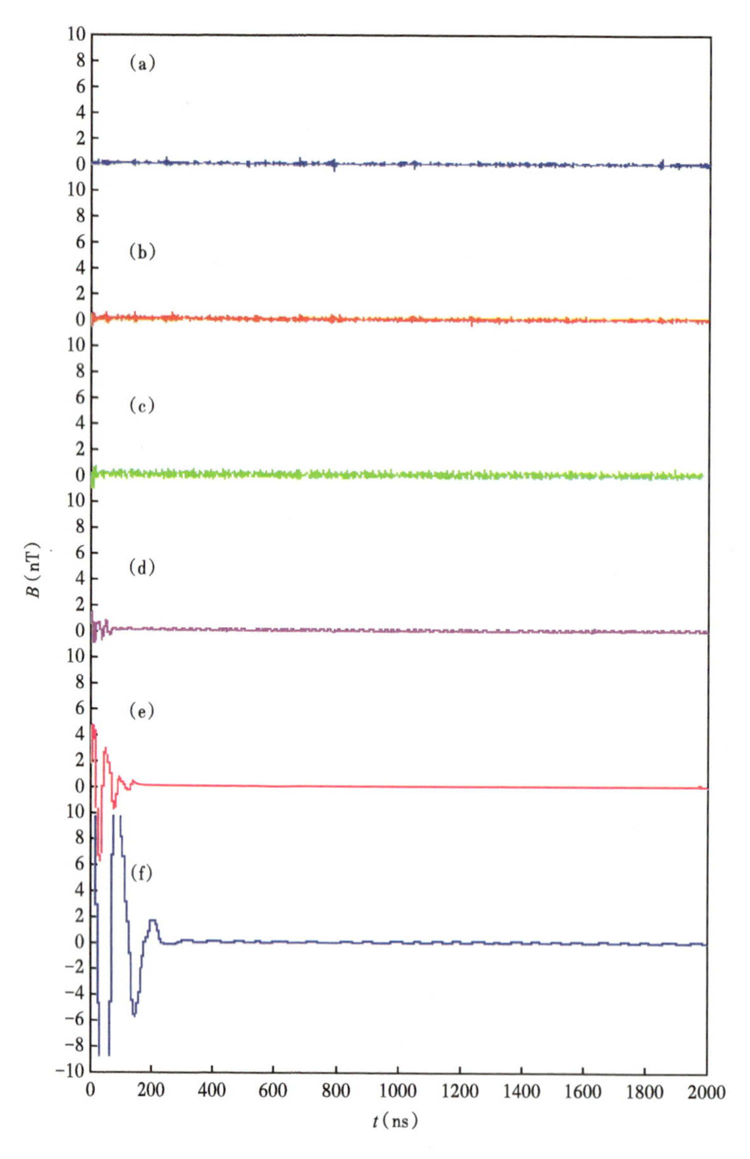

图 5.28　电场分量测点叠后曲线一维小波多尺度分解

(a)(b)(c)(d)(e)只绘出了正纵坐标，负纵坐标同(f)

5.3.2.4　正交小波去噪原理

正交小波变换是通过 Mallat 的多分辨率分解实现的，使用低通和高通滤波器将信号分解到不同频率范围，从而得到一个个子带信号。由于正交变换具有去除信号相关性和将信号能量集中的功能，因此通过小波变换可以把信号能量集中到某些频率的少数系数上，给小波系数赋予不同权值，就可以达到有效抑制噪声的目的。

井地时域电磁信号，一般采样率为 1ms，信号记录周期 10s、20s 等。因此，一个信号可以描述为：

$$x(n)=\{X_1, X_2, X_3, \cdots, X_n\},\ n=1, 2, 3, \cdots, 1024 \tag{5.18}$$

实际工作中，为了数字处理方便，一般10s实际记录1024个样，因此，一个记录的长度为1024ms，20s实际记录有2048个采样，一个记录的长度有2048ms。

为了提高信噪比，一般要重复激发上百个周期，获得上百个记录的信号，以便室内叠加提高信噪比。

令观测信号：

$$x(n)=s(n)+u(n) \tag{5.19}$$

式中，$s(n)$是有用信号；$u(n)$是噪声序列。

假定$u(n)$是零均值，且服从高斯分布的随机序列，服从$N:(0, \sigma^2_{u1})$分布，对式(6.18)两边进行小波变换，有：

$$WT_x(a,b)=WT_s(a,b)+WT_u(a,b) \tag{5.20}$$

即两个信号之和的小波变换等于信号小波变换之和。

由于已令$u(n)$为零均值、服从高斯分布的平稳随机信号，记$u=(u(0)\ u(1)\ \cdots\ u(N-1))^{\mathrm{T}}$，显然，有：

$$E\{\boldsymbol{u}\boldsymbol{u}^{\mathrm{T}}\}=\sigma_n^2\boldsymbol{I}=\boldsymbol{Q} \tag{5.21}$$

式中，$E\{\cdot\}$代表求均值运算；$\boldsymbol{Q}$是$\boldsymbol{u}$的协方差矩阵。

令$\boldsymbol{W}$是小波变换矩阵，对于正交小波变换，它是正交阵，分别令$\boldsymbol{x}$和$\boldsymbol{s}$是对于$x(n)$和$s(n)$向量，向量$\boldsymbol{X}$、$\boldsymbol{S}$和$\boldsymbol{U}$分别是$x(n)$、$s(n)$和$u(n)$的小波变换，即：

$$\boldsymbol{X}=\boldsymbol{W}\boldsymbol{x},\ \boldsymbol{S}=\boldsymbol{W}\boldsymbol{s},\ \boldsymbol{s}=\boldsymbol{W}\boldsymbol{u}$$

由式(6.18)，有$\boldsymbol{X}=\boldsymbol{S}+\boldsymbol{U}$。令$\boldsymbol{P}$是$\boldsymbol{U}$协方差矩阵，由于：

$$E\{\boldsymbol{U}\}=E\{\boldsymbol{W}\boldsymbol{u}\}=\boldsymbol{W}\boldsymbol{E}\{\boldsymbol{u}\}=0 \tag{5.22}$$

所以

$$\boldsymbol{P}=E\{\boldsymbol{U}\boldsymbol{U}^{\mathrm{T}}\}=E\{\boldsymbol{W}\boldsymbol{u}\boldsymbol{u}^{\mathrm{T}}\boldsymbol{W}^{\mathrm{T}}\}=\boldsymbol{W}\boldsymbol{Q}\boldsymbol{W}^{\mathrm{T}} \tag{5.23}$$

因此$\boldsymbol{W}$是正交阵，且$\boldsymbol{Q}=\sigma_u^2\boldsymbol{I}$，所以$\boldsymbol{P}=\sigma_u^2\boldsymbol{I}$。

由此可得：平稳白噪声的正交小波变换仍然是平稳白噪声。对于$x(n)=s(n)+u(n)$加性噪声模型，经过正交小波变换后，能最大限度去除$s(n)$的相关性，而将能量集中在少数的小波系数上，这些系数即是在各个尺度下的模极大值，但是噪声$u(n)$经过正交变换后白噪声化，因此其系数仍然是互不相关的，它们将分布在各个尺度下的所有时间轴上。这一结论就为抑制噪声提供了理论依据，即根据小波变换在每个尺度下噪声的水平对其施加不同阈值。

Donoho在20世纪90年代初提出了非线性小波阈值去噪的观念，又称小波收缩(Wavelet Shrinkage)，其中包括如何根据信号中的噪声水平估计阈值和对小波变换的系数施加阈值，如图5.29所示。

硬阈值：当小波系数的绝对值小于给定的阈值时置零，而大于阈值时则保持不变，即：

$$\omega_\lambda=\begin{cases}\omega, & |\omega|\geqslant\lambda\\ 0, & |\omega|<\lambda\end{cases} \tag{5.24}$$

软阈值：当小波系数的绝对值小于给定的阈值时置零，而大于阈值时则减去阈值，即：

$$\omega_\lambda=\begin{cases}[\operatorname{sign}(\omega)](|\omega-\lambda|), & |\omega|\geqslant\lambda\\ 0, & |\omega|<\lambda\end{cases} \tag{5.25}$$

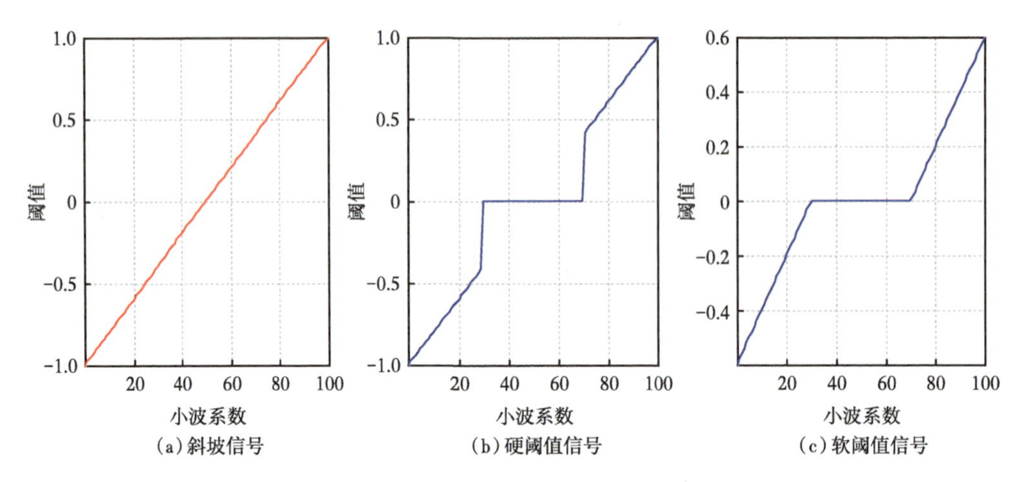

(a)斜坡信号　(b)硬阈值信号　(c)软阈值信号

图 5.29　阈值的种类

小波系数、阈值的单位与原始信号单位有关

小波阈值 λ 在去噪过程中起到决定性的作用。如果 λ 太小，那么施加阈值以后的小波系数中将可能包含过多的噪声成分，达不到去噪目的；反之，如果 λ 太大，那么将可能去除一部分信号的分量，从而使由小波系数重构后的信号产生过大的失真。因此，在实际工作中，首先要估计阈值大小。

假设信号长度为 N，信号模型为 $x(n)=s(n)+u(n)$，噪声是零均值、方差为 σ_n^2 的高斯白噪声。为了研究的全面性，对四种常用的阈值进行介绍，并对比它们在井地电磁时域信号处理中的作用。

(1)固定阈值。该阈值又称 sqtwolog 阈值，其选取算法是令：

$$\lambda=\sqrt{2\ln N} \tag{5.26}$$

(2)SURE 阈值。该阈值是利用史坦无偏似然估计求出 SURE 阈值，其具体算法如下；

第一步，把信号 $x(n)$ 中的每一个元素取绝对值，再由小到大排列，然后将各个元素取平方，从而得到新的信号序列：

$$sx2(k)=\left(\operatorname{sort}(|x|)\right)^2,\ \ k=0,1,\cdots,N-1 \tag{5.27}$$

式中，sort 为排序符号。

第二步，如果取阈值为 $sx2(k)$ 第 k 个元素的平方根，即：

$$\lambda_k=\sqrt{sx2(k)},\quad k=0,1,\cdots,N-1 \tag{5.28}$$

则该阈值产生的风险为：

$$\text{Rish}(k)=\left[N-2k+\sum_{j=1}^{k}sx2(j)+(N-k)sx2(N-k)\right]/N \tag{5.29}$$

第三步，根据所得的风险曲线 Rish（k），记其最小风险点所对应的值为 $k_{\min}$，那么 SURE 阈值定义为：

$$\lambda=\sqrt{sx2(k_{\min})} \tag{5.30}$$

（3）启发式阈值。该阈值是固定阈值和 SURE 阈值的结合，实际工作表明，当 x（n）的信噪比较小时，SURE 估计会有很大的误差，在这种情况下就需要采取这种固定阈值准则，具体方法是：首先判断两个变量的大小：

$$\text{eta}=\left(\sum_{j=1}^{N}\left|x_j\right|^2-N\right)/N,\quad \text{crit}=\sqrt{\frac{1}{N}\left(\frac{\ln N}{\ln 2}\right)^3} \tag{5.31}$$

如果 eta<crit，则选择式（6.25）的 sqtwolog 阈值；否则取 sqtwolog 阈值和 SURE 阈值中较小者作为本准则选定的阈值。

（4）极大极小阈值。极大极小原理是令估计的最大风险最小化，其阈值选取算法是令：

$$\lambda=\begin{cases}0.3936+0.1829\dfrac{\ln N}{\ln 2}, & N>32\\ 0, & N\leqslant 0\end{cases} \tag{5.32}$$

上面 4 个阈值选取方法中，应该先根据在每个尺度下小波系数中噪声强度计算出方差，再求出对应于不同尺度下的不同阈值。

5.3.2.5 磁场分量正交小波去噪

1）人工合成瞬变信号的去噪

本章 5.2 节已经对磁场人工合成信号进行了多尺度分解，但并没有进行去噪和信号重构，这里分别采用 4 种阈值方法对前面加噪人工合成信号（信噪比 30dB）进行实验，其重构信号和叠后信号几乎重合，见图 5.30，肉眼无法分辨。为了分析，对重构信号与原信号的偏差曲线（即噪声曲线）成图，见图 5.31，其中（a）为 sqtwolog 阈值；（b）为 SURE 阈值；（c）为启发式阈值；（d）为极大极小阈值。

采用小波去噪的重构信号与叠后信号完全一致，已经达到了去除噪声重建信号的效果。从图 5.31 给出的噪声曲线可以看出，不同阈值去噪有差别，其中采用启发式阈值去噪方案效果要优于其他几种阈值方案，信噪比提高到了 41.098dB（表 5.3），其效果是显著的，可见即使是人工合成井地瞬变信号，存在很强的噪声，经过小波阈值去噪后，信噪比大幅提高。

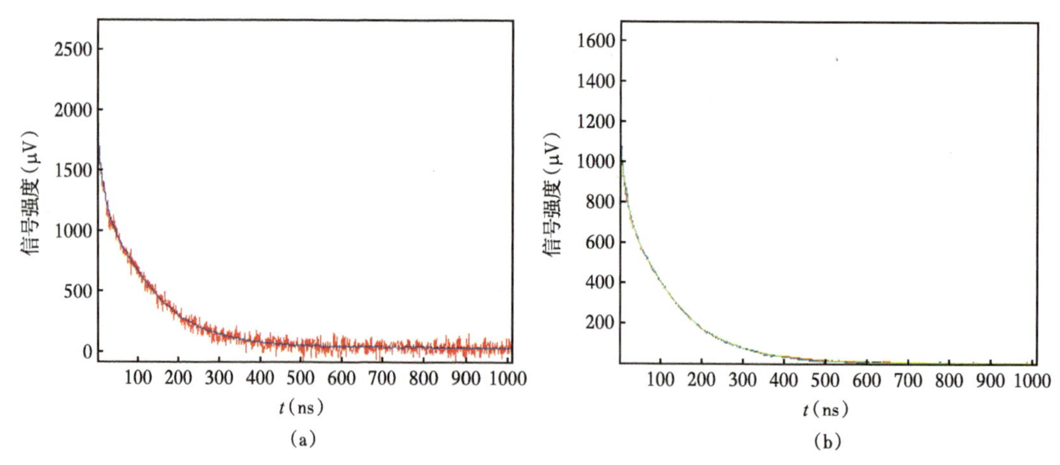

图 5.30 不同阈值方法（对图 5.19 加噪人工合成信号重构信号）

（a）加噪信号；（b）4 种阈值重构信号与叠后信号曲线的叠合

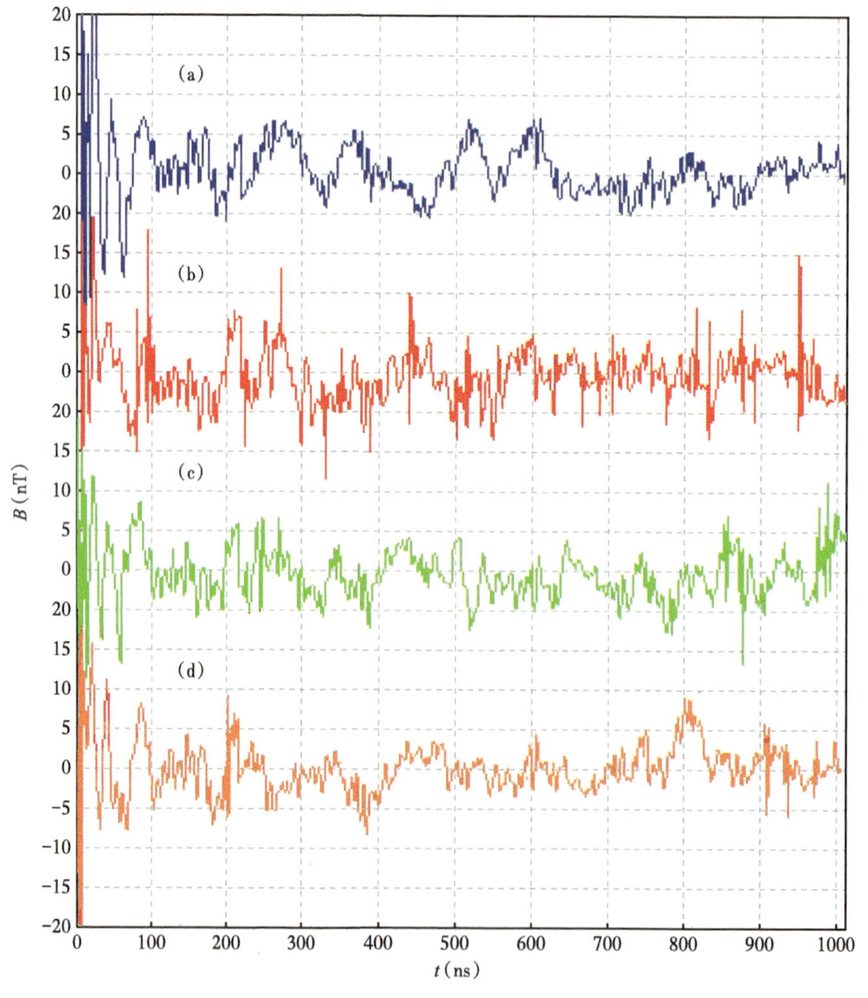

图 5.31 磁场分量叠后曲线的 4 种阈值小波去噪偏差曲线

（a）（b）（c）只绘出了正纵坐标，负纵坐标同（d）

表 5.3 各个阈值去噪后的信噪比值

小波去噪阈值方案	信噪比（dB）	提高量（dB）
sqtwolog	39.148	9.148
SURE	40.588	10.588
启发式	41.098	11.098
极大极小	41.092	11.092

2）叠前实测数据的去噪

同样，5.2 节已经对磁场实测叠前信号进行了多尺度分解，了解了信号频谱成分，但没有进行去噪。这里仍然分别采用 4 种阈值方法对前面原始信号进行去噪处理。

分别采用 4 种阈值方法进行实验，处理结果见图 5.32，其中（a）为 sqtwolog 阈值；（b）为 SURE 阈值；（c）为启发式阈值；（d）为极大极小阈值。

这里由于实测信号中测定的 eta>crit，所以采用启发式阈值去噪方案效果与 SURE 阈值去噪相同，除局部跳点外其余优于固定阈值和极大极小阈值方案。很明显叠前曲线经小波去噪后，有用信号得到保留，而噪声基本去除，但与图 5.30 蓝色曲线相比，叠前信号经小波四种阈值方法去噪后的信号仍然残留一些较明显的变化，是地下电性特征的反映还是相对较低频的噪声要慎重对待。

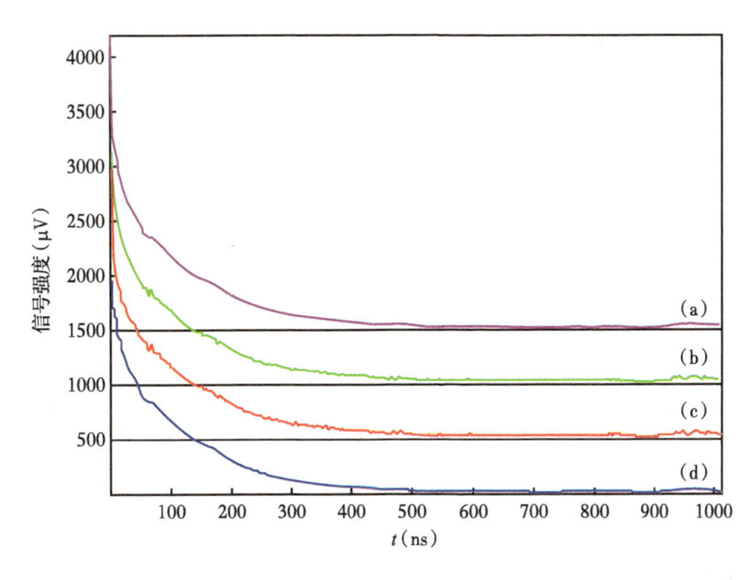

图 5.32 磁场测点实测曲线和 4 种阈值小波去噪结果

5.3.2.6 电场分量正交小波去噪

1）叠后电场信号的去噪

分别采用 4 种阈值方法对 5.2 节的人工合成含噪信号（信噪比 50dB）进行处理实验，同样，由于小波去噪重构曲线与叠后曲线完全重合，所以这里仅给出重构信号与叠后信号的偏差曲线，处理结果见图 5.33，其中（a）为 sqtwolog 阈值；（b）为 SURE 阈值；（c）为启发式阈值；（d）为极大极小阈值。尽管去噪重构曲线达到了与叠后曲线都重合，但不同阈值方案去噪成分与效果还是有较大差别的，图 5.33 中的偏差曲线存在明显不同就说明这一点，还可以看出采用启发式阈值去噪方案效果要优于其他几种阈值方案，信噪比提高了 13.918dB，其效果最显著（表 5.4）。

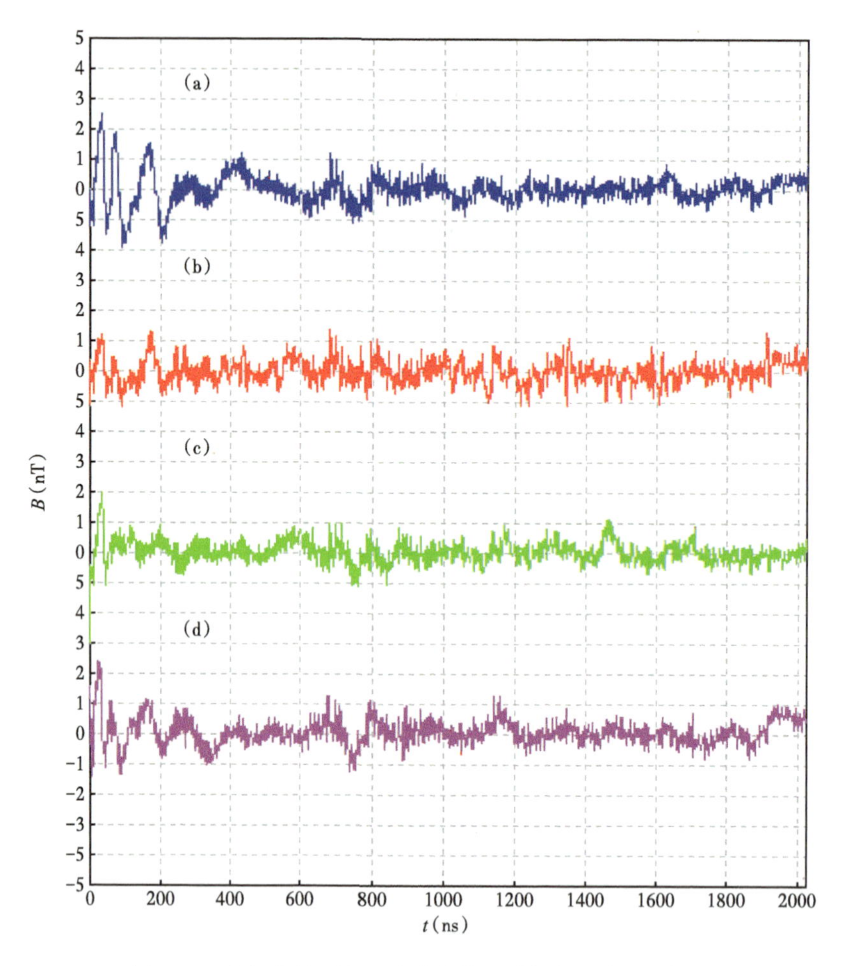

图 5.33　电场分量测点理论曲线的 4 种阈值小波去噪结果

表 5.4　各个阈值去噪后的信噪比值

小波去噪阈值方案	信噪比（dB）	提高量（dB）
sqtwolog	61.309	11.309
SURE	62.949	12.949
启发式	63.918	13.918
极大极小	62.307	12.307

2）叠前实测数据的去噪

分别采用 4 种阈值方法对前面叠前电场信号进行实验，处理结果见图 5.34，其中（a）为 sqtwolog 阈值；（b）为 SURE 阈值；（c）为启发式阈值；（d）为极大极小阈值。

仔细对比可以发现，采用 SURE 阈值和启发式阈值去噪方案效果优于 sqtwolog 阈值和极大极小阈值方案。

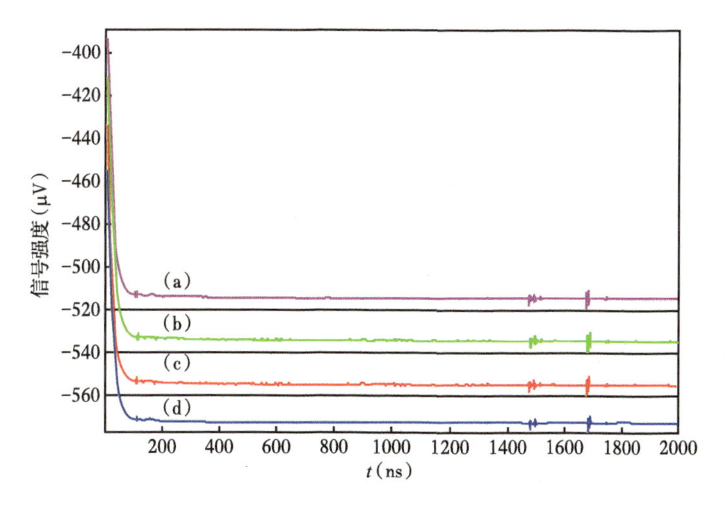

图 5.34　电场分量测点实测曲线和 4 种阈值小波去噪结果

5.3.3　数据质量评价

信号质量评价公式如下：

$$Q(T)=\frac{\sum_{1}^{2N}E_r(T,t_i)}{\sum_{1}^{2N}\left|E_r(T,t_j)\right|} \tag{5.33}$$

式中，分子为噪声，是正反向信号直接累加，由于信号反向，直接累加抵消变为 0，因此，分子累加结果为噪声平均值；分母为信号，是取绝对值累加，结果为信号平均值，而噪声随着叠加次数增大而减小。故式（5.33）Q 的值可以用于信号品质评价，Q 值越小，信噪比越高。

以某地实测数据为例进行数据质量评价。图 5.35 展示了由公式（5.33）计算的结果，图 5.35（a）是信号和噪声剖面曲线，可见背景噪声小于 3μV/m，相对较强的范围与输电工业干扰区对应，而信号最弱区也在 10μV/m 以上，信号强弱与供电场源相关，离场源近端信号强度达到几十毫伏每米；图 5.35（b）展示了该测线 Q 值情况，可见完全与信号剖面曲线成镜像，与场源越近，信噪比越高。最后将所有测线的 Q 值制作平面图（图 5.36）。

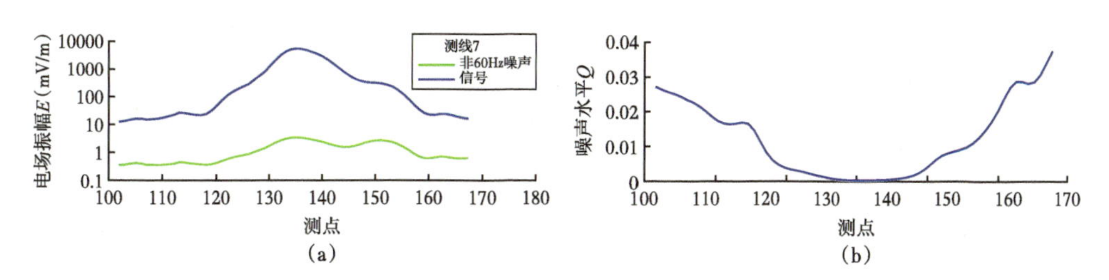

图 5.35　信号和背景噪声曲线图（a）及数据质量评价曲线图（b）

从如图 5.36 所示的数据质量评价平面图上可以看出，工区的北东部有变电站、城镇等干扰源的存在，而且离场源比较远，Q 值平面图随着激发井近远呈近椭圆形态分布。工区内大部分区域数据质量好，仅有东部的 180 测点以东 Q 值比较大。

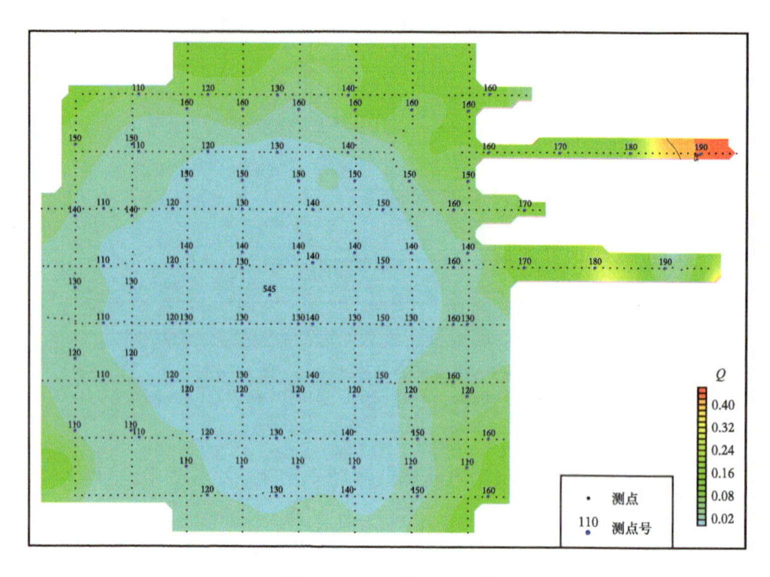

图 5.36　Q 值平面图

综上分析可以看出，该探区大部分测点背景噪声很小，数据质量评价为大部分测点较好。

根据前面的噪声分析，可以对该区噪声评价如下：

（1）工区内 60Hz 背景噪声很强，时间域处理通过 60Hz 陷波进行去除，频率域经过傅里叶分析可以将 60Hz 噪声消除；

（2）其他非 60Hz 噪声较弱，可以通过中值滤波、线性和非线性滤波加以去除，另外，采用平滑滤波方法压制和去除数据的静态位移；

（3）工区内采集的数据质量很好，仅东部部分测点质量较差；

（4）依据噪声水平，距离较远、数据质量较差的测点可以不参与数据处理和成果分析做好平面内的数据处理，这里对东部的 176 号和 181 号及以东测点的数据未进行处理。

5.4　数据的校正处理

5.4.1　静态位移及校正

凡是测量电场的电磁勘探方法，其观测结果无不受到近地表电性不均匀性的影响。这种影响通常的表现是使电场振幅产生不随频率变化的平移，即不管频率高低，电场振幅均增大或减小，遇到接收点局部高阻体时振幅增大，遇到局部低阻体时振幅减低；而相位则不变。因为，随着不均匀体电性高低，振幅的变化增大和降低是不均匀体表面上形成积累电荷，使实测电场产生一个与外电流场成正比的附加电场，因此称为静态偏移或静态效应。图 5.37 就是某地实测测线振幅和相位剖面曲线，可见图 5.37（a）沿剖面振幅变化剧烈，而且从高频到低频均增大或减小，而相位几乎不变化，见图 5.37（b），特别明显的是测点

161、165、186 振幅降低，测点 155、166、190 振幅升高，而相应的相位沿测线变化平缓。

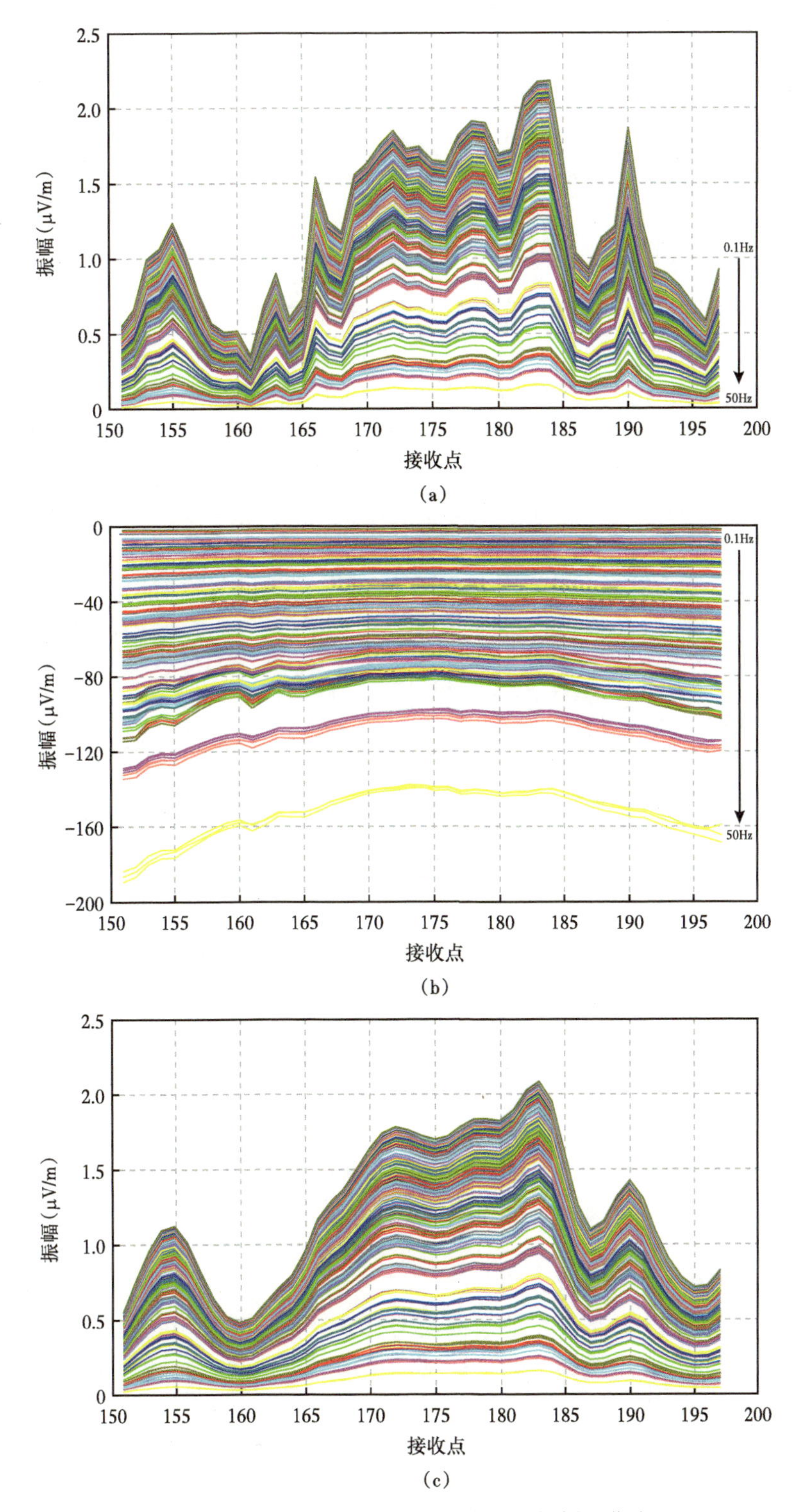

图 5.37 某地实测数据不同频率的电场剖面曲线

(a)振幅;(b)相位;(c)静态位移校正

对静态位移效应的校正已经研究几十年了，但一直没有找到非常有效的校正方法，最常用的校正即是采用低通滤波。一般浅地表不均匀体产生的影响具有高频特征，而大的和较深部的电性不均匀体不会产生静态位移，低通滤波能较好地压制这种效应。通过观测探区振幅剖面曲线，可以发现大部分静态位移为 1~2 个测点的范围。因此，可以采用稍大于静态位移宽度的空间滤波器进行滤波。在这次数据处理中选用 5 点的空间滤波器，对各剖面振幅进行滤波，比较好地消除了大部分静态位移效应，见图 5.37（c）。

5.4.2 管线影响模拟分析及校正

激发井位于采油区中，周围存在油井套管、输油管线等各种金属管线。对该区域内油井及管线进行模拟，有利于研究其对采集信号的影响，同时为后期去噪处理提供理论依据。

工区内金属管线很多，具体分为套管井、地上架设管线、地下浅层埋设管线。

某地工区内金属管线分布情况如图 5.38 所示。

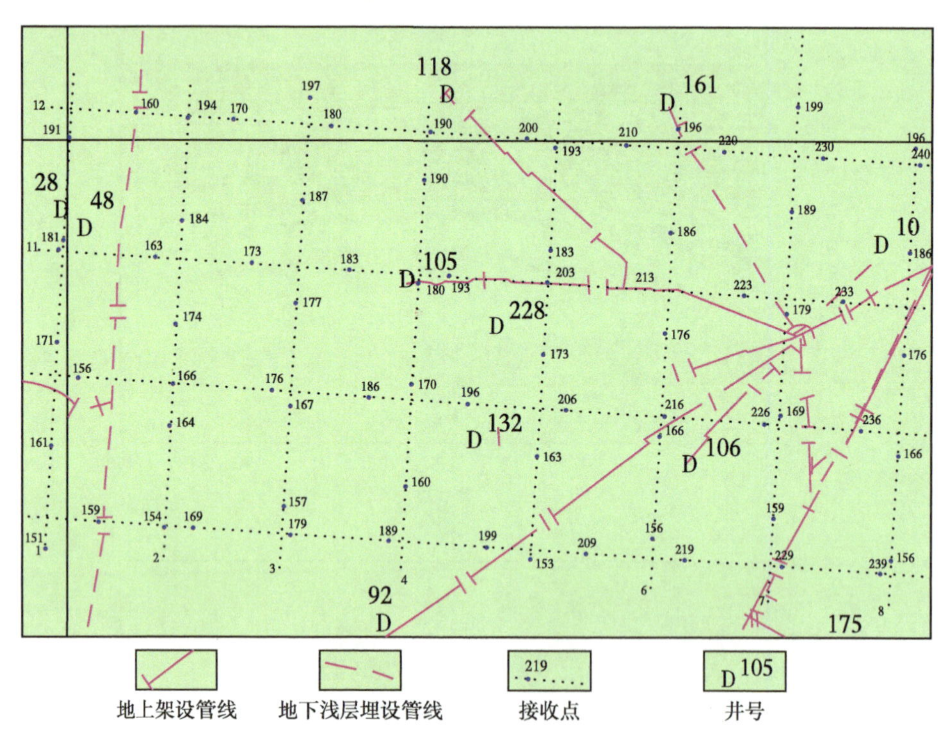

图 5.38　工区内管线分布图

5.4.2.1 管线模型的建立与模拟方法

采用三维模拟来模拟井下激发地面接收情况下有管线时均匀大地的响应。模拟方法采用积分方程法，因此，三维模型的背景模型就是均匀半空间，而异常体模型是套管井、地面管线、地下浅层埋管线。

由于三维积分方程法异常体不能太大，因此采用分开模拟的方法：

（1）套管井：一口井建一个模型，计算每一口井的电磁响应。

（2）地下浅埋管线：建立一个模型。

（3）地面架设的管线：建立一个模型。

模型主要组成为空气层、地层、管线、套管井，具体各部分模型建立依据如下：

（1）空气层：均匀半空间。由于空气层的绝缘性，所以在建立模型的时候赋予空气层很高的电阻率，但电阻率太高在计算过程中会造成数据溢出，经测试空气层电阻率赋予1000000Ω·m时能正常计算。

（2）地层：均匀半空间。地层电阻率值根据该地228号井的测井曲线所计算出的等效电阻率，约为30Ω·m。由于校正时要求出有异常体与无异常体地表电磁场的比值，因此，均匀半空间的电阻率取值不影响校正结果。

（3）管线：由于实际输油管线直径约为20~30cm，但由于剖分网格大小的限制，在进行管线模拟时将其直径模拟为25m，同时为保证其在直径扩大的情况下产生的异常场不会因为直径扩大而增大，经计算得到地上架设管线等效电阻率为9.998Ω·m，地下浅层埋设管线等效电阻率为29.99Ω·m。

（4）套管井：模型数据与地下浅层埋设输油管线一致。

采集频率：以实际数据的63个基波和谐波进行模拟。

发射源根据实际施工布设参数模拟，在模拟过程中只模拟AB1和AB2两个发射源。

接收测网根据实际测点坐标以发射井为中心点进行坐标转换，并旋转使其成为正南北向、正东西向测线，以便于进行模拟计算；测线7只模拟151—197号测点，具体模型见图5.39。

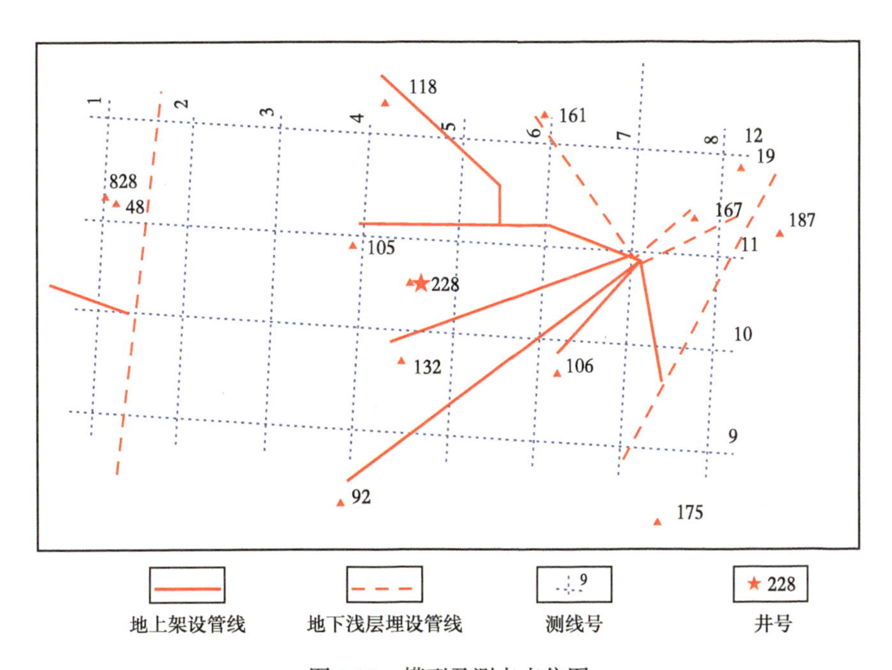

图5.39 模型及测点点位图

电场存在叠加特性，因此分别对地上架设管线和地下浅层埋设管线分别进行分段模拟，既可以研究其各自的磁场大小和分布情况，也能研究所有管线所产生的总场大小和分布情况。以下分别对其进行讨论。

5.4.2.2 地面上架设管线的模拟

根据理论分析，地上管线应该不会受地下激发电场激励而产生次生电场影响，因此只设置了一个相对复杂的地上管线模型以评价其影响，模拟计算结果如图 5.40 所示。

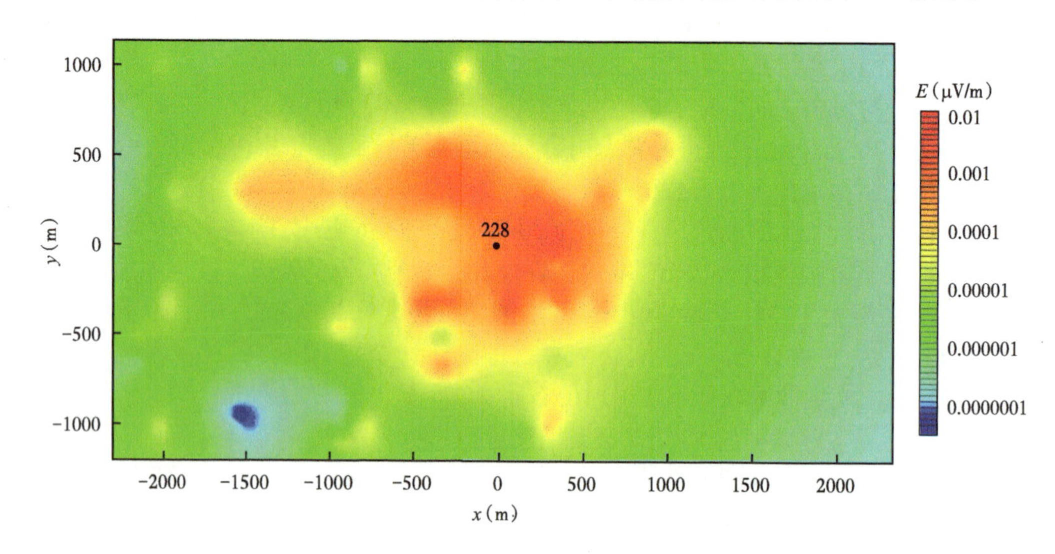

图 5.40 地上架设管线总场分布图

模拟结果证实，地上架设管线所产生的电场异常比较小，在井口附近场都小于 0.01μV，比激发时实测信号小 3 个数量级（图 5.41），因此其影响可以忽略不计。

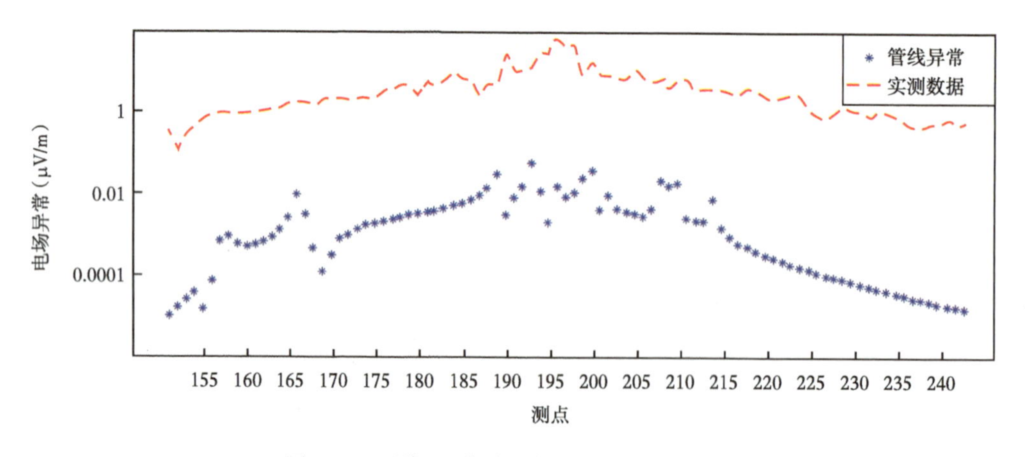

图 5.41 测线 11 管线异常与实测数据对比图

5.4.2.3 地下埋设管线模拟

本工区共有 5 条地下浅层埋设输油管线。经模拟，发现在大功率激发时，地下浅层埋设管线可产生最大值约为 0.1μV/m 的电场，其影响范围约为 100m。根据实际采集信号强度来判断，在电场强度为 0.01μV/m 时会对所采集的资料造成影响，可知地下浅层埋设管线对测点能造成一定的影响。所有管线造成影响见图 5.42。同时取测线 11 研究其穿越的所有管线产生的电场值，测线 11 的电场分布见图 5.43。

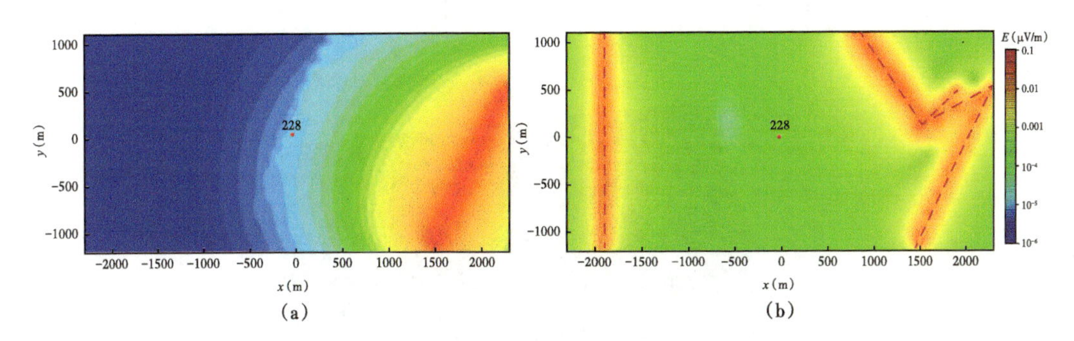

图 5.42　工区内地下浅层埋设管线总场分布图

（a）单一浅层埋设管线异常总场分布图；（b）所有地下浅层埋设管线异常总场分布图，图中虚线部分为地下浅层埋设管线位置

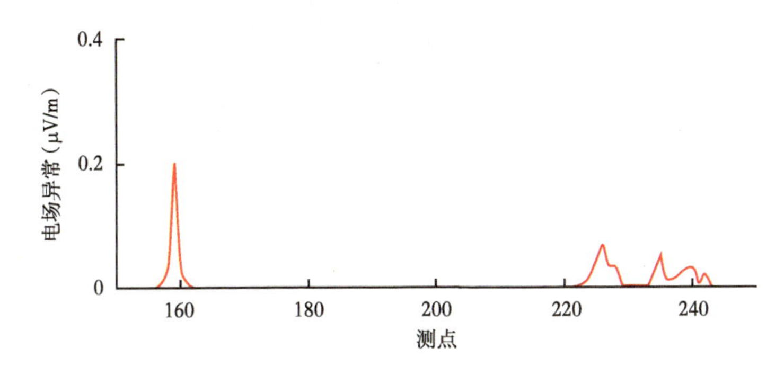

图 5.43　测线 11 地下管线异常曲线

5.4.2.4　套管井的模拟

工区内井较多，除激发井 228 号井外，在测线区域内还有 9 口套管井，井号分别是 19、48、105、106、132、161、167、187、828。分析了套管资料，获得了关于套管井的详细情况（表 5.5）。

表 5.5　井套管参数表

井号	TVD 深度（ft）	套管长度（ft）	水平井长度（ft）
828	7286	798	0
48	16100	16064	0
105	无数据	6320	0
132	无数据	6529.68	0
106	无数据	6497	0
167	6589	6837	9911
19	6025	4434	10202
187	6982	7162.74	10843
161	6492	6454.92	8524

根据上述套管资料，建立了工区内井套管的 3D 模型，见图 5.44。

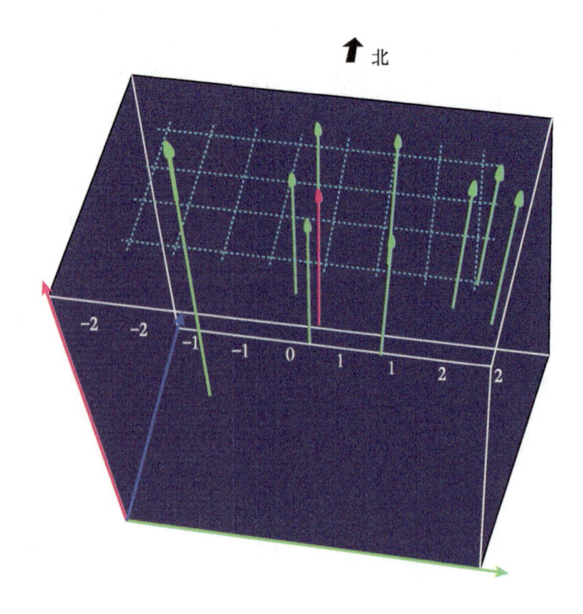

图 5.44 工区内套管井分布位置图

分别对各油井进行模拟，模型参数与施工参数相同。模拟结果见图 5.45，测线 11 的结果见图 5.46。

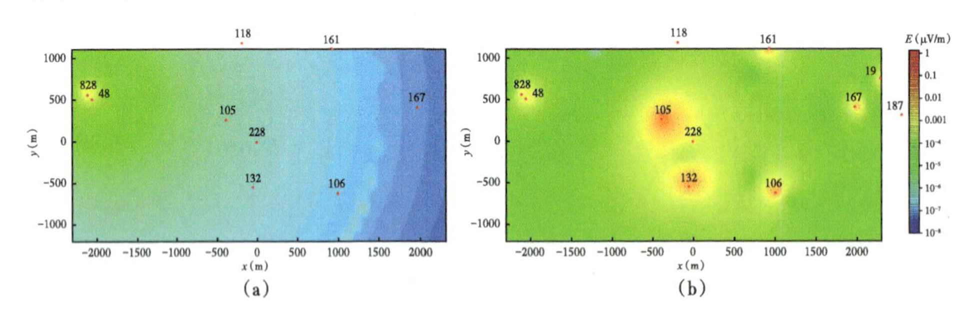

图 5.45 不同套管井的电场异常总场分布图

(a) 828 号套管井；(b) 所有套管井

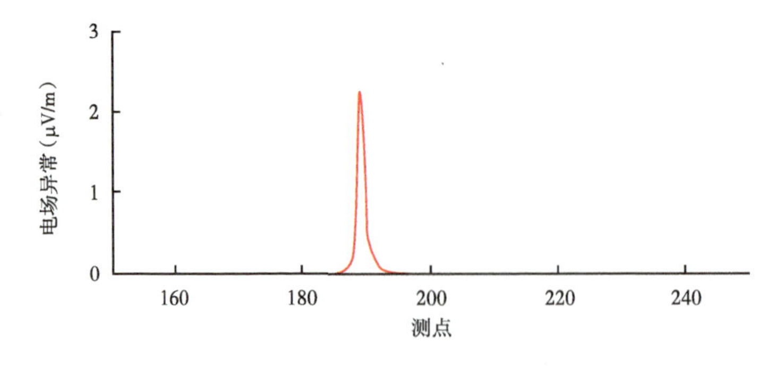

图 5.46 测线 11 套管井异常曲线

5.4.2.5 管线影响综合分析

由于电场存在叠加特性，综合考虑地上架设管线、地下浅层埋设管线和井套管三种主要金属管线的影响，根据模拟获得的电场值及影响范围，获得如图 5.47 所示的叠加异常（其中地面管线影响很小，在图中主要反映了地下浅埋管线和井套管的异常）。测线 11 的结果见图 5.48。模拟的场值可以作为下步去噪处理的依据。

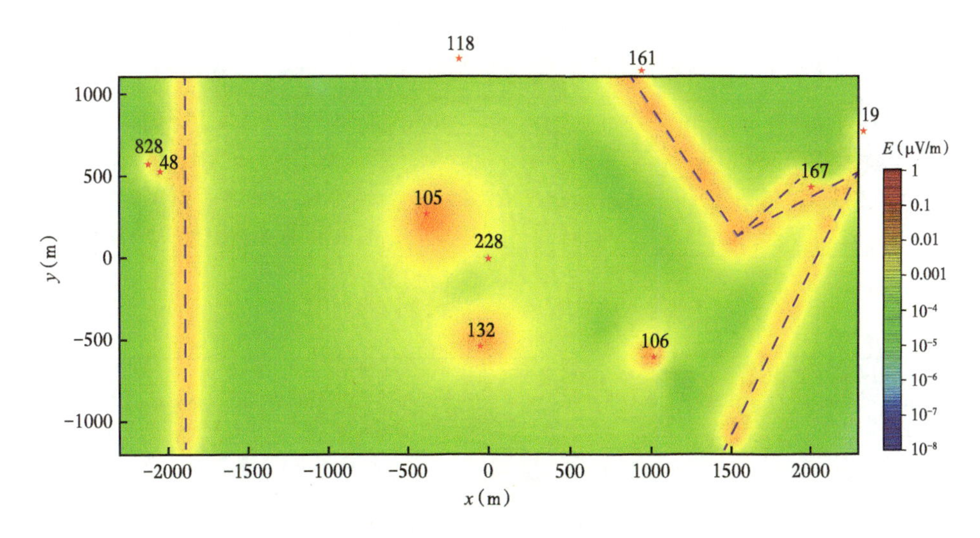

图 5.47 三种金属管线异常图

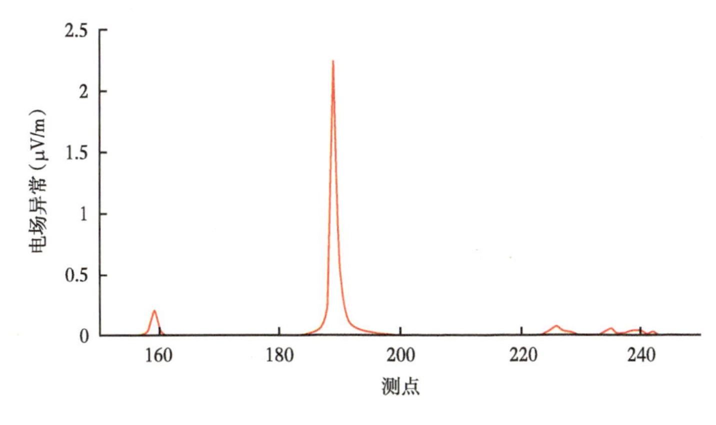

图 5.48 测线 1 总异常曲线

5.4.2.6 管线影响分析与校正

各条测线不同频率的原始振幅数据，去除背景噪声，去除地面管线和井套管噪声，经过平滑滤波后，就得到了预处理的结果数据，同时也作为数据处理的数据。去除背景噪声和地面管线与井套管的影响，主要是针对频率域的振幅数据；对于相位数据，只选用了平滑滤波去噪。

用 AB1 激发信号频率为 0.5 Hz 的数据进行了去噪前和去噪后振幅和相位的对比，见图 5.49 至图 5.52。

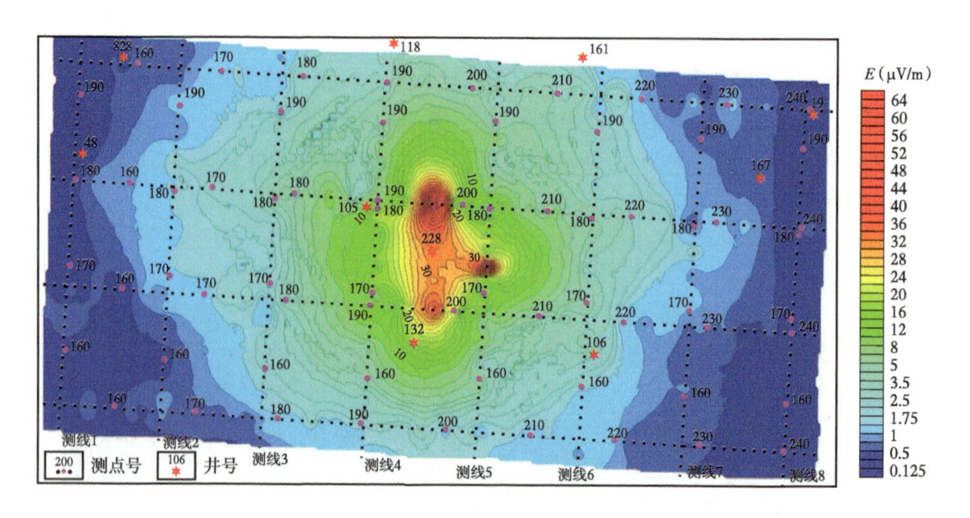

图 5.49　去噪前振幅原始数据平面图

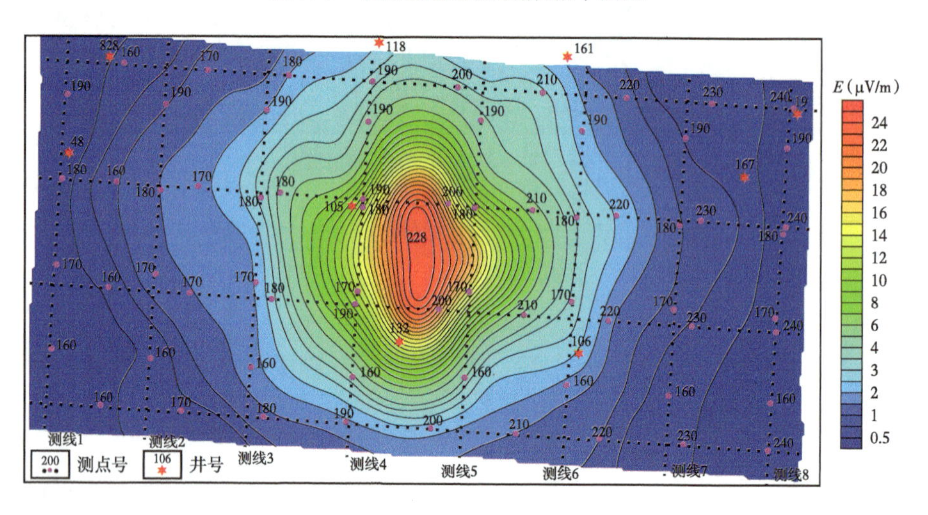

图 5.50　去噪后振幅数据平面图

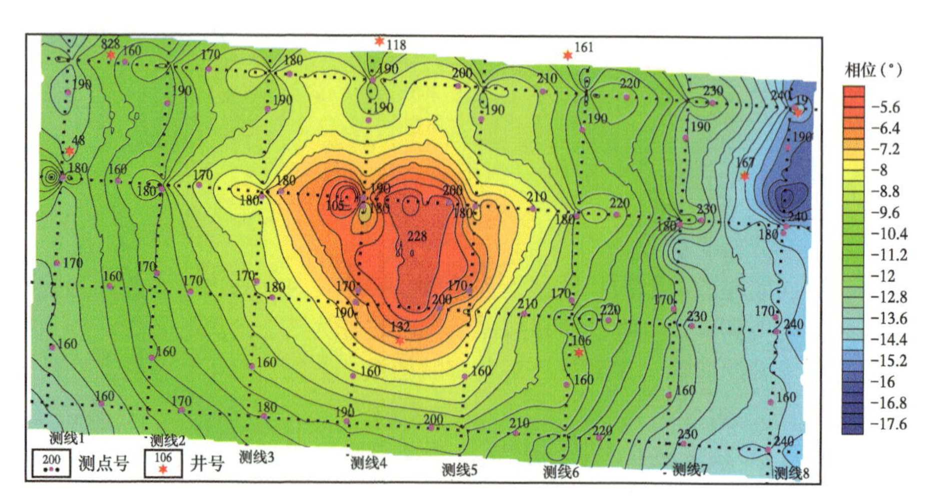

图 5.51　去噪前相位原始数据平面图

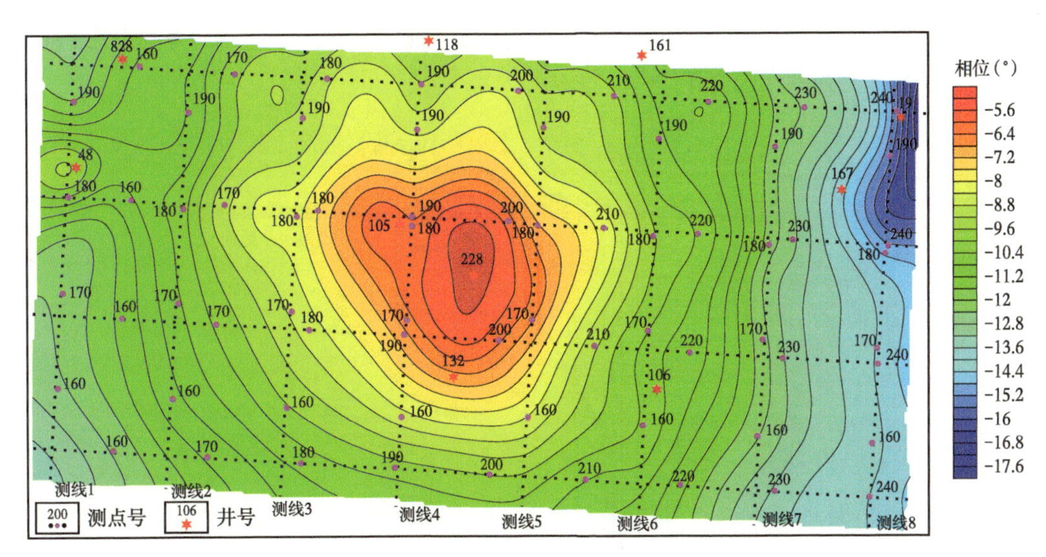

图 5.52　去噪后相位数据平面图

5.4.3　地形影响及校正

在常规井地电法资料处理过程中，通常把地面看成是一个平面来处理，所有的测点用同一高程来计算它们到发射源的距离。在地形起伏比较小的工区，这样计算误差较小，可以不加考虑。但对于地形起伏较大的地区，如果仍然采用这种计算方法，必然会产生较大的误差，因此，需要对此进行校正。

根据目前其他地面电磁方法开展地形校正的做法，一般有以下三种：

（1）比值法：利用三维模拟软件计算实测平面测点上地形起伏较大的均匀大地响应和地形平坦的均匀大地响应，求出每个测点每个频率上两者的比值，然后用该比值对实测数据进行校正。

（2）模拟法：直接建立带地形的模型并对实测数据进行三维正反演模拟，在模拟中即考虑了地形效应，自动获得所求目标的模型。

（3）滤波法：地面电磁法的地形效应一般与地面成镜像，在剖面上凸地形呈现低阻、凹地形呈现高阻，与浅地表不均匀体的效应有类似之处，因此，在常规电磁法处理中直接对此进行空间滤波。

井地电磁法带地形的三维数值模拟计算效率和经济性还难以满足，而滤波法还不能完全消除地形影响。这里提出一个简单近似的方法——拟比值法，假设垂直场源为偶极子源，大地为均匀极化介质，按图 5.53 分别计算测点在实际地形高度的场值和在计算水平面上的场值，计算公式如下：

$$E_x = \frac{J\mathrm{d}l}{2\pi\sigma_0 r^3}\left[(1+\mathrm{i}G)F + \frac{\mathrm{i}(kr)^2}{2} - \frac{(kr)^3}{3\sqrt{2}}(1+\mathrm{i})\right] \tag{5.34}$$

其中 $$F = 3\cos^2\beta - 1, G = \eta\sqrt{\omega\tau/2},\quad k = \sqrt{\omega\mu_0\sigma_0}$$

式中，J为电流强度；dl为偶极子长度；β为偶极子与收发连线的夹角；r为收发距；ω为角频率；σ_0为电导率；μ_0为磁导率；η为介质的极化率；τ为时间常数。

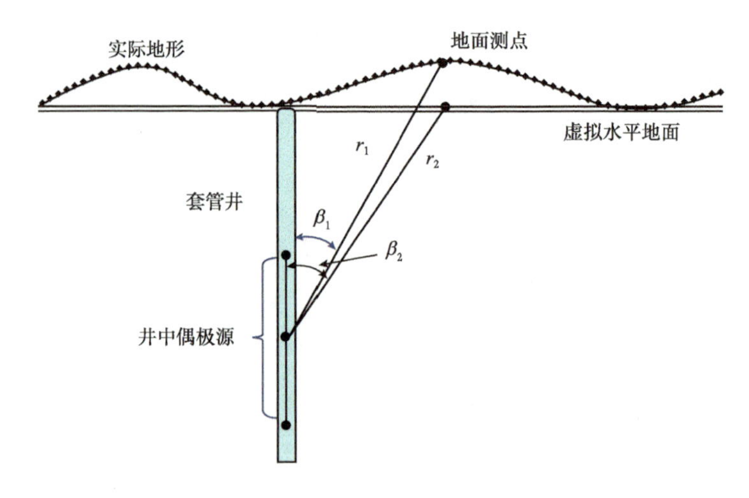

图 5.53　地形校正示意图

计算虚拟水平地面可以根据实际地形选择适当位置，将地形与水平面两者的参数r_1、r_2和β_1、β_2代入式（5.34）分别计算不同频率的电场及电场的振幅和相位，把两次计算结果的振幅和相位分别求比值作为振幅和相位的校正系数进行地形校正。

5.5　时间域微观相对异常的提取

5.5.1　时间域微观相对异常提取的主要方法

时间域微观相对异常的提取是为了通过分析地下地质变化在电磁信号上的细微变化，识别和定位地下异常目标。这一过程涉及信号的提取、处理和分析，目的是提高勘探的精度和分辨力。以下是这一过程的一些关键步骤和技术细节：

（1）噪声滤波：通过多种滤波技术（如低通滤波、高通滤波和带通滤波）去除背景噪声，获取清晰的原始电磁响应信号。

（2）背景场分离：将原始电磁响应信号分为背景场和异常场，通常通过长时间窗平均值或多次测量结果的对比来获取相对稳定的背景场。

（3）计算异常场的相对变化，即微观相对异常。

（4）时间差分：分析同一接收点在不同时间窗口内的信号差异，提取随时间变化的微观异常特征。

（5）空间差分：提取不同接收点的电磁信号，计算平均微观异常特征，通过差分处理获得空间域差分异常。

（6）小波变换：应用小波变换对电磁响应信号进行多尺度分析，分离出不同尺度上的特征，并提取小尺度的微观异常。设定合理的阈值来识别显著的微观相对异常，包括均值加倍标准差法、分位数法等。

（7）统计分析：基于统计方法（如主成分分析、奇异值分解等）提取信号中的微小异常，增强微观相对异常的识别能力。

利用微观相对异常的提取，提高对细微地质目标的识别能力，增强时间域电磁法的分辨率，特别适用于地质构造复杂和地质目标细小的地区。结合小波变换和统计分析等多尺度方法，提供更丰富的异常信息，有助于精确定位。

5.5.2 时间域微观相对异常的产生原理

经过叠加、滤波后的时间域衰减曲线，基本去除了其他噪声，记录了地下电性异常特征，如地下电性界面、固液界面、油水界面等。在强电流激发下产生二次感应和极化，激发源附近激发强度最大，因此产生的次生感应和极化也最大。这些次生电磁信号从地下深处传到地表接收站，其相速度受地层电阻率影响，地层电阻率高、速度大，反之则小。不同深度的次生信号到达地表的时间也不同，显然激发源附近油水界面产生的激发极化信号会在地表记录的衰减曲线中产生明显的异常。另一方面，激发的频率不同，产生的次生电磁信号也有差别。频率较高时（短周期激发），由于充电时间短，激发极化很弱，甚至没有，这时主要是电磁感应；而频率较低时（长周期激发），由于充电时间长，激发极化效应明显。因此，研究流体时，主要采用长周期（或低频）激发。同时，相应的激发极化效应的频率较低，在频率域频谱曲线的低频段激发极化效应强，在时间域衰减曲线的较晚期激发极化效应强；而电磁感应则在较高频和衰减曲线的早期较强。当在地下激发方波信号后，由于地层界面及电性不均匀（包括油气水等）的存在产生感应和极化现象，方波断电后，电磁场不为零，而是缓慢衰减，不同地层结构及油水分布区域，其衰减曲线存在明显差异，反映出地下电性及油水富集的异常。

5.5.3 实测时间域微观相对异常的提取方法

基于5.5.2中的分析，可知不同地质及储层孔隙介质激电效应能够在微观衰减上反映出来，因此，不同位置的衰减曲线其异常特征具有一定差异。如图5.54（a）是离激发井等距离的两个测点的衰减曲线，一个在西（测线5-122点），一个在东（测线5-146点）；（b）是离激发井等距离的另外两个测点的衰减曲线，南部是测线23-122点，北部是测线23-146点。可见离激发等距测点的电场振幅衰减曲线形态类似，但两者有明显差异，东部测点异常较强，西部测点异常相对较弱。图5.54（c）和（d）是相应的横坐标为对数时的衰减曲线。可见，两者晚期也有明显差异，西部测点的电场振幅（红色）在蓝色曲线之上，表现出相对较强的异常特征，而且有一定的局部异常（不光滑）。图5.54纵轴是激发电流为1A、单位长度场源AB为1m、单位长度接收距MN为1m产生的电位。

对叠加、滤波后的信号进行一系列处理后，还要对每一记录道中固有的、由放大器滤波器等引起的过渡过程进行改正，得到信号曲线 $E(t)$。对 $E(t)$ 曲线进行标准化处理，得到 $F(t)$ 曲线：

$$F(t)=K\cdot t\cdot E(t) \tag{5.35}$$

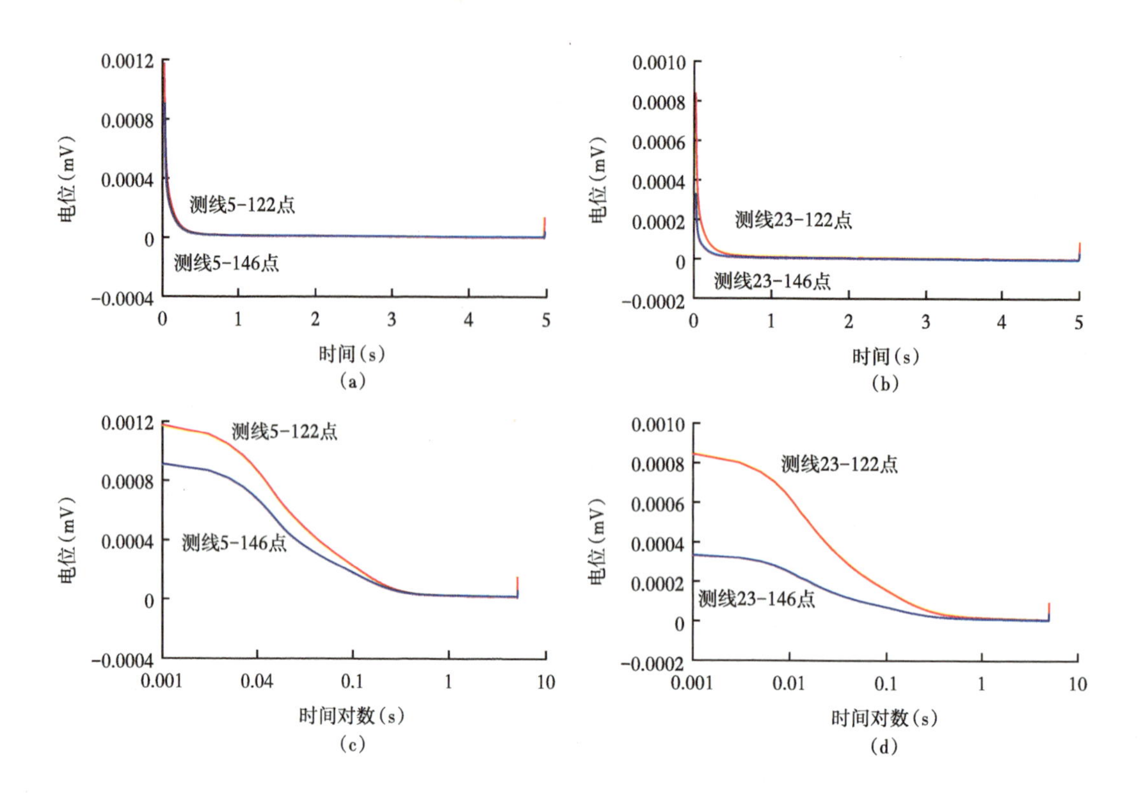

图 5.54　某地不同测线时间域衰减曲线

激发电流为 1A，AB=1m，MN=1m

图 5.55 是测线 23-122 和测线 23-146 两个测点的 $F(t)$ 曲线，蓝色是 122 号点，红色是 146 号点。可见 122 点 $F(t)$ 值依然比 146 点大。

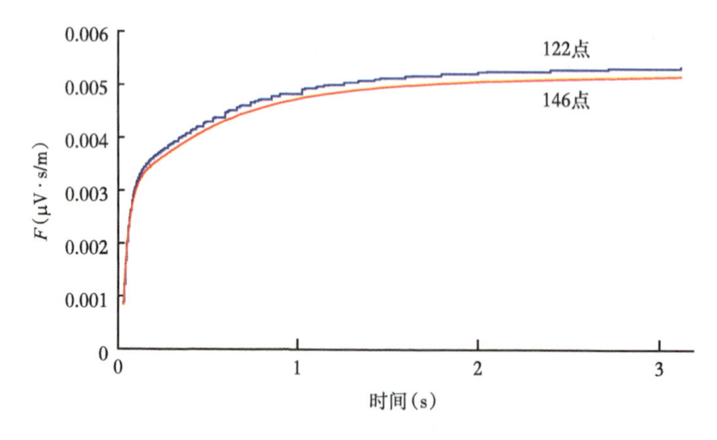

图 5.55　测线 23 不同测点的 $F(t)$ 曲线

$F(t)$ 曲线是去掉系统响应、装置响应及各种干扰后的曲线；K 是装置系数，可按照赤道偶极装置计算

将测线 23 的 $F(t)$ 曲线汇聚形成 $F(t)$ 剖面曲线图，图 5.56 是测线 23 的剖面曲线图，每条测线的所有曲线按顺序沿测线排列，形成沿测线的蒙太奇影像，连续的微小细节变化展示出地下电性宏观规律。

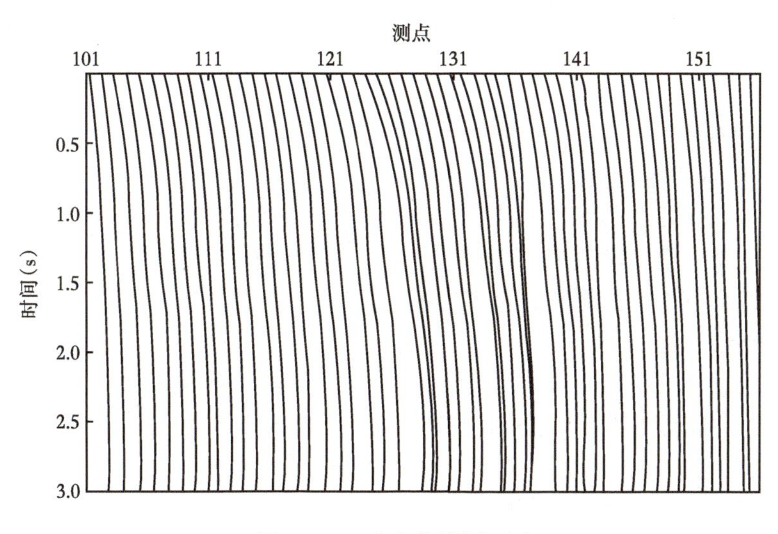

图 5.56 $F(t)$ 曲线剖面图

为了进一步提取微观异常，求取探区全部 $F(t)$ 的平均值作为背景异常 $F(0)$，将实测 $F(t)$ 减去背景异常 $F(0)$，得到了剩余异常场，反映微观相对电性变化，称为 MRE（Micro Relative Electric）曲线；将 MRE 曲线汇集成剖面，并对其进行滤波、求导、相关等处理，便得到 MRE 时间剖面。图 5.57（b）为测线 1-133 点的深度域 MRE 曲线，从图中可以看出，MRE 曲线突出了薄层微弱信息，提高了对断面的分辨率。

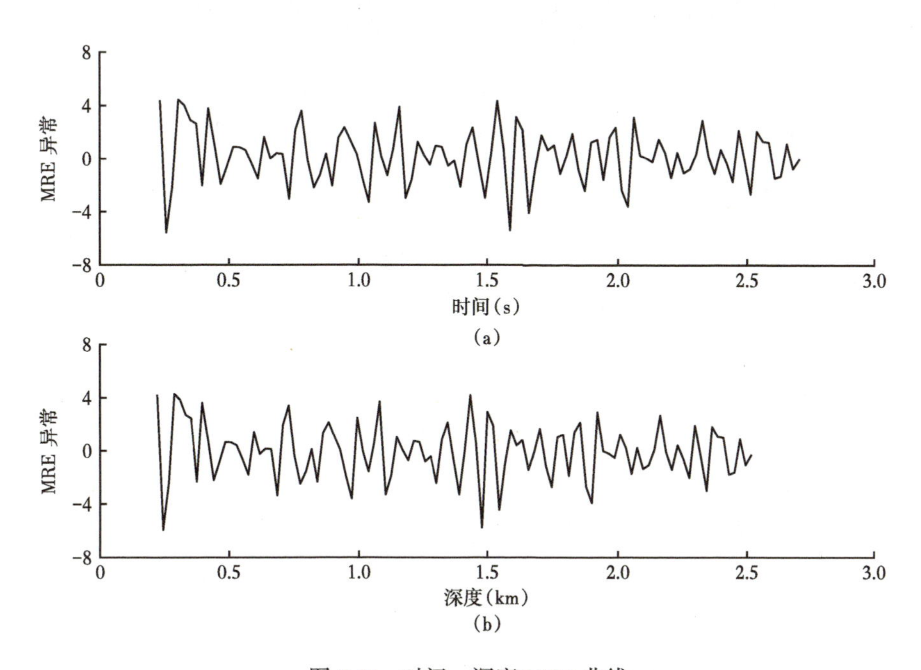

图 5.57 时间—深度 MRE 曲线

根据电磁动力学原理，二次电磁场是以涡旋场形式传播的，不同深度的二次场到达接收点的时间不同，由深度和速度决定，而传播速度 $v(t)$ 主要取决于途经地层的导电特性，可以用下式近似描述：

$$v(t)=K^2/S(t) \tag{5.36}$$

式中，t 为阶跃脉冲从瞬时逆变（断电）起算的时间；$S(t)$ 为 t 时刻的纵向电导，用以描述电磁场相速度；K 为经验常数。

纵向电导 $S(t)$ 可以根据电测井资料给出，就可将时间剖面转换成具有定量深度概念的异常场深度剖面，经验常数 K 用于根据电测井资料调整深度。如果某工区采用的速度较大，对时深转换会有一定的影响，离该井孔越远，深度误差会越大。尽管如此，可以据此找到要研究的储层目标。

显然，视深度的 MRE 曲线在目标层为一相对高。将每条测线所有 MRE 曲线组合，便形成 MRE 电性断面。为了进一步提高 MRE 反映地下电性变化的能力，消除储层以上地层及场源产生的虚假信息，求取了井地电磁上下场源激发条件下的 MRE 异常差。图 5.58 是某测线的 MRE 差分异常断面。

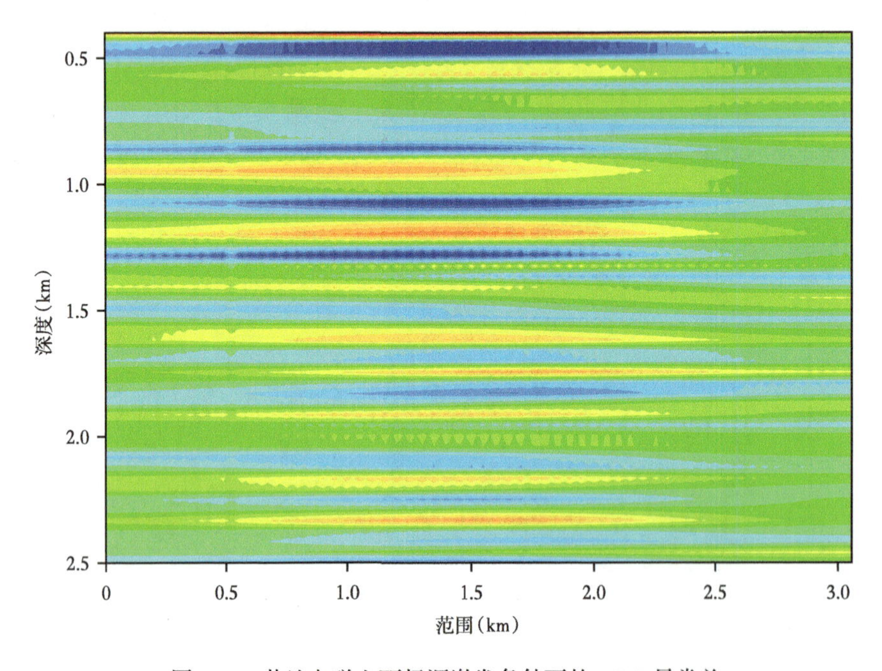

图 5.58　井地电磁上下场源激发条件下的 MRE 异常差

MRE 异常反映的是电性的相对变化，怎样才能获得真实电阻率呢？根据测井电性相对变化与 MRE 剖面电性相对变化的一致性，将 MRE 异常转换为相对电阻率。方法是把 MRE 极大值和极小值按线性转换为目标储层电阻率最大值和最小值。转换后 MRE 断面的形态和特征没有变，只是赋予了对应的电阻率概念，便于使用时更好地理解，以供参考。

通过分析储层 MRE 异常断面的变化规律就可以进行电性及岩性界面的识别。图 5.59 为井地电磁上层激发点减下层激发点的 MRE 差值断面图。图 5.60 为图 5.59 局部 MRE 差值断面图的放大图。图 5.60 显示出目标层段 2100~2150m 附近有明显异常（图中红色），追踪到测线西边逐渐消失，电阻率向西逐渐减小，沿层可以追踪出储层相对电阻率变化。

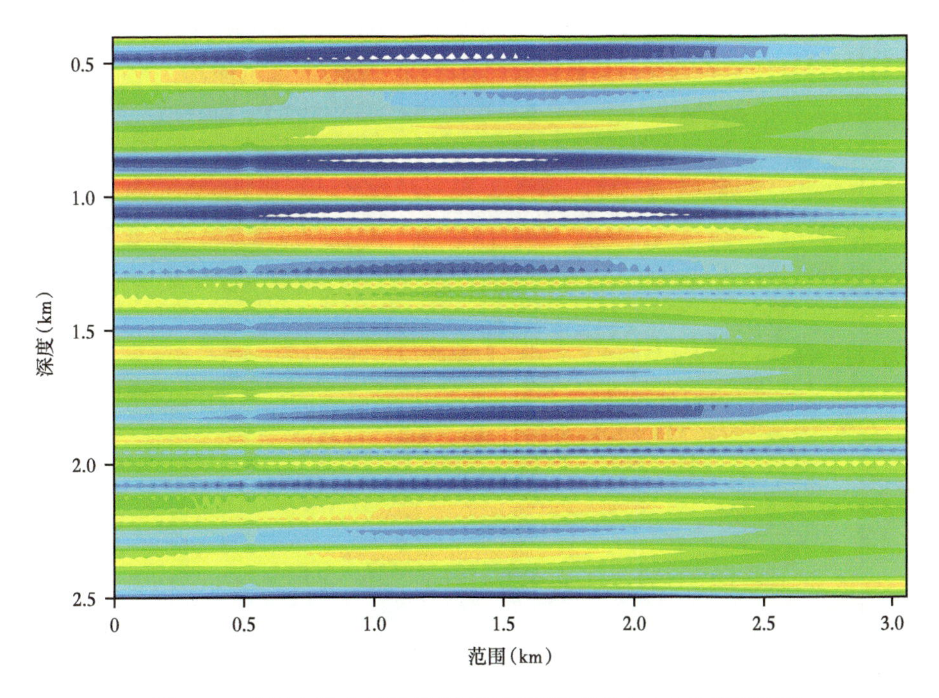

图 5.59 井地电磁上层激发点减下层激发点的 MRE 差值断面图

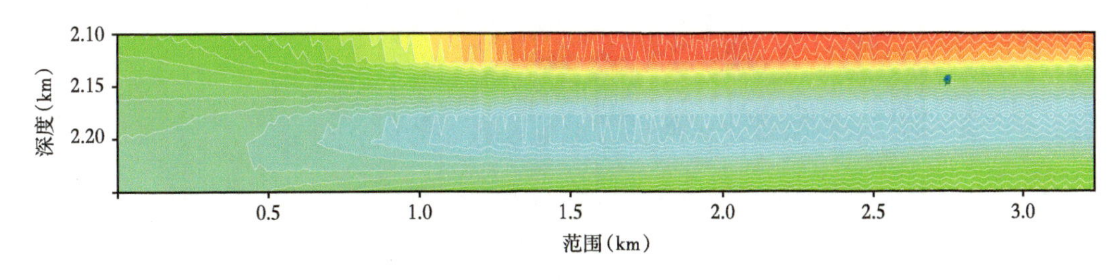

图 5.60 MRE 差值断面图（图 5.46）的局部放大图

为了得到反映目标储层相对电阻率的横向变化规律，对所有测线储层相对电阻率进行了平面成图。图 5.61 是反映某地下部油储层电阻率变化的平面图。图 5.62 是反映该地上部油储层电阻率变化的平面图。

图 5.61 反映了下部油层电阻率变化特征，是利用该层位对应深度上下层位场源激发条件下 MRE 差分结果。总体趋势为：从南西到北东方向呈现电阻率逐渐增大趋势，在井 545 附近表现为鼻隆形态，另外在高电阻率区域也存在较明显的差异。

图 5.62 反映了上部油层电阻率变化特征，是利用该层位对应深度上下层位场源激发条件下 MRE 差分结果。根据前期项目资料的对比分析，认为在套管中激发比裸眼中激发获得的差分异常较弱。因此在双层套管中激发的下部油层的电阻率异常受其他电磁干扰要明显一些。

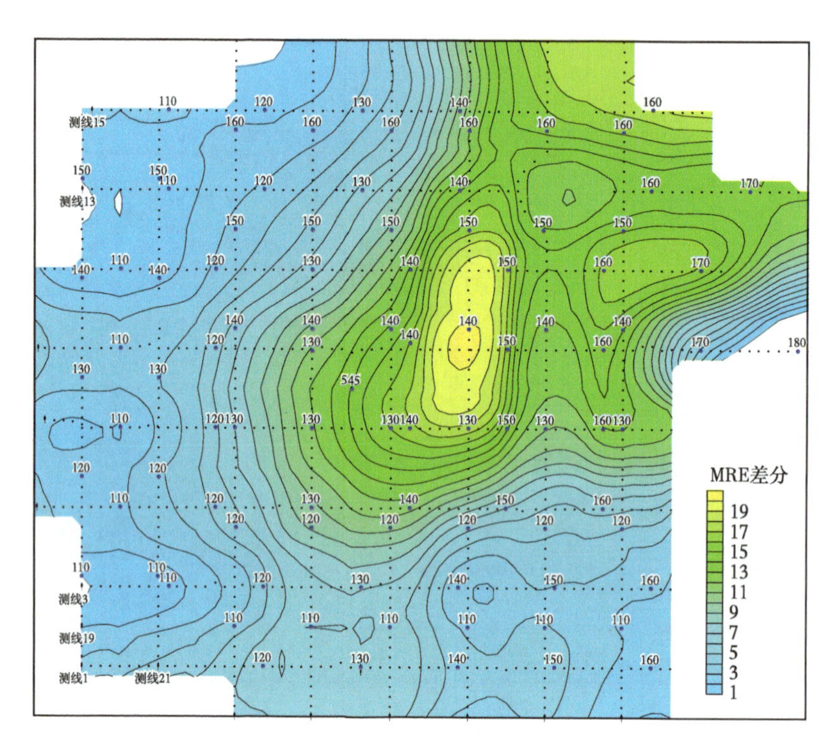

图 5.61　下部油气储层对应上下层位场源激发条件下 MRE 差分

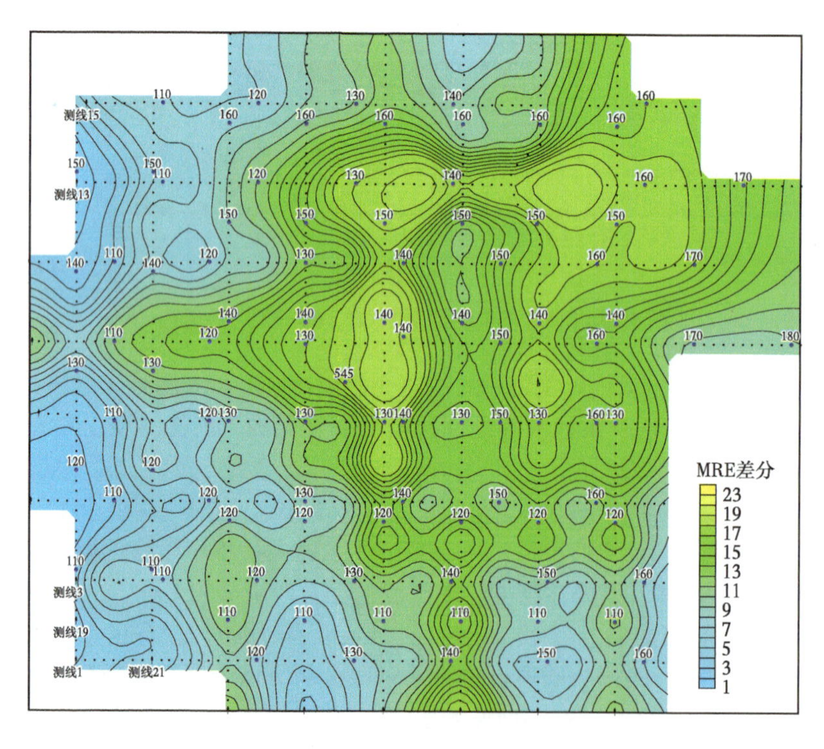

图 5.62　上部油气储层对应上下层位场源激发条件下 MRE 差分

5.6 频率域数据处理

频率域数据处理实际上从原始数据即有所涉及，需要对时序数据进行叠加、滤波及快速傅里叶变换（FFT）计算，获得基波及其谐波共 63 个频率的数据。前面已经介绍了有关内容，这里主要介绍获得频率域振幅和相位后的数据处理工作。

图 5.63 给出了清晰的处理步骤，每次计算激发振幅和相位后，可以进行三个方面的工作：（1）进一步计算双频振幅差和双频相位差，这类参数主要反映目标储层的激发极化信息；（2）计算每个 AB 和 AB1–AB2 的视电阻率异常，再由视电阻率反演真电阻率，这一工作由于近区视电阻率计算比较难，效果不太理想；（3）直接对振幅、相位进行一维约束反演，获得每条测线的电阻率分布。目前，还可以进行三维反演，但三维建模和反演速度都比较难，效果不理想。下面简要介绍数据处理效果比较好的部分，如双频振幅、相位差异常的计算和一维反演，获得极化率（Induced Polarization，IP）和电阻率异常，两者联合解释即为 IPR 异常。

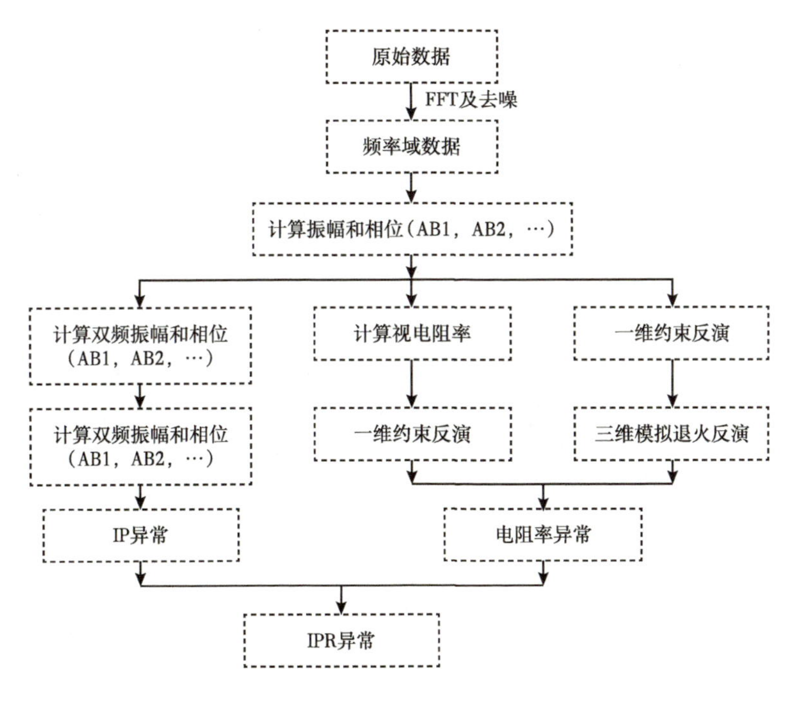

图 5.63 频率域处理流程

5.6.1 激电异常的提取及分析

5.6.1.1 最佳频率选择

前已述及，通过 FFT 首先得到每个频率的实分量和虚分量曲线。为了显示实分量和虚分量变化特征，绘制了一组曲线，图 5.64 是某地井地电磁测线几十个测点的实分量和虚分量曲线组，坐标上部是实分量，下部是虚分量；其特征是实分量从高频到低频逐渐增大，在 8~1Hz 之间斜率最大，在 0.5Hz 后达到渐进值；虚分量与实分量的斜率相关，在

10~1Hz 之间形成极值，0.5Hz 之后达到饱和。从实分量和虚分量可以很容易求出振幅和相位曲线。这些曲线反映了大地电性特征，但与目标层的电性相关性低，需要进一步处理。图 5.65 是某地井地电磁两条测线（测线 3 和测线 6）的振幅和相位曲线，可见随着频率降低，振幅与实分量一样逐渐增大，频率 0.5Hz 以后实分量达到饱和值，频率再降低，振幅几乎不变；相位与虚分量一样，在 10~1Hz 出现极小，1Hz 后逐渐加大，到 0.5Hz 后也逐渐达到饱和值。因此，在后面分析频率域异常表示时采用 0.5Hz。另外，发现激发点越浅，振幅和相位幅度越小。从图 5.64 也可以发现测线 3 的振幅和相位变化范围都比测线 6 大，但是低频，东部振幅比西部振幅大。

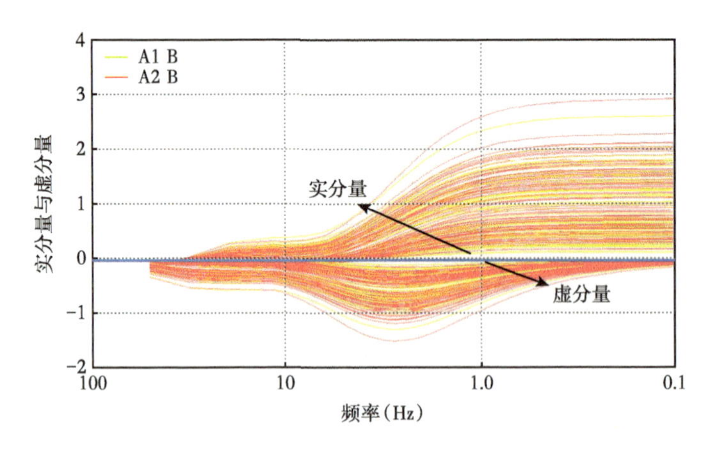

图 5.64 某地井地电磁测线多个测点的实分量和虚分量曲线组

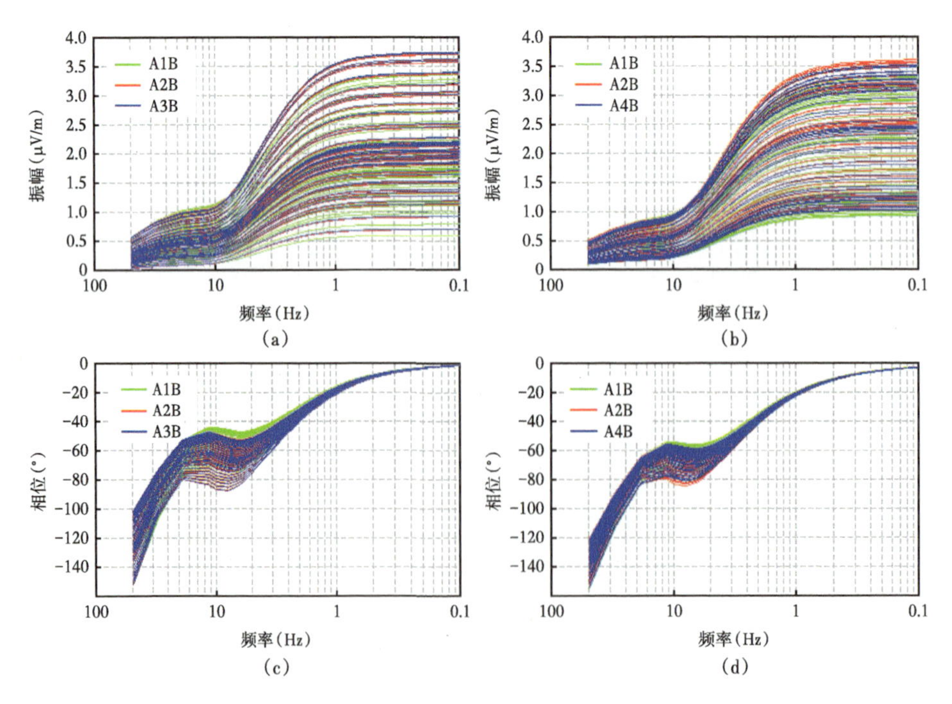

图 5.65 测线 3 和测线 6 振幅和相位曲线

（a）测线 3 振幅；（b）测线 6 振幅；（c）测线 3 相位；（d）测线 6 相位

另一方面，从一维模拟出发，进一步验证了 0.5Hz 为目标研究最佳频率。根据已知电阻率测井数据，建立电阻率模型，见图 5.66，左侧的储层为第 13 层，根据该模型可以计算出不同激发周期的总纵电导曲线，见图 5.66（b），通过改变储层电阻率，由低阻变为高阻，可以发现总纵电导曲线在 2s 出开始变化，表明储层目标异常在频率域曲线上的最佳频率是 0.5Hz，在后面定性描述目标定性特征时选择 2s（0.5Hz）的数据。

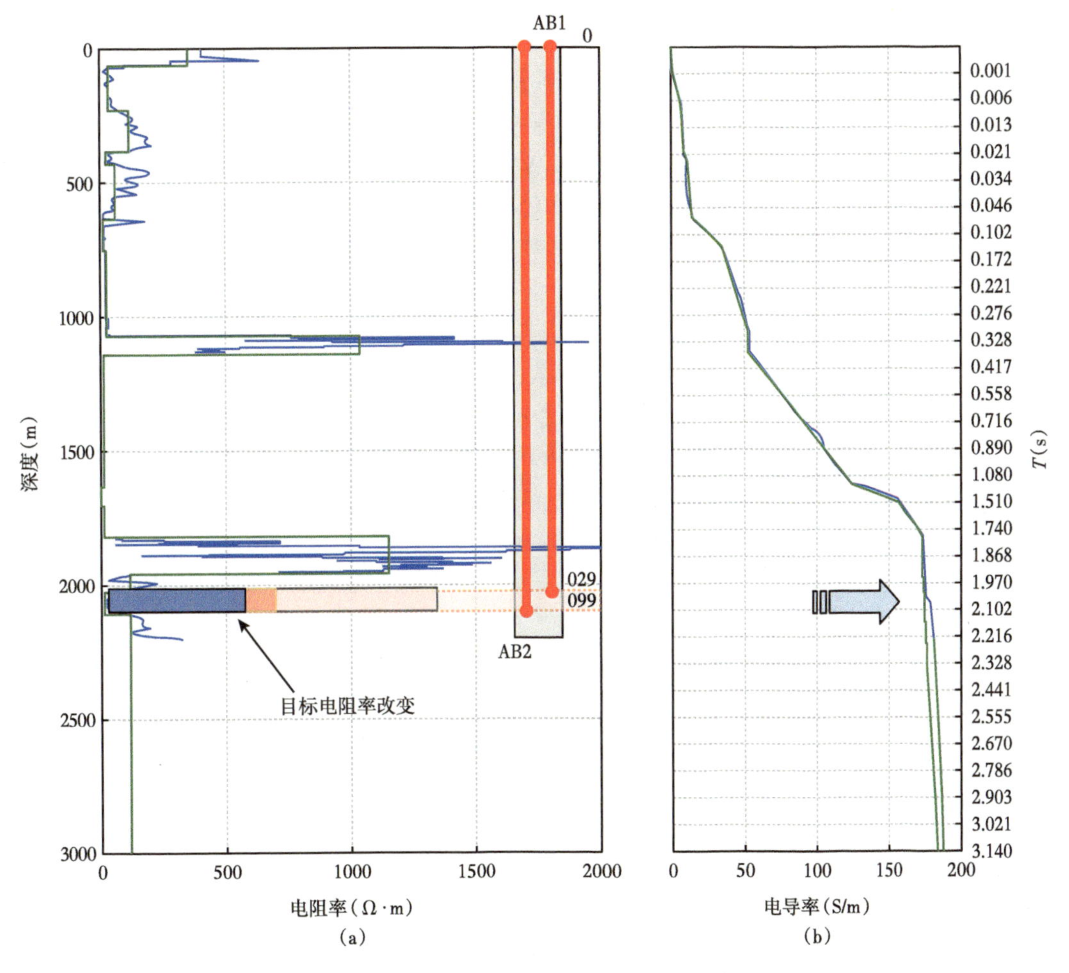

图 5.66 目标储层影响的频率（时间）模拟

5.6.1.2 频率域定性异常提取

室内含油饱和度岩石频散测量实验表明，在低频下，含油饱和度越高，频散效应越强。低频频散主要是激发极化引起，表现为不同饱和度的含油岩石实测电阻率和相位变化；频率越低，电阻率越高，相位差也越大，其机理是双相介质形成的双电层，油和孔隙围岩形成双电层，水和围岩也可以形成双电层，油和水之间也能形成双电层；这是含油饱和度高产生激发极化效应更强的物理原因，因为多了一种机制的双电层。

因此，可以通过计算双频振幅（与电阻率成正比）和双频相位来反映激发极化强弱。通过这些参数来预测和评价目标储层的含油饱和度。

先计算单一场源的双频振幅［式（5.37）］和双频相位［式（5.38）］：

$$\Delta A(\omega_i)=\frac{A(\omega_i)-A(\omega_{i3})}{A(\omega_i)} \tag{5.37}$$

$$\Delta \Phi_2(\omega_i)=\frac{\omega_{i3}\Phi(\omega_{i1})-\omega_i\Phi(\omega_{i3})}{\omega_{i3}-\omega_i} \tag{5.38}$$

式中，ω_{i3} 是基频 ω_i 的 3 次谐波频率；A 和 Φ 分别表示基波的振幅和相位。

通过式（5.37）和式（5.38）得到的双频振幅和双频相位，表示一个场源激发下地表记录的双频振幅和双频相位异常，主要反映以激发点为主周围地层为次的激发极化异常，因此，双频振幅和双频相位异常越强，表明激发点附近含油饱和度相对较高。以沿测线剖面曲线形式将双频振幅和双频相位异常表示出来，并在此基础上编制双频振幅和双频相位平面图。

为了明确双频相位异常的规律，从麦克斯韦电磁场出发，对井地电磁法进行三维模拟，得到振幅和相位异常后，利用式（5.37）、式（5.38）求出双频振幅和双频相位。模型根据该探区实际地层建立，如图 5.67（a）是正演模拟计算的测线 9 AB1 激发的 4.5Hz 电场双频相位剖面曲线，如图 5.67（b）是实测的双频相位曲线，可以看到两者形态特征相同，但是当频率降低后，实测双频相位曲线与正演模拟曲线差异越来越大，模型的双频相位强度幅值西部比东部大，而实测双频相位东部幅度大，为什么？这是因为，从麦克斯韦方程出发的三维模拟没有考虑激发极化效应，而实测电场在高频激发时极化效应很弱甚至没有，

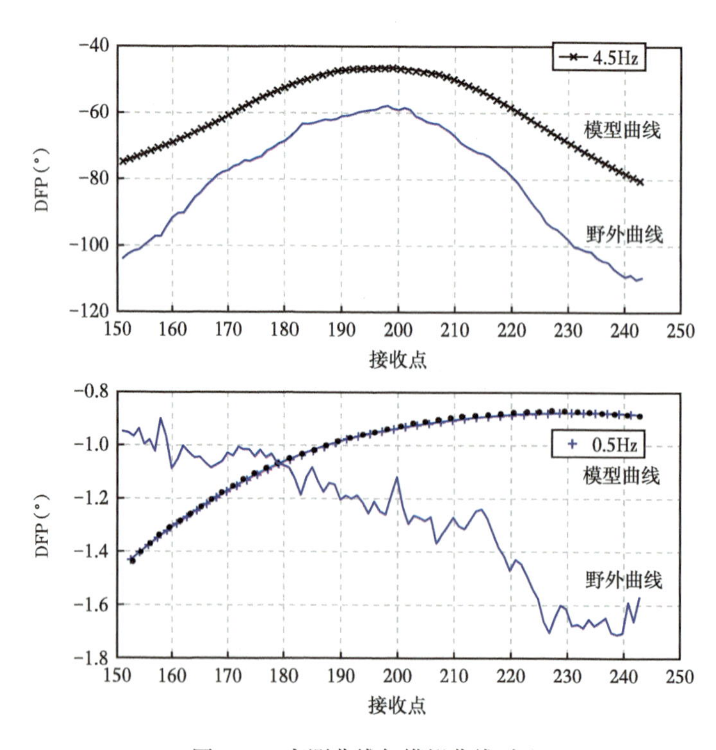

图 5.67　实测曲线与模拟曲线对比

电磁感应却很强，因此，实测与理论模拟结果吻合，而低频存在很强的激发极化响应，电磁感应很弱，使实测偏离理论模拟结果，显然东部含油饱和度高，激发极化效应很强，而西部很弱，使实测双频相位东部比西部强度大得多。因此，双频相位曲线东部强度大而西部强度弱是由激发极化效应造成的，目前三维模拟还没有考虑油气水的激发极化。根据该区地层岩性结构分析，最大可能产生激发极化的物质是该区深层双相介质——富含油气水的储层，而东部含油饱和度高，因此，激发极化效应强。

下面再来分析实测资料两次激发双频相位和双频振幅曲线的差异，如图 5.68（a）是 AB1 和 AB2 分别激发时，测线 9 0.5Hz 的双频相位曲线，可见东部比西部异常强，越往东，东部强度越强。要注意的是，在储层上方激发时，西部的双频相位上方比下方激发强，即 $|DFP_{AB1}|>|DFP_{AB2}|$，分异大；而东部则相反，为 $|DFP_{AB2}|\geqslant|DFP_{AB1}|$，强度相当接近，分异很小。对比东西向测线 9-12 和南北向测线 1-8，其规律完全一致，东西强弱的变化分界在测线 4 线附近。这说明激发点在储层上部时，激发极化效应比在下部激发要强，西部储层上下极化目标的差异大；而东部，激发点在储层下部时，激发极化效应稍强于上部激发，反映出东部储层上下极化目标的差异较小。为什么在储层上下激发西部双频相位强度差异要大？这是因为上部含油饱和度比下部大，激发极化效应强，而东部储层上下含油饱和度差异小。

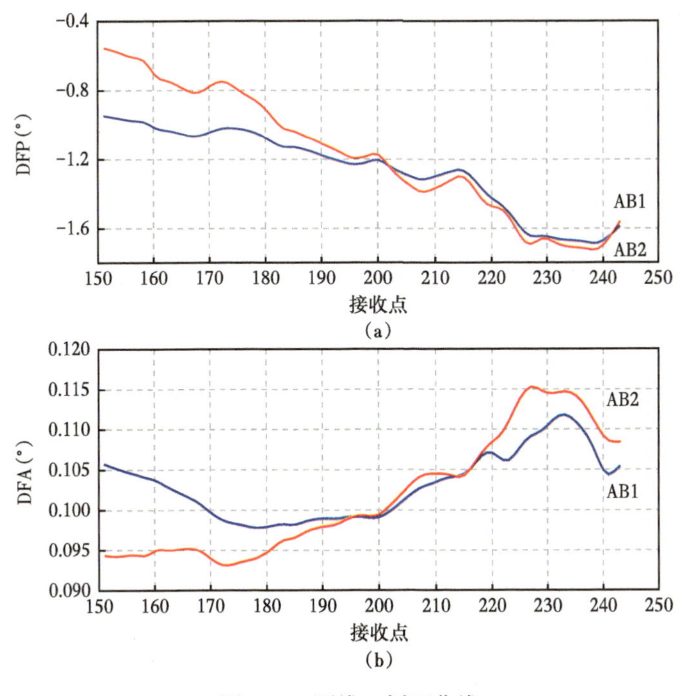

图 5.68　测线 9 剖面曲线

（a）双频相位；（b）双频振幅

对 5.68（a）双频相位异常的尝试性解释分析可以发现，当激发点在油层上方时，在探区西部双频相位异常较小，从西段 151 号到 209 号测点近 3000m，双频相位异常值从 -1.0° 变到接近 -1.4°，变化最激烈的一段在 215 号点以东，即 106 井以东，到测线 9-228 号点，从 -1.3° 变到 -1.8°，228 号点以东双频相位几乎没有变化，接近 -1.8°。当激发点在油层下方时，在探区西部双频相位异常较小，从西段 151 号到 209 号测点近 3000m，双频相位值从 −0.6° 变到接近 −1.4°，比上方激发时变化幅度大得多；同样，变化最激烈的一段在 215 号点，即 106 井以东到 228 号点，从 −1.3° 变到 −1.9°，228 号点以东双频相位也几乎没有变化，在 −1.8° 上下，与上方激发类似。

双频相位是储层激发极化强弱的反映，当激发点在油层上方时，激发极化效应主要由储层上部产生，反映上部储层的含油饱和度。因此，测线 9 储层上部含油饱和度从西向东的变化特征是：从西端 151 号点开始，到 209 号点含油饱和度很低，但逐渐增大，也就是从西向东水淹达到 106 井以西的 209 号点附近，逐渐减弱，从 106 井（215 号点）到 228 号点是大约 600m 的含油饱和度变化带，该段双频相位变化剧烈，再往东是含油饱和度比较稳定的储层。

另外，在 201 号点以西，上部激发比下部激发产生的双频相位异常相对强些，说明水淹主要由储层下部向上部侵入，上部依然有少量残余油，饱和度很低。而 201 号点以东，下部激发比上部激发产生的双频相位异常相对强些，强得不多，说明东段含油饱和度高。交叉点 201 号点，反映出油水界面转折点，西段含油饱和度低，以水为主；东段含油饱和度高，以油为主。而双频相位曲线不光滑特征和局部变化则说明储层不均质性。

图 5.68（b）是 AB1 和 AB2 激发分别激发，测线 9 0.5Hz 的双频振幅剖面曲线。可以发现其规律基本一致，东部比西部异常强，同时，在西部储层下方激发比上部激发双频振幅异常幅度大，即 $|DFP_{AB1}|>|DFP_{AB2}|$，西部分异大；而东部反向分异，为 $|DFP_{AB2}|\geqslant|DFP_{AB1}|$。对比东西向测线 9–12 和南北向测线 1–8，其规律完全一致，上下激发东西强弱的变化分界在测线 4 线附近。这说明激发点在西部储层上部时，激发极化效应比在下部激发要强，西部储层上下极化目标的差异大，而东部激发点在储层下部时，激发极化效应强于上部激发，反映出东部储层上下极化目标的差异较小。为什么西部在储层上下激发双频振幅强度差异要大？这是因为西部上部含油饱和度比下部大，激发极化效应强，而东部储层上下含油饱和度变化不大。

5.6.2 储层产生的激电异常

为了进一步分析激发极化异常规律，可以用式（5.39）、式（5.40）计算储层上下两个激发场源的双频振幅、双频相位之差，进一步反映储层引起的激电异常：

$$\text{D-DFA}=\text{DFA}_{AB2}-\text{DFA}_{AB1} \tag{5.39}$$

$$\text{D-DFP}=\text{DFP}_{AB2}-\text{DFP}_{AB1} \tag{5.40}$$

式中，D−DFA 表示双频振幅差；D−DFP 表示双频相位差；AB1 是油层上激发；AB2 是油层下激发。

为了显示双频振幅差和双频相位差异常，当在储层下方激发的双频相位异常强度小于上方激发的异常强度时，用蓝色表示；反之则用红色表示。同样，当在储层下方激发的双频振幅异常强度大于上方激发的异常强度时，用蓝色表示；反之则用红色表示。图 5.69 是测线 9 的双频相位差（AB1−AB2）和双频振幅差（AB2−AB1）剖面曲线，可见东部的双频振幅差为正，双频相位差异常为负，表明东部储层下方激发产生的双频相位异常强度大于下方激发，产生的双频振幅异常强度小于下方激发。

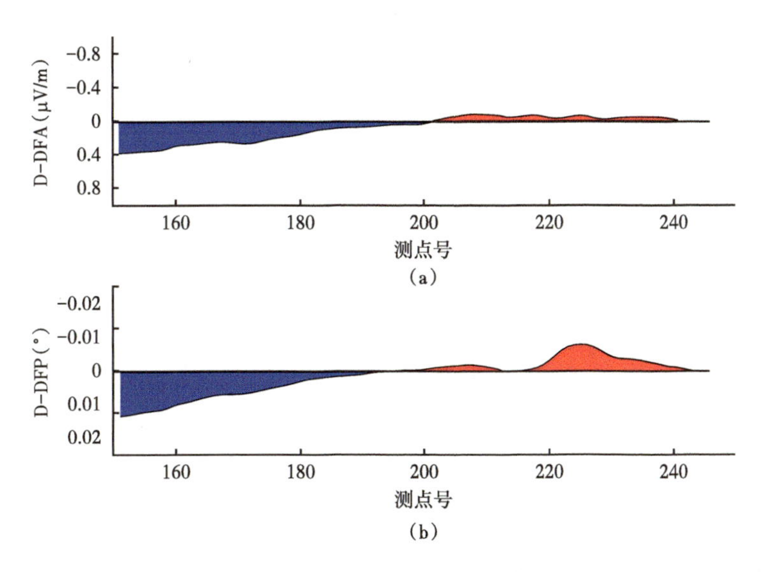

图 5.69　测线 9 的双频振幅差（a）和双频相位差剖面曲线（b）

为了对比激发频率不同对双频相位差和双频振幅差曲线的影响，绘制了测线 9 1Hz/1Hz，1Hz/1.8Hz，1Hz/2.4Hz，1Hz/2.72Hz 四组频率的双频振幅差、双频相位差剖面曲线，可以发现其规律基本一致，见图 5.70。只是频率较高时，异常强度较小，低频异常强度和规律相同。

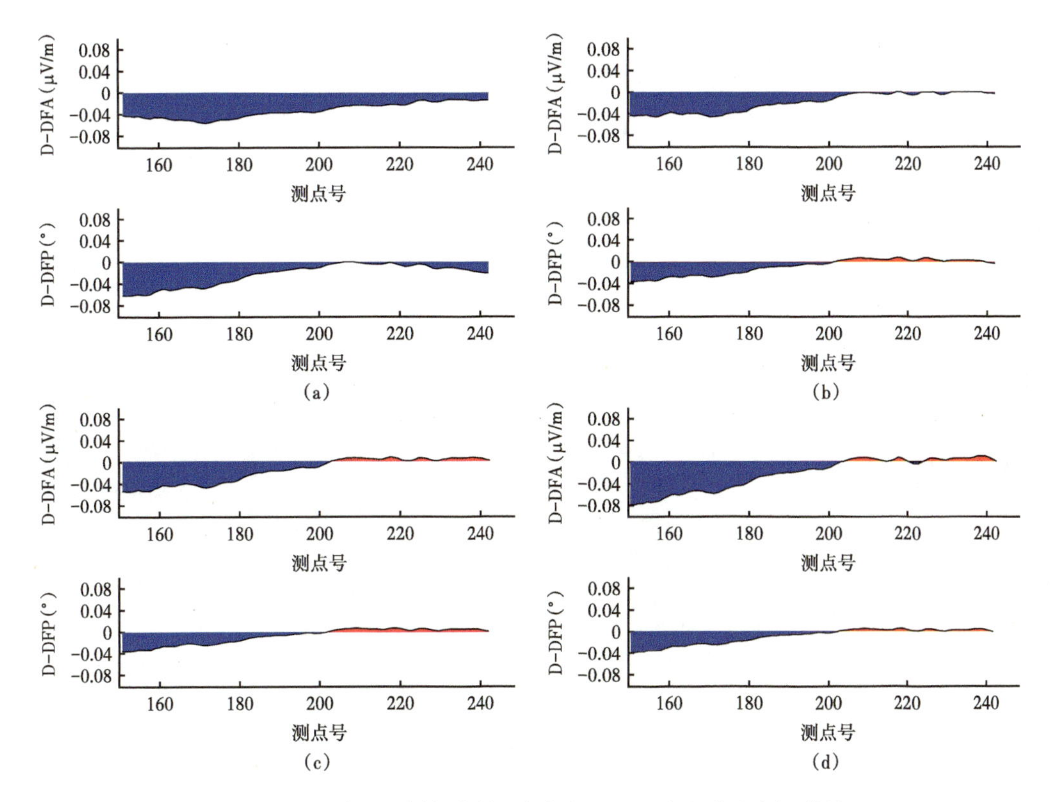

图 5.70　测线 9 不同频率的双频振幅差和双频相位差剖面曲线

（a）1Hz/1Hz；（b）1Hz/1.8Hz；（c）1Hz/2.4Hz；（d）1Hz/2.72Hz

为了全面展示双频相位差和双频振幅差异常的平面变化规律，制作了测线 9 至测线 12 0.5Hz 双频相位差异常平面剖面图，同时，绘制了探区 0.5Hz 双频相位差异常平面等值线图，以及 0.5Hz 双频振幅差异常平面等值线图，见图 5.71、图 5.72、图 5.73。

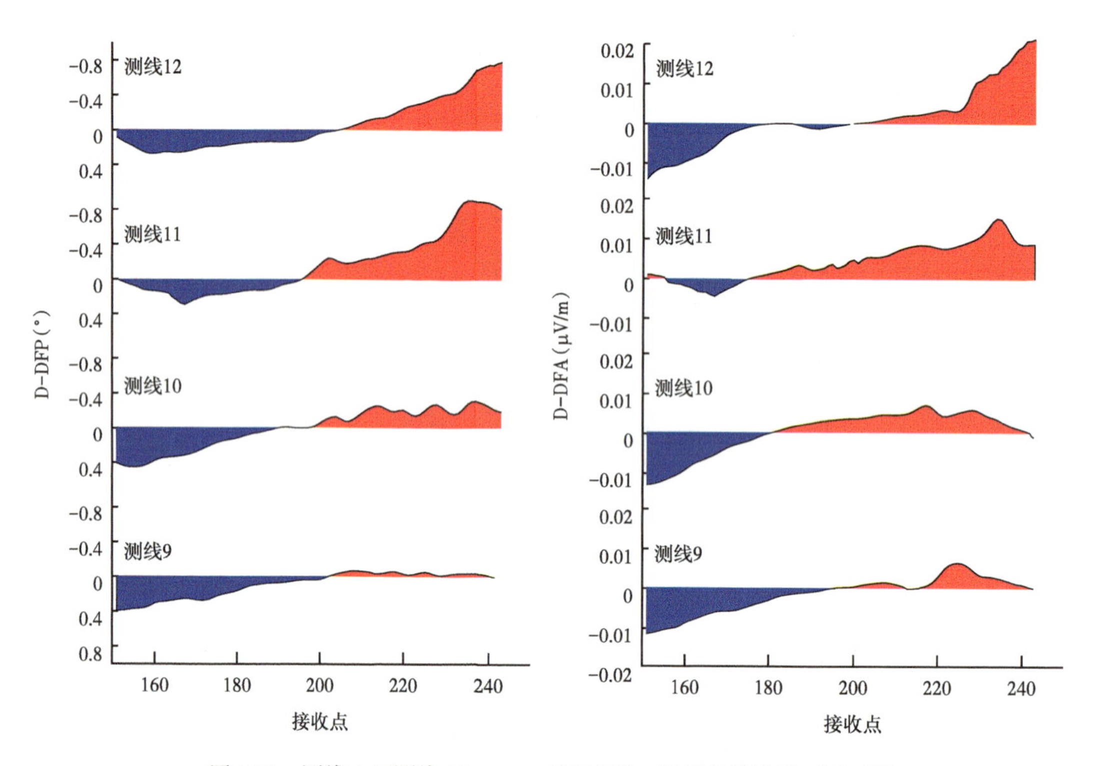

图 5.71 测线 9 至测线 12 0.5Hz 双频相位 / 振幅差异常平面剖面图

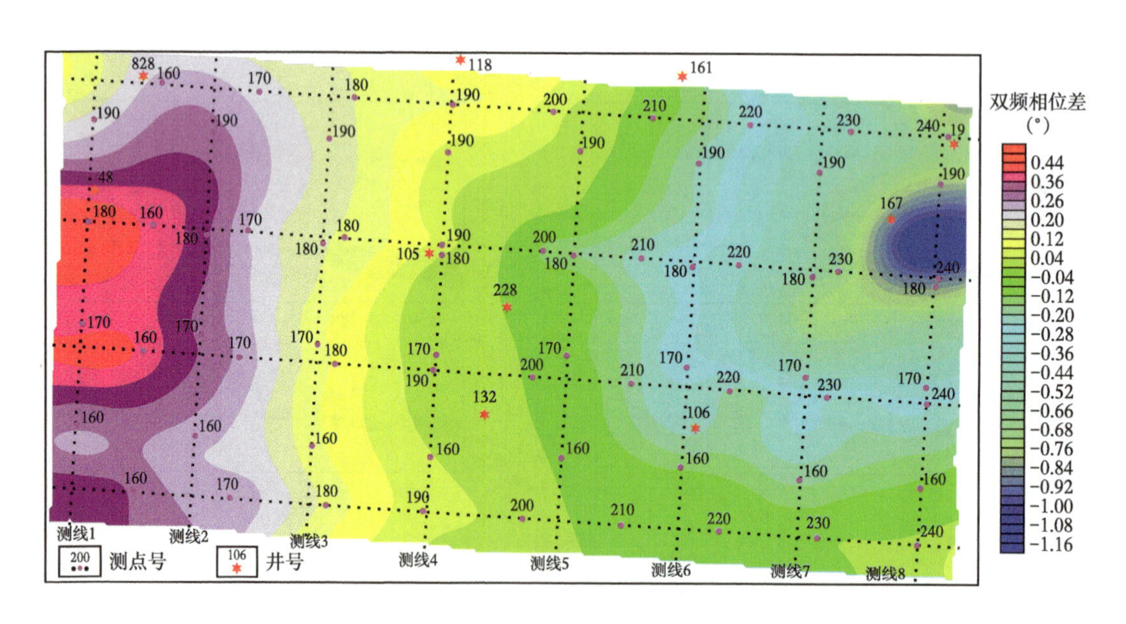

图 5.72 0.5Hz 双频相位差异常平面等值线图

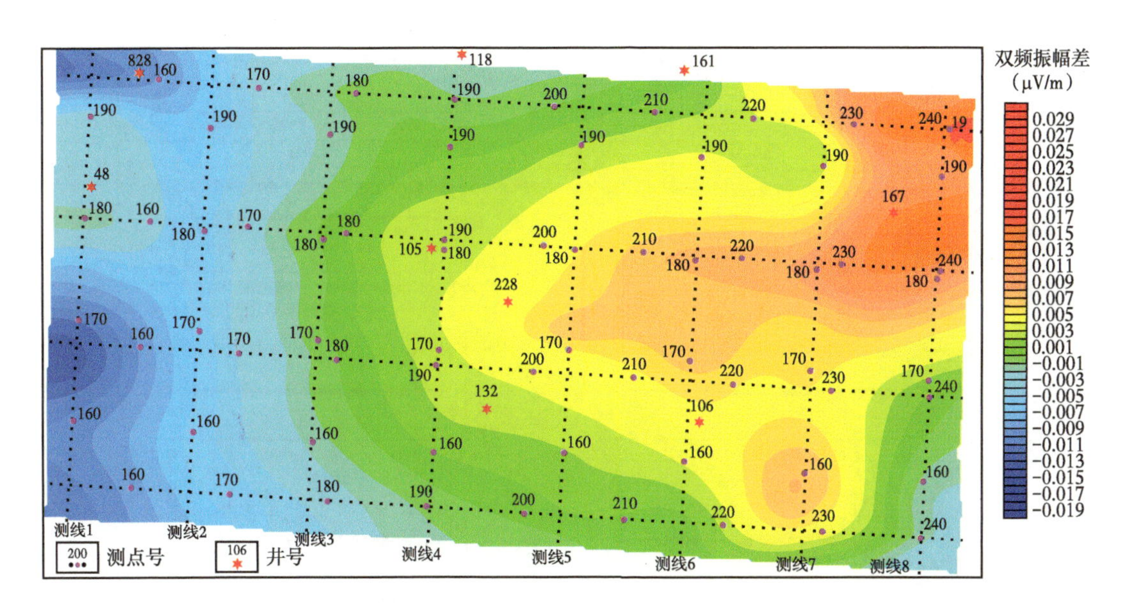

图 5.73 0.5Hz 双频振幅差异常平面等值线图

这几个图描述了反映储层激发极化性质的双频振幅差和双频相位差的平面变化特征，总体东部激发极化效应强。由于振幅和相位对激发极化效应特征反映的差异而呈现不同特征，双频振幅差是由于低频激发极化效应使实测振幅产生异常。因此，双频振幅是与储层电阻率变化相关的。双频相位差则是激发极化效应的相对测量值，受地层电阻率影响较小，而与地下流体关系更为密切，反映流体更为客观。

前面分析表明，在储层中间 AB1-AB2 之间设置的激发点 AB4 产生的双频振幅、双频相位异常有很明显的特殊差异性异常，对进一步研究东部测线 5-8 储层激发极化异常提供了有益的资料（图 5.74），这里首先对比测线 5 和测线 6 线 AB1-AB2 和 AB1-AB4 的双频相位差和双频振幅差剖面异常，可见，两者没有特别的不同，只是异常幅度有差别。而在储层中间的激发点 AB4 产生的。

双频相位差和双频振幅差异常反映出储层目标产生的以激发极化效应为主的异常特征。为了突出储层目标异常，对双频相位差和双频振幅差平面异常进行异常分离，利用位场平滑滤波的方法，提取区域异常和剩余异常，区域异常反映储层整体变化特征，而剩余异常则反映储层的不均质性，如图 5.75 所示。

图 5.76（a）是双频相位差区域异常图，0 线在 228 井和 132 井以西附近，东部异常值大于 0，西部小于 0；大于 0 的异常区呈现北东向，东北角异常最强，说明该区域流体富集含油饱和度高；228、132、105 井分属 3 个等值线区间，106 井到 167 井异常呈逐渐增强趋势。图 5.76（b）是双频相位差剩余异常图，0 线把 228 井与 132 及 105 井分开，说明目前 228 井比附近的其他两口井油气富集度高、含油饱和度高，往东北角呈现逐渐增加的趋势，但是其中变化较大，局部油气富集程度差异较大。

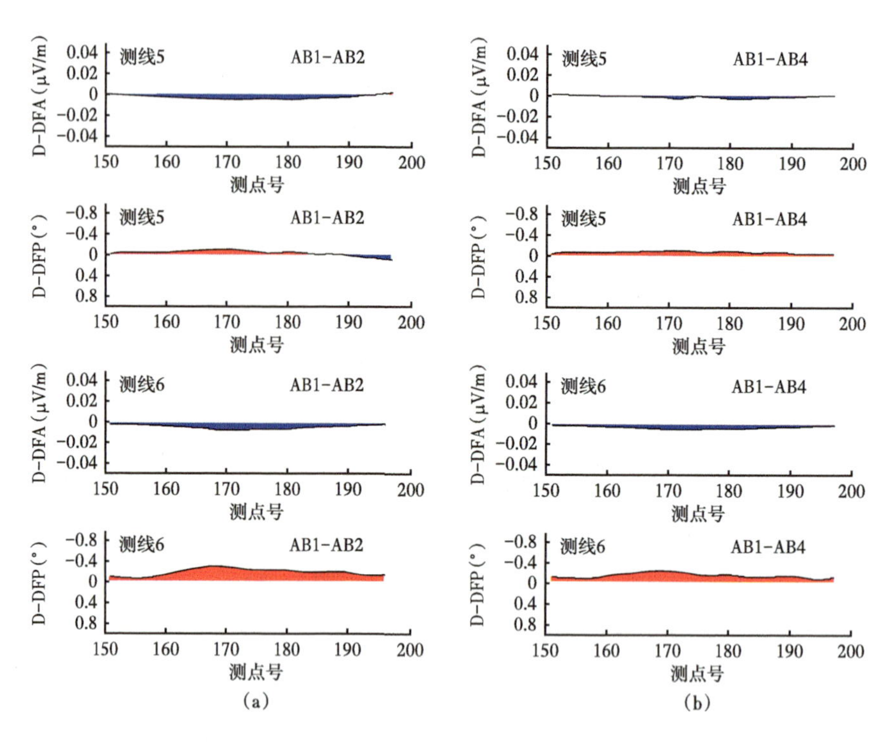

图 5.74 测线 5 和测线 6 线 0.5Hz 的双频相位 / 振幅差异常平面剖面图

(a) AB1-AB2；(b) AB1-AB4

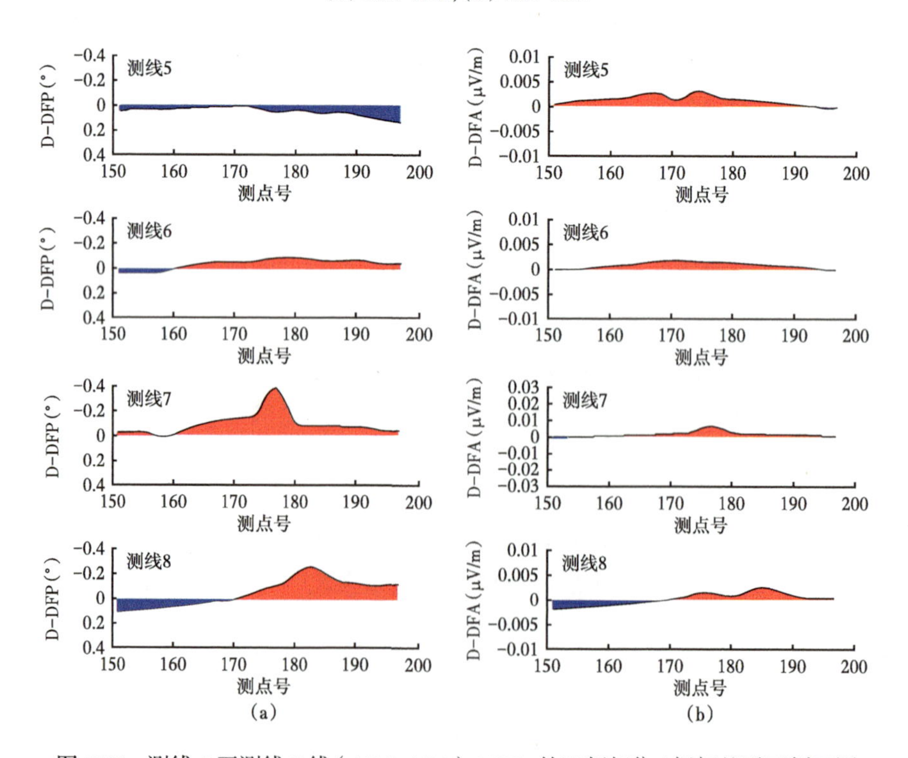

图 5.75 测线 5 至测线 8 线 (AB4-AB2) 0.5Hz 的双频相位 / 振幅差平面剖面图

(a) 双频相位差；(b) 双频振幅差

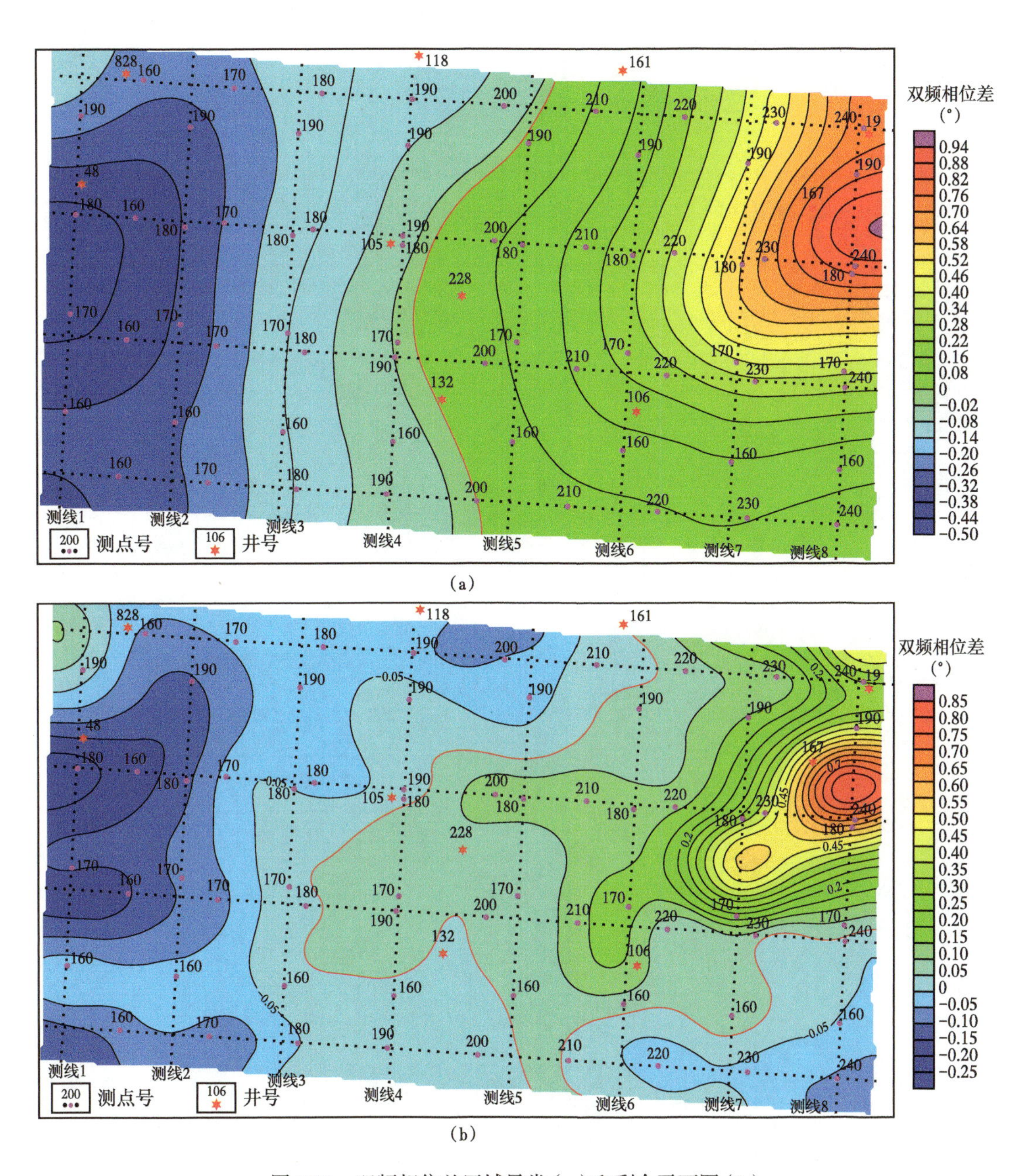

图 5.76　双频相位差区域异常（a）和剩余平面图（b）

图 5.77（a）是双频振幅差区域异常图，整体大于 0 的异常区位于东部，呈现于北东向，东北角异常最强，说明该区域流体富集含油饱和度高。图 5.77（b）是双频振幅差剩余异常图，往东北角呈现逐渐增加的趋势，但是其中变化较大，局部油气富集程度差异较大。

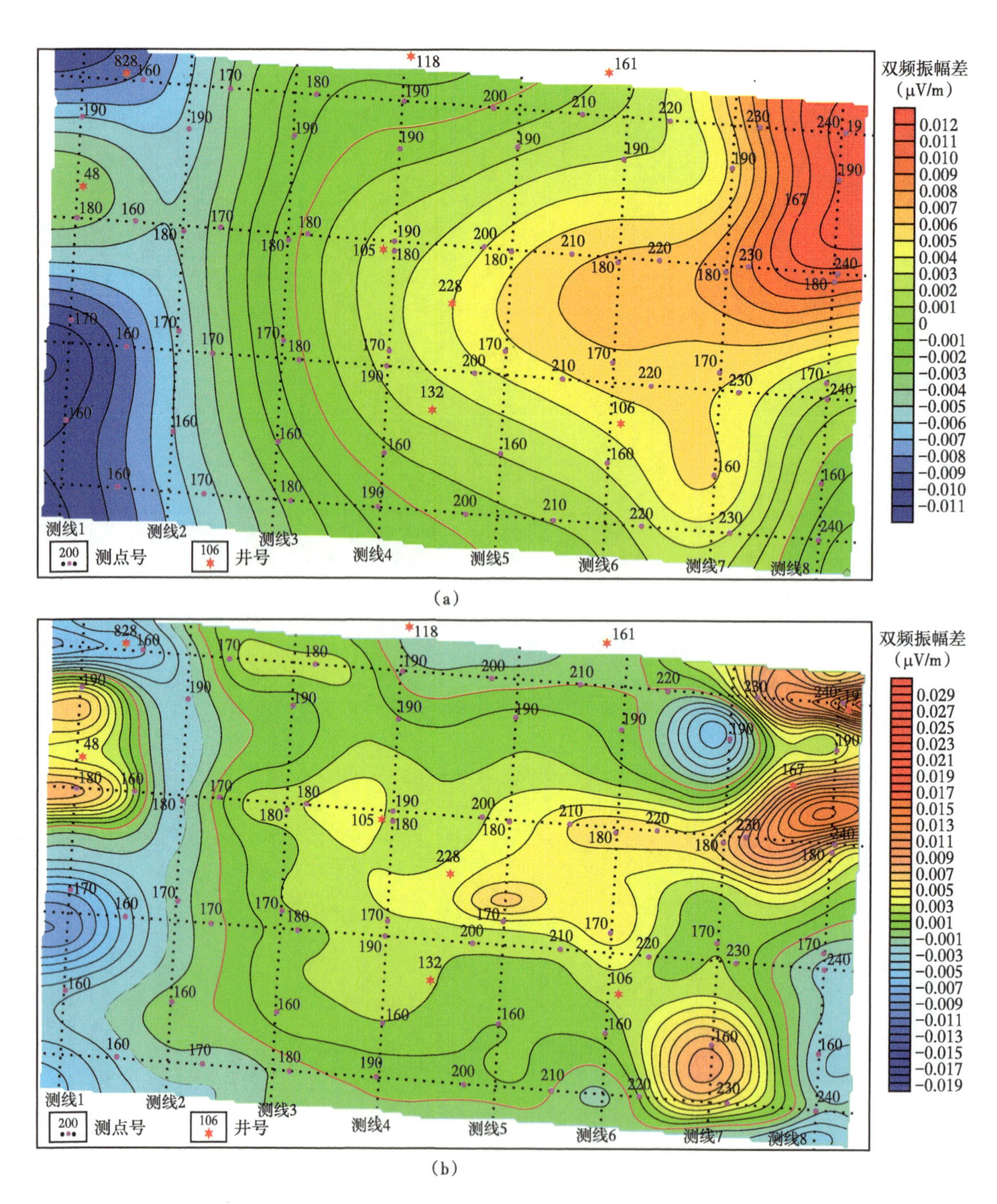

(a)

(b)

图 5.77　双频振幅差区域异常(a)和剩余平面图(b)

6 反演方法

众所周知，地球物理反演问题是不适定的，特别是电磁场反演问题中的二、三维反演更是如此[58]。二、三维反演过程中要解决求解偏导数矩阵、提高计算速度以及减少巨大的计算机内存需求等算法问题，同时还要解决由于反演参数太多导致反演的不稳定性和高度的非唯一性等地球物理反演固有的问题，所有这些都将给二、三维反演带来巨大的困难。

实际上，体积分方程法模拟三维电磁问题需要通过求解一个大型的线性方程组以获得这个问题的解，也就是计算 Fredholm 积分方程，求解该积分方程的计算量非常大。这样使得全积分法（Full IE）不适合反演，因此一个快速正演计算方法是必需的。为避开在全积分方程法中求解超大型的线性方程组，一个好的办法是将全积分方程的求解用计算量不大的近似方法代替。这些近似方法不仅是快速正演的选择，也是反演的选择[78, 84]，比如 Born 近似法、扩展 Born 近似法、准线性近似（QL）以及准解析近似（QA）法等。

关于体积分方程法的三维电磁反演研究，相关学者做了大量的工作[75, 111]。根据电磁反演问题的相似性，在 CEMI（Consortium for Electromagnetic Modeling and Inversion）提出的体积分方程法反演原理的基础上，本书开展了井地低频电磁法等三维电阻率反演研究，并分别开发了 Born 近似反演法和 QA 近似反演法等井地低频电磁法三维电阻率反演计算程序。正则化反演原理在反演问题的求解过程中占有很重要的地位，在井地低频电磁法三维电阻率反演原理中也用到了该原理。为了将问题阐述得更清楚，本章首先对正则化反演原理的一些基本理论和概念进行简单的解释说明，然后分别对井地低频电磁法 Born 近似和准解析（QA）近似反演原理进行详细的论述。

6.1 正则化反演原理

6.1.1 Tikhonov 正则化和稳定化函数

通常假设线性反演问题可表示为：

$$d = A(m) \tag{6.1}$$

式中，A 是正演算子；$m=m(r)$ 是一个描述在地下某个体积（$r\in V$）上模型参数函数（$m\in M$，这里 M 是具有 L_2 范数的希尔伯特空间）；d 表示地球物理数据（$d\in D$，这里 D 是希尔伯特空间的数据）。

通常情况下，在最小化 Tikhonov 参数函数基础上，求解式（6.1）唯一和稳定的解[79]，即：

$$P^{a}(m)=\varphi(m)+\alpha s(m) \tag{6.2}$$

其中

$$\varphi(m)=\|A(m)-d\|_{L_2}^{2} \tag{6.3}$$

式中，φ是误差函数，是预测数据和观测数据的范数；α是正则化参数；$s(m)$是稳定化函数，假设从可能的模型空间M选择好的模型子空间M_c，通过这种方法可以改善病态矩阵问题。

选择稳定化函数的方法很多[80]，井地低频电磁法三维电阻率反演中采用以下两种方法来选择稳定化函数：

（1）最小范数稳定化函数（s_{MN}），它等于当前模型参数m和前一个模型参数m_{apr}差的平方和：

$$s_{\mathrm{MN}}(m)=\|m-m_{\mathrm{apr}}\|_{L_2}^{2} \tag{6.4}$$

（2）最小紧支撑稳定化函数（s_{MS}），它与当前模型参数m和前一个模型参数m_{apr}的差在某积分单元上的积分成一定关系：

$$s_{\mathrm{MS}}(m)=\int_V \frac{\left(m-m_{\mathrm{apr}}\right)^2}{\left(m-m_{\mathrm{apr}}\right)^2+e^2}\mathrm{d}V \tag{6.5}$$

式中，e是聚焦参数。

6.1.2　参数函数最小化原理

反演问题的解以最小化参数函数为基础：

$$P^{a}(m)=\left[A(m)-d,A(m)-d\right]_D+as(m) \tag{6.6}$$

式中，$(\cdots,\cdots)_D$表示数据在希尔伯特空间D上的内积；α是正则化参数；$s(m)$是稳定化函数。

Zhdanov证明，稳定化函数可以写成[81-82]：

$$s(m)=\left[W_e\left(m-m_{\mathrm{apr}}\right),W_e\left(m-m_{\mathrm{apr}}\right)\right]_M \tag{6.7}$$

式中，$(\cdots,\cdots)_M$表示模型参数在希尔伯特空间M上的内积；W_e是模型参数函数$m(r)$和另外附加函数$w_e(r)$的乘积。

在最小范数稳定化函数方法中，w_e等于1，在最小紧支撑稳定化函数方法中为：

$$w_e(r)=\frac{1}{\left\{\left[m(r)-m_{\mathrm{apr}}(r)\right]^2+e^2\right\}^{1/2}} \tag{6.8}$$

对于离散的模型参数，稳定化函数用矩阵形式表示：

$$s(m)=\left[\boldsymbol{W}_e\left(m-m_{\mathrm{apr}}\right)\right]^{\mathrm{T}}\boldsymbol{W}_e\left(m-m_{\mathrm{apr}}\right) \tag{6.9}$$

式中，上标 T 表示矩阵的转置矩阵，并且定义 $\boldsymbol{W}_e$ 是对角矩阵，在最小支撑稳定化函数不为零时有：

$$\boldsymbol{W}_e = \text{diag}\left\{\frac{1}{\left\{\left[m(r)-m_{\text{apr}}(r)\right]^2+e^2\right\}^{1/2}}\right\} = \text{diag}\left[w_e\right] \tag{6.10}$$

式中，$\text{diag}[w_e]$ 是一个对角矩阵，由模型参数的离散函数 $m(r)$ 确定。注意，在这里 $\boldsymbol{W}_e$ 由 m 确定。

根据正则化原理，反演问题是求解一个近似解，即：

$$P^{\alpha}\left(m_{\alpha}, d\right) = \min \tag{6.11}$$

Portniaguine 等用最小支撑稳定函数提出了一种简化的最小化式（6.11）的方法，即重加权正则化共轭梯度法（RRCG）[99]。这种方法的基本思路是在前一次迭代得到的 m_n 基础上，即 $W_e=W_{en}=W_e(m_n)$，每次迭代前需先要重新计算权矩阵 $\boldsymbol{W}_e$，当反演过程中迭代次数改变后，上面的线性变换也要随着更新，也就等于重新计算了模型的权矩阵。这种方法的优点是简单，缺点是由于重新加权，造成误差函数和稳定化函数发生变化，从而增加迭代次数[82]。

一般情况下，采用梯度法求解式（6.11），需要计算每次迭代的参数函数的梯度（δP_a）。在最小范数稳定化方法中，梯度（δP_{a}）可以通过式（6.12）直接求出：

$$\begin{aligned}\delta P_{\text{MN}}^{a} &= \delta\left[\left(Am-d, Am-d\right)_D + \alpha\left(m-m_{\text{apr}}, m-m_{\text{apr}}\right)_M\right] \\ &= 2\left[\delta m, A^*\left(Am-d\right)\right] + \alpha\left(m-m_{\text{apr}}\right)_M\end{aligned} \tag{6.12}$$

式中，δm 是模型的扰动量；A^* 是伴随算子，由下式求出：

$$\left(Am, d\right)_D = \left(m, A^* d\right)_M \tag{6.13}$$

在最小支撑稳定化方法中，梯度（δP_a）可以通过式（6.14）求出：

$$\delta P_{\text{MS}}^{a} = 2\left[\delta m, A^*\left(Am-d\right)\right] + 2\alpha\left[\delta(w_e\left(m-m_{\text{apr}}\right), w_e\left(m-m_{\text{apr}}\right)\right]_M \tag{6.14}$$

其中

$$\delta\left[w_e\left(m-m_{\text{apr}}\right)\right] = w_e \delta m + w_e'\left(m-m_{\text{apr}}\right)\delta m \tag{6.15}$$

并且

$$w_e' = -\frac{m-m_{\text{apr}}}{\left[\left(m-m_{\text{apr}}\right)^2+e^2\right]^{3/2}} \tag{6.16}$$

用矩阵表示时，式（6.12）和式（6.13）变为：

$$\delta P_{\text{MN}}^{a} = 2\delta \boldsymbol{m}^{\text{T}}\left[\boldsymbol{A}^{\text{T}}\left(Am-d\right) + \alpha\left(m-m_{\text{apr}}\right)\right] \tag{6.17}$$

$$\delta P_{\mathrm{MS}}^{\alpha}=2\delta \boldsymbol{m}^{\mathrm{T}}\left[\boldsymbol{A}^{\mathrm{T}}(\boldsymbol{A}m-d)+\alpha\left[\boldsymbol{W}_e+\boldsymbol{W}_e'\operatorname{diag}\left(m-m_{\mathrm{apr}}\right)\right]W_e\left(m-m_{\mathrm{apr}}\right)\right. \tag{6.18}$$

式中，$\boldsymbol{W}_e=\operatorname{diag}(w_e)$，$\boldsymbol{W}_e'=\operatorname{diag}(w_e')$。

下面是梯度法的一般原理[81]，为得到 $\delta P^{\alpha}\leqslant 0$，选择：

$$\delta m=-k^{\alpha}l^{\alpha}(m) \tag{6.19}$$

式中，k^{α} 是正的实数；l^{α} 是表示参数函数最速上升的方向列矢量。

在最小范数稳定化函数方法中，有：

$$l^{\alpha}=\boldsymbol{A}^{\mathrm{T}}(\boldsymbol{A}m-d)+\alpha\left(m-m_{\mathrm{apr}}\right) \tag{6.20}$$

在最小支撑稳定化函数方法中，有：

$$l^{a}=\boldsymbol{A}^{\mathrm{T}}(\boldsymbol{A}m-d)+\alpha\left[\boldsymbol{W}_e+\boldsymbol{W}_e'\operatorname{diag}\left(m-m_{\mathrm{apr}}\right)\right]\boldsymbol{W}_e\left(m-m_{\mathrm{apr}}\right) \tag{6.21}$$

为利用共轭梯度方法，对式（6.20）和式（6.21）进行适当表示法改变，得到如下正则化共轭梯度反演法算法（RCG）：

$$r_n=\boldsymbol{A}m_n-d \tag{6.22}$$

$$l_n^{\alpha}=l^{a}(m_n) \tag{6.23}$$

$$\beta_n^{\alpha}=\frac{\left\|l_n^{a}\right\|^2}{\left\|l_{n-1}^{a}\right\|^2} \tag{6.24}$$

$$\tilde{l}_n^{a}=l_n^{a}+\beta_n^{\alpha}\tilde{l}_{n-1}^{a},\quad \tilde{l}_0^{\alpha}=l_0^{\alpha} \tag{6.25}$$

$$\tilde{k}_n^{a}=\frac{\tilde{l}_n^{\alpha\mathrm{T}}l_n^{\alpha}}{\left\|\boldsymbol{A}\tilde{l}_n^{a}\right\|^2+\varepsilon\left\|\tilde{l}_n^{\varepsilon}\right\|^2} \tag{6.26}$$

$$m_{n+1}=m-\tilde{k}_n^{a}\tilde{l}_n^{a} \tag{6.27}$$

注意，上面提到的正则化共轭梯度反演算法实现了地球物理聚焦反演，它是由 Portniaguine 等和 Zhdanov 提出的[81, 99]。

6.1.3 模型参数的权

如果想获得一个好的反演结果，模型参数的权选择很重要、很有用。通常情况下，模型权矩阵 $\boldsymbol{W}_m$ 选择以地球物理敏感度分析方法为基础；特别情况下，选择敏感度矩阵的平方根作为模型的权矩阵 $\boldsymbol{W}_m$，这样不同模型对数据敏感度都一样，即：

$$W_m = \mathrm{diag}\left(A^{\mathrm{T}}A\right)^{\frac{1}{2}} = \mathrm{diag}\left(\sqrt{\sum_i \left(A_{ij}\right)^2}\right) \tag{6.28}$$

为使模型参数的权应用到上面介绍的正则化共轭梯度（RCG）算法中，根据下面的公式引入加权的模型参数 m^w：

$$m^w = W_m m \tag{6.29}$$

这样在加权的模型参数空间上求解模型参数函数最小化问题。在这种情况下，正演算子变成：

$$A_w m^w = A W_m^{-1} m^w \tag{6.30}$$

为了得到最初的模型参数，需要在加权的模型参数空间上对模型参数进行反变换：

$$m = W_m^{-1} m^w \tag{6.31}$$

6.1.4 正则化参数 α 的选择

式（6.2）中的正则化参数 α 看成是最小拟和误差与最小参数函数之间的一种平衡。如果 α 选择太小，求解最小 P^α（m）问题变成求解最小误差函数 φ（m）问题，这样就不能达到正则化目的。当 α 太大时，最小 P^α（m）问题变成求解最小化稳定化函数 s（m）问题，造成计算出的模型参数太接近先验模型参数。

如何才能最优选择正则化参数，根据正则化的一般原理，需要选择 α 的一个集和 $\{\alpha_k\}$，对每个 α_k 求出一个相应的模型参数 m_{ak}，最后计算误差函数 $\|A(m_a)-d\|^2$。对于最优 α，有：

$$\|A(m_a - d)\| = \delta \tag{6.32}$$

式中，δ 是观测数据的噪声。

式（6.32）称为误差条件。然而，这种算法有一个局限，因为需要给每个 a_k 计算反演问题的数值解。

为了解决这个局限，可以在反演迭代过程中更新 α[81]。例如，在正则化共轭梯度法可以用下面的自适应算法：

$$\tilde{l}_n^{\alpha_n} = l_n^{\alpha_n} + \beta_n^{\alpha_n} \tilde{l}_{n-1}^{\alpha_{n-1}} \tag{6.33}$$

式中，α_n 是正则化参数的一个子集。

第一次迭代时，α=0。在后面的迭代过程中，有：

$$\alpha_k = \alpha_1 q^k,\ k = 0,1,2,\cdots n,\quad 0<q<1 \tag{6.34}$$

第一次迭代后，α_1 由下式确定：

$$\alpha_1 = \frac{\|A(m_1) - d\|^2}{s(m_1)} \tag{6.35}$$

式中，m_1 是第一次迭代后的模型参数。

注意正则化参数不仅在每次迭代后可以修正，而且在每第 N 次迭代后也可以修正，N 的范围一般在 1~10。当误差条件式（6.32）计算结果小于或等于设定误差后，最小化求解过程结束。

6.2 Born 近似反演方法

电磁法中 Born 近似法就是用不均匀体所在区域的背景电场代替不均匀体上的总场，这样不需要求解线性方程组，大大提高计算速度和对计算机性能的高要求。这种方法的反演计算速度也大大提高。Born 近似在量子力学、光学、超声学和地震学中得到广泛应用。

因为 Born 近似可以使反演问题求解变成线性化的求解，并且计算速度快，所以它被广泛用在反演问题中 [55, 102]。众所周知，在不均匀体的尺寸小于波长和不均匀体电导率与背景电导率之比很小等情况下 Born 近似很有效果。与其他近似方法相比就是精度相对较低。

6.2.1 Born 近似基本原理

假设在不均匀体内，异常电场为零。也就是不均匀体上的扩散场等于背景电场 $E(r_j) = E^{\mathrm{b}}(r_j)$，这样不需要解方程组计算不均匀体所在区域的扩散场，从而减少了计算量，同时降低对计算机内存的需求。当计算地下不均匀体在地面形成的异常场时，式（6.30）和式（6.31）变为：

$$E^{\mathrm{a}}(r_j) = \iiint_D \boldsymbol{G}_E(r_j|r)\Delta\sigma(r)E^{\mathrm{b}}(r)\mathrm{d}V = G_E\{\Delta\sigma(r)E^{\mathrm{b}}(r)\} \tag{6.36}$$

$$H^{\mathrm{a}}(r_j) = \iiint_D \boldsymbol{G}_H(r_j|r)\Delta\sigma(r)E^{\mathrm{b}}(r))\mathrm{d}V = G_H\{\Delta\sigma(r)E^{\mathrm{b}}(r)\} \tag{6.37}$$

式中，$E^{\mathrm{a}}(r_j)$、$H^{\mathrm{a}}(r_j)$ 指的是地面接收点的异常电场；$E^{\mathrm{b}}(r)$ 是不均匀体所在区域上的背景场。

6.2.2 RRCG 算法

在式（6.35）的基础上，通过引入一个异常电导率微小变化量 $\delta\Delta\tilde{\sigma}(r)$，可以计算相应的微小电场变化量 $\delta E(r_j)$，计算公式如下：

$$\delta E^{\mathrm{a}}(r_j) = \int_D \boldsymbol{G}_E(r_j|r)\delta\Delta\sigma(r)E^{\mathrm{b}}(r)\mathrm{d}V \tag{6.38}$$

这样

$$\delta E^{\mathrm{a}}(r_j) = \int_D \delta\Delta\sigma(r)\boldsymbol{F}_E(r_j|r)\mathrm{d}V \tag{6.39}$$

矢量函数 $\boldsymbol{F}_E(r_j|r)$ 是 Frechet 积分导数算子：

$$\boldsymbol{F}_E\left(r_j|r\right)=\boldsymbol{G}_E\left(r_j|r\right)E^{\mathrm{b}}(r) \tag{6.40}$$

实际上，当电导率变化量为无穷小时，得到求解电场 Frechet 导数的公式：

$$\frac{\partial E^{\mathrm{a}}\left(r_j\right)}{\partial\Delta\sigma(r)}=\boldsymbol{F}_E\left(r_j|r\right) \tag{6.41}$$

式（6.41）为计算 Frechet 导数矩阵给出解析表达式。

可以将式（6.36）写成一般地球物理正演的线性方程组的形式：

$$\boldsymbol{d}=\boldsymbol{Am} \tag{6.42}$$

式中，$\boldsymbol{d}$ 是观测数据和理论上数据的差的列向量；$\boldsymbol{m}$ 是模型参数列向量（由不均匀体上每个单元的异常电导率 $\Delta\sigma_n$ 组成）；$\boldsymbol{A}$ 是正演算子，也就是 Born 近似算子。

这样就可以计算关于模型参数 $\boldsymbol{m}$ 的线性反演问题。在本章正则化反演原理基础上，对这个线性方程组的求解采用加权正则化的共轭梯度法（RRCG）[81-82]，算法可以概括如下：

$$\begin{cases} r_n^w=\boldsymbol{W}_d A m_n-\boldsymbol{W}_d d \\ l_{wn}^{\alpha n}=\boldsymbol{F}_w^* r_n^w+\alpha\left(m_n^w-m_{\mathrm{apr}}^w\right) \\ \beta_{wn}^{\alpha n}=\left\|l_{wn}^{\alpha n}\right\|^2\Big/\left\|l_{wn-1}^{\alpha n-1}\right\|^2, \bar{l}_{wn}^{\alpha n}=l_{wn}^{\alpha n}+\beta_{wn}^{\alpha n}\bar{l}_{wn-1}^{\alpha n-1}, \bar{l}_{w0}^{\alpha 0}=l_{w0}^{\alpha 0} \\ k_{wn}^{\alpha n}=\left(\bar{l}_{wn}^{\alpha n*}l_{wn}^{\alpha n}\right)\Big/\left[\bar{l}_{wn}^{\alpha n*}\left(\boldsymbol{F}_w^*\boldsymbol{F}_w+\alpha I\right)\bar{l}_{wn}^{\alpha n}\right] \\ m_{n+1}^w=m_n^w-k_{wn}^{\alpha n}\bar{l}_{wn}^{\alpha n}, m_{n+1}=\boldsymbol{W}_m^{-1}\boldsymbol{W}_{en}m_{n+1}^w \end{cases} \tag{6.43}$$

其中

$$\boldsymbol{F}_w=\boldsymbol{W}_d\boldsymbol{F}\boldsymbol{W}_m^{-1}\boldsymbol{W}_{en} \tag{6.44}$$

式（6.42）、式（6.43）中，α 是正则化参数，$\boldsymbol{W}_d$ 和 $\boldsymbol{W}_m$ 分别是观测数据和模型参数的对角权矩阵，$\boldsymbol{F}$ 由式（6.39）计算出，$\boldsymbol{W}_{en}$ 根据下面的计算公式计算：

$$\boldsymbol{W}_{en}=\mathrm{diag}\left(\left|m_n-m_{\mathrm{apr}}\right|\right) \tag{6.45}$$

基于上面的 Born 近似和加权正则化的共轭梯度法（RRCG），开发了井地低频电磁法的 Born 近似三维反演程序。

6.3 QA 近似反演方法

众所周知，本章 6.2 节谈到的 Born 近似的精度低，但是有计算速度快的优点。如何在不增加计算量的情况下，提高计算的精度呢？ Zhdanov 在准线性近似的基础上提出了准解析近似[80]，解决了这个问题。由于准解析近似（QA）是准线性（QL）近似基础上提出，因此下面先简单回顾准线性近似，然后对准解析近似和相应的反演原理进行阐述。

6.3.1 准线性近似和张量准线性近似

准线性（QL）近似法认为不均匀体上异常电场 E^a 与背景电场 E^b 是一种线性比例关系，系数为 $\boldsymbol{\lambda}$：[81]

$$E^a(r) \approx \boldsymbol{\lambda} E^b(r) \tag{6.46}$$

将式（6.46）代入式（6.30），得到 QL 近似的异常电场 $E^a_{QL}(r)$ 表达式：

$$E^a_{QL}(r_j) = G_E\left[\Delta\sigma\left(\boldsymbol{I} + \boldsymbol{\lambda}(r)\right) \cdot E^b\right] \tag{6.47}$$

式（6.47）给出一个关于电场反射张量 $\boldsymbol{\lambda}$ 的 张量准线性（TQL）方程：

$$\boldsymbol{\lambda}(r_j)E^b(r_j) = G_E\left[\Delta\sigma\boldsymbol{\lambda}(r) \cdot E^b\right] + E^B(r_j) \tag{6.48}$$

其中，$E^B(r_j)$ 是 Born 近似：

$$E^B(r_j) = \iiint_D \boldsymbol{G}_E(r_j|r)\Delta\sigma(r)E^b(r)\mathrm{d}V \tag{6.49}$$

并且 $G_E[\Delta\sigma\boldsymbol{\lambda}(r)E^b]$ 是 $\boldsymbol{\lambda}(r_j)$ 的一个线性算子：

$$G_E\left[\Delta\sigma\boldsymbol{\lambda}(r) \cdot E^b\right] = \iiint_D \boldsymbol{G}_E(r_j|r)\Delta\sigma(r)\boldsymbol{\lambda}(r)E^b(r)\mathrm{d}V \tag{6.50}$$

最初的 QL 近似 [81] 是求解式（6.48）最小数值解时提出，即：

$$\left\|\boldsymbol{\lambda}(r_j)E^b(r_j) - G_E\left[\Delta\sigma\boldsymbol{\lambda}(r) \cdot E^b\right] - E^B(r_j)\right\| = \min \tag{6.51}$$

这种方法的优点是通过式（6.51）可以求出一个粗糙网格上的电场反射张量 $\boldsymbol{\lambda}$，QL 近似的精度由离散的反射张量 $\boldsymbol{\lambda}$ 决定，原理上精度可以很高，然而与全积分方程法一样，需要求解大型线性方程组。

6.3.2 准解析近似（QA）原理 [56]

在 QL 近似的基础上，电场反射张量可以选择成为一个标量 [81]，$\boldsymbol{\lambda}=\lambda$。在这种情况下，积分方程式（6.47）可以写成如下形式：

$$\lambda(r_j)E^b(r_j) = G_E\left[\Delta\sigma\lambda(r) \cdot E^b\right] + E^B(r_j) \tag{6.52}$$

Habashy 等和 Zhdanov 研究发现，电场格林张量 $\boldsymbol{G}_E(r_j|r)$ 在 $r_j=r$ 点处奇异或是极值 [81, 99]。因此，假设对式（6.52）中 $G_E[\Delta\sigma(r) \cdot E^b]$ 项的主要作用是 $r_j=r$ 附近的一些点，同时还假设在积分域 D 内 $\lambda(r)$ 变化缓慢，可以写出：

$$\lambda(r_j)E^b(r_j) \approx \lambda(r)G_E\left(\Delta\sigma \cdot E^b\right) + E^B(r_j) = \lambda(r)E^B(r_j) + E^B(r_j) \tag{6.53}$$

考虑到要寻找一个标量反射张量，在公式（6.53）基础上引入一个标量方程非常有用。通过式（6.53）两边同时乘以背景电场的共轭，可以得到一个标量方程式：

$$\lambda(r_j)E^{b}(r_j)E^{b*}(r_j)=\lambda(r)E^{B}(r_j)E^{b*}(r_j)+E^{B}(r_j)E^{b*}(r_j) \tag{6.54}$$

假设

$$E^{b}(r_j)E^{b*}(r_j)\neq 0 \tag{6.55}$$

那么式(6.54)除以背景电场的平方式(6.55)，得到：

$$\lambda(r_j)=\frac{g(r_j)}{1-g(r_j)} \tag{6.56}$$

其中

$$g(r_j)=\frac{E^{B}(r_j)E^{b*}(r_j)}{E^{b}(r_j)E^{b*}(r_j)} \tag{6.57}$$

在背景电场为零即 $E^{b}(r_j)E^{b*}(r_j)=0$ 的地方，选择 λ 等于 -1，即：

$$\lambda(r_j)=-1$$

将式(6.56)代入到总电场公式中有：

$$E(r)=E^{a}(r)+E^{b}(r)\approx[\lambda(r)+1]E^{b}(r)=\frac{1}{1-g(r)}E^{b}(r) \tag{6.58}$$

最后从式(6.30)、式(6.31)得到：

$$E_{QA}^{a}(r_j)=E(r_j)-E^{b}(r_j)=\iiint_D \boldsymbol{G}_E(r_j|r)\left[\frac{\Delta\tilde{\sigma}(r)}{1-g(r)}E^{b}(r)\right]\mathrm{d}V \tag{6.59}$$

$$H_{QA}^{a}(r_j)=H(r_j)-H^{b}(r_j)=\iiint_D \boldsymbol{G}_H(r_j|r)\left[\frac{\Delta\tilde{\sigma}(r)}{1-g(r)}E^{b}(r)\right]\mathrm{d}V \tag{6.60}$$

公式(6.59)和公式(6.60)给出三维电磁场模拟的 QA 近似计算公式。值得注意的是，准解析计算(QA)与 Born 近似不同之处是存在一个标量函数 $[1-g(r)]^{-1}$，这就是为什么 QA 近似和 Born 近似的计算量差不多。另外，Zhdanov 证明，QA 近似的精度高于 Born 近似的精度 [81]。

6.3.3 准解析近似(QA)的数值形式

通常，正演和反演都是在离散观测数据和模型参数空间上进行。假设野外观测中有 M 个观测电场或磁场的设备，那么电场分量用 $\boldsymbol{e}^{r}$ 或磁场分量用 $\boldsymbol{h}^{r}$ 表示，矢量长度为 $3M$，即：

$$\boldsymbol{e}^{r}=\left[E_x^{r1},\cdots,E_x^{rM},E_y^{r1},\cdots,E_y^{rM},E_z^{r1},\cdots,E_z^{rM}\right]^{T} \tag{6.61}$$

$$\boldsymbol{h}^{\mathrm{r}}=\left[H_x^{\mathrm{r}1},\cdots,H_x^{\mathrm{r}M},H_y^{\mathrm{r}1},\cdots,H_y^{\mathrm{r}M},H_z^{\mathrm{r}1},\cdots,H_z^{\mathrm{r}M}\right]^{\mathrm{T}} \tag{6.62}$$

式中，上标“T”表示将行向量转置成列向量；上标“r”表示接收点的电磁场值。

假设异常区域 D 剖分成 N 个单元网格，每个单元异常电导率是个恒定的常量，这样异常电导率 $\Delta\sigma(r)$ 可以表示成一个长度为 N 的矢量 $\boldsymbol{m}$：

$$\boldsymbol{m}=\left[m_1,m_2,\cdots,m_N\right]^{\mathrm{T}}=\left[\Delta\sigma_1,\Delta\sigma_2,\cdots,\Delta\sigma_N\right]^{\mathrm{T}} \tag{6.63}$$

用这些表示方法，可以写出准解析（QA）近似式（6.59）、式（6.60）的离散表达式：

$$\boldsymbol{e}_{\mathrm{QA}}^{\mathrm{a,r}}=\boldsymbol{A}_E\boldsymbol{Bm} \tag{6.64}$$

$$\boldsymbol{h}_{\mathrm{QA}}^{\mathrm{a,r}}=\boldsymbol{A}_H\boldsymbol{Bm} \tag{6.65}$$

其中

$$\boldsymbol{A}_E=\boldsymbol{G}_E\boldsymbol{e}^{\mathrm{b,c}},\ \boldsymbol{A}_H=\boldsymbol{G}_H\boldsymbol{e}^{\mathrm{b,c}} \tag{6.66}$$

$$\boldsymbol{C}=\left(\boldsymbol{e}^{\mathrm{b,c}*}\boldsymbol{e}^{\mathrm{b,c}}\right)^{-1}\boldsymbol{e}^{\mathrm{b,c}*}\boldsymbol{G}_D\boldsymbol{e}^{\mathrm{b,c}} \tag{6.67}$$

和对角矩阵：

$$\boldsymbol{B}(m)=\left[\mathrm{diag}(\boldsymbol{I}-\boldsymbol{Cm})\right]^{-1} \tag{6.68}$$

式（6.64）和式（6.65）中矢量 $\boldsymbol{e}^{\mathrm{a,r}}$ 和 $\boldsymbol{h}^{\mathrm{a,r}}$ 分别表示在观测点的离散的准解析近似异常电场和磁场，式（6.68）中矢量 $\boldsymbol{I}$ 是长度为 N 的单位列矢量。用下面一些矩阵分别表示式（6.66）和式（6.67）中的 $\boldsymbol{e}^{\mathrm{b,c}}$、$\boldsymbol{G}_E$、$\boldsymbol{G}_H$ 和 $\boldsymbol{G}_D$。$\boldsymbol{e}^{\mathrm{b,c}}$ 是由异常区 D 内网格中心上异常电场组成的矩阵，它是一个稀疏 $3N\times N$ 对角矩阵，包含背景电场的 x、y、z 分量：

$$\boldsymbol{e}^{\mathrm{b,c}}=\begin{bmatrix} E_x^{\mathrm{b,c}1} & & \\ & \ddots & \\ & & E_x^{\mathrm{b,c}N} \\ E_y^{\mathrm{b,c}1} & & \\ & \ddots & \\ & & E_y^{\mathrm{b,c}N} \\ E_z^{\mathrm{b,c}1} & & \\ & \ddots & \\ & & E_z^{\mathrm{b,c}N} \end{bmatrix} \tag{6.69}$$

$\boldsymbol{G}_E$ 和 $\boldsymbol{G}_H$ 是对应的离散电场和磁场格林张量矩阵，矩阵元素由代表不均匀体到接收点的电场或磁场格林张量组成，M 是接收点的个数，N 是不均匀体剖分网格单元数，$\boldsymbol{G}_E$ 和

$\boldsymbol{G}_H$ 矩阵的行是 $3M$，$\boldsymbol{G}_E$ 和 $\boldsymbol{G}_H$ 矩阵的列数是 $3N$，$\boldsymbol{G}_E$ 和 $\boldsymbol{G}_H$ 统一用 $\boldsymbol{G}_{E,\ H}$ 表示：

$$\boldsymbol{G}_{E,H}=\begin{bmatrix} G_{xx}^{11} & \cdots & G_{xx}^{1N} & G_{xy}^{11} & \cdots & G_{xy}^{1N} & G_{xz}^{11} & \cdots & G_{xz}^{1N} \\ \vdots & \vdots & \vdots & \vdots & \vdots & \vdots & \vdots & \vdots & \vdots \\ G_{xx}^{M1} & \cdots & G_{xx}^{MN} & G_{xy}^{M1} & \cdots & G_{xy}^{MN} & G_{xz}^{M1} & \cdots & G_{xz}^{MN} \\ G_{yx}^{11} & \cdots & G_{yx}^{1N} & G_{yy}^{11} & \cdots & G_{yy}^{1N} & G_{yz}^{11} & \cdots & G_{yz}^{1N} \\ \vdots & \vdots & \vdots & \vdots & \vdots & \vdots & \vdots & \vdots & \vdots \\ G_{yx}^{M1} & \cdots & G_{yx}^{MN} & G_{yy}^{M1} & \cdots & G_{yy}^{MN} & G_{yz}^{M1} & \cdots & G_{yz}^{MN} \\ G_{zx}^{11} & \cdots & G_{zx}^{1N} & G_{zy}^{11} & \cdots & G_{zy}^{1N} & G_{zz}^{11} & \cdots & G_{zz}^{1N} \\ \vdots & \vdots & \vdots & \vdots & \vdots & \vdots & \vdots & \vdots & \vdots \\ G_{zx}^{M1} & \cdots & G_{zx}^{MN} & G_{zy}^{M1} & \cdots & G_{zz}^{MN} & G_{zz}^{M1} & \cdots & G_{zz}^{MN} \end{bmatrix} \tag{6.70}$$

$\boldsymbol{G}_D$ 是不均匀体上的离散电场格林张量矩阵，称为域内扩散矩阵。它是一个 $3N\times3N$ 的矩阵，元素由不均匀体内的电场格林张量组成：

$$\boldsymbol{G}_D=\begin{bmatrix} G_{xx}^{11} & \cdots & G_{xx}^{1N} & G_{xy}^{11} & \cdots & G_{xy}^{1N} & G_{xz}^{11} & \cdots & G_{xz}^{1N} \\ \vdots & \vdots & \vdots & \vdots & \vdots & \vdots & \vdots & \vdots & \vdots \\ G_{xx}^{N1} & \cdots & G_{xx}^{NN} & G_{xy}^{N1} & \cdots & G_{xy}^{NN} & G_{xz}^{N1} & \cdots & G_{xz}^{NN} \\ G_{yx}^{11} & \cdots & G_{yx}^{1N} & G_{yy}^{11} & \cdots & G_{yy}^{1N} & G_{yz}^{11} & \cdots & G_{yz}^{1N} \\ \vdots & \vdots & \vdots & \vdots & \vdots & \vdots & \vdots & \vdots & \vdots \\ G_{yx}^{N1} & \cdots & G_{yx}^{NN} & G_{yy}^{N1} & \cdots & G_{yy}^{NN} & G_{yz}^{N1} & \cdots & G_{yz}^{NN} \\ G_{zx}^{11} & \cdots & G_{zx}^{1N} & G_{zy}^{11} & \cdots & G_{zy}^{1N} & G_{zz}^{11} & \cdots & G_{zz}^{1N} \\ \vdots & \vdots & \vdots & \vdots & \vdots & \vdots & \vdots & \vdots & \vdots \\ G_{zx}^{N1} & \cdots & G_{zx}^{NN} & G_{zy}^{N1} & \cdots & G_{zz}^{NN} & G_{zz}^{N1} & \cdots & G_{zz}^{NN} \end{bmatrix} \tag{6.71}$$

用矢量 $\boldsymbol{d}$ 表示电场或磁场观测数据的异常矢量。这个矢量包括了接收点的异常电场或磁场。采用上面的表示方式，准解析（QA）近似的电磁场正演模拟问题写成下面矩阵形式：

$$\boldsymbol{d}=\boldsymbol{G}(\boldsymbol{m})=\boldsymbol{A}\left[\operatorname{diag}(\boldsymbol{I}-\boldsymbol{Cm})\right]^{-1}\boldsymbol{m} \tag{6.72}$$

式中，$\boldsymbol{A}$ 表示电场或磁场正演矩阵 $\boldsymbol{A}_E$ 或 $\boldsymbol{A}_H$，它们由式（6.64）给出；$\boldsymbol{C}$ 由（6.67）计算出；$\boldsymbol{I}$ 是单位列矢量；$\boldsymbol{m}$ 为模型参数列矩阵。

6.3.4 准解析近似（QA）的 Frechet 导数

应用准解析近似（QA）可以产生一个简单的求 Frechet 导数的公式，它在反演算法中用到。在式（6.59）的基础上，通过引入一个异常电导率微小变化量 $\delta\Delta\tilde{\sigma}(r)$，可以计算相应的微小电场变化量 $\delta E(r_j)$，计算公式如下：

$$\delta E^{\mathrm{a}}\left(r_j\right)=\int_D \boldsymbol{G}_E\left(r_j \mid r\right)\frac{\delta\Delta\sigma(r)}{1-g(r)}E^{\mathrm{b}}(r)\mathrm{d}V$$

$$+\int_D \boldsymbol{G}_E\left(r_j \mid r\right)\frac{\Delta\sigma(r)\delta g(r)}{[1-g(r)]^2}E^{\mathrm{b}}(r)\mathrm{d}V \tag{6.73}$$

其中

$$\delta g(r)=\frac{\delta E^{\mathrm{B}}(r)\cdot E^{\mathrm{b}^*}(r)}{E^{\mathrm{b}}(r)\cdot E^{\mathrm{b}^*}(r)}=\int_D \boldsymbol{G}_E(r|r')\delta\Delta\sigma(r')\frac{E^{\mathrm{b}}(r')\cdot E^{\mathrm{b}^*}(r)}{E^{\mathrm{b}}(r)\cdot E^{\mathrm{b}^*}(r)}\mathrm{d}V' \tag{6.74}$$

将式（6.74）代入式（6.73）右端的第二项，并且交换积分变量的表示形式（$\boldsymbol{r}\to\boldsymbol{r}'$ 和 $\boldsymbol{r}'\to\boldsymbol{r}$）得到：

$$\int_D \boldsymbol{G}_E\left(r_j|r\right)\frac{\Delta\sigma(r)\delta g(r)}{[1-g(r)]^2}E^{\mathrm{b}}(r)\mathrm{d}V=\int_D \delta\Delta\sigma(r)\boldsymbol{K}_E\left(r_j|r\right)E^{\mathrm{b}}(r)\mathrm{d}V \tag{6.75}$$

其中

$$\boldsymbol{K}_E\left(r_j|r\right)=\int_D \boldsymbol{G}_E\left(r_j|r\right)\boldsymbol{G}_E(r'|r)E^{\mathrm{b}}(r')\frac{\Delta\sigma(r')}{[1-g(r')]^2}\frac{E^{\mathrm{b}^*}(r')}{E^{\mathrm{b}}(r')\cdot E^{\mathrm{b}^*}(r')}\mathrm{d}V' \tag{6.76}$$

这样

$$\delta E\left(r_j\right)=\int_D \delta\Delta\sigma(r)\boldsymbol{F}_E\left(r_j|r\right)\mathrm{d}V \tag{6.77}$$

矢量函数 $\boldsymbol{F}_E(r_j|r)$ 是 Frechet 积分导数算子的核：

$$\boldsymbol{F}_E\left(r_j|r\right)=\left[\frac{1}{1-g(r)}\boldsymbol{G}_E\left(r_j|r\right)+\boldsymbol{K}\left(r_j|r\right)\right]E^{\mathrm{b}}(r) \tag{6.78}$$

实际上，当电导率变化量为无穷小时，得到求解电场 Frechet 导数的公式：

$$\frac{\partial E\left(r_j\right)}{\partial\Delta\sigma(r)}=\boldsymbol{F}_E\left(r_j|r\right) \tag{6.79}$$

式（6.78）为计算 Frechet 导数矩阵给出了解析表达式。注意，在这种情况下，计算 QA 近似正演模拟和 Frechet 导数的计算量等于 Born 近似正演模拟的计算量。

6.3.5 准解析近似（QA）的电磁场反演

通常情况下，电磁场反演问题也可由式（6.1）表示。因为准解析（QA）近似式（6.72）中矩阵 $\boldsymbol{A}$ 和 $\boldsymbol{C}$ 与异常电导率 $\boldsymbol{m}$ 相互独立，所以式（6.72）在迭代反演中计算速度很快。这是由于整个反演过程它们仅在开始时计算一次。式（6.72）中只有对角矩阵 diag（$\boldsymbol{I}-\boldsymbol{Cm}$）与异常电导率 $\boldsymbol{m}$ 有关。因此 QA 近似反演的速度很快。

反演问题式（6.1）通常是病态问题，解是不稳定和非唯一的。传统解决病态反演问题是采用正则化原理[79]，也就是最小的 Tikhonov 参数函数式(6.2)，求解式(6.1)可用本章讲上面谈到的正则化共轭梯度(RCG)法。正则化共轭梯度(RCG)法迭代反演算法中需要在每次迭代之前计算 Frechet 导数矩阵(灵敏度矩阵)。上面提到的 QA 近似是一种非常有效的直接计算 Frechet 导数矩阵的方法。式(6.79)可以写成下面矩阵形式：[62]

$$\delta \boldsymbol{d} = \boldsymbol{F}(\boldsymbol{m})\delta \boldsymbol{m} \tag{6.80}$$

其中

$$\boldsymbol{F}(\boldsymbol{m}) = \boldsymbol{A}\left\{\boldsymbol{B}(\boldsymbol{m}) + \mathrm{diag}(\boldsymbol{m})\boldsymbol{B}^2(\boldsymbol{m})\boldsymbol{C}\right\} \tag{6.81}$$

$$\boldsymbol{B}(\boldsymbol{m}) = \left[\mathrm{diag}(\boldsymbol{I} - \boldsymbol{Cm})\right]^{-1} \tag{6.82}$$

式中，diag($\boldsymbol{m}$)表示是由矢量 $\boldsymbol{m}$ 的元素形成的一个对角矩阵。

因为矩阵 $\boldsymbol{A}$ 和 $\boldsymbol{C}$ 由背景场和模型参数共同计算出，而且是固定的，在每次迭代反演过程中，只更新对角矩阵 $\boldsymbol{B}(\boldsymbol{m})$ 就可以，所以每次迭代反演时计算式(6.81)速度很快。

在 QA 近似反演原理的基础上，应用本章正则化反演原理和 RRCG 算法开发了准解析近似(QA)的井地低频电磁法三维反演程序，反演的结果在第七章详细介绍。

6.4 理论模型合成数据的反演[58]

6.4.1 Born 近似反演结果

考虑到电磁法对低阻不均匀体的敏感性，用低阻不均匀体的正演数据作为反演所用的观测数据，对观测数据不加噪声。共设计了三个低阻不均匀体模型，激发点(A 极)放置在不均匀体的上方或下方，激发点在地面投影点的坐标是(0，0)，位于地面计算区域的正中心，电极 B 在地面。理论模型图中的色标是电阻率(图 6.1、图 6.4、图 6.7)，反演结果图中的色标是电导率(图 6.2、图 6.5、图 6.8)。

6.4.1.1 模型 1：单个低阻不均匀体模型

均匀半空间中有一个低阻不均匀体，上顶深 500m，几何尺寸为 1200m×1200m×250m，见图 6.1。不均匀体电阻率为 10Ω·m，围岩电阻率为 100Ω·m。地面计算区域为 5000m×5000m。正演时 x、y 方向网格距离是 100m，z 方向网格距离是 50m；反演时 x、y 和 z 方向的网格距离与正演时一样。激发频率为 24 个，它们为：0.001Hz，0.0025Hz，0.005Hz，0.0075Hz，0.01Hz，0.025Hz，0.05Hz，0.075Hz，0.1Hz，0.25Hz，0.5Hz，0.75Hz，1.0Hz，2.5Hz，5.0Hz，7.5Hz，10Hz，25Hz，50Hz，75Hz，100Hz，250Hz，500Hz 和 750Hz。A 极深度为 490m。图 6.2 是 Born 近似反演结果的三维显示图，从图中看出存在一个低阻不均匀体。图 6.3 是三维反演结果的 z 方向水平切片图(xOy 平面)，其中(a)(b)(c)(d)(e)分别是三维反演结果在深度 525m、575m、625m、675m 和 725m 的水平切片图。这些水平切片图中都有一个低阻不均匀体，不均匀体电阻率随着深度的增加再增加，随着深度的增加与理论模型的电阻率相差越来越大，不均匀体的尺寸与理论模型基本相一致。

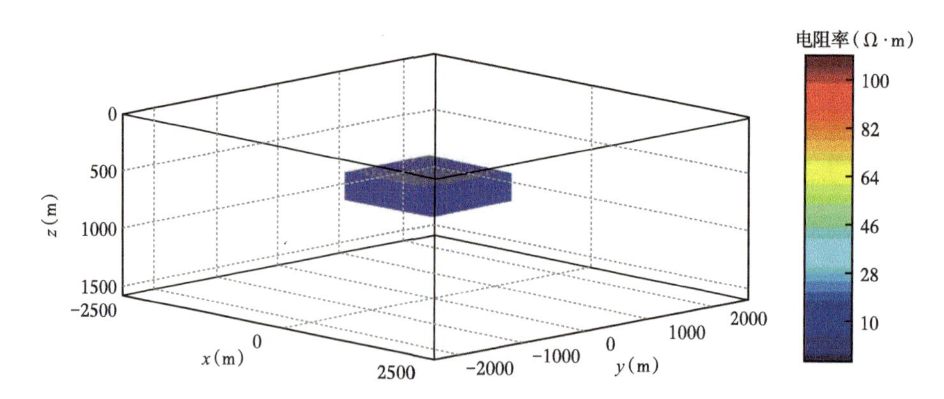

图 6.1　模型 1 空间结构示意图

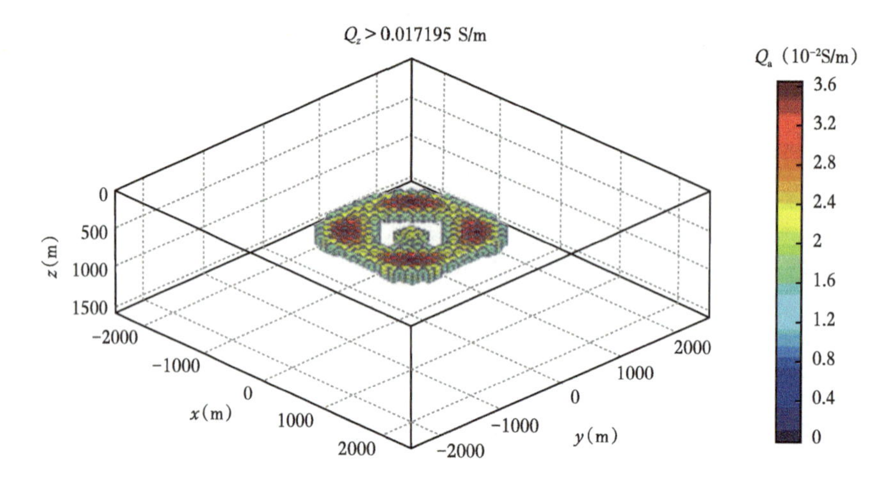

图 6.2　模型 1 Born 反演结果三维显示图

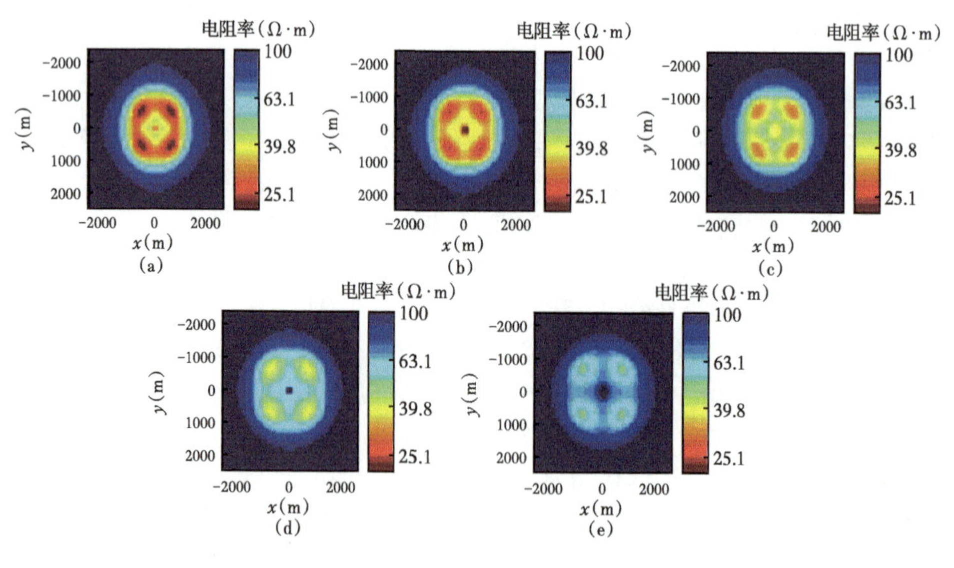

图 6.3　模型 1 z 方向切片图

(a) z=525m;(b) z=575m;(c) z=625m;(d) z=675m;(e) z=725m

6.4.1.2　模型 2：L 形低阻不均匀体

均匀半空间中有一个低阻不均匀体，形状为 L 形，上顶埋深 600m，厚度 600m，长边 2000m，短边 600m，见图 6.4。不均匀体的电阻率为 10Ω·m，围岩电阻率为 100Ω·m。地面计算区域为 4000m×4000m，正演时 x、y 方向网格距离是 200m，z 方向网格距离是 100m；反演时 x、y 和 z 方向的网格距离与正演时一样。激发频率为 38 个：0.001~320Hz，对数等间隔。A 极深度为 1400m。图 6.5 是 Born 近似反演结果的三维显示图，从图中看出存在一个低阻不均匀体，不均匀体的形状是“L”形；图 6.6 是三维反演结果的 z 方向水平切片图（xOy 平面），其中（a）（b）（c）（d）（e）（f）分别是三维反演结果在深度 650m、750m、850m、950m、1050m 和 1150m 的水平切片图，除了深度 1150m 的水平切片图，其他深度的切片图中都可看出有一个“L”形的低阻不均匀体，不均匀体的尺寸和形状与理论模型基本一致，1150m 深度的水平切片图［图 6.6（f）］中的不均匀体形状变成了“C”形，而不是“L”形。

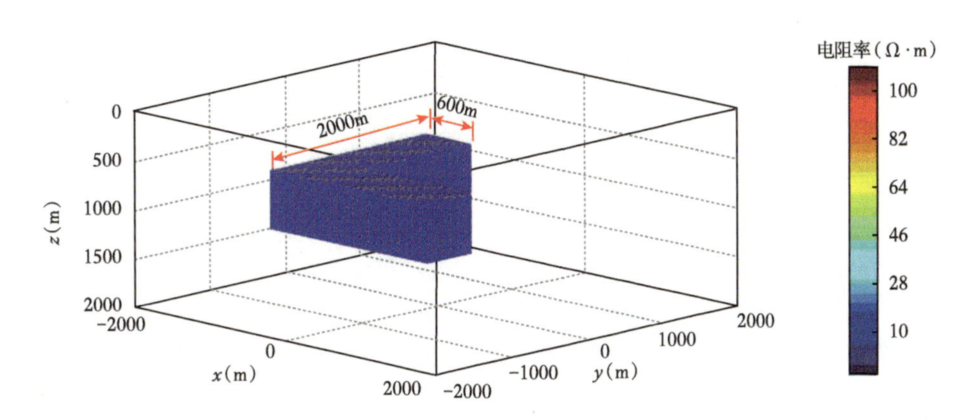

图 6.4　模型 2 空间结构示意图

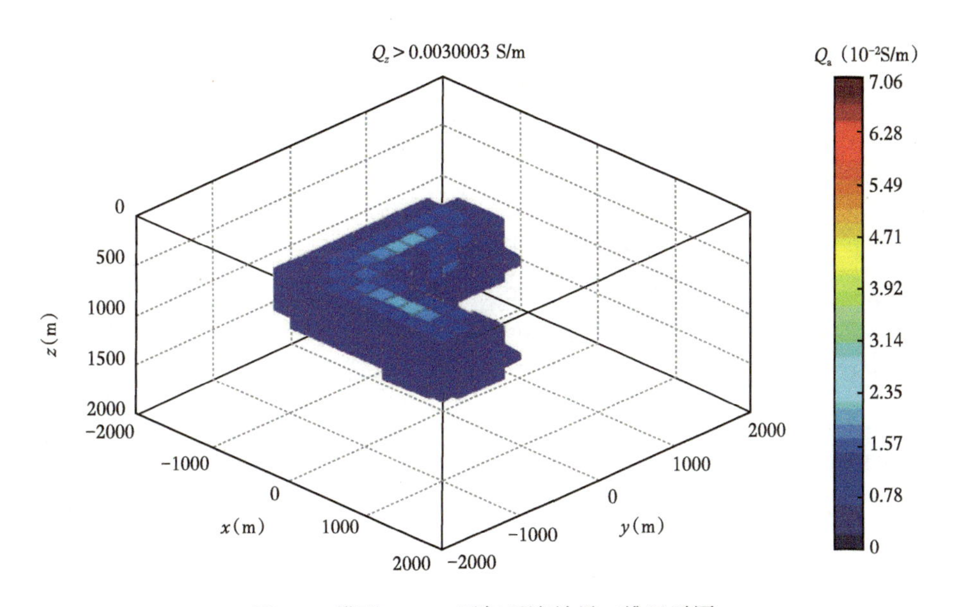

图 6.5　模型 2 Born 近似反演结果三维显示图

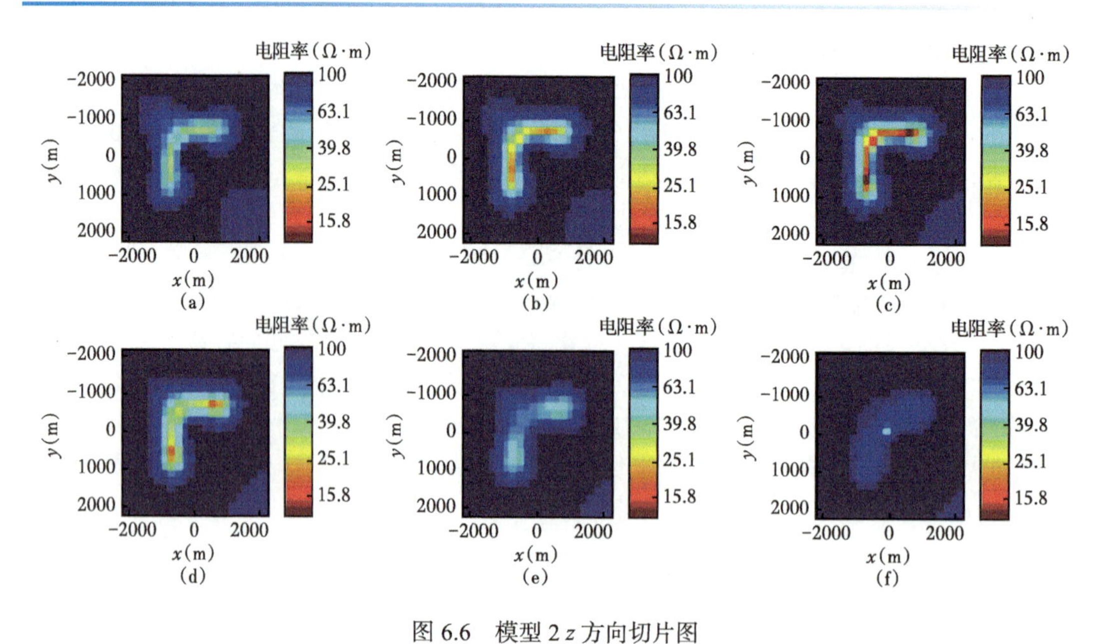

图 6.6　模型 2 z 方向切片图

（a）z=650m；（b）z=750m；（c）z=850m；（d）z=950m；（e）z=1050m；（f）z=1150m

6.4.1.3　模型 3：两个相邻低阻不均匀体模型

均匀半空间中有两个低阻不均匀体，它们的形状是长方体，埋深相同，上顶埋深 600m，长 1200m，宽 500m，高 600m，二者之间距离 600m，见图 6.7。不均匀体电阻率为 10Ω·m，围岩电阻率为 100Ω·m。地面计算区域的范围、正反演时三个方向的网格剖分距离、激发频率以及电极深度等参数与模型 2 中的一样。图 6.8 是反演结果的三维显示图，从图中看出存在两个低阻不均匀体。图 6.9 是三维反演结果的 z 方向水平切片图，其中（a）（b）（c）（d）（e）（f）分别是反演结果在深度 650m、750m、850m、950m、1050m 和 1150m 处的水平切片图（xOy 平面）。除了深度 1150m 的水平切片图，其他深度的水平

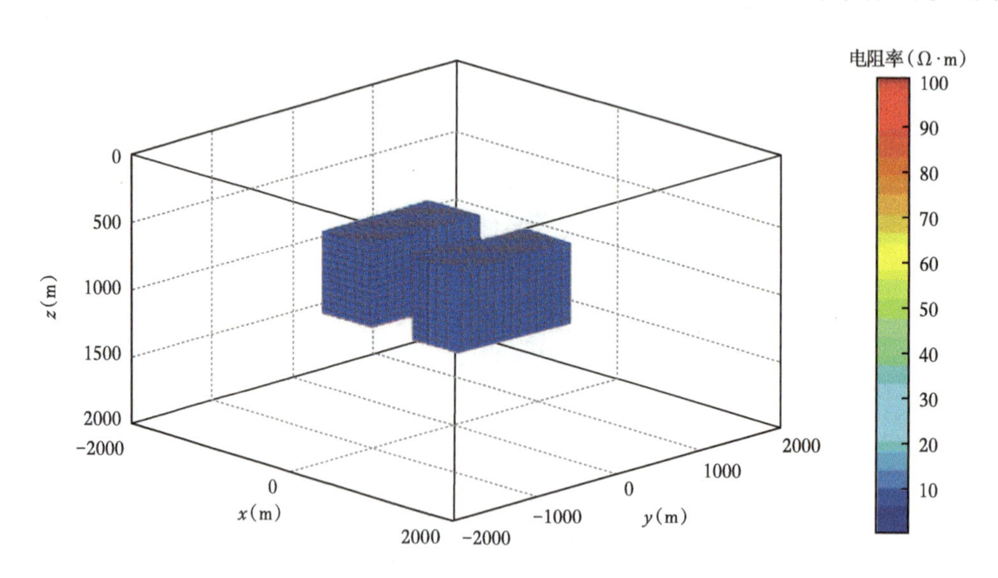

图 6.7　模型 3 空间结构示意图

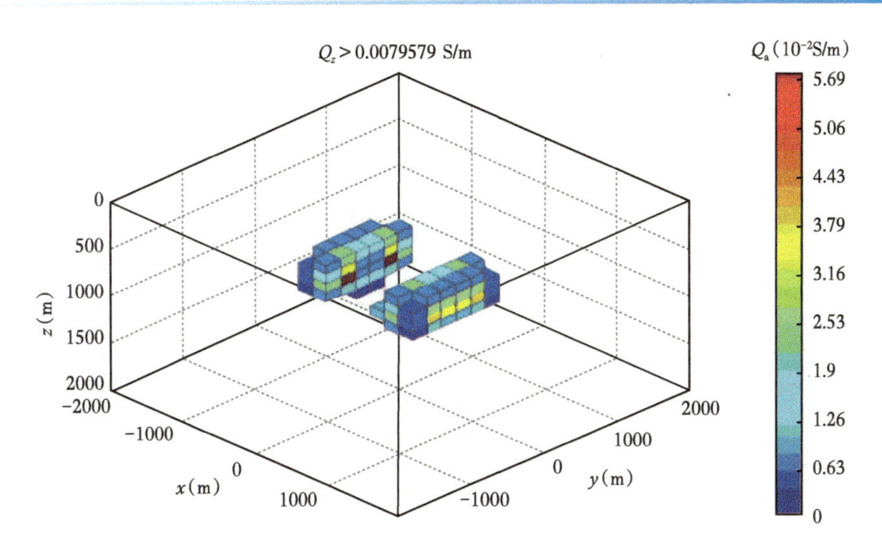

图 6.8 模型 3 Born 近似反演结果三维显示图

切片很好反映出了不均匀体的尺寸和形状。1150m 深度的水平切片效果差一点，水平切片图中只有一个低阻不均匀体，它的尺寸与理论模型也不一致。总的来说，图 6.8、图 6.9 还是可以区分出两个不均匀体。

6.4.1.4 Born 近似反演认识

从模型 1、模型 2、模型 3 的三维反演结果可以看出，基于 Born 近似和重加权正则化共轭梯度法（RRCG）的井地低频电磁法三维 Born 近似反演方法可以重现地下低阻不均匀体的大致形状、几何尺寸以及电性特征。反演出的电阻率与真实模型略有差异，但是低阻的电性特征明显。井中垂直长导线源激发地面观测的井地电磁法三维快速反演程序计算速度快，能够有效恢复深部地质目标。

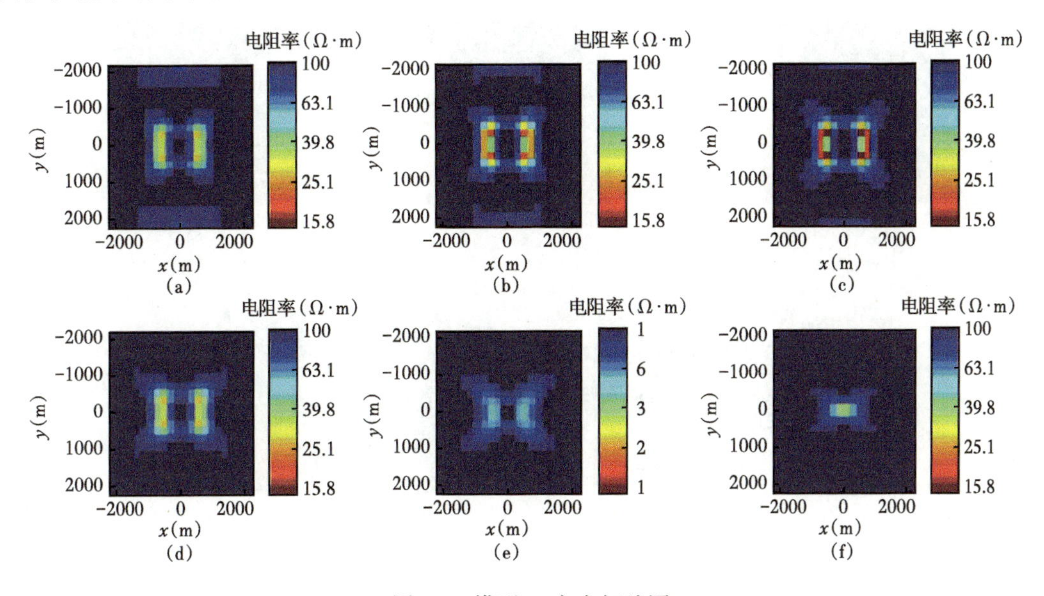

图 6.9 模型 3z 方向切片图

（a）z=650m；（b）z=750m；（c）z=850m；（d）z=950m；（e）z=1050m；（f）z=1150m

6.4.2 QA 近似反演结果及其分析

6.4.2.1 模型 1：单个低阻不均匀体模型

1）理论模型

模型是一个低阻不均匀体，具体模型参数和其他三维正反演参数见本章 5.4 模型 1。

2）反演结果分析

对本章 6.4 节模型 1 作正演，把正演计算的结果作为反演的观测数据。图 6.10 是 QA 近似反演结果的三维显示图，图 6.11 是 z 方向切片图（xOy 平面），其中（a）（b）（c）（d）（e）分别是反演结果在深度 525m、575m、625m、675m 和 725m 的水平切片图。由图 6.10 可见，图中有一个低阻不均匀体，不均匀体的尺寸和埋深与理论模型基本一致，不均匀体四个角上的电阻率相比不均匀体其他区域的电阻率更接近理论模型的电阻率。由图 6.11 中可

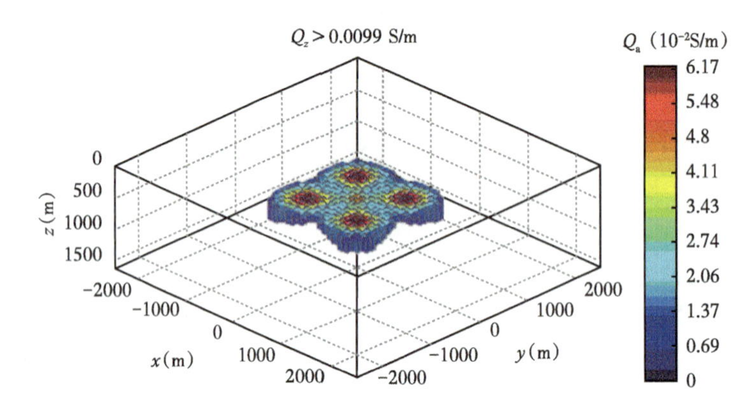

图 6.10 模型 1 QA 近似反演结果三维显示图

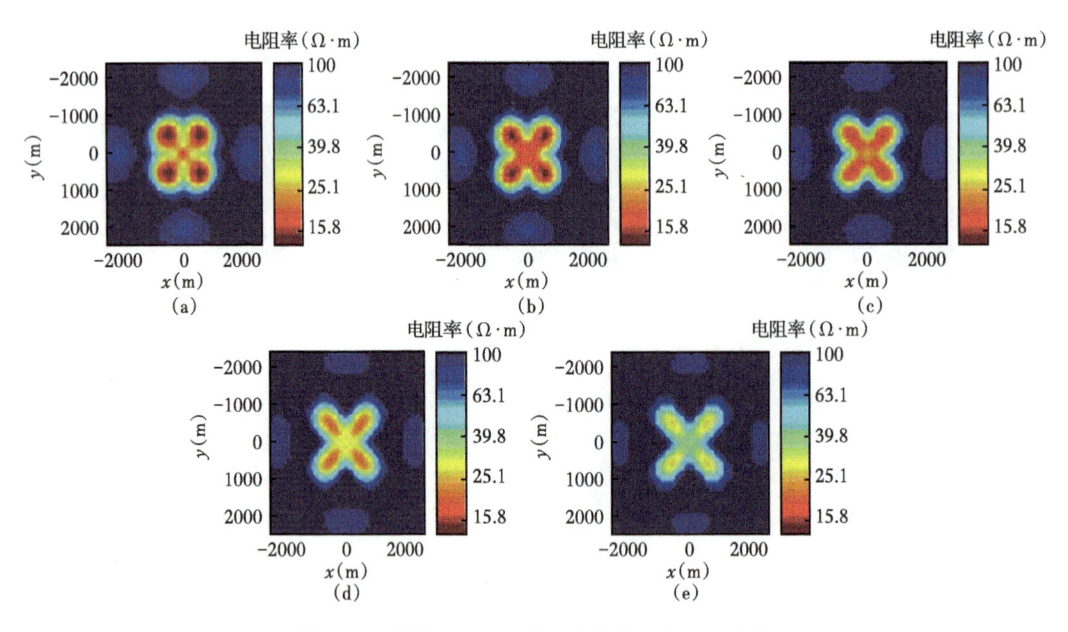

图 6.11 模型 1 QA 近似反演结果 z 方向切片图

（a）z=525m；（b）z=575m；（c）z=625m；（d）z=675m；（e）z=725m

以看出，图中有一个方形的低阻不均匀体，不均匀体的几何尺寸与理论模型的基本一致；随着切片深度的增加，不均匀体的电阻率在增加，与理论模型的电阻率相差越来越大。图 6.11 所有切片图中，不均匀体四个角上的电阻率都小于不均匀体其他区域的电阻率。但是与本章 Born 近似反演结果相比，此反演结果要好于本章对应的 Born 近似反演结果。

6.4.2.2 模型 2：L 形低阻不均匀体模型

1）理论模型

模型是一个 L 形低阻不均匀体，具体模型参数和三维正反演参数见本章 6.4 节模型 2。

2）反演结果分析

对本章 6.4 节模型 2 作正演，把正演计算的结果作为反演的观测数据。图 6.12 是 QA 近似反演结果三维显示图；图 6.13 是 z 方向切片图（xOy 平面），其中（a）（b）（c）（d）（e）（f）分别是反演结果在深度 650m、750m、850m、950m、1050m 和 1150m 的水平切片图。由图 6.12 可发现，图中存在一个 L 形低阻不均匀体，这个不均匀体的尺寸以及深度与理论模型基本一致，反演出的这个 L 形不均匀体与理论模型的一样，而且电阻率与真实模型的电阻率一样。图 6.13（a）（b）（c）（d）（e）（f）水平切片图上反演出的不均匀体形状和尺寸与真实模型一致；不均匀体的电阻率随着深度 z 的增加与理论模型的电阻率相差越来越大，L 形变成的拐角逐渐反映不出来，特别是 z=1150m 的水平切片图。但是与本章 Born 近似反演结果相比，此反演结果要好于本章对应的 Born 近似反演结果。

用模型 2 正演结果加上 3% 的随机噪声作为反演的观测数据。图 6.14 是反演结果三维显示，图 6.15 是 z 方向切片图，其中（a）（b）（c）（d）（e）（f）分别是反演模型在深度 650m、750m、850m、950m、1050m 和 1150m 的水平切片图（xOy 平面）。由图 6.14、图 6.15 可以发现反演出了 L 形状，在 L 形的两端向内收，变成 C 形；电阻率与理论模型的一致。

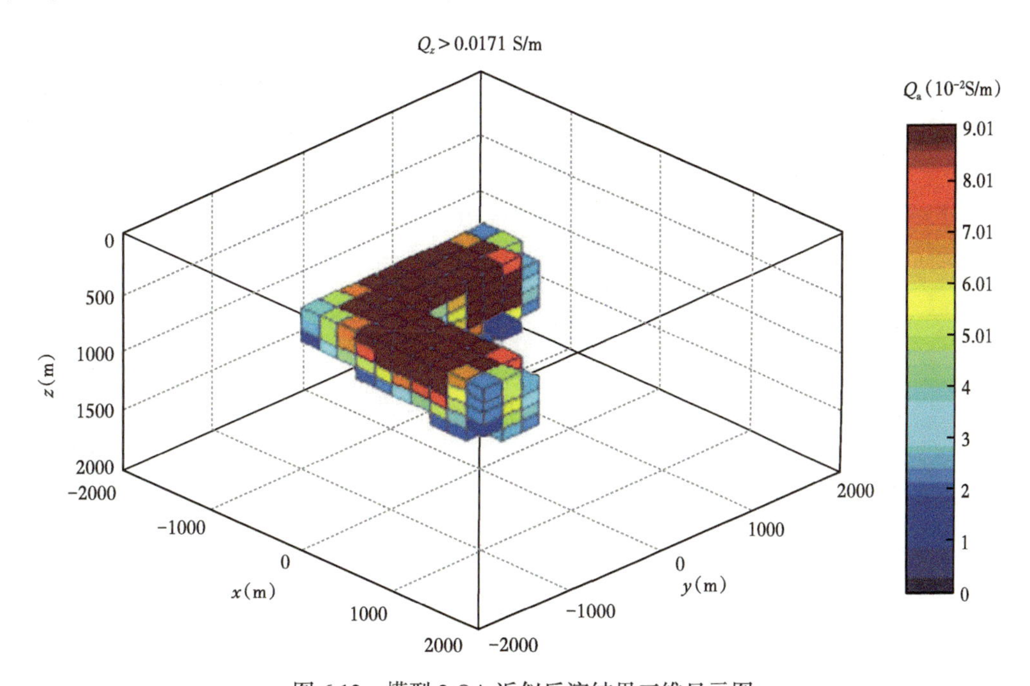

图 6.12 模型 2 QA 近似反演结果三维显示图

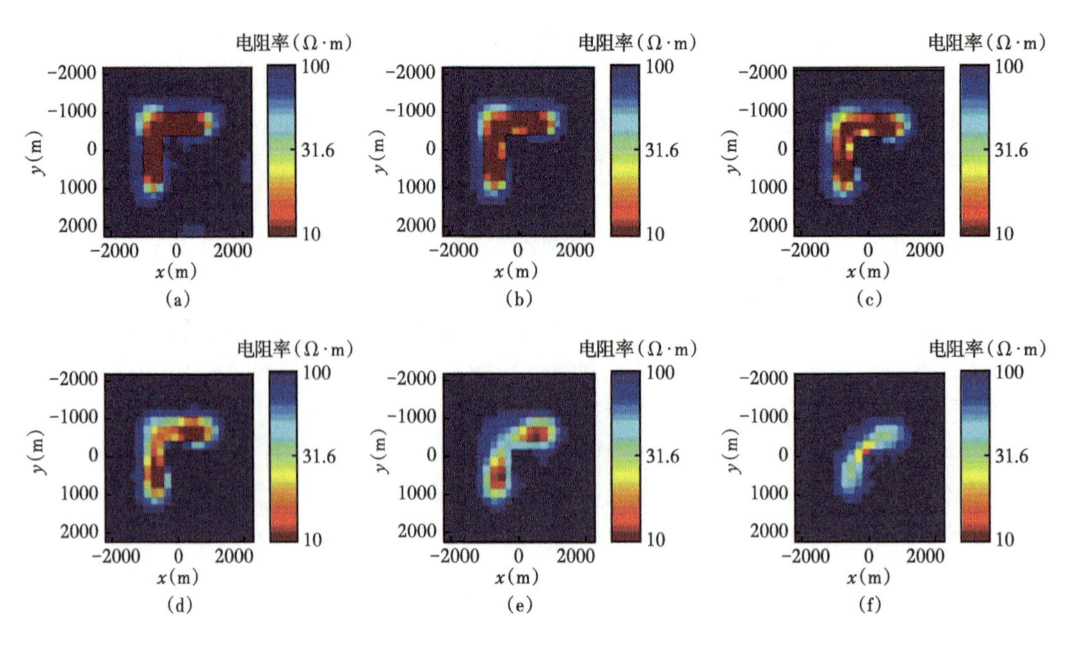

图 6.13　模型 2 QA 近似反演结果 z 方向切片图

（a）z=650m；（b）z=750m；（c）z=850m；（d）z=950m；（e）z=1050m；（f）z=1150m

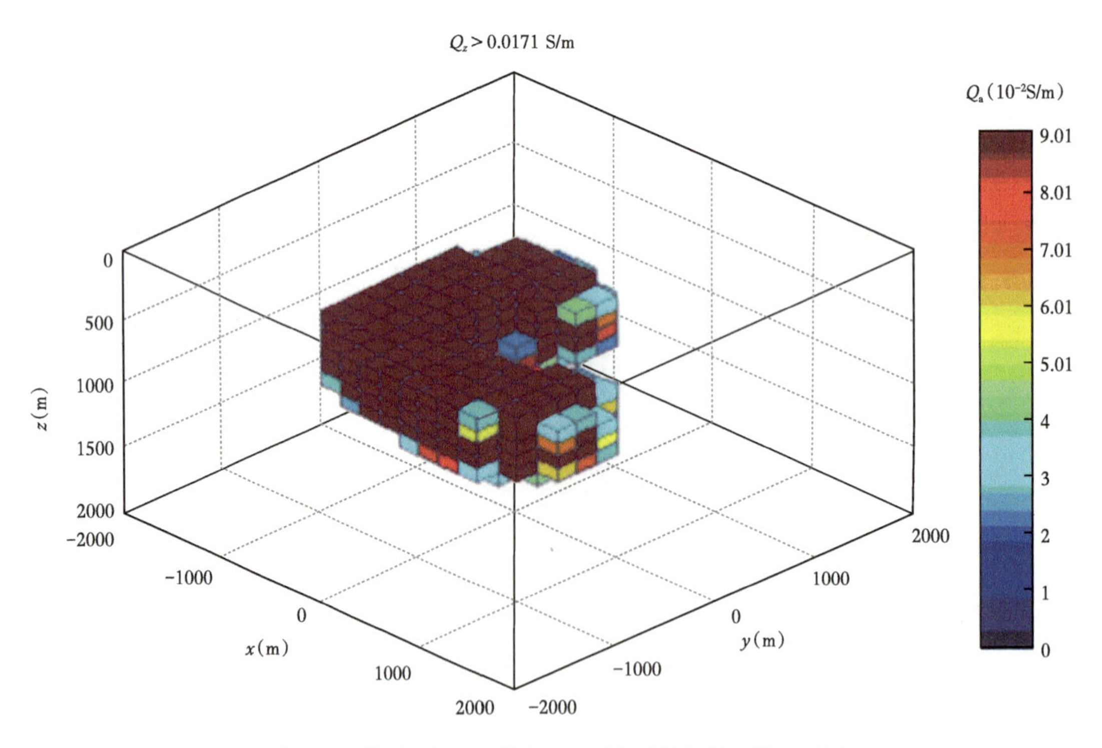

图 6.14　模型 2 加 3% 噪声 QA 近似反演结果三维显示图

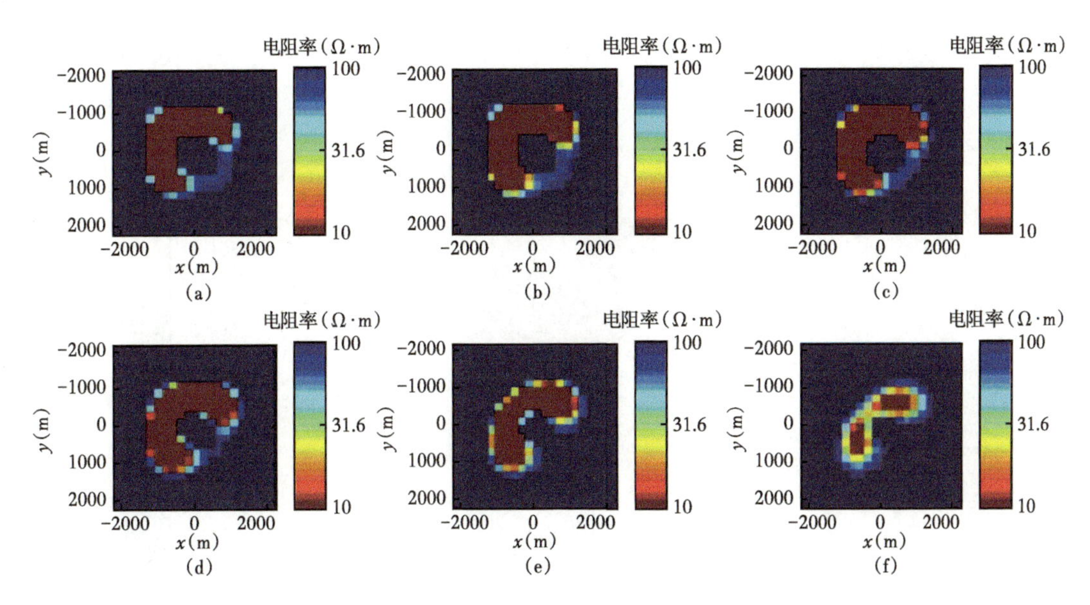

图 6.15 模型 2 加 3% 噪声 QA 近似反演结果 z 方向切片图

(a) z=650m;(b) z=750m;(c) z=850m;(d) z=950m;(e) z=1050m;(f) z=1150m

6.4.2.3 模型 3：两个相邻低阻不均匀体模型

1)理论模型

模型是两个并列的低阻不均匀体，具体模型参数和三维正反演参数见本章 6.4 节模型 3。

2)反演结果分析

对本章 6.4 节模型 3 作正演，把正演计算的结果作为反演的观测数据。图 6.16 是反演结果三维显示图，图 6.17 是 z 方向切片图(xOy 平面)，其中(a)(b)(c)(d)(e)(f)分别是反演结果在深度 650m、750m、850m、950m、1050m 和 1150m 的水平切片图。由图 6.16 可以看出，图中有两个低阻不均匀体，这两个不均匀体的几何尺寸以及深度与理论模型基本一致，而且这两个不均匀体的电阻率与理论模型的基本一样。由图 6.17(a)(b)(c)水平切片图上可以看出，图中有两个低阻不均匀体，这两个低阻不均匀体的形状和几何尺寸与理论模型的基本相吻合；由图 6.17(d)(e)(f)水平切片图上可以看出，随着深度的加深，反演出的低阻不均匀体的尺寸在减小，特别是在 1150m 的水平切片图 6.17(f)上只有一个低阻不均匀体，而且与理论模型的几何尺寸也不一样。但是总的来说，由图 6.16、图 6.17 还是可以区分出两个不均匀体的。与本章 Born 近似反演结果相比，此反演结果要好于本章对应的 Born 近似反演结果。

用模型 3 正演结果加上 3% 的随机噪声反演。图 6.18 是反演结果三维显示图，图 6.19 是 z 方向切片图(xOy 平面)，其中(a)(b)(c)(d)(e)(f)分别是反演模型在深度 650m、750m、850m、950m、1050m 和 1150m 处的水平切片图。由图 6.18、图 6.19 可以看出，反演出了两个低阻不均匀体，不均匀体的两端略相连，它的电阻率与理论模型的一致；在深度为 1150m[图 6.19(f)]的水平切片图上反演出了两个低阻不均匀体，在此深度上的切片比不加噪声时的[图 6.17(f)]结果要好。

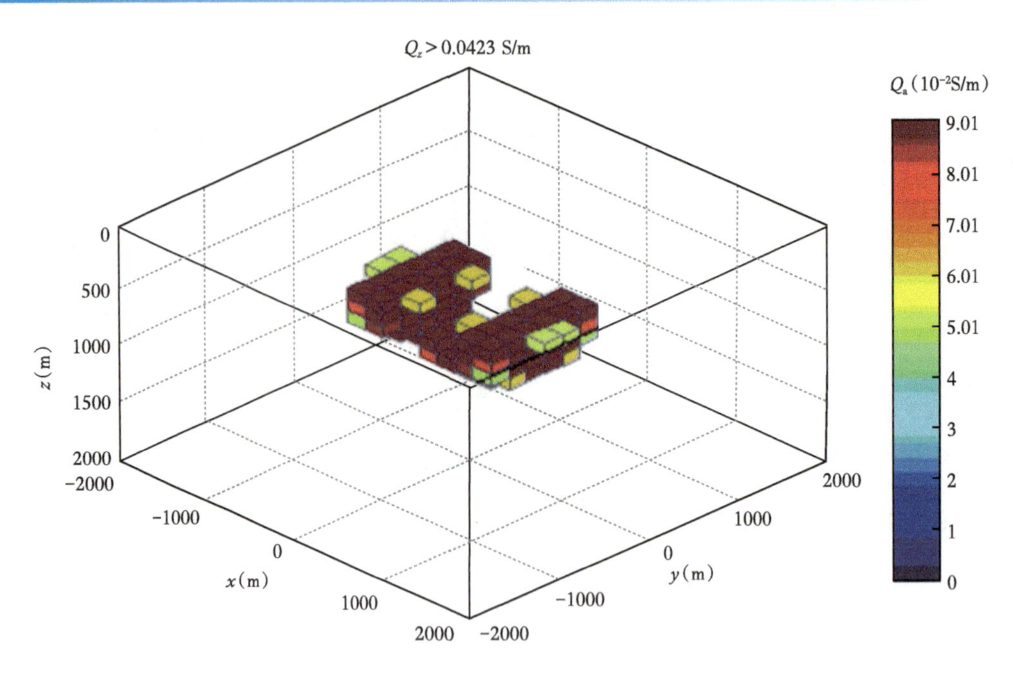

图 6.16　模型 3 QA 近似反演结果三维显示图

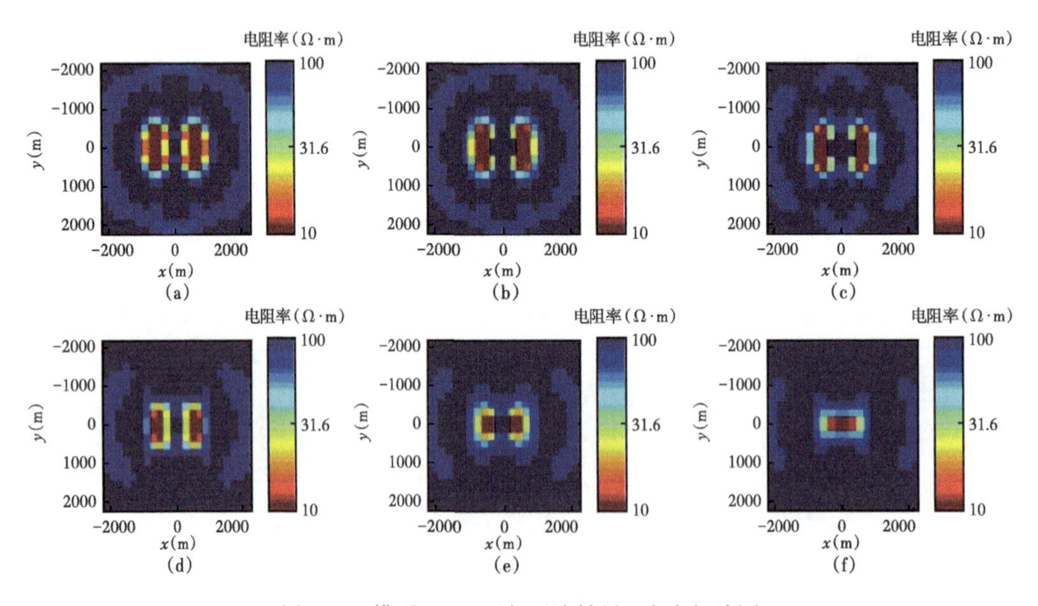

图 6.17　模型 3 QA 近似反演结果 z 方向切片图

(a) z=650m;(b) z=750m;(c) z=850m;(d) z=950m;(e) z=1050m;(f) z=1150m

6.4.2.4　QA 近似反演认识

总结上述从简单到复杂的 3 个理论模型反演结果，可以发现 QA 近似反演结果的以下特点：

(1)反演是稳定收敛的。反演迭代至一定的数据拟合精度后，反演得到的模型比较准确地反映了理论模型的电性特征和形状；另外，没有反演出多余的构造信息，不会引起错误解释。

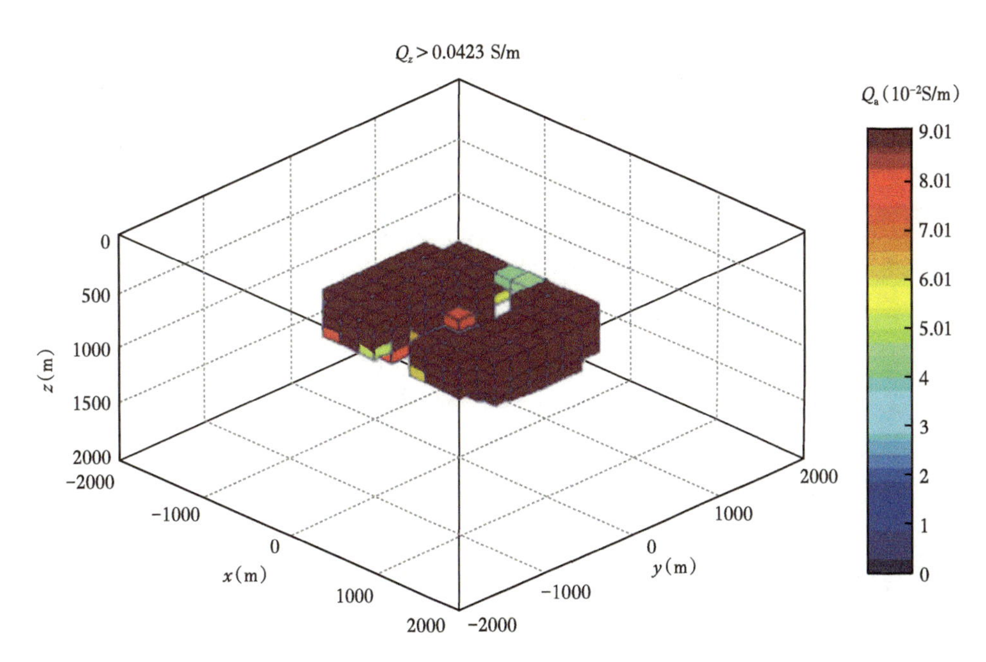

图 6.18 模型 3 加 3% 噪声 QA 近似反演结果三维显示图

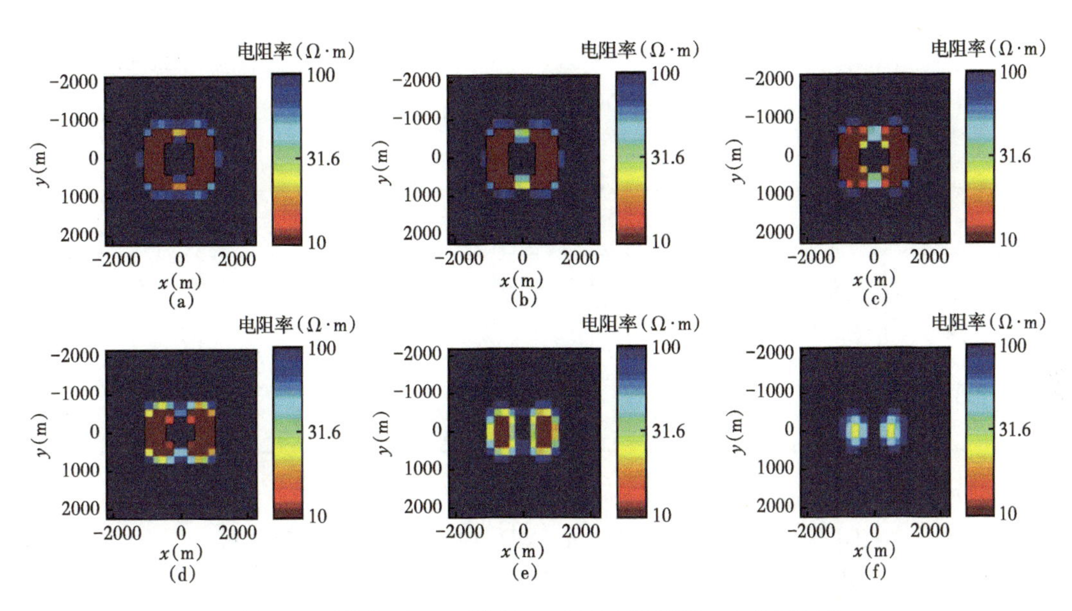

图 6.19 模型 3 加 3% 噪声 QA 近似反演结果 z 方向切片图

(a) z=650m;(b) z=750m;(c) z=850m;(d) z=950m;(e) z=1050m;(f) z=1150m

(2)对理论模型加 3% 噪声，反演结果是收敛的，反演结果与理论模型基本一致，因此可以说有一定的抗干扰能力。这一点对实际资料的反演有一定的意义。

(3)上述三个理论模型反演中第一次迭代为 30 次，第二次为 20 次，可以看出收敛的速度快，反映了计算很快的特点。

(4)与 Born 近似反演结果对比可以看出，QA 近似反演的结果要好。

6.5 实测资料的三维反演

6.5.1 双井联合井地探测数据的三维反演

探区位于新疆鄯善县七克台乡，地表为农田和戈壁滩，地势平坦。区域地质背景：探区吐鲁番坳陷台北凹陷中部的温吉桑构造带上，北部紧邻丘东中下侏罗统煤系烃源岩生油次凹中心，南与七克台断褶带相望，是油气运移和聚集的指向所在。已有探井在中侏罗系三间房组发现了油层，油层厚度 12m，日产原油 59t。本次井地电法的工作目标是，圈定已发现的中侏罗统三间房组 2300~2900m 井段的油藏分布范围，并预测相邻区块含油气远景。根据地质任务和温西 16 井所在工区的地貌情况，采用双井联合激发的施工设计，测线布设如图 6.20 所示。

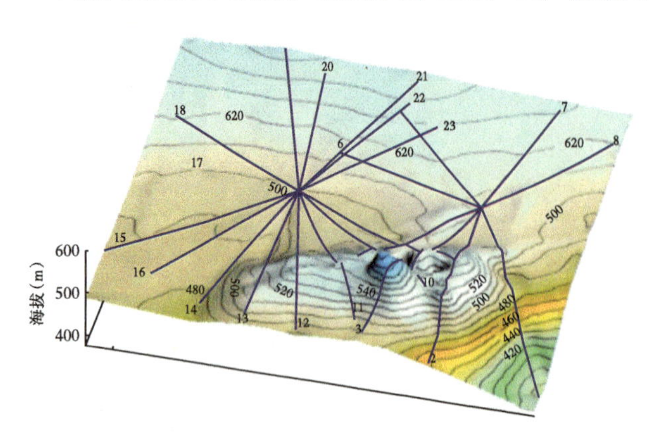

图 6.20 地形图背景上的温西 16 井地电磁法测线位置图

6.5.1.1 背景模型的建立

根据已知的电测井数据，计算总纵向电导率，然后进行曲线拟合，可以确定出工区背景地电模型，温西 16 井区的地层电阻率参数见表 6.1。

表 6.1 探区地层电性参数表

层号	1	2	3	4	5	6	7	8	9
层厚（m）	780	40	300	40	210	360	630	20	3620
层电阻率（Ω·m）	10.9	18.5	5.1	0.9	8.1	0.5	5.6	15.0	5.5
层电导（S）	71.6	2.2	58.5	43	25.9	666.7	112	1.3	659

套管电阻率 $=2.5\times10^{-7}\Omega\cdot m$。

激发场源：A_1B_1 顶 =0.0m，底 =2180m；A_2B_2 顶 =0.0m，底 =2520m。

基底深度：6000m；油层深度：2300~2400m。

三维反演时，需要给出背景模型，上面通过实测测井数据已经得到了工区的背景一维电阻率地电模型。

6.5.1.2 三维反演

在三维剖分时单元网格不能跨层，因此在实际的三维反演时将第 7 层厚度改为 610m，第 8 层厚度改为 40m，电阻率取两者的平均值，反演区域为 2100~2500m，垂直方向剖分单元距离 40m，数据为下供电减上供电。将差分后的径向电场分解到 x、y 方向的电场。

图 6.21 和图 6.22 分别是 z 和 y 方向的切片图。从图 6.22 三维反演结果 y 方向切片在深度 2100~2400m，y 方向 −700~1300m 处存在一个高阻体。从这个 y 方向切片基本上可以

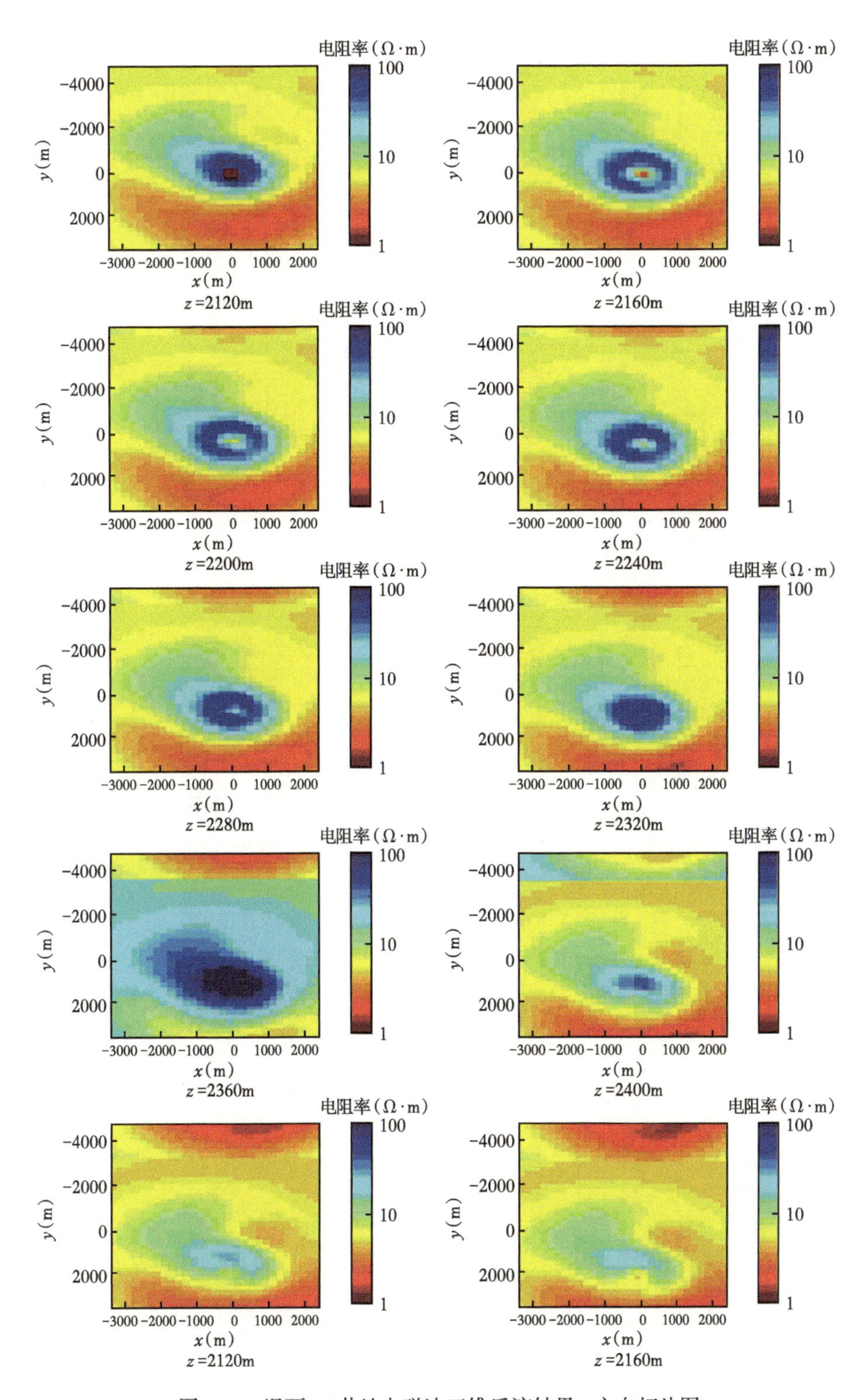

图 6.21 温西 16 井地电磁法三维反演结果 z 方向切片图

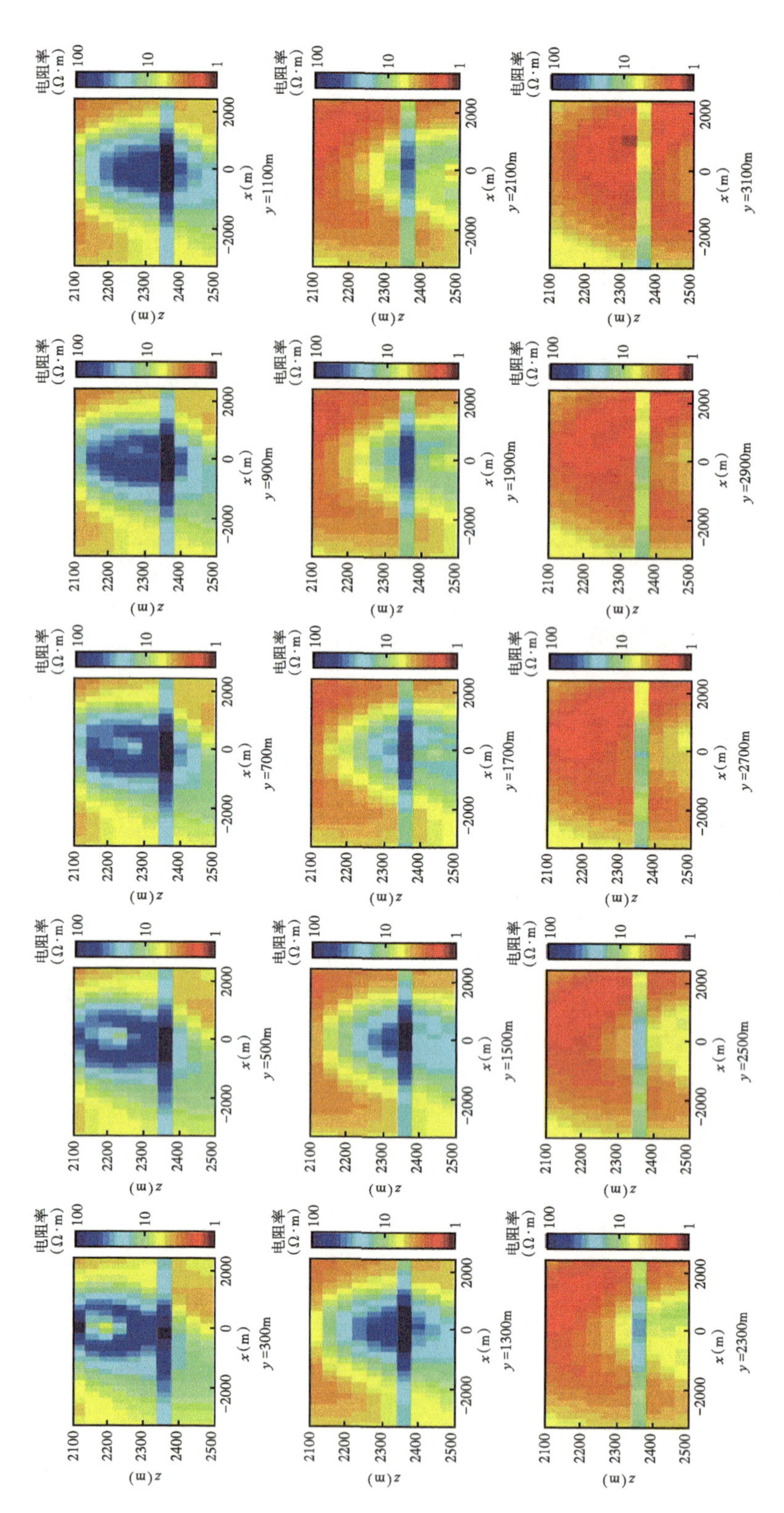

图 6.22　温西16井地电磁法三维反演结果y方向切片图

确定出高阻体的范围。从图 6.21 三维反演结果的 z 方向垂直切片上可以看出，在油井的周围存在一个高阻圈闭，在深度方向上，高阻体在水平方向上的范围在变化，这个结果与定性解释结果和已知资料基本吻合。

6.5.2 G63 井区 BSEM 湾测线数据三维反演

G63 井区位于陕西省定边县冯地坑镇。工区地处黄土塬区，井区周围沟谷纵横，地表为第四系未固结的松散黄土，承压强度小。此次井地电法勘探的目的是快速圈定 G63 井区含油气的边界范围。

根据勘探的任务和目的，在 G63 井所在工区做了测线的布设，布设测线 22 条，剖面长度 59km，坐标点 1187 个，控制面积 30km^2（图 6.23）。

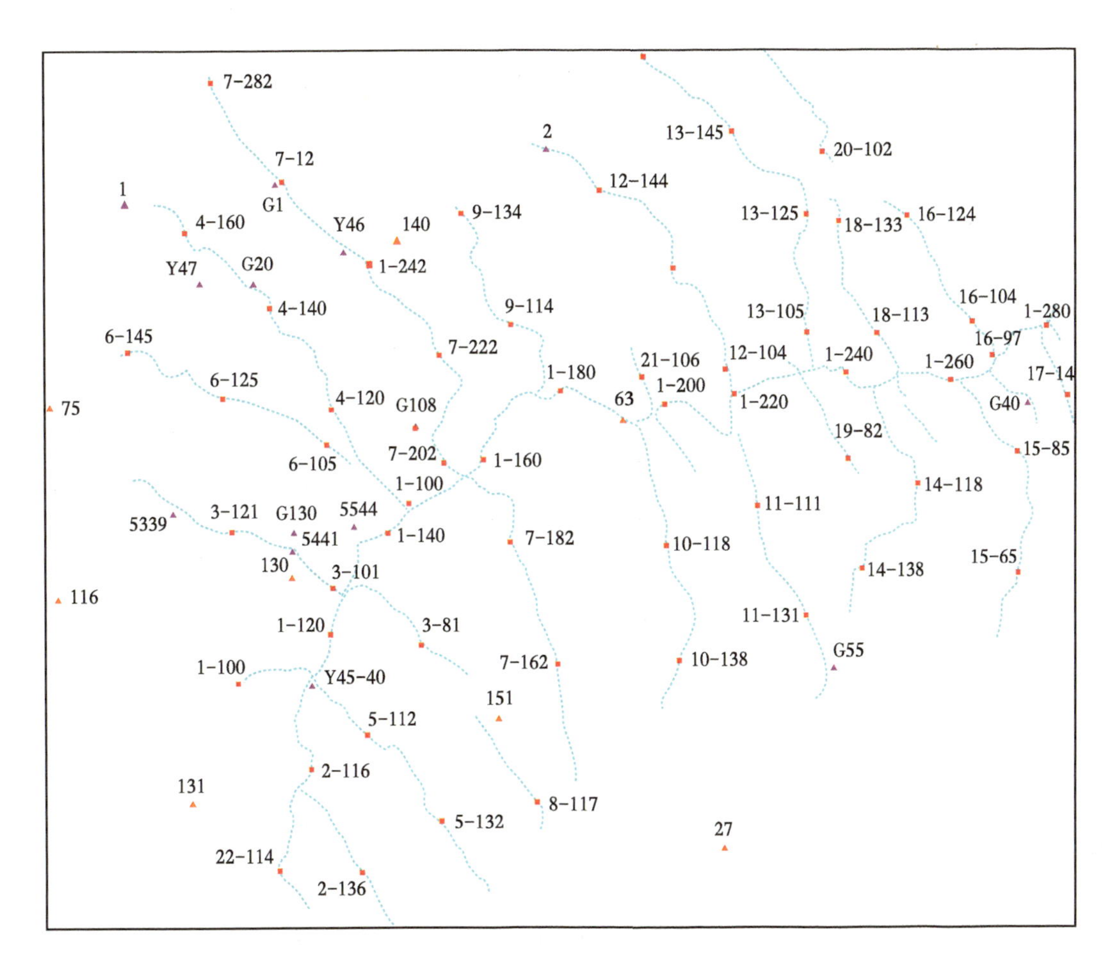

图 6.23 G63 工区 BSEM 湾测线部署图

6.5.2.1 背景模型和一维正演

根据已知的电测井数据，计算总纵向电导，然后做曲线拟合，可以确定出工区一维背景地电模型，G63 井区的地层参数见表 6.2 和图 6.24。

表 6.2 探区地层电性参数表

层号	1	2	3	4	5	6	7	8	9	10	11	12	13
层厚（m）	330	400	200	60	440	200	190	590	40	70	40	90	350
层电阻率（Ω·m）	6.9	7.4	4.7	7.8	4.1	14.5	11.5	9.7	12.1	12.5	24.6	16	24
层电导（S）	47	54	42	7.6	105	13	16	61	3.3	4.9	1.6	5.3	14

套管电阻率 $=2.5\times10^{-7}\Omega\cdot m$。

激发场源：A_1B_1 顶 =0.0m，底 =2388m；A_2B_2 顶 =0.0m，底 =2525m。

基底深度：3000m；油层深度：2400~2500m。

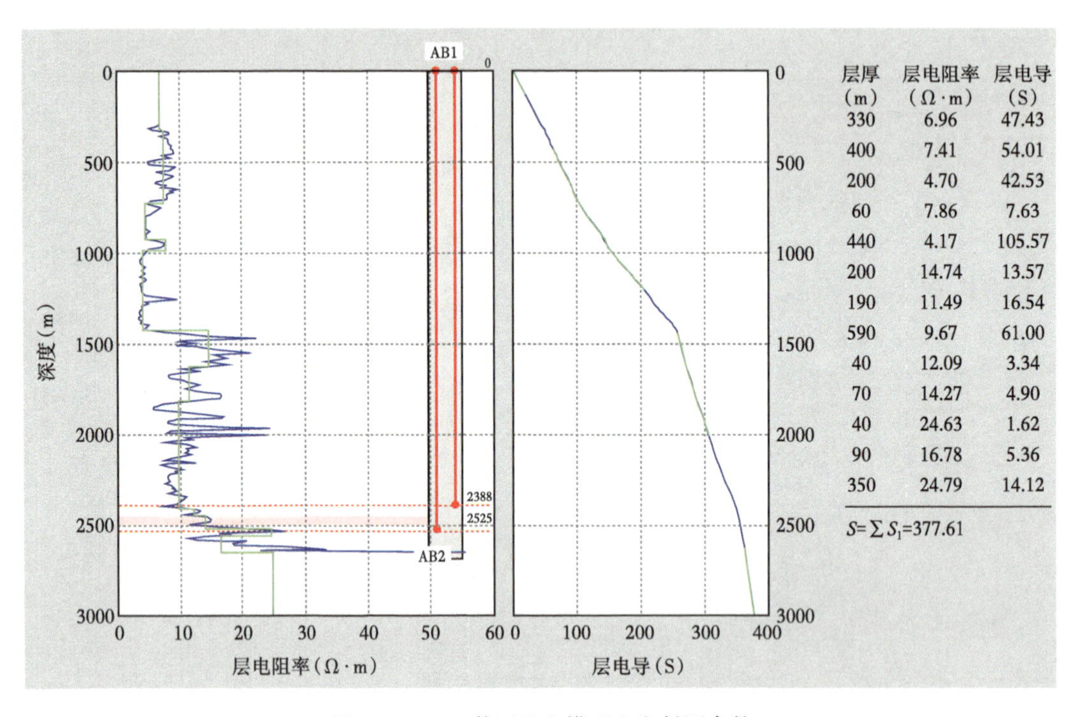

图 6.24 G63 井区地电模型和发射源参数

6.5.2.2 三维反演结果

以上面得到的背景模型作为三维反演的初始模型，设定迭代 30 次，电阻率的下限为 1Ω·m，选定的水平方向的反演区域为 10km×10km，井位于反演区域的中央，深度方向确定一个有利层，然后进行三维反演。图 6.25 是三维反演结果在 z 方向的切片图，从图上可以发现，在井的左面有一个高阻区域，而在井的右面有个低阻区域，井正好位于高低阻的中间；在深度方向上，高阻和低阻的形态没有太大的变化。经过认真分析后，感觉这个反演结果不是非常理想，与实际的油藏略有出入，分析其原因，可能和实测数据与理论模型相差太大有关，同时 G63 井区地形起伏比较大，没有消除地形影响。

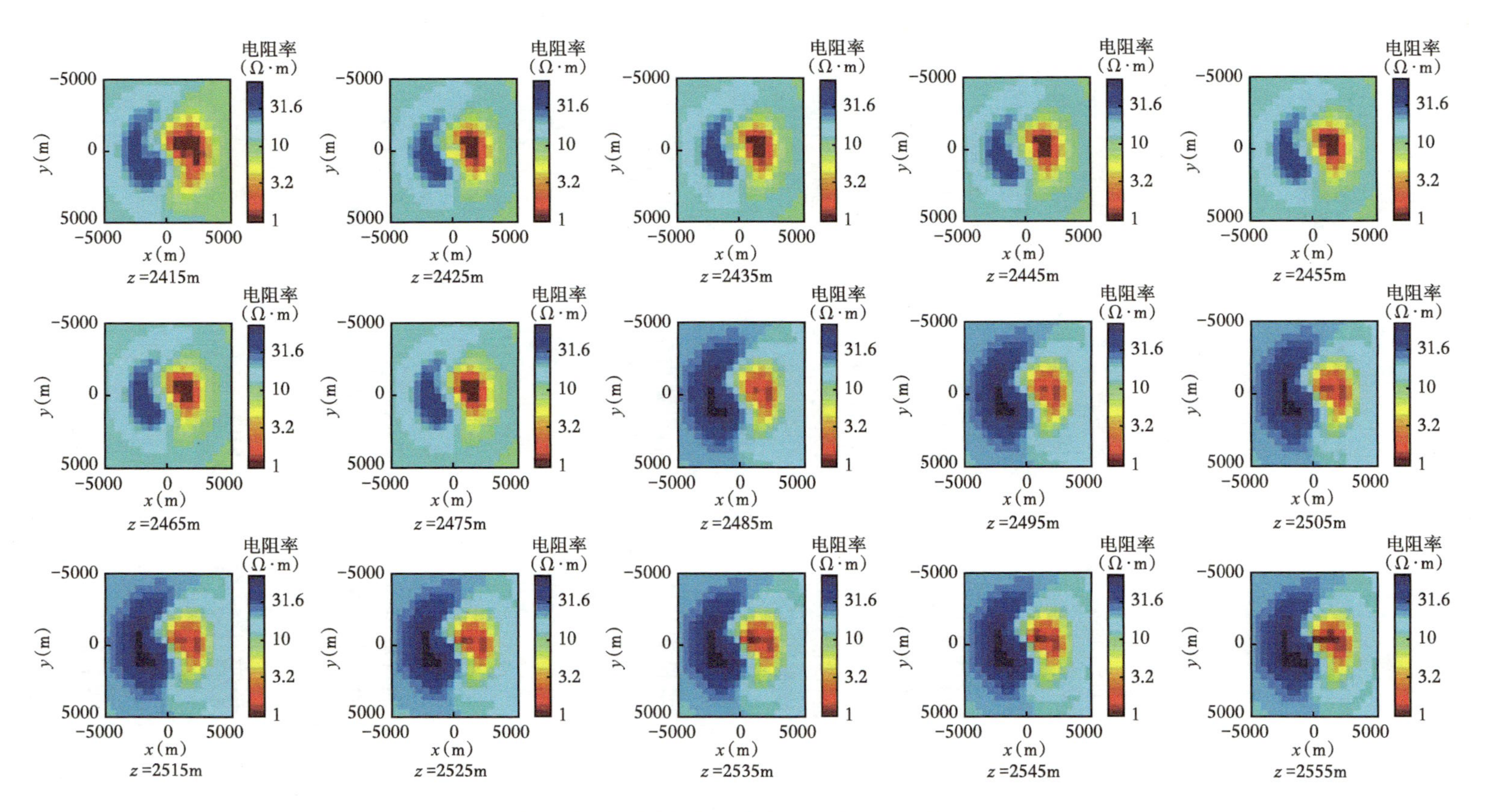

图 6.25 BSEM湾三维反演结果z方向切片图

7　油气检测机理与资料解释

研究井地电磁法主要目的是开展圈闭合油气检测，那么首先要厘清井地电磁法油气检测技术的机理。

地震勘探方法在油气勘探、开发中一直发挥着重要作用，但为什么又要提出井地电磁法油气检测技术呢？原因有三：(1)随着地表、地下地质条件的复杂和勘探开发目标的变化，常规地震资料的品质难以满足油气勘探开发的需要，造成勘探开发成本和地质风险较高；(2)油气成藏后会引起储层周围及上方介质物理、化学和其他响应的异常，这是电磁勘探的基础理论，即电磁直接或间接找油找气方法具有坚实的理论基础；(3)随着计算机技术的飞速发展，用于电磁勘探的仪器观测精度成几倍、几十倍甚至几百、几千倍的提高，观测方式多样化、资料处理方法的多维化和科学化等使得电磁勘探精度大幅度地提高，使定量、半定量识别油气藏异常边界和深度成为可能。井地电磁法正是现代高新技术发展的产物，井地电磁法油气检测技术是电磁油气检测技术中的佼佼者。

为什么这么说？电磁油气检测技术种类繁多，但不外乎地球物理的和地球化学的两大类。地球物理方法中主要分为电法和电磁法、重力和磁力、遥感和地温等。地球化学方法中有烃类检测和非烃类检测[36]，一般把与油气藏直接相关联的烃类或其物性检测方法归为直接找油方法，而其他探测油气藏的次生效应并通过次生的物理或化学异常来推断含油气情况的方法属于间接找油方法。

笔者认为，物理化学勘探方法中，电磁法、化探和微生物测量属于直接探测法。但按探测的深度信息来说，只有电磁测深方法直接探测到了油气藏本身[2]，既获得从浅到深与油气藏相关的信息，又能通过研究油气藏本身及周围的物理特性来确定含油气状况。

而井地电磁法与地面电磁测深方法相比较，两者检测油气的机理完全相同；其明显的差别在于井地电磁法激发场源位于井中储层附近，形成对油气藏孔隙介质更有效的激发。因此，井地电磁法是油气检测技术中最为重要和有效的方法。本章主要讨论井地电磁油气检测机理及资料解释方法。

7.1　油气藏激发极化异常微观机理

7.1.1　油气藏孔隙介质双电层激电原理[126]

不论是何种油气圈闭类型，二次运移理论认为，油气组分进入储层后，在地层水的携带下向圈闭处运移并在圈闭中聚集，从而形成油气藏。油气在圈闭中的聚集实际上是油气组分排驱圈闭储层孔隙水的过程，最终形成油气水的分层，而水则在平面上形成了一个围绕油气藏的水环。

对于油气水系统来说是一种多相平衡系统，其油相、油水过渡相和水相三者处于动力学平衡状态。从物理化学作用的角度来说，油水过渡（区）是该系统中物理化学反应最活跃的区域，油与水的相互排替、各种水解作用、化合物的相互作用等均在此区域内完成。

油气藏周围油田水中各种组分浓度沿侧向向外的变化，从纯油相到油水过渡区到纯水相，有机化合物的浓度逐渐降低，而无机组分则在油相区含量很低，在油水过渡区及其稍外侧形成最大浓度分布区，到纯水相以外，无机组分的浓度也比较低。

无论是构造油气藏还是其他隐蔽油气藏，上述油气水相态变化规律是一致的。用地球物理的方法研究油气藏这种物理相态，确定其物性特征，就可以对油气藏是否含油进行预测。地下介质的存在状态有多种形式，固相、液相和固液交互相。油气藏就是在固相介质之中的多相平衡系统。

在油气藏外围的固相空间区域中，分子和原子以一定顺序排列，相对位置不随时间变化。当固相状态下存在自由电子时为导体，无自由电子存在的则为介电体，还有一类固体物质只有在通电时才表现出导电性，则称为半导体。

在油气藏内部的液相由溶液分子和溶质离子组成，并且它们可在空间内任意运动。在液相中没有自由电子，液相中的电流是由离子的定向运动产生的。液相中电流的流动与溶液中游离分子的宏观运动有关，这可能导致溶液浓度的局部变化以及非电性相互作用力的出现，其中包括渗透压。在这种情况下，分子和离子都试图从高浓度区流向低浓度区，换句话说，在溶液中可能形成扩散离子流，其运动方向与电荷正负无关。当带有不同电荷的离子流的运动速度出现差异时，扩散的离子流就可能形成电流。

在油气与围岩之间存在固液交互相，一般称固液交互相介质为双相介质模型。在双相介质的边界存在双电层[127]，在这里电解质导电的离子特性就表现得非常明显，而且它的表现形式多种多样，并且存在物理、化学和电化学特性。这些物理变化包括：阳离子和阴离子浓度的变化、大量电荷的形成、扩散电流的产生、固液相间的离子交换、电渗现象即溶液的运动。化学过程包括固液相分子的反应。最后，当发生化学反应的分子在空间上分离，而价电子从具有导电特性的导体中的一段流到另一段时，产生电化学反应。

对于双相介质，当外接电场 E_0 后，液相中的离子开始向相边界聚集，将此形式的电荷聚集称为扩散电荷 Q_k。它的正负与电导沿电场 E_0 的变化程度无关，它的场的方向与外接电场 E_0 的方向相反。只有在外接电场达到一定时间后双相介质电荷达到平衡。因此，具有良好导电性的双相介质是强极化介质。

如果在岩石的孔隙中充满了导电水溶液，浸染矿石也是强极化介质的典型实例，其固相为电子导电性矿物。弱极化介质的典型实例为岩石，其固相表现为不导电物质。在这种情况下，在相边界形成的电荷数量并不是很多，它们主要集中在细孔和粗孔的交界处，在这一区域，由于离子运动的变化，其电导性发生变化。

在相边界或电导梯度区，离子电流的抑制作用是形成激发极化的主要物理机理。相边界的化学反应对激发极化场没有直接的贡献。也就是说，离子的流动没有形成明显的电流位移。在激发极化的可逆现象中，它们的作用不是很明显。电化学反应有助于电流在相边界的流动。也就是说，当 $t \to \infty$ 时，在相位边界电场的法向分量还不为 0，电化学反应导致电解质和固相的本质变化。

如果电化学反应是可逆的，则在去除 E 场后，电化学反应可以释放出电流形式的化学能。电化学反应使电荷或离子减少，然而却使能量以化学形式储存。激发极化理论并不能区分能量以电荷形式和化学形式储存的机理。在研究的激发极化效应中应注意如下三点：（1）电荷或离子的场与激发电场 E_0 方向相反；（2）电荷或离子与激发电场 E_0 成比例；（3）电荷具有扩散特性，它形成和消散的动态特性属于离子的扩散规律。

在外加电场下，双电层离子发生移动，导致孔隙界面两边形成极化，在表面形成电偶极子，产生极化效应。双电层离子导体激发极化效应在电解质溶液中的离子导体材料中具有重要作用。双电层形变形成激发极化的速度和放电的快慢，在双相边界或电导梯度区，离子电流的抑制作用是形成激发极化的主要物理机理，取决于离子沿颗粒表面移动的速度和路径的长短，因而较大的岩石颗粒将有较大的时间常数（即充电和放电时间长），这是用激电法寻找地下含流体储层的物性基础。根据毛细管模型和电化学理论[127]，单一毛细管中的电流强度为：

$$\frac{J}{n_0}e_x = F_0 Z\left(w_+ - w_-\right)e_x \tag{7.1}$$

式中，J 为外加单位面积上的电流强度，A；n_0 为单位面积上的毛细管数；F_0=9.65×10^4C/mol 为法拉第常数；Z 为组分的价数；w_+、w_- 为毛细管中正负离子流量。

$w_\pm$ 可表示为：

$$w_\pm = \mp v_\pm z F_0 \int_0^{r_0} C_\pm 2\pi \mathrm{d}r \frac{\partial u}{\partial x} - D_\pm \int_0^{r_0} \frac{C_\pm}{C_0} 2\pi \mathrm{d}r \frac{\partial C_\pm}{\partial C_0} \tag{7.2}$$

式中，$v_\pm$ 为毛细管中正负离子的迁移率；u 为毛细管中的电位；C_0 为毛细管中离子的浓度；$C_\pm$ 为毛细管内溶液正负离子分布浓度；r_0 为毛细管的半径；$D_\pm$ 为毛细管中正负离子的扩散系数。

因此，毛细管中正负离子流量与正负离子分布浓度、毛细管中的电位、毛细管的半径等成正比。同时，依据毛细管中正负离子流量分别满足质量守恒方程可以导出充电结束时刻毛细管两端电位为 u_0，双电层形变电位为 Δu_0，即放电开始时刻的电位为 $u_0+\Delta u_0$，放电过程中毛细管两端电位为 u_t、形变电位差 Δu_t，所以能够得出极化率为：

$$\eta_t = \frac{u_t + \Delta u_t}{u_0 + \Delta u_0} \tag{7.3}$$

这些微观的物理、化学和电化学活动，发生在地下存在液态溶液的任何地方，特别是在地下一定深度处压力较大和温度较高的条件下，这种化学的、电化学的活动强烈，但是单个微观双电层不足以形成可观的电位异常，只有在油气藏这个大型液态体内及周围无数微观双电层就足以形成可观的电磁场异常[128-129]。

但是，井地电磁与常规可控源电磁勘探一样，向地层中发射人工电磁场必然发生两个重要的物理效应：激电效应（Induced Polarization，IP）和电磁感应效应（Electromagnetic Induction，EMI）。电磁感应效应是利用时间变化的电磁场在地下介质中感应出涡电流，从而探测介质的电导率和磁导率分布。两种效应都在低频范围（通常在赫到千赫之间）表现显著，有利于探测地下较深层次的地质结构；两者都主要依赖于地下介质的电性参数，如电导率、极化特性。激电效应主要是电荷累积和释放的过程，而电磁感应效应主要是时间变化的电磁场在导体中感应出涡电流。

至此，在讨论激电效应的同时，有必要关注电磁频散效应和电磁感应[130]。电磁频散效应（Electromagnetic Dispersion Effect，ED）是电磁波在传播过程中由于介质的频率依赖性特性而导致波速、衰减特性和相位的变化。这种现象使得不同频率的电磁波在同一介质中以不同的速度传播。而电磁感应效应是指时间变化的磁场在导体（或介质）中产生电动势和涡电流的现象。这是法拉第电磁感应定律的基本内容。激电效应和电磁频散效应主要涉及介质内的微观电磁响应特性，而电磁感应效应则更关注外部施加电磁场导致的宏观感应现象。下面对比研究激发极化效应与电磁频散效应的差异，进而明确岩石的激电和频散效应特征。

7.1.2 岩石的激发极化效应与电磁频散效应

岩石的激发极化效应是一种电化学现象，发生在岩（矿）石及含水溶液在外加电场的激发下，会形成随时间变化的附加电场。如前文所述，这一现象与岩石中所发生的各种不同物理、化学、电化学过程有关，包括电子导体的激发极化成因和离子导体的激发极化成因。特别是离子导体的激发极化机理，与岩石颗粒和周围溶液界面上的双电层结构有关，由于阳离子的交换特性而在岩石颗粒和周围溶液接触面上形成。

电磁频散效应是岩石的电学性质（如电阻抗和电纳等）会随着频率的变化而发生变化的现象。实验表明，岩石阻抗或导纳是岩石组成成分物性参数及电性参数的非线性函数，在低频下应用常规导电模型计算出的岩石电导率和介电常数可能出现异常值。

虽然两者涉及的频率范围和具体机制有所不同，都与岩石的物理化学性质密切相关。因此，可以说岩石的激发极化效应与低频电磁频散效应是相关的，且频率范围重叠的。

激发极化效应和电磁频散效应在低频范围都有显著表现。在此频段内，介质的电导率和介电常数等电性参数显著受到影响，因此两者都能够在这个范围内提供有关地下介质的信息。也正因为两者的频率重叠，导致难以准确利用。

激发极化效应主要表现为介质在外加电场停止作用后，两极间电势的时间衰减。这一现象反映了介质中电荷累积和释放的过程，这些过程与介质的电导率和极化能力密切相关。电磁频散效应：低频电磁波在介质中传播时，由于介质的电导率和介电常数的影响，表现为不同频率下的传播速度和衰减。这些频率响应同样与介质的电导率和极化过程有关。

激发极化效应和电磁频散效应的响应都可以通过一些共同的电性参数描述，比如电导率、介电常数和极化参数。这些参数在频率和时间的变化中都会影响地下介质的电性行为。因此，通过综合分析这两种效应，可以更全面地了解介质的电性特征。两者具有互补的数据解释：激发极化效应数据提供了关于极化现象和电荷累积的详细信息，可以揭示矿物颗粒的极化特性和岩石的孔隙结构；电磁频散效应数据主要提供了电导率和介电常数的频率依赖性信息，通过对不同频率的响应分析，可以了解介质的整体电性结构。

在实际应用中，激发极化效应和电磁频散效应的数据可以互补使用。例如，在矿产勘探中，激发极化效应可以揭示矿物的极化能力，而电磁频散效应能提供更大尺度上的电性分布信息。结合这两种效应的数据，可以更准确地勘探矿产或评估地下水等资源。

在建模和数据反演方面，两者的数学模型常常可以借用类似的理论和技术来描述介质的电性行为。频域和时间域反演技术往往可以相互参考，帮助提高模型的精度。

岩石的激发极化效应和低频电磁频散效应在低频范围内表现出显著的相关性。这种相关性主要体现在两者对介质电性特征的共同依赖，以及频率范围的重叠。尽管两者的物理机制和测量方法不同，但其互补的数据解释和建模技术能够提供对地下介质更全面和精确的了解。通过综合利用这两种效应，可以更有效地进行地质勘探、地下水探测和资源评估。虽然频散效应和激发极化效应是各自物理特性的表现，但它们都与介质的物理性质有密切联系。在实际工作中，这两种效应可能会共同影响测量结果。因此，进一步研究岩石电磁频散效应具有重要意义。

7.1.3 岩石电磁频散效应

自储层岩石在电场激励下产生频散这种现象被发现以来，关于岩石为什么会产生频散，以及其频散机理的争论就一直没有停止。含一定导电矿物的岩石通过金属颗粒中的电子进行导电，不含导电矿物的岩石以孔隙通道中的离子作为导电载体，这无可争议，但在不同的观测频率下电阻率如何产生频散效应、介质频散与频率之间的联系仍作为研究热点而备受关注。由于储层岩石为复杂的多相孔隙介质，受孔隙流体、孔隙结构、黏土类型、温压环境等各种因素影响，注定其频散机制不能用单一方式来表达，也不可能有适用于所有岩石导电的通用模型。关于岩石的频散原理，目前有多种理论或假说。由于岩石内部孔隙宽窄不均，在电场的作用下，具不同迁移速度的阴阳离子在运移过程中受孔隙结构影响会形成离子浓度差，电场撤离后会发生放电现象，即产生二次电场，进而产生极化。孔隙中窄的通道，在离子迁移过程中扮演半透薄膜的角色，允许离子单方向运移，在孔隙两端形成离子浓度差，产生类似于薄膜电容结构。这种与溶液离子扩散相关的理论，有浓差极化、薄膜极化、扩散极化三种假说，其本质是相同的。另外，岩石孔隙通道内固液界面之间，特别是黏土颗粒与水之间会形成双电层结构，这是黏土颗粒本身的特性所引起。黏土颗粒带负的表面电荷，将溶液中的阳离子紧密吸附在颗粒表面，形成紧密层（Stern 层），紧密层之外为扩散层，允许一定量的阳离子向颗粒方向迁移而排斥阴离子。当孔隙通道很窄时，孔隙通道位于双电层的扩散层之内，通道两侧必然会形成离子浓度差。在电场作用下，电流流过孔隙通道时，双电层结构也会发生形变，进而产生极化。与颗粒表面双电层相关的这种界面极化，有双电层极化、Stern 层极化、扩散层极化、双电层形变极化假说[141-147]。通常情况下，离子扩散与双电层结构在孔隙中同时存在，在不同介质、不同环境、不同观测频率内占有不同比率，两种极化效应叠加在一起，影响着岩石的导电过程。这两种效应通常发生在中低频段（$<10^3$Hz），当测量频率高于 10^3Hz 时，导电通路之间产生电磁耦合效应，进而产生感应极化[137]。

7.2 储层岩石物理实验分析

本节主要讨论不同类型的储层岩石电性参数频谱特征。通过频谱特征分析，进一步研究岩石的微观导电机理，研究储层岩石不同温度、不同压力情况下电性参数的变化趋势，用于对野外电磁勘探资料进行温度和压力校正，进而提高反演精度；测试分析岩石孔隙中充填油水两相流体时，含油饱和度与岩石物性参数及频散特征参数之间的关系，为构建基于频散率的储层含油饱和度评价模型提供理论支持。

7.2.1 储层岩石物理实验设计

本小节设计两类岩石物理实验。其一为常规岩石复电阻率实验，包含导电矿物岩石和不含导电矿物岩石，测试分析不同岩性岩矿石的电性参数特征，分析岩石的微观导电机理，并研究含导电矿物岩石和不含导电矿物岩石电性参数随温度和压力变化的异同。其二为油水驱替岩石复电阻率实验，岩石为矿区含油储层岩石，测试分析储层岩石电性参数随温度、压力的变化趋势，以实现对野外实测数据进行温度、压力影响校正的目的；测试分析孔隙中含油水两相流体时含油饱和度与岩石电性参数之间的关系，并为储层含油饱和度评价提供参数。

常规岩石复电阻率实验岩心取自四川盆地和湖南郴州矿区，岩心分为两类，一类不含导电矿物，另一类包含导电矿物。不含导电矿物岩心有砂岩、玄武岩、大理岩、板岩、石灰岩、白云岩等共计 12 类，含导电矿物岩心包括砂岩、砂质页岩、变质砂岩、含硫化物、含氧化铜、含氧化铁矿物岩心共计 6 类。实验前需要将岩心加工成直径 2.45cm、高度为 3~5cm 的标准样本，进行称重，计算密度，测量孔隙度等常规实验处理，然后将岩心置于 1% NaCl 溶液中进行高压饱和。复电阻率实验仪器为 AutoLab-1000，测量频率范围设计为 0.01~10^4Hz，共计 31 个频点。变压力复电阻率实验设计如下：在 30℃ 实验温度条件下，采用 5MPa 的低孔压，通过围压变化实现地层压差的模拟。实验设计围压为 10MPa 至 70MPa，压力间隔为 10MPa。一个压力测试完毕后进行升压操作，待压力保持稳定后重复进行复电阻率参数测量，直到前后两次测量电阻率初始值变化率小于 1% 时记录数据。变温度实验设计如下：在围压 10MPa、孔压 5MPa 条件下，进行不同温度条件下岩心复电阻率参数测量。实验温度为 30℃、45℃、60℃、75℃、90℃、100℃。一个温度测量完毕后进行升温操作，待温度保持稳定时进行电性参数测量，直到前后两次测量电阻率初始值变化率小于 1% 时记录数据。

油水驱替复电阻率实验岩心取自辽河盆地相关储层，包含细砂岩、泥质粉砂岩、粗面岩。由于要测试分析孔隙中充填油水两相流体时储层岩石的复电阻率特性，分析含油饱和度与电性特征参数之间的关系，需要对岩心进行洗油、洗盐处理，以保证计算的含油饱和度的精度。预处理之后将岩心烘干、称干重，测量岩心的长度、直径、密度、孔隙度。用 NaCl 配置 6g/L 的模拟地层水溶液，将岩心进行真空高压饱和，使其完全饱和模拟地层水，然后进行不同温压及不同含油饱和度情况下的复电阻率实验。实验仪器为 SCMS-E 高温高压多参数测量系统和 ZL5 智能阻抗分析仪，其中 SCMS-E 高温高压多参数测量系统用于控制实验的温度、压力及油水驱替过程中岩心的含油饱和度，ZL5 智能阻抗分析仪用于测量岩心的电性参数，测量电流频率范围为 10~10^4 Hz。复电阻率实验测量采用两极法，电极为不锈钢电极。首先进行完全饱和水岩心不同温度、不同压力复电阻率实验。实验设计温度变化为 30℃、40℃、50℃、60℃、70℃、110℃，压力变化为 1MPa、5MPa、10MPa、15MPa、20MPa、30MPa，在每个温度下都进行不同压力的复电阻率实验。不同温度、压力实验完成后将岩心重新饱和模拟地层水，再进行油水驱替实验。实验过程如下：将完全饱和模拟地层水的岩心置于仪器内，使用平流泵以 0.05mL/min 的速度开始油驱水，当出水量一定时关闭平流泵，此时需要等待数小时，以保证岩石孔隙内油水充分平衡，使得岩心能够近似达到真实储层的油水饱和状态。ZL5 阻抗分析仪使用导线与岩心夹持器相连，同时对测量结果进行观测。待 ZL5 阻抗分析仪数值稳定时记录岩心的阻抗和相位，并计算当前的含水饱和度。一个饱和度测量完成后开启平流泵重复进行上述油驱水操作，直到只出油不出水为止，然后关闭平流泵测量岩石束缚水时的复电阻率，完成一块岩石不同含油饱和度条件下的复电阻率实验。整个实验过程均由计算机控制，以减小人为操作误差。为验证仪器测量的稳定性和准确性，实验前采用电阻电容并联电路对仪器及其测量系统进行标定，标定电阻阻值为 47Ω，电容容量为 0.47μF，测量结果与理论计算结果对比如图 7.1 所示。其中阻抗测量值与理论值的平均误差为 0.9%，相位平均误差为 3.8%，能够满足岩心测量实验的需求。

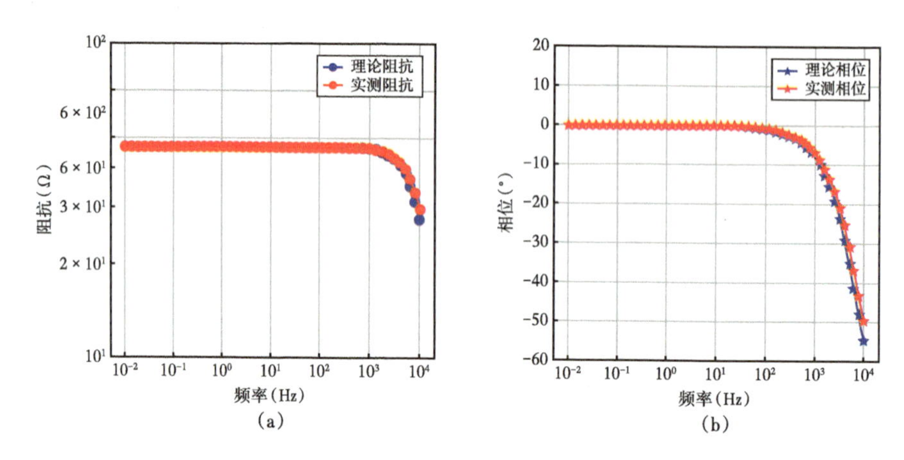

图 7.1　仪器测量值与理论值的对比曲线

（a）阻抗；（b）相位

7.2.2　不同岩性岩石的复电阻率参数特征

储层岩石的电性特征与岩石的成分、矿物含量、孔隙结构、孔喉连通性、黏土含量、孔隙流体、渗透性、温度、压力等诸多因素有关，是一个多种导电机制共存的复杂的导电体系。由于岩石的电阻率随测量频率发生变化，即使同一类岩石其孔隙充填不同流体或泥质含量不同时，其电阻率变化也不同，因此电阻率频谱幅值的大小并不能完全表征储层岩石的电性特征，这对电磁勘探野外资料反演造成很大的困扰。而作为储层岩石电性参数的另一个特征——相位，在勘探中往往被忽略。究其原因，主要是相位与复电阻率的虚部相关，对整个导电体系的贡献相对较小；其次是相位变化通常较小，测量存在较大的相对误差；再次是相位受介质的极化特性、测量频率因素干扰，导电机理不清，数值模拟等理论研究相对复杂。相位变化与储层岩石的导电机制密切相关，对于充填孔隙流体的岩石，宽窄不均的孔隙通道形成的离子浓度差、黏土颗粒与溶液中的自由离子形成的双电层，均表现出电容性质，因此其相位在低频时通常为负值，且随着测量频率而不断发生变化。

针对常规复电阻率实验岩石样本，在温度 30℃、压力 10MPa 情况下测试分析了不同岩性岩石的阻抗及相位随测量频率的变化特征。对比分析不含导电矿物岩石与含导电矿物岩石的频谱特征，以期对岩石的微观导电机理有更深一步的了解。

7.2.2.1　不含导电矿物岩石的频谱特征

不含导电矿物的储层岩石，其导电载体为孔隙流体。受孔隙结构的影响，岩性越致密，其电阻率相对越大，不同测量频率下电阻率差异性越大，其相位变化越大。此外，由于孔隙中的泥质会吸附溶液中的自由离子形成双电层，在电场作用下将会产生很强的界面极化效应，因此泥质含量是影响岩石相位谱的重要因素。Barreto 和 Dias 研究认为，在 10^{-3}~100Hz 的低频段，离子扩散极化在岩石的导电机制中占主导地位[137]；在 10^4~1MHz 的高频段，岩石的导电机制以电容—感应极化为主；在二者的中间频率部分，两种极化机制共同作用[137]。图 7.2 为流纹斑岩（a）和酸性熔岩（b）的频谱特征。流纹斑岩编号为 16，岩性密度 2.67 g/cm^3，孔隙度 0.7%；酸性熔岩编号为 18，岩性密度 2.71g/cm^3，孔隙度 0.8%，都属于高密度低孔隙岩石。

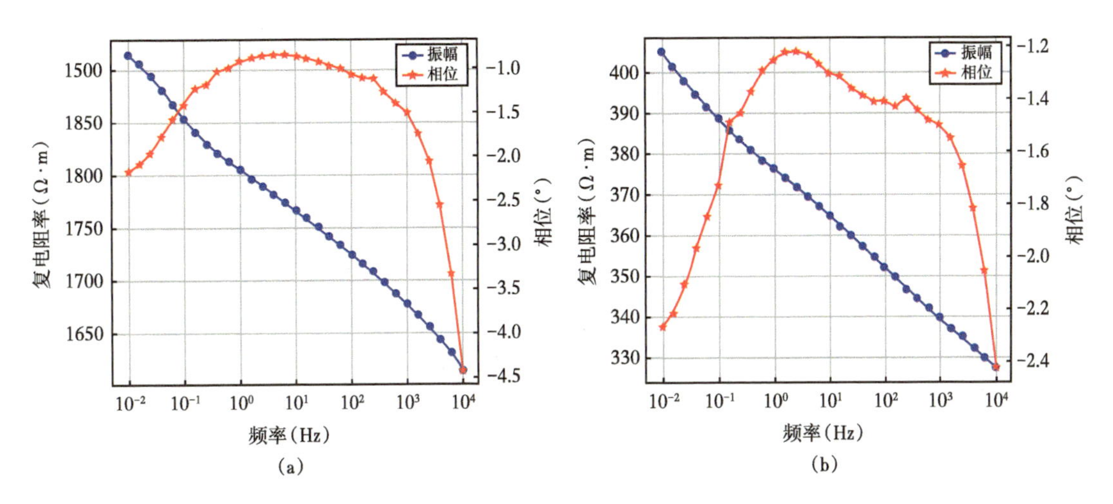

图 7.2　流纹斑岩（a）与酸性熔岩（b）的复电阻率振幅和相位曲线

从岩石的物性参数上看，16 号流纹斑岩与 18 号酸性熔岩密度和孔隙度都基本接近，均属于致密岩石，二者相位变化类似，均随着测量频率先增大后减小。由于流纹斑岩电阻率随频率减小幅度相对大些，因此其相位随频率的变化也大于酸性熔岩的变化。基于 Barreto 和 Dias 的分析认为，在低频段离子扩散极化占据主导，随着频率的升高，孔隙内电容极化效应增强，因此在中频段形成相位峰[137]。通过对比两张图可以推测，相位峰出现的位置应与孔隙内离子扩散形成的电容以及双电层电容的数量有关，电容极化强相位峰向低频方向移动，电容极化弱相位峰向高频方向移动。

图 7.3 为石灰岩的电性参数频谱特征，其中（a）为纯石灰岩，编号为 124，密度为 2.79g/cm^3，孔隙度 0.6%；（b）为含砂质硅质灰岩，编号 145，密度 2.88g/cm^3，孔隙度 1.2%。145 号含砂质硅质灰岩孔隙度略大，因此其电阻率远低于 124 号纯石灰岩，二者频谱特征相同，相位随测量频率先增大后减小。二者均在 10^2~10^3Hz 之间出现相位峰，推测其孔隙内黏土含量较少，中低频段岩石的导电以离子扩散极化为主。

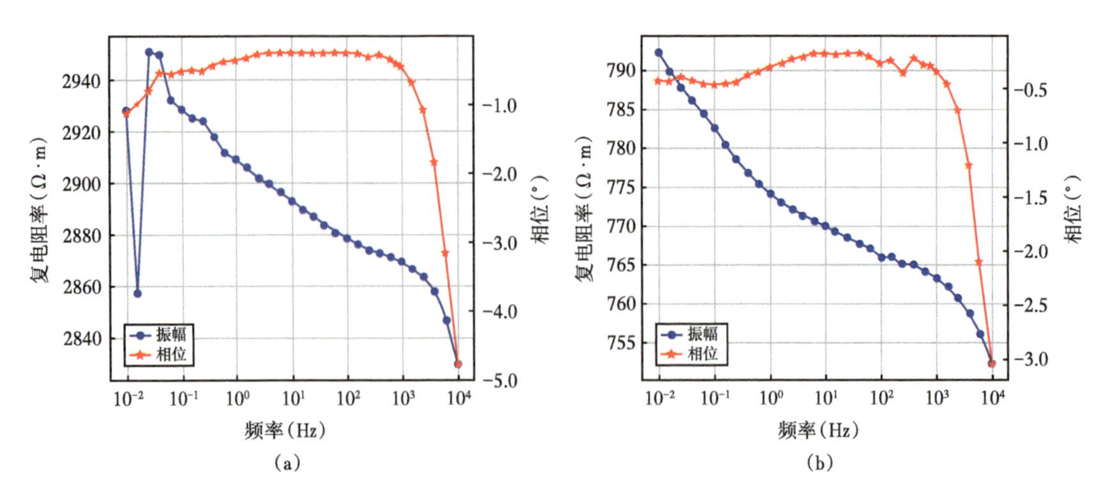

图 7.3　纯石灰岩（a）与含砂质硅质灰岩（b）的复电阻率振幅和相位曲线

图 7.4 为板岩和大理岩的电性参数频谱特征，其中（a）为板岩，编号为 233，密度为 2.62g/cm^3，孔隙度 4.2%；（b）为大理岩，岩心编号 166，密度 2.6g/cm^3，孔隙 1.3%。板岩的相位频谱与流纹斑岩、酸性熔岩以及石灰岩的相位频谱类似，均随频率的增大出现相位峰后减小；大理岩的相位特征则与上述岩石特征略显不同，其相位随频率变化至高频段才出现相位峰。由于大理岩内部一般含有微量或不含黏土矿物，其导电机制应主要以离子扩散极化为主，因此当频率升至高频段时，导电机制才向电容极化效应方向过渡，相位谱逐渐趋于下降趋势。

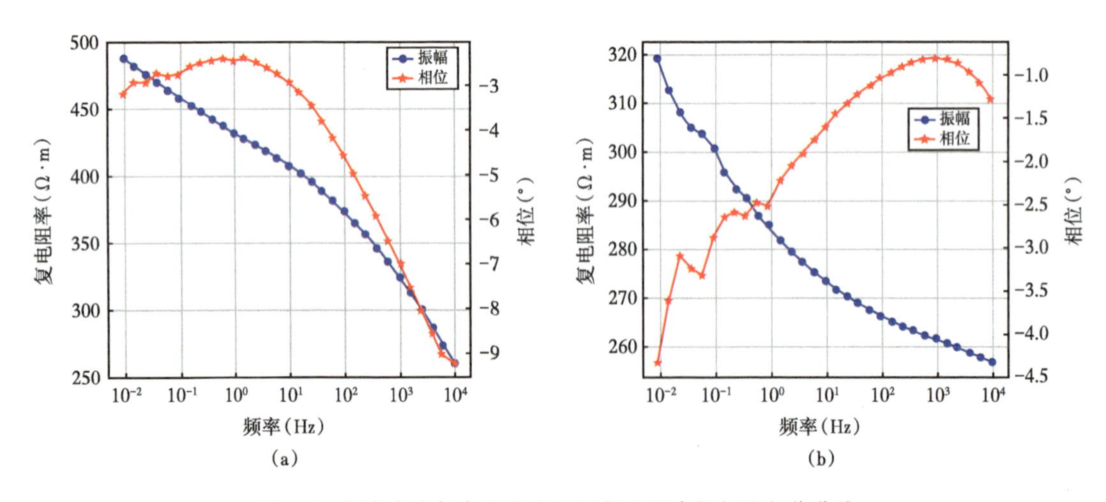

图 7.4　板岩（a）与大理岩（b）的复电阻率振幅和相位曲线

图 7.5 为玄武岩的电性参数频谱特征，其中（a）为玄武岩，岩心编号为 72，密度为 2.72g/cm^3，孔隙度 0.9%；（b）为变质玄武岩，岩心编号 178，密度 2.93g/cm^3，孔隙度 0.4%。二者无论是电阻率频谱曲线还是相位频谱曲线的幅值、变化趋势都基本一致，均随测量频率的增大而减小。

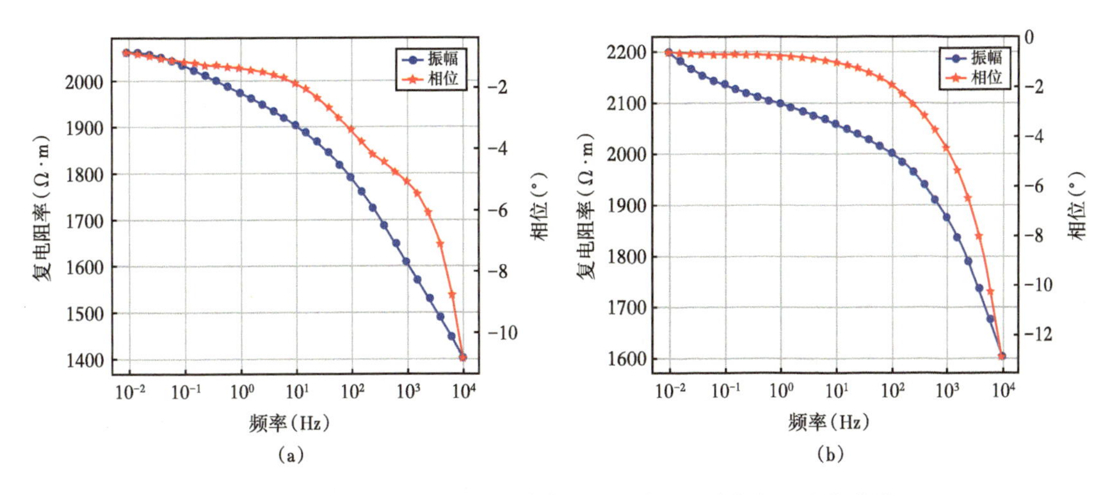

图 7.5 玄武岩（a）和变质玄武岩（b）的复电阻率振幅和相位曲线

图 7.6 为砂岩和片岩的电性参数频谱特征，其中（a）为紫褐色砂岩，编号为 91，密度 2.75g/cm^3，孔隙度 2.1%；（b）为绿片岩，岩心编号 202，密度 2.63g/cm^3，孔隙度 2.7%。片岩由典型片状构造的变质岩经低级区域变质作用所形成，绿片岩的原岩一般为中性至基性火山岩、火山碎屑岩和钙质白云质泥灰岩。本次实验所选绿片岩的频谱特征与砂岩类似，相位均随频率的增大而减小。绿片岩低频段三个测点的相位表现出异常特征，推测为测量过程中流体在孔隙中分布不均、测量状态不稳定，或由仪器故障所致。

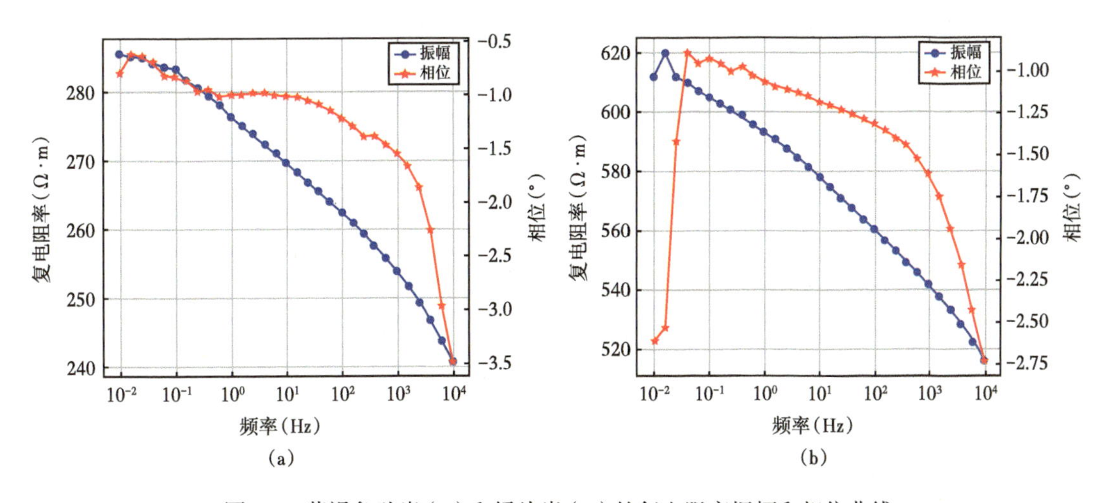

图 7.6 紫褐色砂岩（a）和绿片岩（b）的复电阻率振幅和相位曲线

图 7.7 为白云质灰岩和白云岩的电性参数频谱特征。白云质灰岩［图 7.7（a）］岩心编号为 116，密度 2.86g/cm^3，孔隙度 0.4%；白云岩［图 7.7（b）］岩心编号为 129，密度 2.8g/cm^3，孔隙度 0.7%。石灰岩与白云岩均属于碳酸盐岩，二者岩性致密，电阻率随频率变化幅度较大，其相位变化较大，尤其在高频段，相位急剧降低。

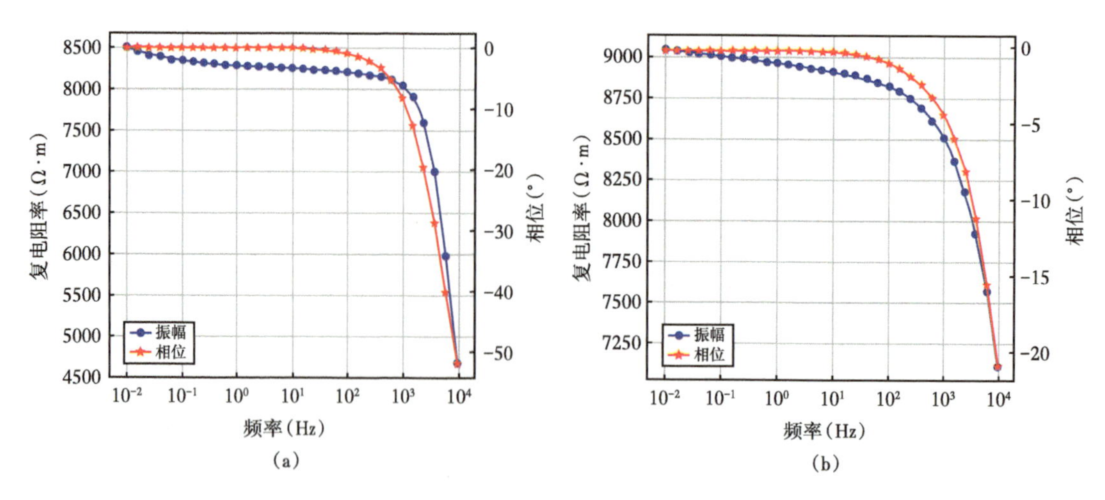

图 7.7　白云质灰岩（a）和白云岩（b）的复电阻率振幅和相位曲线

玄武岩、砂岩、石灰岩、白云岩、绿片岩的相位均随测量频率增大而减小，分析认为这几类岩石样品中均含有一定的泥质或孔喉通道较窄，离子扩散及黏土颗粒表面易产生类似电容的结构，且电容效应强于离子扩散效应，因此导致相位随频率的增大而逐渐减小。

7.2.2.2　含导电矿物岩石的频谱特征

前面讨论了不含导电矿物储层岩石的复电阻率参数特征，其主要是以孔隙中的自由离子作为导电载体的导电方式。对于含导电矿物的岩石，除孔隙流体导电之外，以岩石基质中的金属颗粒作为导电载体的电子导电方式在整个岩石体系中也占有一定比例。

图 7.8 为变质砂岩和灰黄色砂岩的电性参数谱频特征。变质砂岩［图 7.8（a）］岩心编号为 227，密度 2.57g/cm^3，孔隙度 3.2%。灰黄色砂岩［图 7.8(b)］岩心编号为 107，密度 2.4g/cm^3，孔隙度 16.5%。图 7.9 为砂质页岩的电性参数频谱特征，岩心编号为 267，密度 2.63g/cm^3，孔隙度 1.7%。图 7.10 为含金属硫化物矿物与含氧化铜矿物岩石的电性参数频谱特征。含金属硫化物矿物［图 7.10（a）］岩心编号 2，密度 3.25g/cm^3，孔隙度 1.8%；含氧化铜矿物［图 7.10（b）］岩心编号 10，密度 3.2g/cm^3，孔隙度 4.3%。

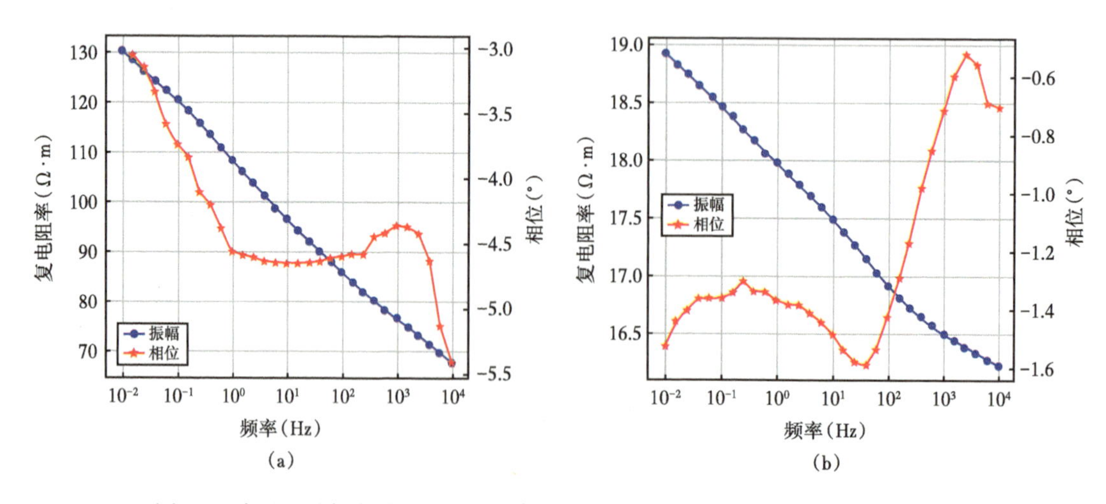

图 7.8　含导电矿物变质砂岩（a）和灰黄色砂岩（b）的复电阻率振幅和相位曲线

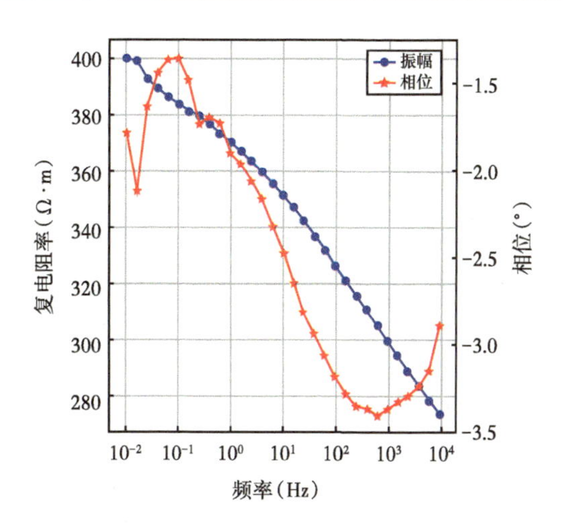

图 7.9　含导电矿物砂质页岩的复电阻率振幅和相位曲线

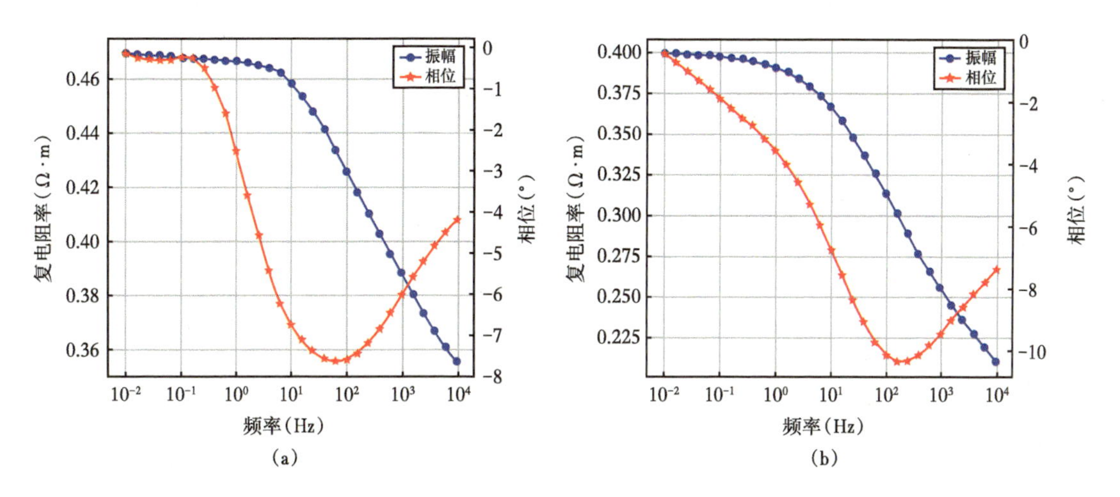

图 7.10　含金属硫化物矿物（a）与含氧化铜矿物（b）岩心的复电阻率振幅和相位曲线

对比图 7.2 至图 7.10 可以看出，含导电矿物与不含导电矿物岩心的相位谱存在较大区别，这表明含导电矿物与不含导电矿物的微观导电机制存在明显的不同。由于岩心中含有导电矿物，其内部的导电机制影响因素更多，因此其相位变化更为复杂。在岩石内部，离子扩散极化、电容极化这两种激发极化导电与金属颗粒导电一起构成复杂的导电路径。从含导电矿物岩心的相位谱可以看出，其相位随测量频率的变化均出现了波谷，分析认为由于岩石基质中的电子导体易受测量频率的影响，在电场的作用下，岩石内部导电体之间易产生电磁干扰，因此电磁感应效应随测量频率增大而逐渐增强。

7.2.2.3　含导电矿物岩石与不含导电矿物岩石频谱特征对比

表 7.1 为含导电矿物与不含导电矿物岩石频谱特征的对比分析表。通过对比分析可知，相位谱波峰、波谷的极值频率与岩性、孔隙结构密切相关。对于不含导电矿物岩石来说，岩性相同的岩石，孔隙度越大，其波峰极值频率越低；对于含导电矿物岩石，导电矿物含量越高，波谷极值频率越低。当岩石内部离子导电与电子导电两种机制并存时，岩石的相

位谱变得更为复杂，呈现双极值模式，极大值（波峰）的位置与电容极化效应的强弱相关，电容极化强，波峰向低频方向移动；极小值（波谷）的位置与感应极化效应的强弱相关，感应极化越强，则相位谱极小值的频率越低。

表 7.1　含导电矿物岩心与不含导电矿物岩心频谱特征对比表

矿物类别	岩性类别	岩性	岩心数量	孔隙度（%）	极值特征	极值频率（Hz）	认识
不含导电矿物	火成岩	酸性熔岩	3	0.8~1.7	极大值	0.01~1	极化机制与孔隙结构相关，孔隙度越大，波峰极值频率越低
		斑岩	2	0.7~1.3	极大值	0.1~10	
		玄武岩	5	0.5~0.9	无	<0.01	相位谱随频率增大而降低，在观测频率内无峰值，导电机制与孔隙结构、黏土含量相关，孔隙内易形成电容结构，电容极化在低频部分占据主导
		变质玄武岩	5	0.4~0.8	无	<0.01	
	沉积岩	砂岩	7	1.6~3.3	无	<0.01	
		白云质灰岩	6	0.4~1.7	无	<0.01	
		白云岩	6	0.6~1.1	无	<0.01	
		含砂质硅质岩	4	0.6~1.2	极大值	10~1000	相位谱在高频部分出现极大值，扩散极化在低频部分占据主导
		石灰岩	1	0.6	极大值	10~1000	
含导电矿物	变质岩	大理岩	1	1.3	极大值	10~1000	
		片岩	1	2.7	极大值	0.1~1	相位谱在低频部分出现极大值，电容极化在低频部分逐渐占据主导
		板岩	1	4.2	极大值	0.1~1	
	沉积岩	砂质页岩	2	1.6~1.7	双极值	0.1~1000	导电机制复杂，多种导电机制共同作用。随频率增大，电子导体易产生电磁感应效应，进而相位谱产生极小值
		变质砂岩	4	2.1~3.2	双极值	100~1000	
		灰黄色砂岩	1	16.5	双极值	0.25，40，2500	
		含硫化物矿物	5	1.3~3.5	极小值	10~1000	相位谱的极小值频率与导电矿物含量相关，含量高，极值频率向低频方向移动
		含氧化铜矿物	5	5.4~29	极小值	10~1000	
		含氧化铁矿物	3	1.4~4.3	极小值	10~1000	

在本节的岩石分类中，某些岩石如酸性熔岩、玄武岩、变质玄武岩等岩石成分中通常也会含有一定量的导电矿物。本次测试的这三类岩石均具有较高的电阻率，如酸性熔岩电阻率值均在 300Ω·m 以上，玄武岩、变质玄武岩电阻率值均在 1600Ω·m 以上，因此从电阻率幅值、随频率变化趋势来看，推测其岩石内导电矿物含量较少，且以分散颗粒形式赋存于基质之中，因此本书将这三类岩石归结为不含导电矿物岩石类型。

7.2.3　环境参数与岩石电性参数之间的关系

7.2.3.1　压力与电性参数之间的关系

对于多孔介质的储层来说，埋藏深度越深，其所承载的地层压力越大，岩性越致密。

不含导电矿物的储层岩石，其孔隙内部通常被地层水所充填，岩石内部的导电机制主要为离子导电。当测量压力增大时，孔隙结构受到压缩，一部分孔隙流体被排挤出孔隙，导电离子减少；另一部分孔隙流体进入微裂隙内，导电路径受阻，因此岩石的电阻率将升高，相位减小。本次实验所选用的 12 种类型的不含导电矿物岩心，即紫褐色流纹斑岩、灰色酸性熔岩、黑色玄武岩、紫褐色砂岩、灰色白云质灰岩、灰色石灰岩、灰白色白云岩、灰色含砂质硅质灰岩、灰白色大理岩、黑色变质玄武岩、灰绿色片岩、灰黑色板岩不同压力下的电性参数频谱特征均相同，本小节仅以一块岩心为例，其余不再赘述。所选岩心为灰白色白云岩，岩心编号 129，密度 2.8 g/cm^3，孔隙度 0.7%，岩性致密，其不同压力条件下的频谱特征如图 7.11 所示。

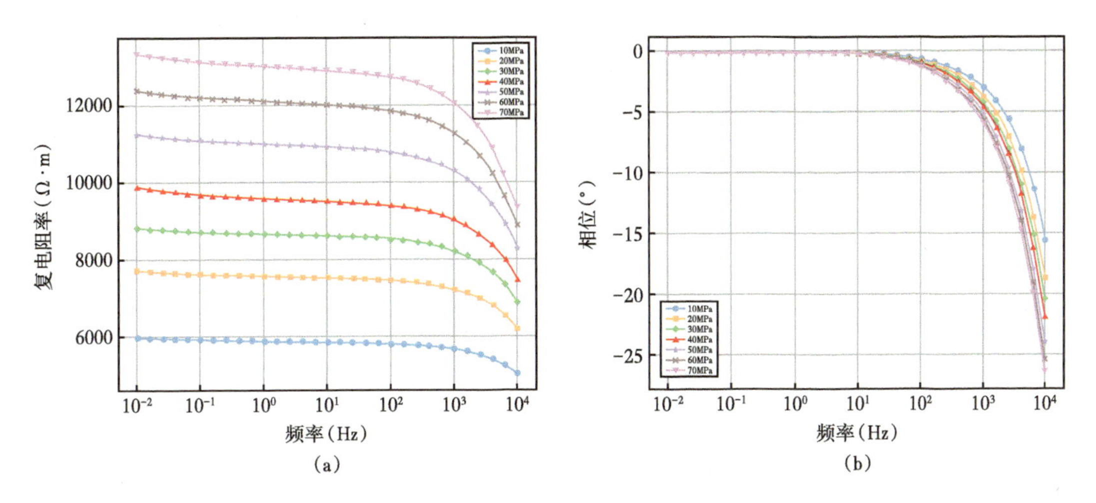

图 7.11　不同压力条件下白云岩的复电阻率振幅（a）和相位（b）曲线

从复电阻率振幅曲线可以看出，当岩心从初始压力 10MPa 增加至 20MPa 时，由于岩石孔隙具有较大的压缩空间，因此电阻率增幅较大；当压力继续增大时，在孔隙压力与围压的双重影响下，孔隙可压缩空间变小，电阻率增幅逐渐减小。类似地，同一频率下的相位增幅也逐渐减小。压力对电阻率的幅值会产生很大的影响，在 10MPa 压力下，129 号白云岩电阻率的幅值为 5960Ω·m，而在 70MPa 压力下幅值升高至 13325Ω·m。这表明压力参数是电磁勘探野外资料处理过程中不可忽视的重要参数，尤其是在深海、深地石油勘探中，需要根据地层压力对数据进行必要的校正，进而提升电阻率资料反演结果的精度。

含导电矿物的储层岩石的电性参数随压力的变化则表现得略为复杂。从整个岩石的导电体系来看，岩石基质内的金属颗粒电子导电与孔隙内所含流体离子导电两种机制并存。而岩石基质内金属颗粒的含量、赋存状态也必然影响岩石的电性参数。实验研究表明，含导电矿物岩石的电性参数随压力变化呈现两种截然相反的特征。本小节以含氧化铜样品为例，说明不同氧化铜含量情况下其电性参数频谱特征随压力的变化规律。所选其中一块氧化铜岩心编号 9，密度 3.31g/cm^3，孔隙度 1.4%，其频谱特征如图 7.12 所示。另一块氧化铜岩心编号为 13，密度 4.21g/cm^3，孔隙度 2.2%，其频谱特征如图 7.13 所示。

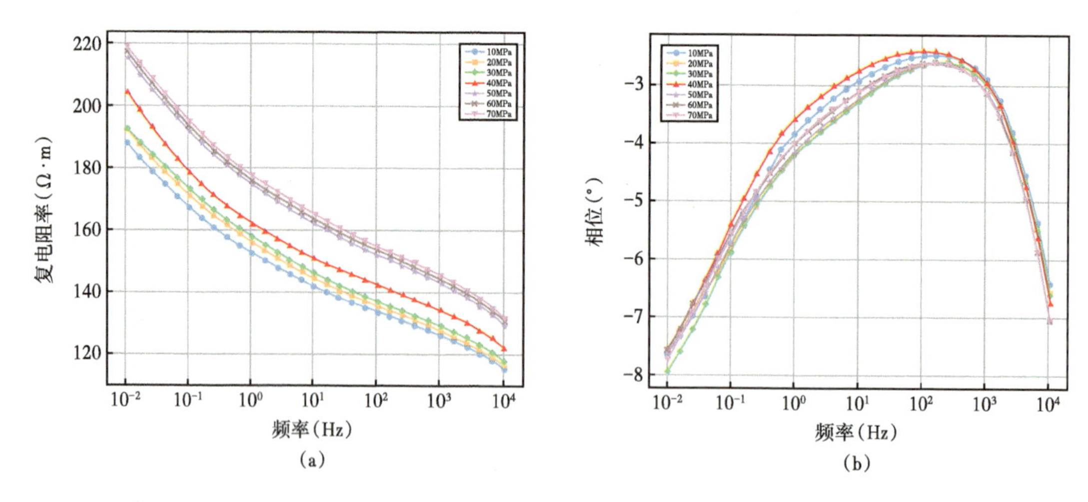

图 7.12 不同压力条件下含氧化铜矿物 9 号岩心的复电阻率振幅(a)和相位(b)曲线

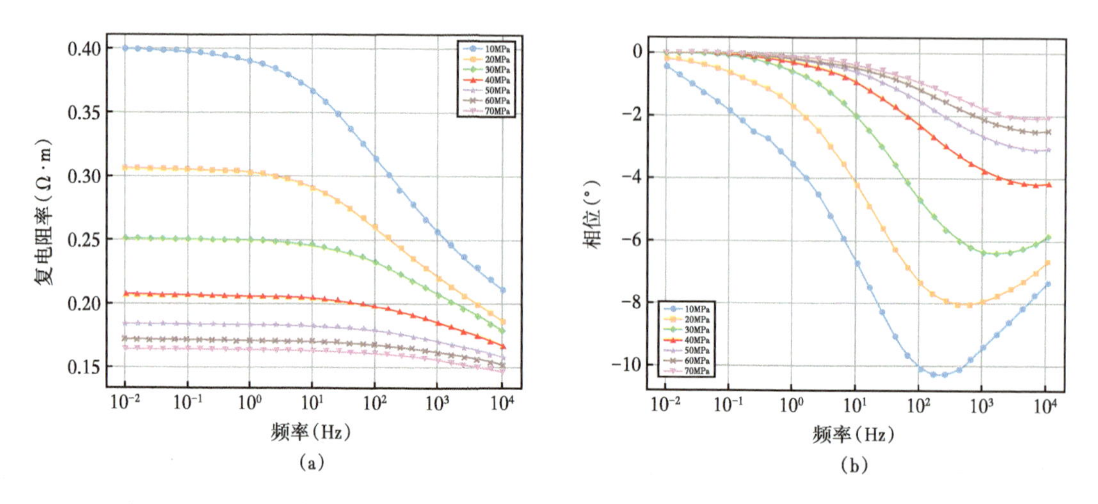

图 7.13 不同压力条件下含氧化铜矿物 13 号岩心的复电阻率振幅(a)和相位(b)曲线

对比图 7.12 和图 7.13 不难发现，同样含导电矿物氧化铜的两块岩心，其不同压力条件下的电性参数展现完全不同的变化规律。由于导电矿物含量不同，两块岩心的电阻率相差很大。分析认为，图 7.12 中 9 号岩心内部的导电矿物在岩石基质中以分散状态赋存，金属颗粒不足以构成较多的电子导电通路，因此，其导电机制与不含导电矿物岩心规律一致。而图 7.13 中 13 号岩心电阻率仅有零点几欧姆米，随着压力的增加，其电阻率降低，这与不含导电矿物的电性规律完全相反。由于岩石中电子导电与离子导电两种机制并存，随着压力的增大，加强了岩石内部导电金属颗粒之间的接触，因此电阻率迅速降低；进一步增加压力后，孔隙及岩石基质颗粒的可压缩率减小，电阻率变化速率也逐渐减慢。同样，压力对含导电矿物岩石的电阻率也产生很大影响，尽管 13 号含氧化铜岩心电阻率很低，其低压与高压下电阻率的变化相差已超过一倍，因此压力的影响同样不可忽略。

7.2.3.2 温度与电性参数之间的关系

相比于压力对岩石电性参数频谱特征的影响，温度对岩石的电性参数影响比较单一。不论是不含导电矿物的储层岩石，还是含导电矿物的储层岩石，其电阻率均随温度增加而减小。对于不含导电矿物的岩石来说，随着温度升高，孔隙内导电离子的活性增强，岩石的导电性随之增强，因此岩石的电阻率降低。而对于含导电矿物的岩石，同样遵循这样的规律，因为温度对电子导体的活动性的影响也是增大的。图 7.14 为不同温度情况下变质玄武岩电性参数频谱特征，岩心编号为 179，密度 2.9g/cm^3，孔隙度 0.8%。图 7.15 为不同温度情况下含氧化铜岩心电性参数频谱特征，岩心编号为 13，密度 4.21g/cm^3，孔隙度 2.2%。

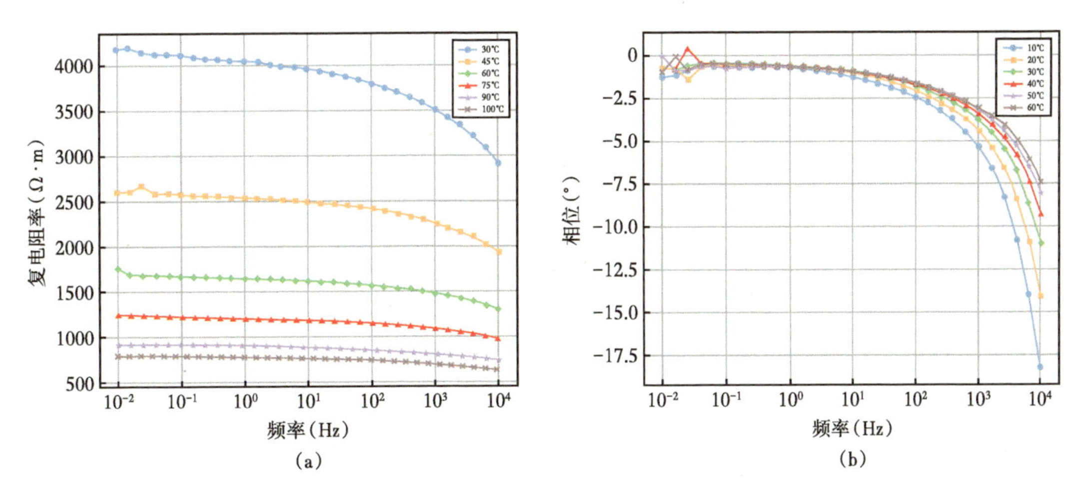

图 7.14　不同温度条件下变质玄武岩 179 号岩心的复电阻率振幅（a）和相位（b）曲线

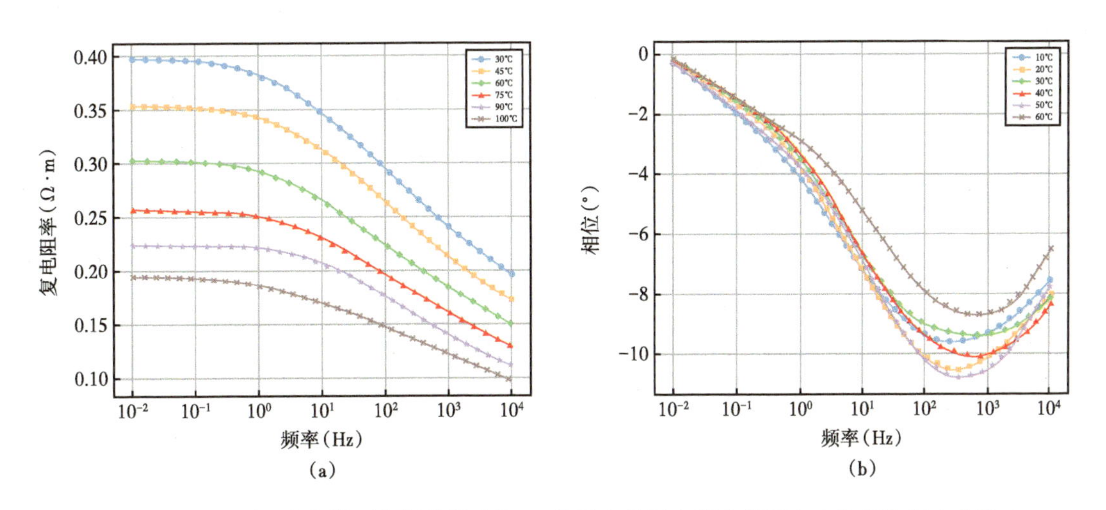

图 7.15　不同温度条件下含氧化铜矿物 13 号岩心的复电阻率振幅（a）和相位（b）曲线

对比两块岩心不同温度下电阻率振幅变化，不含导电矿物岩心由于本身就具有较高的电阻率，因此其随温度变化很大，低温和高温情况下，电阻率幅值可产生数倍的差异。这表明在电磁资料反演过程中如果不考虑地温梯度，不对电阻率资料进行温度校正，有可能会导致较大的电阻率反演误差。

7.2.3.3　温压与电性参数之间的关系对比分析

同样，对采自辽河油田含油储层的岩石（包含砂岩、粗面岩）也进行了不同温度、不同压力复电阻率测试。含油储层岩石的复电阻率电性参数与温度、压力的关系与前面所述不含导电矿物岩石的变化规律一致。图 7.16 为 B3 号粗面岩岩心 30MPa 压力下复电阻率振幅和相位（绝对值）随温度的变化曲线。

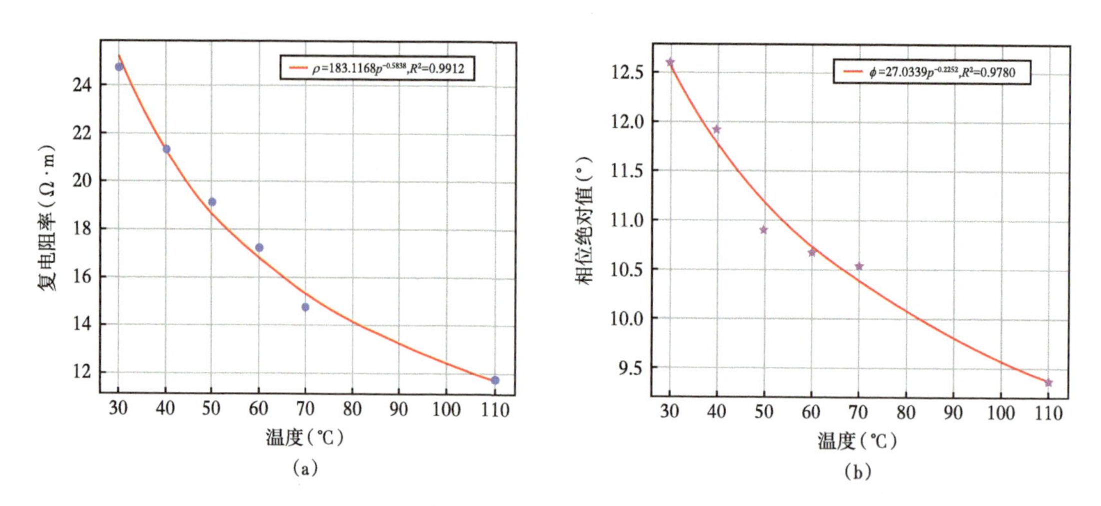

图 7.16　不同温度条件下粗面岩岩心的复电阻率振幅（a）和相位（b）曲线

图 7.16 中蓝色圆点和粉色星点分别为不同温度下复电阻率和相位的散点数据，红色实线为复电阻率和相位与温度的拟合曲线，右上角给出了拟合公式及相关度。拟合曲线表明，矿区岩石的电阻率、相位与温度具有很高的相关性。因此，在野外电磁勘探资料数据处理过程中，通过上述关系对电性参数进行温度校正，可以提高资料的可靠性，提升数据反演的精度。

图 7.17 为粗面岩岩心复电阻率振幅和相位（绝对值）与压力的关系曲线，实验温度为 60℃，岩心编号为 B3，孔隙度 21.70%。从图 7.17 中可以看出，粗面岩岩心的复电阻率振幅和相位（绝对值）与压力均呈幂函数关系，其相关度均超过 90%。因此，依据以上相关性可以对野外电磁勘探的实测数据进行压力校正，以提高数据反演的精度。

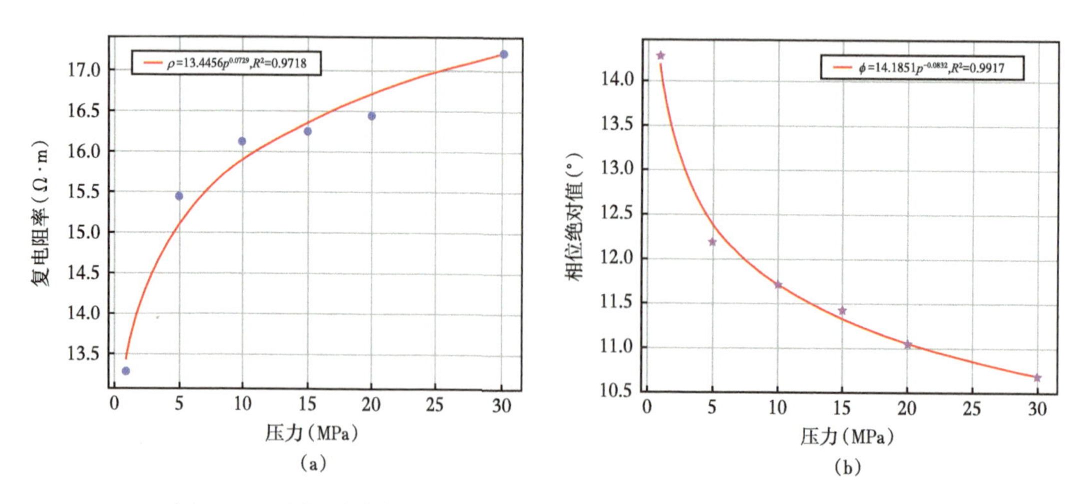

图 7.17　不同压力条件下粗面岩岩心的复电阻率振幅（a）和相位（b）曲线

7.2.3.4 含油饱和度与电性参数之间的关系

下面变含油饱和度复电阻率实验岩心为不含导电矿物的储层岩心。岩心取自辽河盆地含油储层，包含细砂岩和粗面岩，孔隙度分布从 10.7% 到 29.49%。岩心源于湖相沉积环境，颗粒均匀，分选性较好。由于岩心孔隙性较好，实验采用油水驱替方式改变岩心的含油饱和度，测量孔隙含油水两相流体时岩石的电性参数频谱特征，测量频率范围为 $10 \sim 10^4$Hz。实验选用的 15 块岩心包含 10 块细砂岩和 5 块粗面岩，均表现出相同的频谱变化规律。下面以其中一块岩石为例，说明其特征，并分析其导电机理。图 7.18 为细砂岩不同含油饱和度状态下的复电阻率振幅和相位曲线，岩心编号 A5，孔隙度 29.49%。

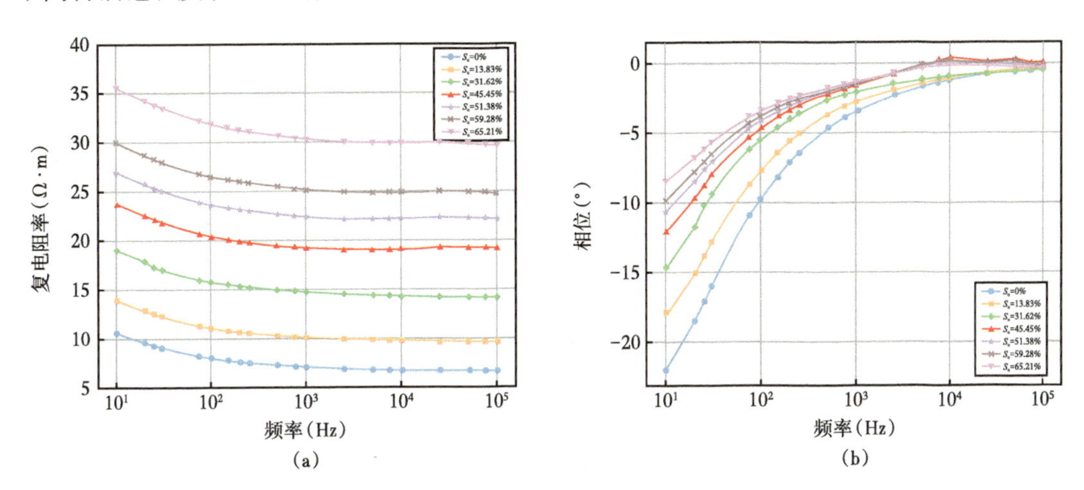

图 7.18 不同含油饱和度条件下 A5 号细砂岩复电阻率振幅（a）和相位（b）曲线

从图 7.18 中可以看出，随着含油饱和度的增加，岩石的电阻率增大，相位也随之增大，在低频段，相位变化幅度高于中频段的变化幅度。由于岩石发育于湖相沉积环境，孔隙中具有一定的泥质，黏土颗粒表面富集的双电层及油水界面形成的双电层在交变电场的作用下会产生大量的激发极化效应。受仪器测量频带范围所限，本次实验未能获得含油岩石更低频率的电性特征，从现有频谱推测，相位的波谷应趋向于更低频段，实验所获频段的微观导电机制以双电层电容—感应极化效应为主。特别是当岩心的含油饱和度达到 57.31% 时，高频段的相位值已达正值，也客观证实了感应极化效应的存在。此外，实验采用两极法测量，测量电极之间不可避免地会产生电极极化效应，也会叠加于相位频谱之中，进而影响着相位的变化。

7.2.3.5 含油饱和度与频散率之间的关系

储层岩石的电性参数会随着测量频率而变化，这种电性参数频散现象一直备受专家和学者们的关注[94-96]。学者们做了大量的研究工作，试图寻找含油饱和度与储层电性参数之间的定量关系。众所周知，含油饱和度越高，电阻率越大，二者呈正相关关系[97]。图 7.19 为不同测量频率下细砂岩岩心复电阻率与含油饱和度之间的关系。

从图中可以看出，含油饱和度越高，高频与低频之间的差异性越大；同时，当含油饱和度低于 40% 左右时，在同一频率下电阻率随含油饱和度变化相对平缓，而含油饱和度高于 40% 左右时电阻率陡然增大。为了考查不同测量频率下电性参数的这种频散效应，引入电阻率频散率公式，见式（5.36）和式（5.37）。

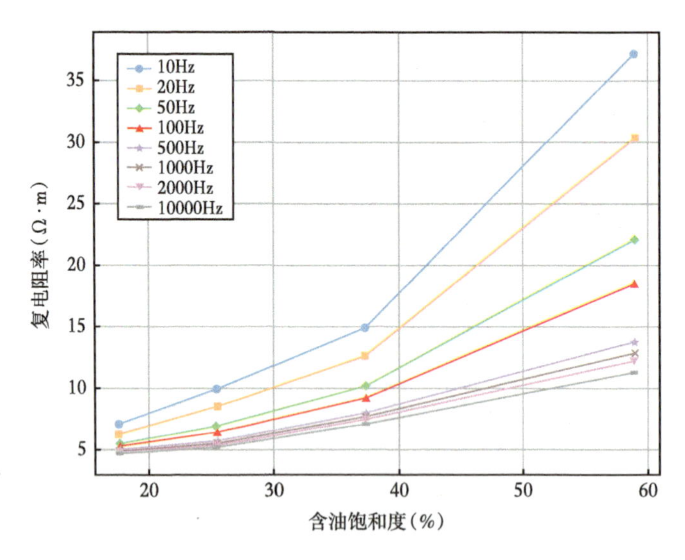

图 7.19　不同测量频率下含油饱和度与复电阻率振幅的关系

图 7.20 为 B3 号岩心实测含油饱和度与电阻率、频散率之间的关系。从图中可以看出，含油饱和度越高，岩心的电阻率和频散率越大，呈现近似的正比关系。在低含油饱和度时，电阻率和频散率先平缓增加，当饱和度大于某一数值时（40%~50% 之间），电阻率和频散率开始急速增大。这可基于电化学和毛管理论来进行解释，即低频下不含导电矿物的储层岩石内部主要存在离子扩散极化和电容极化两种导电机制 [132-136]。这两种导电机制在孔隙内相互影响、共同作用 [136-138]。当含油饱和度较低时，孔隙内自由导电离子数量较多，在电场的作用下离子交换作用占主导，而电容极化作用相对较弱。这两种作用随含油饱和度增大呈线性缓慢增加。当含油饱和度达到一定值后，孔隙内自由导电离子减少，双电层界面增多，离子交换作用相对减弱，电容极化作用占主导地位，电阻率和频散率开始急剧增大。

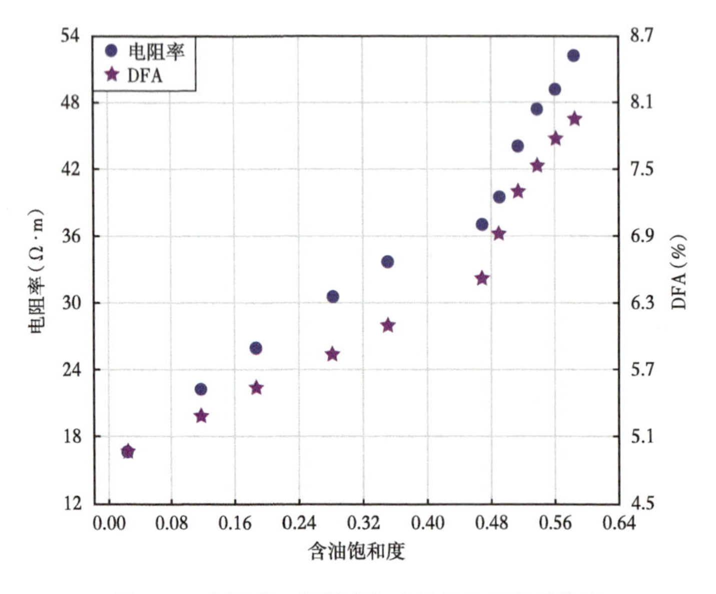

图 7.20　电阻率、频散率与含油饱和度关系曲线

从图 7.20 中可以看出，电阻率、频散率与含油饱和度关系曲线的分段特征明显，含油饱和度较低时，电阻率随含油饱和度变化较小；含油饱和度较高时，电阻率随含油饱和度变化更为剧烈。电阻率、频散率与含油饱和度之间的变化关系，为定量研究储层的含油性提供了基础。在实验室内通过岩石复电阻率实验分析，建立含油饱和度与电阻率、频散率之间的经验公式，进而就可以在电磁勘探中利用这种关系来判断储层的含油性，预测储层的含油饱和度。

7.2.4 储层岩石频散机理认识

通过岩石物理复电阻率实验分析，对不同岩性、不同物性、不同温压环境下岩石的电性参数频散特征进行对比，可以加深对频散机理的进一步认识和理解。针对 12 种不含导矿物储层岩石和 6 种含导电矿物储层岩石进行的复电阻率实验研究表明：

（1）相位频谱能够从客观上反映岩石内部微观导电机制的变化，其波峰或波谷通常是极化机制转换的过渡点，即一种极化机制变弱另一种极化机制变强的转折。

（2）离子扩散极化与电容极化共同存在于岩石内部，离子扩散极化在低频段占主导，随频率增大电容极化逐渐增强，频率再升高，电磁感应效应增强，分别对应扩散极化、电容极化、感应极化三种模式。

（3）当孔隙中泥质含量较少或不含泥质时，相位随频率变化先增大后减小，呈现一个波峰形态，泥质含量越低，波峰越向高频方向移动。

（4）当孔隙中含较多泥质时，孔隙中存在大量的双电层，电容极化效应强于离子扩散极化效应，相位随频率增大而降低。

（5）当岩石中含有导电矿物时，随着频率增大，电子导电矿物之间的电磁感应效应增强，相位谱呈现双极值。导电矿物含量越高，极值频率越低。

7.3 油气藏电磁异常的解释

7.3.1 油气藏的环状三层楼电性异常模式 [42]

油气藏可以看成是分布在正常地层中的表征电导率和极化率异常的局部异常体。在油气藏分布范围内，岩石电性的局部化是由一系列原因引起的：

（1）储集岩岩石物理性质的变化；

（2）地下水矿化度（油气藏的接触带附近矿化度突然增高）；

（3）油气藏的直接影响，因为它是局部高阻目标；

（4）在流体运移作用下围岩物理性质的改变，例如生成方解石晕和黄铁矿晕；

（5）在油藏及其临近区域存在的静电系统。

因此，从浅到深油气藏存在的区域的电性特征具有一定的宏观规律和特征，可以大致划分为三个深浅不同的异常带。

（1）近地表异常带：对应于油气藏位置为低阻高极化的顶部异常（同时也是磁异常、地球化学异常等的场源），因为这里发生着氧化还原反应，产生黄铁矿化等电阻率低、极化率高的物质，与前面激电法异常相同；这个异常带是浅表层油气检测技术的主要探测对象。

（2）渗漏异常带：在油气藏上方区域，由于烃类微渗使地层富含烃类分子及方解石化因而电阻率升高、极化率也会增高；而边缘区域对应油水带，烃类及矿化水等渗漏强烈。这一带常常呈现低电阻率特征，因此，平面上异常特征与地表正好相反，为中央高电阻率异常和相对较高的极化异常特征。只有测深类检测技术可以探测到。

（3）油气藏异常带：当探测深度达到油气藏时，这里存在油水等液体与固体交接面以及许多微观环境下的双电层，易于产生激发极化异常，因此，这一层以油气藏为中心的高极化率异常最明显。如果油水层总体电阻率比围岩高，则对应于油气藏存在高阻高极化异常；如果油水层总体电阻率比围岩低，则对应于油气藏存在低阻高极化异常。这个异常带是测深类油气检测技术的主要研究对象。

可见油气藏立体异常的一般模式为三段式，要根据探测深度与油气藏的相对位置来分析异常特征；而且，自浅到深异常特征是渐变的，浅部由近地表的低阻高极化过渡到较深区域电阻率逐渐升高，边缘环状带电阻率相对低、极化率相对高的环状异常为主的特征；探测深度接近油气藏时，异常特征又会向顶部极化率高异常模式过渡。如果构造复杂断层发育，则上述异常三段式也会复杂化或者模糊不清；特别是由于目前电磁测深法探测精度的限制，以及油气藏比较浅时探测结果常常难有明显的三段而成为二段特征。

典型油气藏的宏观电阻率异常特征：图 7.21 是克拉 2 大气田在电阻率剖面上的显示，可见气藏为高阻；上覆地层由于油气运移电阻率升高，但位置发生偏移，呈现沿逆掩断层往南倾斜状，周边呈现相对低阻特征；浅层则相反，呈现中间低阻周边高阻的环状特征。油气电阻率异常的三个分段特征明显。

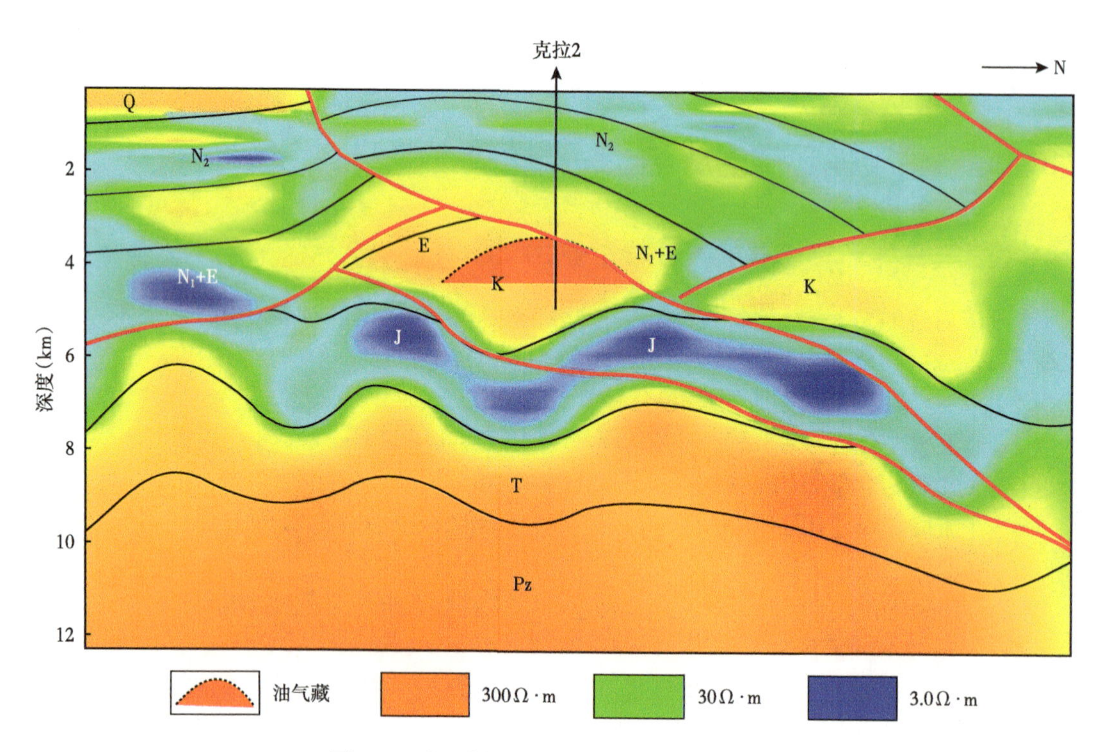

图 7.21　电法剖面上大气田的电阻率异常特征

典型油气藏的宏观极化异常特征：图 7.22 是塔里木某油田复电阻率断面，根据综合分析推断出 2 个含油气有利区段。在 4100m 储层深度上极化率异常明显，特别是在近油气藏上方存在强极化异常烟囱效应，两个油气目标上方地层不同程度地受到由于油气运移渗漏的影响，上方远离油气藏异常减弱，而且异常发生偏移；而浅层极化异常存在与油气藏目标基本对应的高极化异常（范围有差别），剖面三段式的异常特征也较明显。

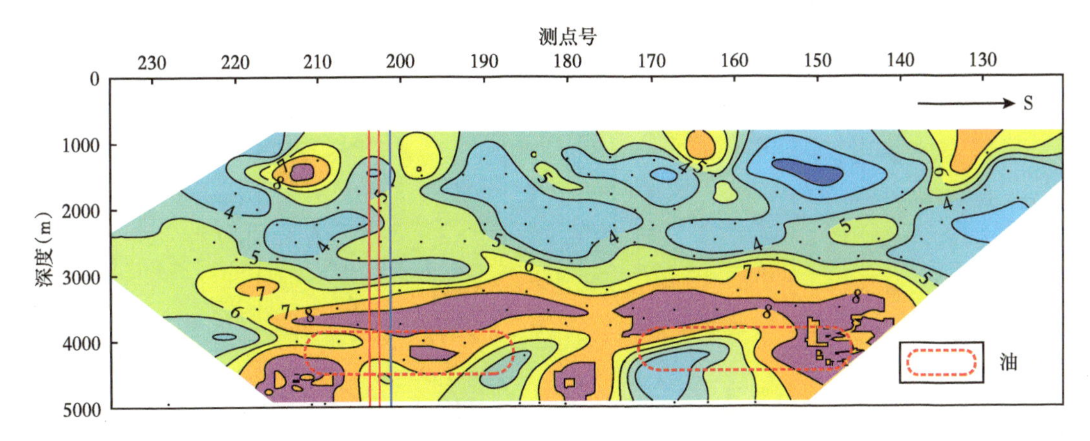

图 7.22 复电阻率剖面上油气藏的极化率异常特征

对于多套储层含油情况，近地表至第一套油气藏的三段式异常模式不会有什么变化；但在两套储层之间，如果距离足够大的话，会出现中段异常模式，电阻率异常还是中央高两边低，极化率异常特征接近油气藏本身异常模式；在上下油气藏间的距离较小时，多套储层总体表现为一套油气藏的异常，不会存在明显的异常模式变化。

7.3.2 油气异常计算及特征

图 7.23 是对孔隙岩石采用高压驱油获得 4 块不同饱和度的岩石，测量其在不同频率下的幅频特性曲线，可以进一步计算低频电阻率和双频振幅（DFA）、双频相位，见式（5.36）和式（5.37），可见，双频相位进一步提高了相位对激发极化的灵敏度。

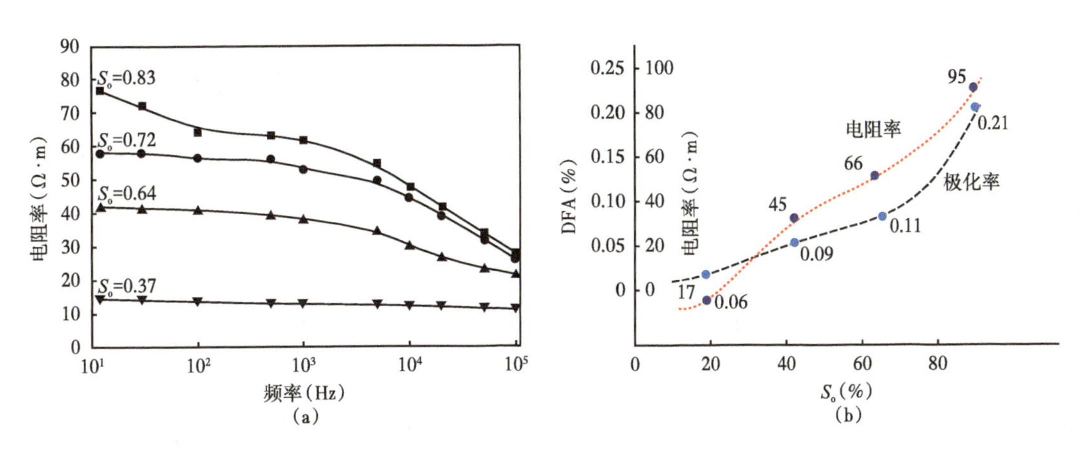

图 7.23 不同饱和度含油岩石幅频曲线（a）及电阻率、极化率随饱和度变化曲线（b）

能不能在实际已知油田中找到有效证据呢？为此在沙特GW油田开展了第一次已知储层饱和度的井中激发的时频电磁试验。该油田储层深度2km，厚度100m，已经开采30余年，储层的背斜构造翼部开始注水，在油水边界一口观测井设置激发场源，在地面接收电场，完成了该区油水边界探测[29]。图7.24是10口探井的连井的双频振幅、双频相位、储层电阻率和含油饱和度四条曲线，可见双频振幅（DFA）、双频相位（DFP）和储层电阻率异常（Ω·m）与储层含油饱和度（S_o）曲线变化几乎完全一致。因此，在已知井标定下，根据电磁异常可以预测出该区含油饱和度变化规律。

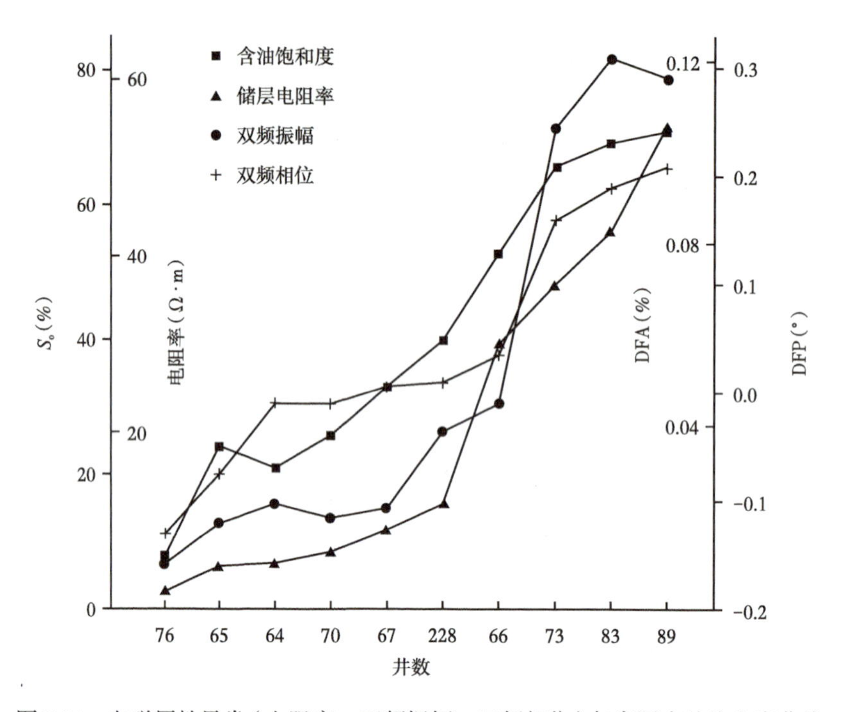

图7.24 电磁属性异常（电阻率、双频振幅、双频相位）与实际含油饱和度曲线

通过大量室内和野外试验，提出了主要以双频振幅、双频相位、电阻率、极化率四个参数联合的时频电磁油气检测模式[41, 46, 148]，其中储层的电阻率和极化率异常是定量参数。图7.25是某探区一条测线的时频电磁综合异常，其后在有利含油气目标钻探的探井均获得工业油气流。由于时域磁分量不受静态位移影响，主要用于反演电阻率，获得电阻率模型后，再时频联合反演电阻率提高电阻率成像精度，然后在频率域固定电阻率反演极化率。

时频电磁已经完成3万余千米、200多个圈闭的油气检测工作，以及382口探井的实测数据统计。图7.26是储层电阻率、极化率交汇的储层圈闭含油气评价图，可见极化率异常大于0.3的均是油气井，极化率小于0.19和电阻率小于20Ω·m的均是水井或干井，图中两条虚线分别是无油线（干井线）、有油线（油井线），在无油线左下方的电磁属性异常储层钻探表明99%的均为干井或水井，在有油线右上方的电磁属性异常99%的均为工业油流井。因此，可以作为量版来预测钻探结果，电磁资料含油气概率，应用该量版预测井地电磁含油气同样有效。

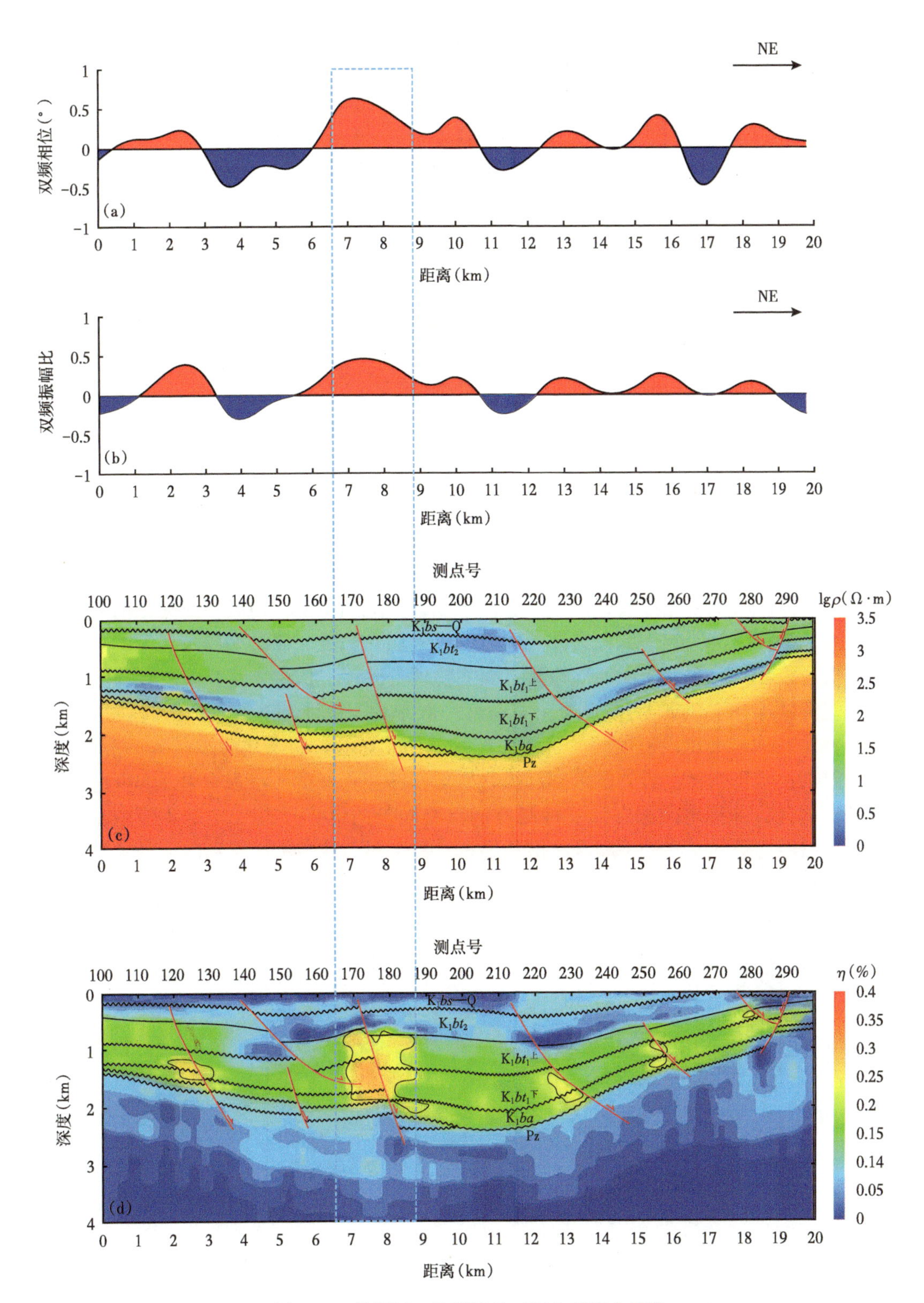

图 7.25 某探区一条测线的时频电磁综合异常

(a)双频相位;(b)双频振幅;(c)电阻率断面;(d)极化率断面

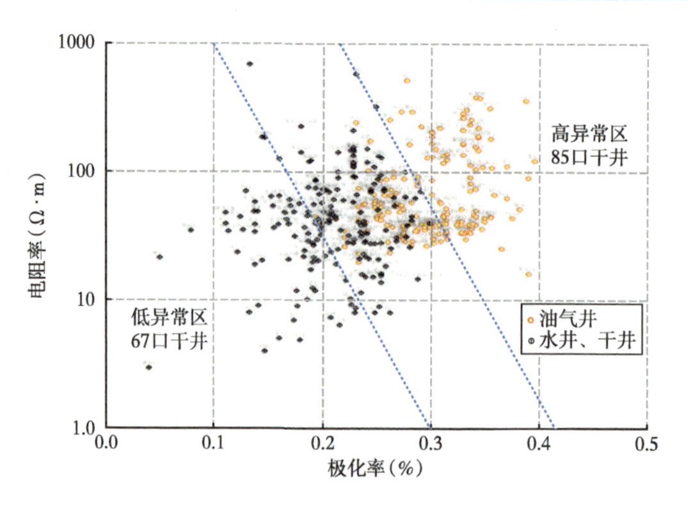

图 7.26　储层电阻率、极化率交汇的储层圈闭含油气评价

7.3.3　油气有利区解释模式

要有效研究油气藏，就要使用具有测深能力的物探方法去探测油气藏的物性特征。目前，测深类方法主要有地震和电法，地震技术中有很多检测油气藏的指标，由于地震勘探精度是其他方法所不可比拟的，因而，在油气勘探中应用最多。但有一点遗憾的是，圈闭是否含油地震波阻抗差异不大，另外，速度对于储层孔隙度、渗透率以及温度的变化也不是很灵敏。因此，地震方法在油气检测方面的物理基础远不如对物性界面探测的优势。

常规测深类电法对地层界面的探测精度一般来说只有地震的十分之一（浅层除外），井地电磁法在这方面也没有明显的优势。但是圈闭是否含油，其电阻率差异一般都较大，极化率差别也非常明显，另外电阻率、极化率对于储层孔隙度、渗透率以及温度的变化相当灵敏。因此，井地电磁法在油气检测方面具有先天的优势。图 7.27 是我国东北某井段电阻率与储层孔隙度、渗透率和含油饱和度相对关系图，从中不难看到这种对应关系。

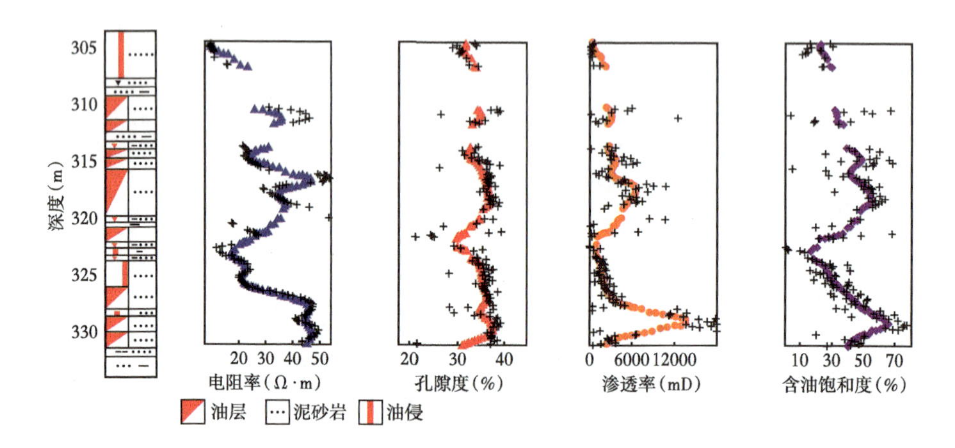

图 7.27　某井段电阻率与储层孔隙度、渗透率和饱和度相对关系图

理论和实践都表明：岩石的空间结构、油气的饱和度和矿化水的组成等会影响储层的物理特性，油气藏在大地的正常场背景上会产生局部的电阻率和极化率异常。

油气的电阻率比地层水高一个数量级以上，因此当储层孔隙中充满油气时，其电阻率明显高于围岩，特别是在砂岩储层中油藏表现为明显的高阻。

同时也应注意到：在海相碳酸岩地层中，由于岩层本身表现为高阻，则油气藏不一定表现为高电阻特征；如裂缝、孔洞型油气藏与围岩相比表现为低阻。

通过测井也发现：油藏及其上方400~600m的地层，其电阻率比没有油藏时高20%~30%，这种变化在砂泥岩地层中反映得更明显。

由于储层含油气所造成的异常表现为三维立体的电阻率和极化率的变化（图7.28），这些变化的程度不仅与油气藏本身性质有关，而且与激发源的频率变化有关。研究表明：层电阻率ρ、纵向电导S、双频相位差$\Delta\varphi$和极化率η等参数对烃类物质反映最为灵敏，因此这些参数是检测油气藏异常的主要指标。

油气水与固体物质之间存在双电层，在没有受到外电场作用下处于平衡状态，当受到外界电场作用时会形成极化，外电场消失后会形成放电效应，产生激发极化异常。其中，双电层的激发极化理论是激电效应最重要也是最主要的油气藏异常机理。

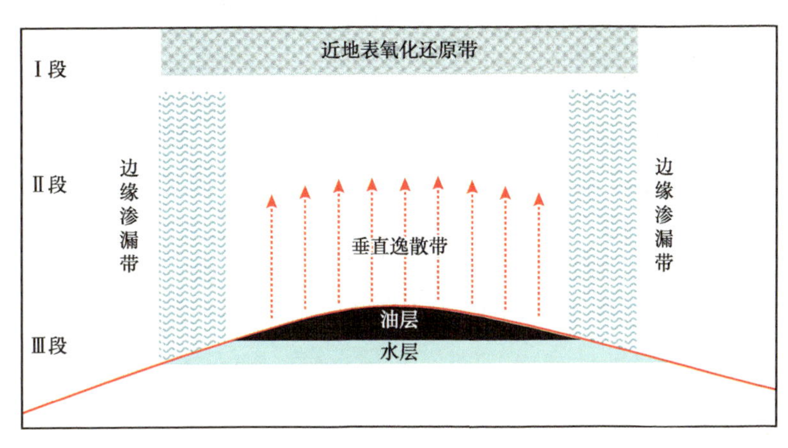

图7.28 油气藏地球物理异常模式

研究表明，电磁场的dB_z/dt和E_x分量具有高分辨能力，在一定频段内，测量这两个分量在固定频率的振幅、相位值和不同频率之间的相对差，可以较容易地确定不同深度地层的感应和极化响应，从而得到断面的电导率和极化率信息。

在资料解释方面更注重综合，可利用地震及井的资料进行约束[149-152]，并标定解释，提高成果的准确性。

7.3.4 井地电磁—地震联合解释技术[152-153]

众所周知，在某些特定条件下，地质剖面中波速度和电阻存在很高的相关性。充满流体的储层往往具有这样的特点。对电法勘探来说，储层充满（油或水）后储层电阻会急剧改变。对地震而言，在改变流体饱和性质时，储层的波速度特性实际上没有什么影响。但在改变地层的岩性时，地层的波速度和电阻将同步变化。所以电阻和波速度变化相关关系的破坏（不协调，反比）可作为预测储层油饱和性的补充标志。

鉴于这种认识，在预测探区的含油气远景时，有必要应用地震资料来发现电阻与波速度变化相关性受破坏的地方。将这些异常区与激发极化异常联合起来进行分析，有助于提高预测探区含油气远景的可靠性。

具体做法是将井地电磁资料和地震资料在统一坐标空间进行如下处理：

（1）将地面和井地电磁法的微观相对电性变化信号变换为介质的深度—电阻率曲线或拟断面（以电磁信号穿透深度 H_K 为坐标）；

（2）在确定地震和电磁信号记录时间的相互关系的基础上（假设这两种信号都达到相同深度），可将井地电磁法的深度剖面变换为地震剖面的时间比例；

（3）将测井资料（声波和电测）变换为时间比例（x，t_0）；

（4）在地震电磁法层位基础上，可在屏幕上建立统一的信息空间，以便生成协调一致的地震电磁法时间模型；

（5）为已经检测出来的同名地震、电磁法异常计算介质的层段特性（波速度和电阻）；

（6）计算综合参数，以便查明潜在含油层段的流体饱和特性与岩性成分变化的关系；

（7）绘制目的层段综合参数的剖面图和平面图，以便确定油气藏在空间的分布位置。

这样做可显著地提高预测探区油气远景目标的可靠性。

为了明确具体做法，这里举一实例：先计算每个观测点的上下激发点（长度为 1475m 和 1610m）在地面测点接收的差分信号，即 MRE（Micro Relative Electric）曲线；然后将 MRE 曲线变换为深度域相对电阻率参数。这种变换的基础在于井地电磁法反演问题的近似解，用“浮动”面等效于研究剖面来实现的。

图 7.29 展示了 MRE 曲线变换为深度域的相对电阻率曲线，并与电测资料（W55、W38 井）进行对比。可见基于 MRE 的相对电阻率测深曲线（b）与电测井电阻率曲线（a）基本一致，而反演曲线没有反演出浅部信息，但储层段的反演电阻率对储层细节描述更清楚，因此，实践中常采用 MRE 曲线的相对电阻率作为反演的初始模型。

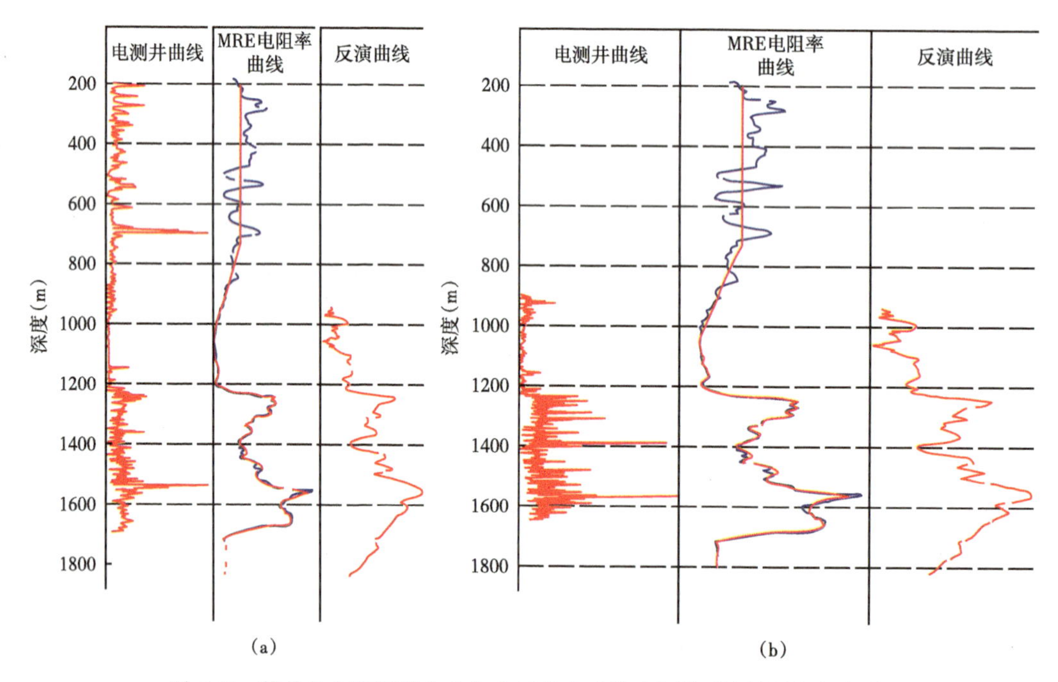

图 7.29　某井的电测资料（a）与介质地电参数（包括反演结果）（b）对比

（a）W55 井；（b）W38 井

通过井旁（W55 井）观测点的电测曲线对比，在油层深度位置发现了 MRE 和反演的层电阻异常值，该值比背景高好几倍。这个异常可能直接与油藏效应有关。

为将地震和电法资料进行综合解释，选择地震时间剖面（x，t_0）的平面作为信息构造面。为确定地震和井地电磁法信号记录时间之间的相互关系的规律，以便将地电参数变换到（x，t_0）坐标系统，必须要应用测井的声波测井资料。

井地电磁法、三维地震和测井资料综合解释的成果用过井的剖面来进行说明。

图 7.30、图 7.31 展示了深度的地电模型变换到地震时间比例的地电模型的过程。了解地震和电磁信号记录时间的相互关系及规律，不仅有助于实现介质的地电参数向 t_0 的变换，而且有利于对地震电法统一的岩体预测层波速度值，这对于评价含油气远景层段十分必要。

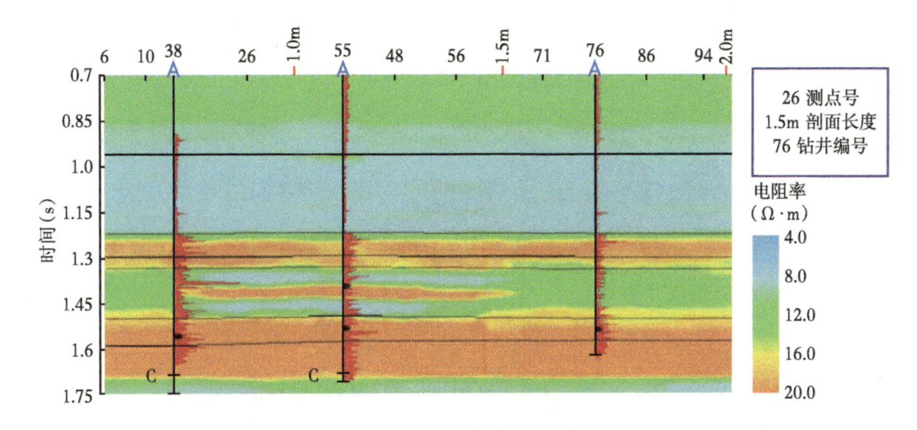

图 7.30 井地电磁法微观电性剖面与测井资料对比解释

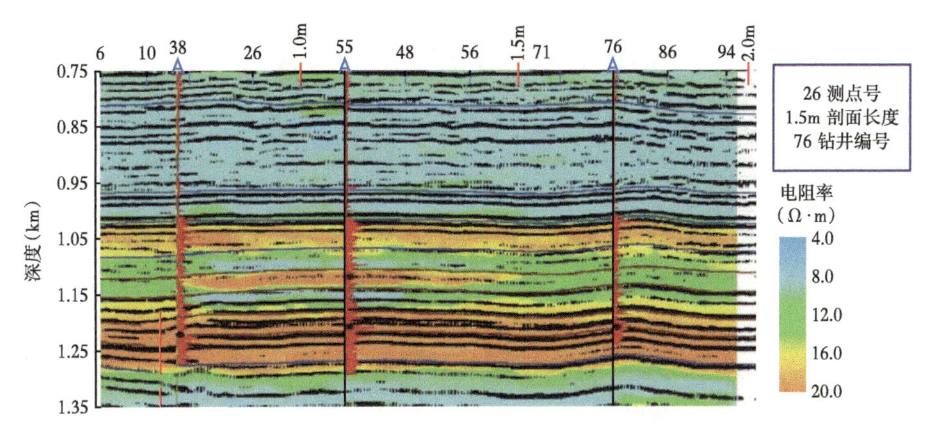

图 7.31 井地电磁法、三维地震和测井资料综合解释

总之，在地震—电磁法时间剖面基础上，可以识别地震、电磁法地层段的下列物理特性：盖层、多套储盖组合等；然后对地震—电磁法模型的每个层段确定层波速度和层电阻值。依据这些值计算综合参数值，利用综合参数来评价各地层的含油气远景。

图 7.32 至图 7.34 展示了某测线波速度、电阻和综合参数计算的差分曲线，由于该测线都通过不同的油气显示的井，因此可以将它们作为研究区资料解释的标准剖面。可以看出，在三口井含油范围内波速度为低值，这可能是由地层储集性能改善引起的，对应的电阻和综

合参数值增大，这与存在油藏有关。

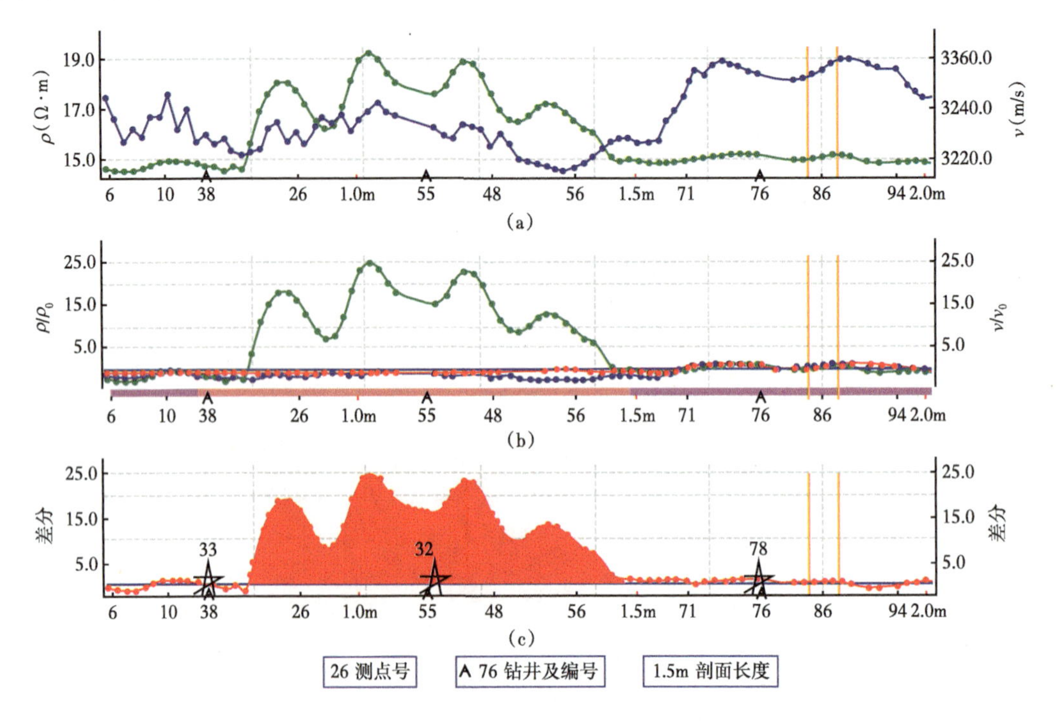

图 7.32　电磁—地震联合的有利储层解释方法图示

（a）储层地震波速度 v 和层电阻率 ρ 剖面曲线；（b）归一化处理后的剖面曲线；（c）两归一曲线差分处理曲线

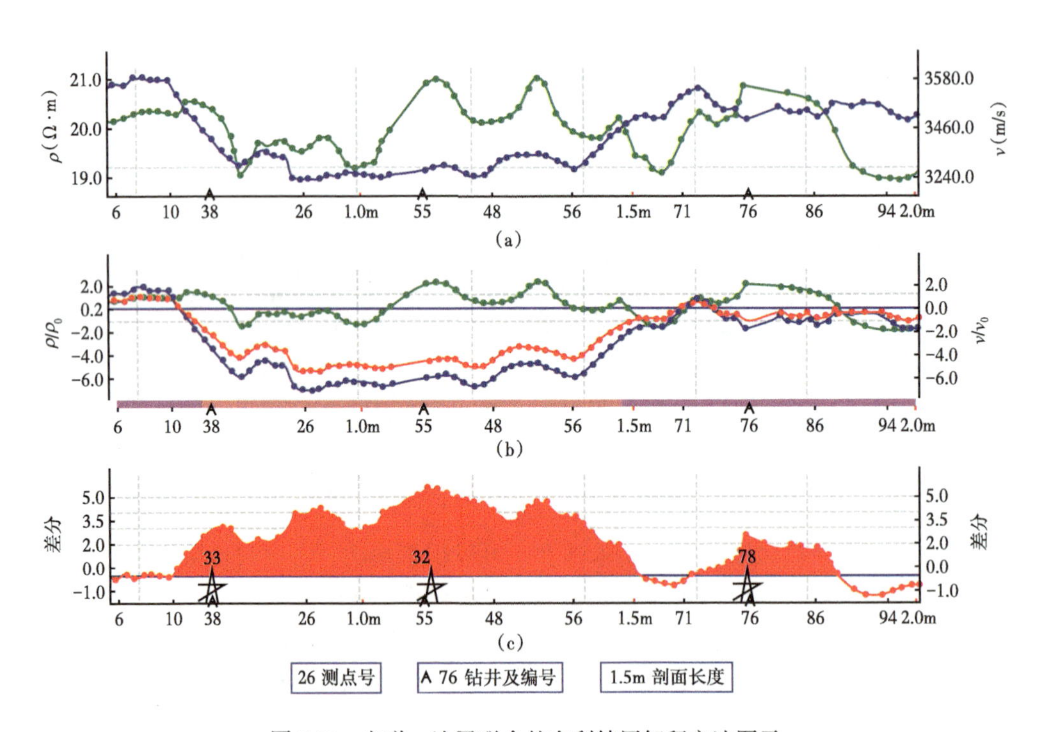

图 7.33　电磁—地震联合的有利储层解释方法图示

（a）储层地震波速度和层电阻率剖面曲线；（b）归一化处理后的剖面曲线；（c）两归一曲线差分剖面

此外，在第一个目的层（深度 1100~1150m）范围内（图 7.34），综合参数异常值有 10~25 个差分单位（图 7.32、图 7.33），比第二个目的层（深度 1200~1250m）油藏差分异常高 1~4 倍（图 7.32、图 7.33）。剖面的“含水”层段对应波速度、电阻值偏低，综合参数差分值接近零（小于一个换算单位）。

在图 7.34 上与地震时间剖面一起展示了综合参数差分值分布情况，在（x，t_0）坐标内计算了所有层段的综合参数。这种综合性图件不仅在整体上可以评价剖面段的构造起伏，而且可以看到综合差分参数异常属于哪个地质目标，这样就能预测含油气圈闭的类型。

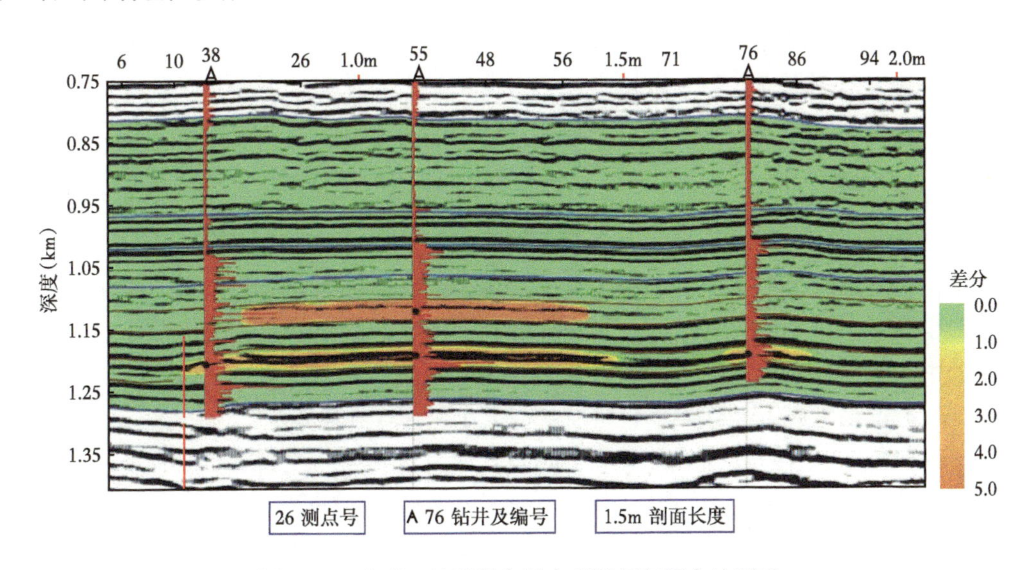

图 7.34 电磁—地震联合的有利储层解释方法图示

在该剖面范围内，依据试油成果及地震时间剖面的波形，属于第一个目的层（深度 1100~1150m）的综合参数异常与构造圈闭的气藏有关。依据井的试油结果，下一个目的层（深度 1200~1250m）是油带水的饱和层。在图 7.34 上，依据综合差分参数异常分布特点，在第二目的层发现有两个独立的油藏，一个在右边井所处的明显高部位，另一个是与复杂结构类型有关的圈闭（可能为构造——断层屏蔽）。

根据含油地震属性特征，层波速度将比较低，而储层电阻率将明显增高。通过归一化处理，提取统一的层电阻率和层波速度，形成储层归一化电阻率和波速度联合剖面，可以清晰发现：如果是正常地层，那么波速度剖面和电阻率剖面是重叠一致的；如果储层含油，则波速度和电阻率剖面清晰形成深度向下凹陷、电阻率向上凸起的地层属性“大鼓包”，可以分层指示储层含油气有利范围（图 7.32、图 7.33）。同时，提取所有测深深度的剖面“大鼓包”数据，绘制剖面图叠合到地震剖面上，可以发现地震剖面上“大鼓包”形成的“彩虹”异常区，同样能够指示有利目标的空间位置（图 7.34）。

8 井地时频电磁法数据处理软件

井地时频电磁法数据处理软件（简称 BSEM 软件）从大的功能上分为正演模拟、野外测线设计、测井数据处理、原始数据回放、数据预处理、数据处理等功能模块，该软件主要适用于东方物探 TFEM 仪器系列和俄罗斯 AGE-XXL 仪器系列采集的数据处理。

8.1 测井数据处理及电导率模型构建

井地电磁施工前需要进行野外施工设计，确定激发点位置和激发参数，因此需要对电测井资料进行处理，构建电导率模型。BSEM 软件通过对实际测井数据进行处理，建立水平层状地电模型，确定储层上下激发点的具体深度和激发频率，并对地面测量信号进行数值模拟，以确定最大施工剖面长度和激发电流大小，完成地质任务。

BSEM 软件中测井数据以 ASCII 码的格式存储。在处理测井数据之前需要对原始测井数据进行一些简单标准格式的编辑以形成标准化数据格式。标准格式可参考下面的示例：

```
FORWARD_TEXT_FORMAT_1.0
STDEP =    1.0000
ENDEP =  2600.0000
RLEV =    0.1250
CURVENAME = RMLL, GR, DEN, SP, RT, RXO, RILM
END
~A DEPTH  RMLL    GR      DEN     SP      RT     RXO    RILM
769.6250  2.789  106.438  2.024  68.736  4.091  0.200  4.396
769.7500  2.555  105.284  2.031  68.625  4.524  0.200  4.490
769.8750  2.302  102.521  2.052  68.512  4.701  0.200  4.695
```

上面截取的测井数据片段包括了测井资料数据处理中必要的信息：

（1）该文件的头文件里可以包含任何信息，还包括了纯数字列。

（2）以 ~A 开头的字符行表示其后数据的列名，这些数据必须为如上例中所示的数字格式。

（3）“DEPTH”和“RT”两列为必需列，分别表示深度和电阻率的输入值。

（4）录井数据必须为一套完整的矩阵数据，如果有些深度上数据缺失，将会导致信息出错。在测井数据的开始和结尾处，通常在某些数据列上缺失一些信息，因此，建议将这些数据行删除，以避免出现空值数据的情况。

在构建准确的地电模型时，需要有最大深度范围内的录井数据表，同时要知道勘探区域的基底深度。虽然 BSEM 软件可以补充缺失的电阻率信息，但同时会降低数值模拟的可靠性。

点击功能按钮“Log data processing”开始进行测井数据处理。BSEM 打开一个新的图形窗口“Model Design”，然后需要选择一个待处理的测井文件。文件存放在 MOD 文件夹中，后缀为“.txt”或“.dat”。

如果读取文件时出错，BSEM 会给出两种信息提示——the File is not retrieved 或者 the Unknown file format，用户可以通过点击菜单再次打开文件。BSEM 始终保持只能一个处理操作窗口处于激活状态，而禁止其他窗口。

正确读出文件后，用户必须输入关于井的信息：井号、坐标以及井口和井底的深度信息。

BSEM 的测井数据处理功能界面见图 8.1。

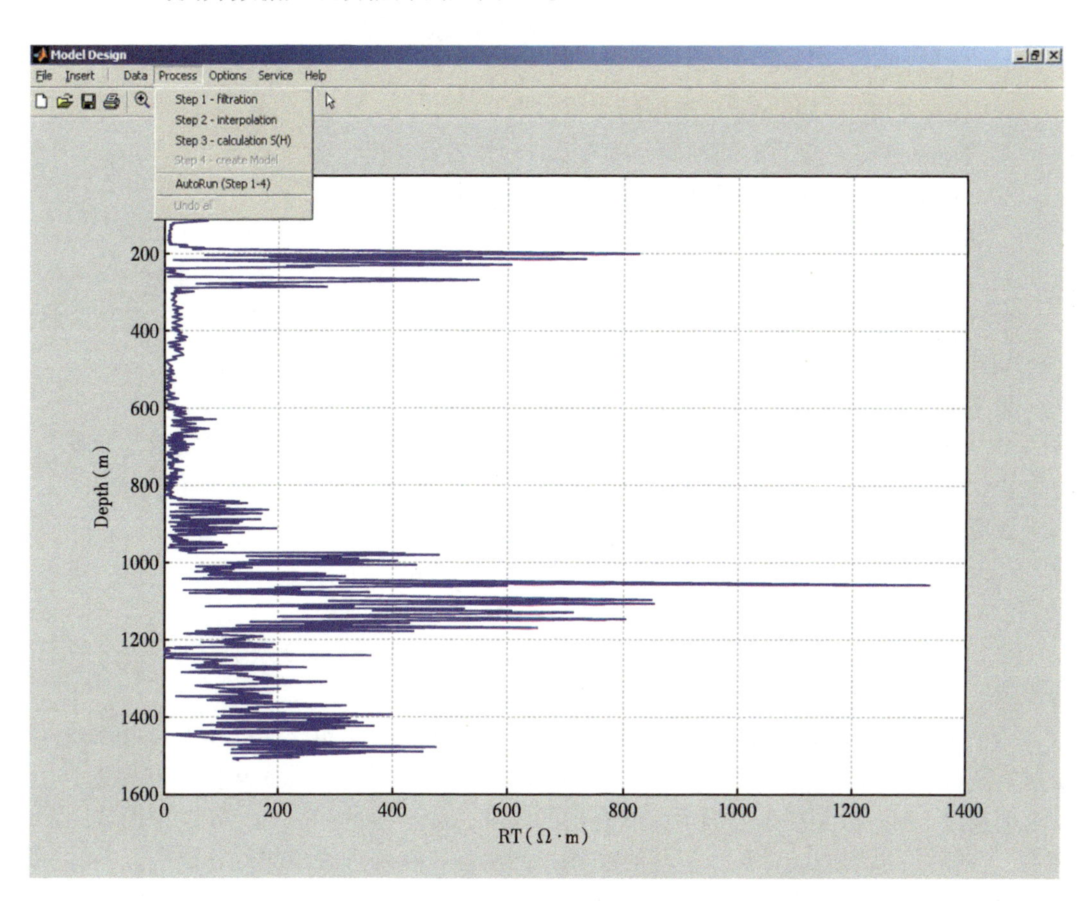

图 8.1　测井数据处理模块

在进行录井数据处理和建立水平层状模型过程中，BSEM 软件提供了下面的菜单操作：

（1）“Data”：数据的输入输出操作。

①“Load Log data...”：输入录井数据。

②“Save Model...”：保存建立的模型。

③“Well info”：井的信息。

④“Exit session”：退出浏览。

（2）“Process”：处理录井数据。

①“Step 1 – filtration Log”：录井数据滤波。

②“Step 2 – interpolation Log”：新的网格深度转换。

③“Step 3 – show S（H）”：计算录井数据的总纵向电导率。

④“Step 4 – create Model”：自动建立模型。

⑤“AutoRun（step1-4）”：所有操作立刻执行。

（3）“Options”：改变处理的参数。

①“Filter Parameters”：设置滤波参数（缺省值为 25）。

②“Number of layers...”：设置层数（缺省值为 7）。

（4）“Service”：设置模型和图形输出的参数。

①“Graph_Edit model”：打开 / 关闭模型的图形编辑功能。

②“Undo”：撤销。

③“Text_Edit model”：编辑模型的文本说明。

④“Time Axis”：垂直时间轴的处理（以时间轴重算深度）。

⑤“Show/Hide”：打开 / 关闭图形中周期轴。

⑥“Time parameter”：改变重算深度的参数。

⑦“AB parameters”：输入井电极的参数（总电极数、电极的深度和数量）。

⑧“Chink parameters”：输入井柱参数（井柱顶底深度、横截面积，电阻率，这些数字将影响数值模拟）。

⑨“Base Depth”：输入和编辑基底的深度（影响数值模拟）。

⑩“Ceil Depth”：输入编辑目标层（油层）深度（用于图形输出，可以使用色标表示）。

⑪“Well parameters”：编辑井的个数和坐标。

处理测井数据建议采用如下流程：

（1）可使用任一文本编辑器准备标准格式的测井数据文件。

（2）查找井位和基底深度信息，输入到 BSEM 软件窗口中。

（3）点击按钮“Process”→“AutoRun”自动建立模型（默认 7 层），也可以按照下面的步骤进行手动建模操作：

（4）点击按钮“Service”→“Graph_Edit”进行模型的图形编辑。操作人员可以通过点击鼠标左键选择窗口中模型水平或垂直方向的线条，来改变任意层的电阻率和厚度（电阻率取值范围：1Ω·m 至横坐标满值，所有层的厚度总和不超过“Depth Grid”中设置的深度参数），同时可以增加或者减少模型的层数，方法是：在垂直线条的位置点击鼠标右键增加层数，或在水平线的地方删除层位。编辑图形的同时将实时输出相应当前电阻率值和地层的厚度，在右边图形窗口中模型对应的总纵向电导率也发生改变。编辑模型的目的就是使由测井数据（蓝色图形）和当前模型（绿色图形）分别构建的总纵向电导曲线具有良好的一致性。如果通过其他电法勘探（如大地电磁法勘探）获得总纵向电导率 S 的话，该值还可以用来检验模型中所选择的总纵向电导，见图 8.2。

（5）通过按钮“Service”→“Text_Edit”调整模型参数，该操作可以输入由前期信息获知的具体的模型参数值（深度、电阻率）。

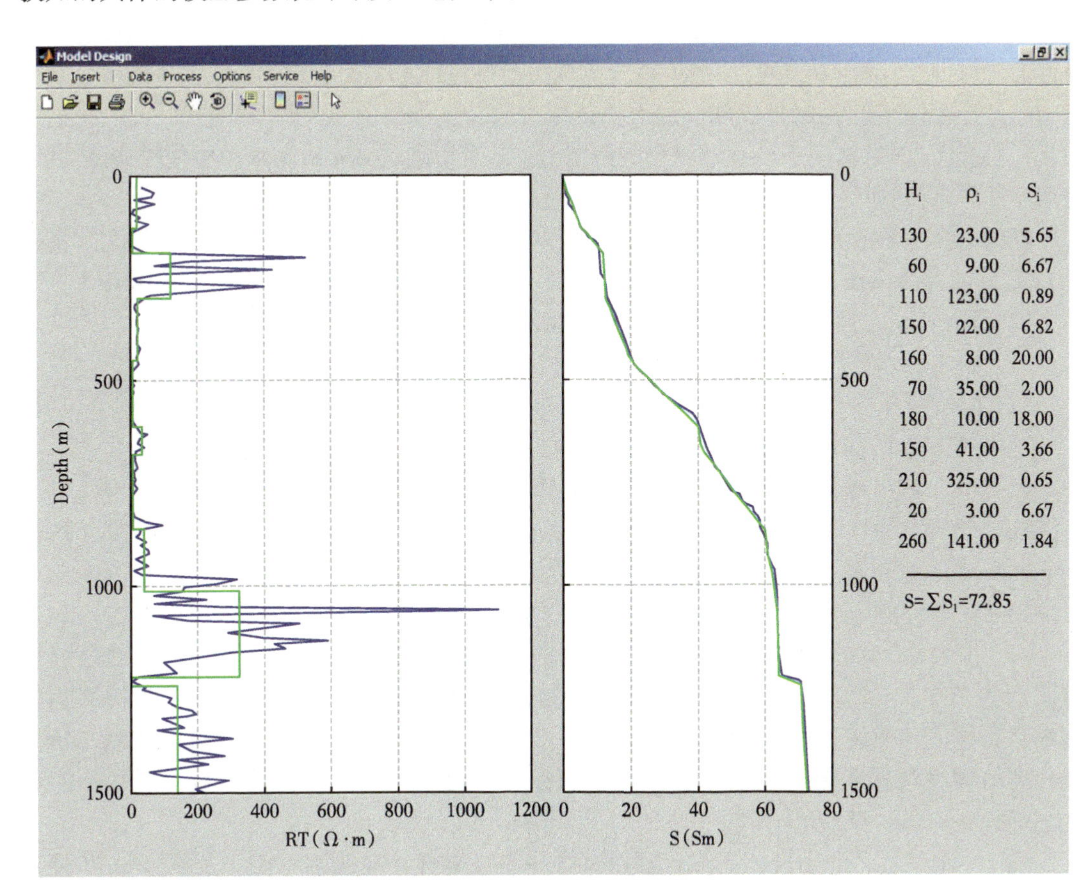

图 8.2 测井模型编辑界面

（6）如果用于井地电磁勘探的处理，则必须通过按钮“Service”→“AB parameters”设置电极数量和参数，所有的深度值需要统一以米（m）为单位。

（7）在对构建的模型进行计算前，必须通过“Service”→“Chink parameters”输入井柱信息。设置每口井的顶（一般为 0，以地面起算）和井底深度值。如果数据未知，则套管的电阻率和横截面积可采用缺省参数。

（8）通过按钮“Data”→“Save model”保存建立的模型。该模型的说明以二进制格式的文件（扩展名为 .mod）和文本文件（扩展名为 .mt）形式保存在“...BSEMDATA\MOD”目录下。

8.2 信号建模及电磁场信号模拟

信号建模可以计算各种地电模型和测量设备的电磁场信号值。它可以帮助揭示研究的井场所测量的电磁场信号水平评估，并且还能够评估该模型或该参数的变化对测量的电磁场信号的影响程度，即通过模拟有助于估计单位场测量信号的预期值，同时估计出该井模型或参数的变化对测量场信号的影响程度。

需要注意的是，建模过程只完成计算并创建模型信号文件和模型坐标文件（即BSEM数据库的输入数据）的工作。可以通过对DB数据库的操作来分析接收信号，还可以通过模拟过程进行可行性分析。对接收信号进行分析或可行性论证都是通过对DB数据库的操作来完成的。对模型信号的模拟时参数设置需要依照实测装置和当前DB库中的时间—频率参数。因此，只有当DB数据库中没有电磁场的数据时，才可以通过BSEM主菜单中使用这一功能。切记，计算将在时间（或频率）网格上进行，并将其设置为BSEM.ini配置文件。

然而，如果在初始阶段，已知缺省的测量方案是测量装置按正方形排列，但实际情况下测量装置可能需要改变，例如使用了单位场多源装置，这时不建议仍采用BSEM主菜单中的相同的模拟过程，而推荐使用下面的算法步骤：

（1）创建坐标文件；

（2）创建信号的“dummy”文件；

（3）创建一个DB库文件，并用它进行模拟。

因此，只有当不具备包含场数据的DB库文件且测量装置布设方案不是正方形（也不可能构建坐标文件）时，或者测量装置是否为固定的几何形状也无关紧要时（例如closed loop-closed loop装置），才使用BSEM主菜单中的功能进行模拟。

BSEM软件的电磁场模拟模块具有如下的模拟功能：

（1）在大地为水平层状模型时，对地表的水平电性接地线源（AB）或不接地矩形线圈源产生的TEM或FEM模式电磁场各分量进行计算。计算沿AB的平行线（偏移距由用户自行设定）或发射线圈的纵轴完成。源的大小、线圈长度和测点距都是由用户指定的。环境模型包括各层参数，如功率、电阻率、极化参数、各向异性系数。层数不能超过30层。

（2）在水平层状地表模型下，计算由井孔中垂直电性接地线源（AB）激发的FEM模式下电场的径向水平分量。可以根据套管参数和接地深度定义几条AB线，计算出一个径向的剖面。环境模型包括各层参数，如激发功率、电阻率、极化参数。层数不能超过30层。

8.2.1　水平电偶极场源的时频电磁场模拟

TEM数值模拟的结果文件与BSEM系统野外数据处理结果的文件格式相同，它包括时间域剖面野外数据电压值E_s，即配置文件profile中具有信号文件格式的时间域信号（Time Domain Signal，TDS），用以创建BSEM数据库DB的源文件。BSEM通过对各个排列上测点的一系列时间域计算，结果存储在“model”配置文件中，以备加载到WLF库文件中。

FEM数值模拟的结果文件它包括频率域的复数值：在某个配置文件中所选某一场分量的实部（Re）和虚部（Im），并与信号文件格式相同。BSEM通过对各个排列上测点的一系列采样周期的计算，将结果存储在“model”配置文件中，以备加载到BSEM库文件中。

可以选择电磁场的以下分量之一进行计算：E_x，E_y，E_z，H_x，H_y，B_z。如果要对多个分量计算，可以任意组合。

进入模拟过程可通过：

（1）点击“Signal modeling”→“Ground dipole”TEM按钮，进行对考虑极化率和各向异性电导率模型的TEM模式的模拟；

（2）点击“Signal modeling”→“Ground dipole”FEM 按钮，进行对考虑极化率和各向异性电导率模型的 FEM 模式的模拟。

因此，通过加载并编辑现有的层状模型（例如：在测井数据处理过程中已创建的模型）可以创建新的模型。模拟结果为“.rez”文件。

从 BSEM 主菜单开始运行 TEM 模拟时，待计算的时间序列是由文件“BSEM.ini”中字段“model”中的时间列表“TESdef=...”定义的。

从 BSEM 主菜单开始运行 FEM 模拟时，待计算的周期序列是由文件“BSEM.ini”中的字段“arr”中的采样周期列表“TBASEf=...”定义的。周期序列包括基波、三次谐波、五次谐波。

进入到模拟过程后，程序会打开一个新的图形窗口——“Signal modeling”（图 8.3）。该窗口的主菜单包括以下功能：

（1）“Data”：数据的输入和输出。

① “Load Model...”：加载已经创建好的标准 BSEM 文件格式的层状模型文件。

② “Load Text Model...”：加载文本文件中的层状模型。

③ “New Model”：新建模型。

④ “Save Model”：保存模型文件。

⑤ “Save Model as...”：另存模型文件。

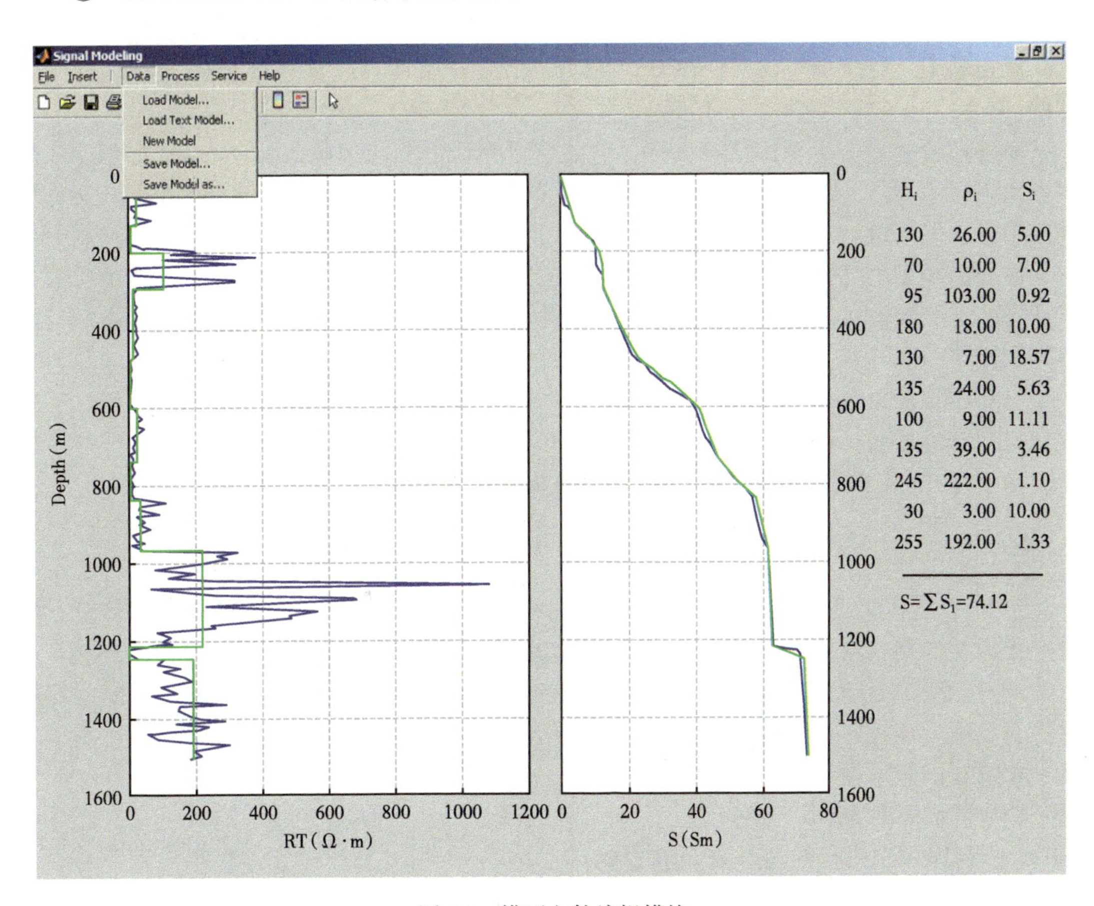

图 8.3　模型文件编辑模块

（2）“Process”：启动计算程序，其下拉菜单：“Forward Calculation”表示正演计算。

（3）“Service”：更改模型参数并输出图形（操作过程同8.1.1节），如通过菜单按钮“Service”→“Text_Edit Model”来调整所选取模型的文本文件。该操作不仅允许输入深度和电阻率的具体数值，还可以输入各层的极化参数η、τ（极化率和时间常数），以及各层电导率各向异性系数Λ（$\rho_{垂向}/\rho_{水平}$）。

（4）“Help”：调出帮助文件。

如果在处理录井数据中不能建立模型（例如，没有录井数据资料时），必须根据实际情况建立模型参数的文本文件，并利用菜单按钮“Data”→“Load Text Model”调入到程序中，或者通过按钮“Data”→“New model”利用对话框建立模型。

模型的文本文件应包括各层厚度（单位：米）及其电阻率（单位：欧姆·米）。以一个基底深度为4500m的三层模型为例，模型文件格式为：

1000 10

1500 5

2000 15

对模型对应图件的编辑方法同前面章节8.1.1所述。在使用BSEM的对话框创建新模型（不加载文本文件）时，则必须给定背景模型层数、层厚，以及各层电阻率。其他对话框默认使用该模型数据。必需的参数还有：AB数、AB长度（单位：米）、收发距（单位：米）。还需选择待计算的场分量（dB_z/dt，E_x，E_y，H_x，H_y，H_z）和测线数量。

点击按钮“Process”→“Forward Calculation”开始计算。计算结果保存在“.rez”文件中。

另外还会生成一个坐标文本文件，它包含了模型的测线和源AB的坐标，并且AB的中点为坐标系原点（0，0）。新的坐标文件保存在目录“…\BSEMDATA\TOP\”下。文件名同模型名，但后缀为“.m”。

在当前模型的文件夹“...\BSEMDATA\MOD”中的参数文本文件“model.prt”中，写入了所有的计算参数，即模型参数，模型的文件名，AB号，AB长度，生成的测线数、点距、日期和计算时间等。

计算结果的单位为“微伏 /（安培·米）”，即所有信号的结果都归一化为单位场、一个单位尺寸传感器和1A电流的情况。

对于TEM模式来说，计算的是电流关断时的瞬时信号。

8.2.2 套管井中的垂直电偶极子

FEM数值模拟的结果文件包括放射状测线排列上测点的电场的实部和虚部分量。模拟结果的文件格式与BSEM软件频率域处理电场数据的结果格式相同。

通过BSEM主菜单的按钮“Signal modeling”→“Well dipole FEM”来定义模型参数并计算场值。该操作可以新建模型，或调入和编辑已经存在的模型。

BSEM旧版本在计算时有以下限制：

（1）层状模型的水平层数不超过30；

（2）程序单次运行的频点数不超过99。

通过BSEM主菜单启动程序时，待计算的周期序列在文件“BSEM.ini”的字段[arr]

的字符串 TBASE 中定义，该字段是主谐波周期，在对主谐波的计算过程中还增加了三次和五次谐波。

在 BSEM 主菜单中启动“Signal modeling”之后，程序会弹出图形窗口“Signal modeling”，新窗口中的菜单功能与 8.2.1 相同。

通过菜单按钮 Service→Text_Edit Model 来调整并输出所选取模型的文本文件。该操作不仅允许输入厚度和电阻率的具体数值，还可以输入各层的极化参数 η、τ（缺省 =0）。如果模型所有层的 η 和 τ 的具体值都指定为 0，则计算过程不考虑极化效应。要保存输入的 η 和 τ 的值，则必须保存模型文件。

在加载（或创建）模型之后，BSEM 将建议在已使用的井上设置相关参数，包括井的数量和坐标、目标层深度（仅用于视图），以及深部的基底深度。之后这个图形窗口的所有按钮都将被激活。必须利用按钮“Service”→“AB parameters...”来设置电偶极下降的深度，利用按钮“Service”→“Chink parameters...”来设置套管参数（起始深度，横截面积，套管的电阻率），最后两个参数可以在文件 BSEM.ini 中的字段 [carot] 中的字符串“SC=0.0075”和“RC=2.5e-7”处设为缺省值，这里将它们定义为了常规参数。

点击“Save Model As...”按钮保存模型参数。

有关模型的制图和编辑规则，见章节 8.1 中介绍。

点击按钮“Process”→“View Current Scattering”，BSEM 会输出一个电流散射场的图形窗口。该窗口包括模型和源的图形，以及各种电偶极源的电流密度图。

电流密度（垂向）值是填充了颜色的曲线的积分值。该曲线描述了常用的能量传递到地层环境中的特征，色标柱范围通常 0.5~1（包括环境的完全反馈），可以近似估计出电磁勘探的有效工作电流。其他的电流都被套管及其内部的介质损耗掉了。电流密度图表中局部最大值意味着在该深度处的地层有最大的反馈（即有较低的电阻率），并且它们的相对值显示了这些位置与常见的分布式偶极子源相比具有多大的“权重”。

下面是吐哈油田井地勘探实测资料的建模（图 8.4），计算结果表明：

（1）电偶极场源进入地层中的电流有 80%~90% 的反馈；

（2）从 AB1 的 1700m 到 AB2 的 2500m 的深度区间来看，这个范围内的最大电流点处理论上显示了可能的目标层；

（3）AB1 到 AB2 的测量结果的差别在于，两者在 1700m 处的电流密度最大值降低了。

点击按钮“Process”→“Forward Calculation”开始计算。计算结果存储成“.rez”文件。

在当前模型的文件夹“...\BSEMDATA\MOD”中的参数文本文件“model.prt”中，写入了所有的计算参数，即裂隙数、裂隙参数、地面 AB 的相对深度、模型参数、模型的文件名、AB 号、AB 长度、生成的测线数、网格和采样点、日期和计算时间等。

计算结果的单位为“微伏 /（安培·米）”，即所有信号的结果都归一化为一个单位场、一个单位尺寸传感器和 1A 电流的情况。

为了直观地查看模拟结果与实验数据的匹配情况，最简便的方法就是直接通过“DB Management”→“Work with Dbase...”对数据库进行操作，从而便可使用“Service”→“FEM Modeling Well dipole”功能做进一步操作。

图 8.5 展示了在周期为 8s 时信号振幅值和振幅参数（对 2 个 AB 源的计算的结果），可见，可以同时输出实测和模拟的结果。

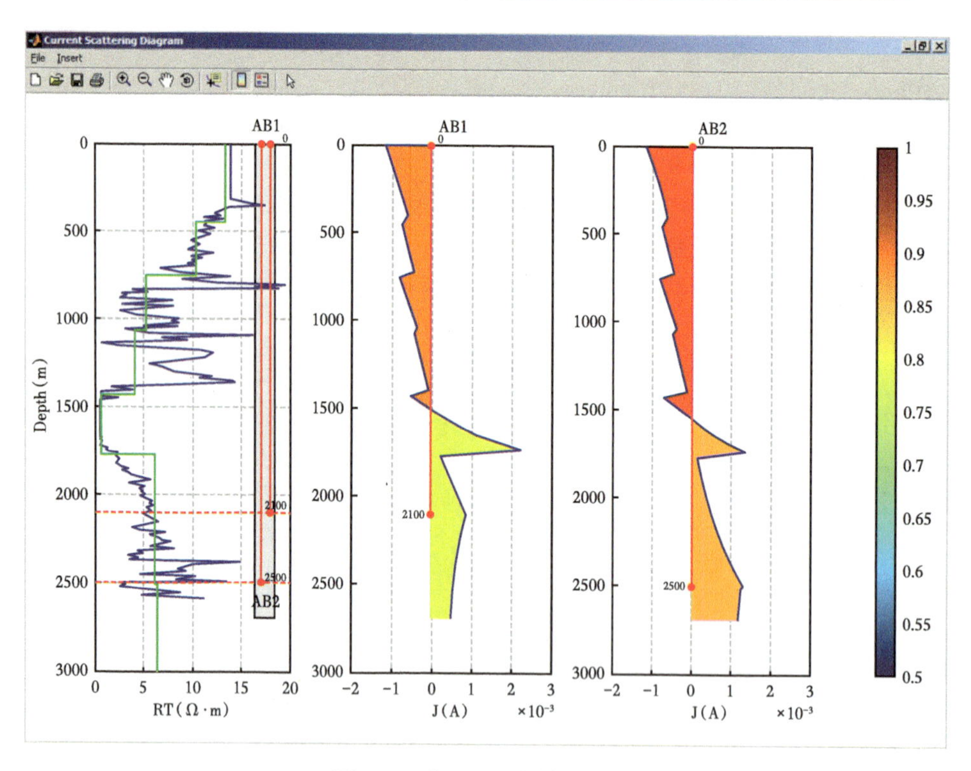

图 8.4　井地电法数值模拟图

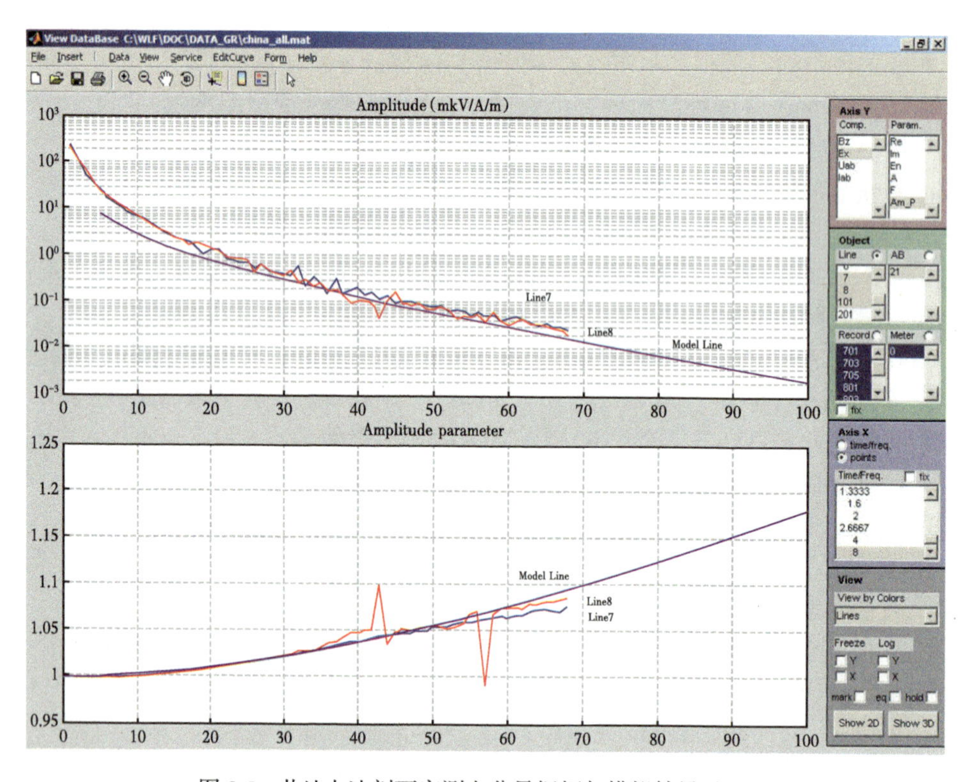

图 8.5　井地电法剖面实测电分量振幅与模拟结果对比图

8.3 野外测线设计

若要进行工区测线的设计或对接收信号作图，则必须具备测量工区的地形数据。BSEM 软件可以处理数字坐标文件或任意的地形图件文件，进而在勘探区域准确设计出地表测线。测点和场源的坐标信息会从之前创建的剖面数据库中调取出来，然后存储成一个“.mat” 格式的文件。

8.3.1 工区测点坐标加载及设计

BSEM 软件以 ASCII 码格式处理坐标文件，表 8.1 为从某地坐标文件中截取的片段，显示了坐标文件的格式。

表 8.1 坐标文件格式示例

%	0	16	4764209.31	16295804.32	506.00	.00	000.00
	0	6	4763945.00	16291913.00	501.00	.00	000.00
	1	1	4764168.60	16295833.10	506.22	.00	149.47
	1	2	4764124.90	16295856.40	506.83	49.52	150.69
	1	3	4764080.80	16295880.10	505.50	50 .06	151.04
…							
	1	93	4760118.70	16298021.10	368.79	49.08	151.60
	1	94	4760074.90	16298045.10	380.01	49.94	151.59
	1	95	4760031.20	16298069.90	386.08	50.25	151.58
	1	96	4759987.80	16298094.30	383.49	49.79	151.57
	2	1	4764167.80	16295808.70	505.80	00.00	178.22
	2	2	4764115.90	16295809.10	505.94	51.90	178.94
…							
	21	73	4767233.10	16293471.60	544.42	50.23	25.37
	21	74	4767278.00	16293492.90	545.21	49.70	25.37
	21	75	4767323.60	16293514.50	545.69	50.46	25.37
	21	76	4767368.80	16293536.00	546.51	50.05	25.37
	21	77	4767414.20	16293557.50	547.15	50.23	25.37
	21	78	4767459.20	16293578.90	547.96	49.83	25.37
	21	79	4767504.60	16293600.50	548.69	50.28	25.37

该文件为表格形式，可以任意命名，默认文件尾缀为“.m”或“.top”。文件的首行以 % 起始，为备注签名行。

BSEM 的坐标文件有以下 4 点要求：

（1）测线号必须为大于 0 的整数；

（2）测点号可为任意整数；

（3）坐标系 y 轴指向北，单位为米；

（4）坐标系 x 轴指向东，单位为米。

如果数据表中第 5 列有数据，BSEM 将其理解为高程数据，此时其后各列数据被忽略。

对于井位数据，第一列必须为 0，第二列为井号。例如：

0 井号 井孔纬度 井孔经度。

建议将工区内所有钻井的坐标数据都存储在坐标文件中。

对于井内电极 AB 的坐标文件，必须按照规定格式：

AB 号 井号 井孔纬度 井孔经度；

对于地面电极 AB 的坐标系定位，必须按照规定格式：

-AB 号 0 A 纬度 A 经度

-AB 号 1 B 纬度 B 经度；

对于矩形源电极 AB 的坐标系定位，必须按照规定格式：

-AB号 1 点 1 纬度 点 1 经度

-AB 号 2 点 2 纬度 点 2 经度

-AB 号 3 点 3 纬度 点 3 经度

-AB 号 4 点 4 纬度 点 4 经度；

BSEM 软件具有设计测线的功能，但是要求用户必须提供 Matlab 可支持格式的勘探区域的地形图，且至少有两个测点坐标与实际地形坐标系的相对应，进而实现设计图与地形图的叠合和校正。所有坐标数据都需要以上面要求的格式存储在文本文件中。

将地形信息叠合显示，有助于参考已知测区内的地质构造或地形图来处理数据和分析处理结果，可见这步操作是十分必要的。通过对数据库进行操作，可以在不同的地图上显示处理结果。为此，建议在正式处理数据之前完成对所有图件的坐标标定。进行图件映射标定时，BSEM 会为每幅地图（例如：原始文件名为 struct_map.jpg）命名一个文件名相同但尾缀为“.gr”的关联文件（例如：struct_map.gr），这样就可以在很快地完成图形叠合操作了。

通过按钮 Maps processing 启动地形图的映射和标定功能。具体功能包括：

（1）“Data”：地图的输入和输出。

① “Load image”：加载新图件。

② “Print by scale...”：以选择的比例尺打印图件。

③ “Export by scale...”：以选择的比例尺输出图片格式的图件。

（2）“Service”：叠合操作和设计图形剖面。

① “Attach grid”：叠合剖面的网格化。

② “Add Line”：输入新剖面或 AB 线。

③ “Edit Line”：编辑剖面上的测点数。

④ “Save Lines to file...”：将剖面保存到新的坐标文件中。

⑤ “Load coordinates File...”：加载已有的坐标文件。

⑥ “Show cursor position”：显示光标位置。

⑦ “Show Line Labels”：显示所有剖面的表格。

⑧“Report of Line Crosses”：显示交错的剖面上所有测线上的信息，并保存到文本文件中。

⑨“Labels of pickets”：设置剖面文件输出时的备注签名的模式。其中，“Off”代表只输出剖面不输出测点，“Auto”代表自动输出测点签名，需通过测点数来指定签名，“Manually”代表必须输入需签名的剖面和测点列表，“Graphically”代表需点击鼠标选择待输出签名的测点。

⑩“Attributes”：属性操作。可以将地图内的任意线或图件的轮廓线指定为特征线，若导入了坐标文件，则可以指定测线距。其中，“Curve”表示输入任意线或轮廓线。“Curve，Contour”表示该操作允许在已掌握的地图上标记任意的线（例如绘制沉降区的轮廓线），这些线可能会被作为一系列的标记点输入值，参与到后续的样条插值中。通过点击鼠标右键或者点击“Enter”回车键完成轮廓线的绘制。每次绘制轮廓线时都需要输入相应的数字。“Save Attributes File”表示将输入的轮廓线保存在属性文本文件中。“Load Attributes File...”表示从属性文件中加载并绘制之前保存的轮廓线。“Line Interval”表示仅在已加载的坐标文件上进行操作，但地图上会显示网格化的剖面。“Manually”表示选择测线距。在屏幕上单击鼠标左键，框选出所需的区域，并输入测线距。“Save Attributes File”表示将测线距保存在属性文本文件中。“Load Attributes File…”表示从之前保存的属性文件中加载测线距信息。

（3）“Setting”：设置。

①“Graph Object settings”：显示图形对象的自定义窗口（可对测线、AB线、测点、测井等的参数进行设置）。

②“Scroll”：以初始比例尺在屏幕上查看地图（1屏幕像素 =1 地图像素）。当屏幕上不能完整显示地图时，可以通过垂直和水平滚动条进行调整。窗口的缩放比例亦可又用户自行调节。

（4）“Scale”：比例尺操作。

①“1∶10000，1∶25000，1∶50000，1∶100000”：用户根据需求选择比例尺。

②“Inform”：关于坐标轴尺度的信息（单位为米）。

用户需通过按钮“Service”→“Attach grid”将新的地图映射到坐标系中。

计算机在读取新的图形文件格式的地图时，是以屏幕像素单位来理解网格单元的（图8.6）。为了完成地图和坐标系的投影，必须进行“Attach grid”→“Manual（by 2-points）”或者“Attach grid”→“Manual（by 3-points）”操作。如果地图在数字化之后没有失真（在横纵坐标轴上具有相同的比例尺），则应用前者，即应用地图上两个已知坐标的点在需要叠合的图件上进行定位；如果地图因为某些原因造成横纵坐标轴比例尺不统一，则应用后者，前两个已知点应该位于图件的对角线上，第三个点用于精确地计算地图的旋转角度，故不应平行（或垂直）于前两个点。尽可能使用图中井位标记来进行叠合，如果它恰巧在网格节点上则会更精确。

完成上述操作后，点击按钮“Ok”存盘。

用光标指示图中需求点，点击左键指定检查点，BSEM需要每一个检查点在新坐标系中的坐标。输入几个检查点后，BSEM软件执行图形信息的转换，并以新坐标系输出图形。输出的新地图被限定在能包含所有测线的正方形区域内，并且单元网格边长为1km，横纵坐标轴都是整数公里数。地图中不会显示剖面的坐标信息，后续也不会输出井口和AB线信息。

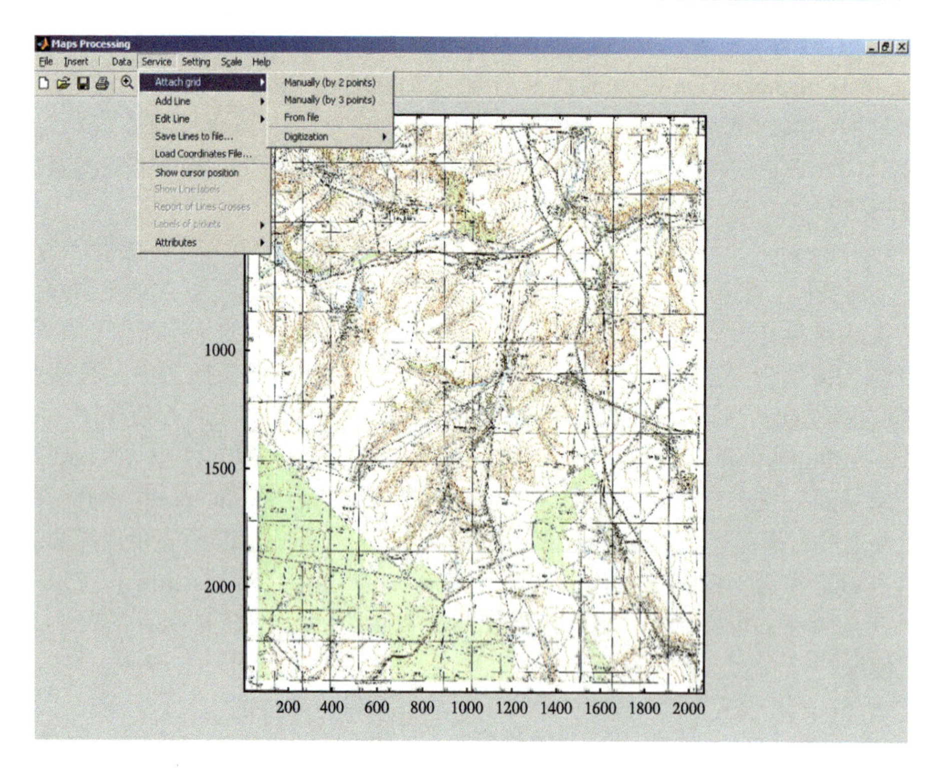

图 8.6　构造图与坐标系的映射界面

另外，也可以通过“Service command”→“Load coordinates...”功能加载已有的坐标文件，查看并且确定图形叠合的正确性，见图 8.7。

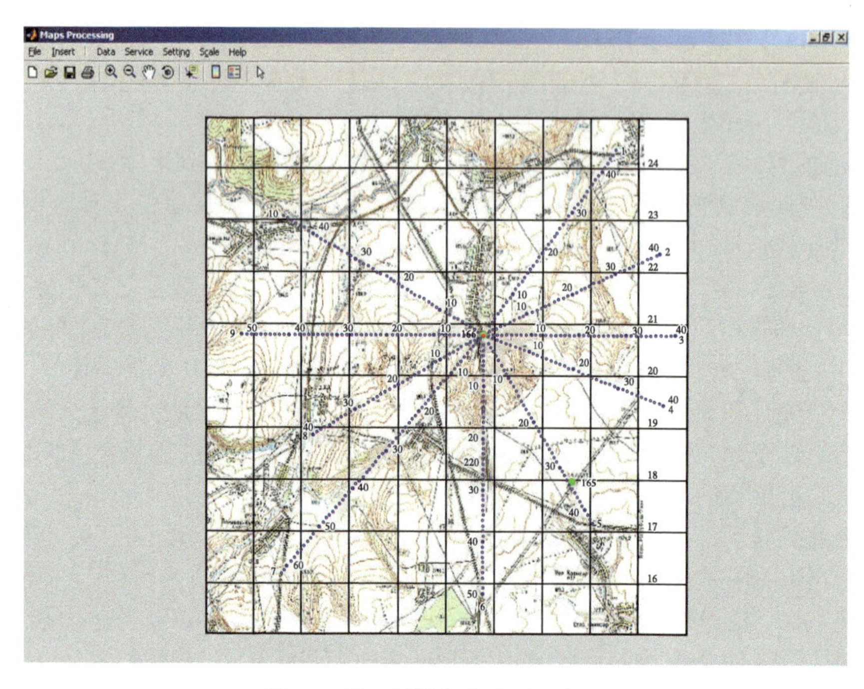

图 8.7　施工测线与构造图叠合图

点击按钮“Save gridding”，并选择“Yes”选项，将新的地图（文件名格式为 Map_name.gr）保存在文件夹“BSEMDATA\TOP”中。

从主菜单“DATA”导入的图形文件必须已经具备了与之匹配的“.gr”文件。这时需要点击按钮“Attach grid” → “From file”来完成图形的映射叠合操作。映射文件需要与图片文件保存在相同的文件夹中。

通过“Service”→“Attach grid”→“Digitization”按钮可以进行对扫描的图形文件数字化，从而获取函数数值。为此，必须依次点击“Service”→“Attach grid”→“Digitization”→“tie”分别指定两点的 x、y 坐标。然后，点击“Service” → “Add Line” → “Graphically”重新成图，就得到了函数值。

可以通过“Service” → “Save Lines to file...”将输入的测线或者诸如 AB 等其他需要被标记的数据的坐标保存到一个文件中。

点击“Service command”→“Add Line”按钮可以在当前坐标系下的地图上输入（设计）一个新的剖面或 AB 线，也可以通过这一操作，将新剖面添加到已有的坐标文件中。

点击“Add Line”→“By point”输入已知坐标系中新剖面或 AB 线上的起始点和结束点。对话框中的经纬度以逗号或空格作为间隔。

“Add Line” →“AB from file”功能键可以完成新场源坐标的输入，要求是数据时以“线号、点号”的格式写入。所以，就需要准备好诸如下格式的文本文件：

AB N	Line	PointA	PointB
275	119	224	154
276	119	210	140
277	119	180	110
278	119	160	90
279	119	134	64
280	119	110	40
281	119	84	14
282	119	64	−6
283	119	50	−20
284	116	−20	50
285	116	−6	64
286	116	14	84
287	116	40	110
288	116	64	134

如果上面提到的测点（比如 AB）在坐标文件中没有数据，那么新设计的测线中就不会再出现这些点。

点击“Add” → “From file” → “Standard”输入 BSEM 软件的标准格式的测线坐标。

点击“Add Line” → “From file” → “Special”则从其他格式的文本文件中导入测线上的点坐标。通常坐标文件是由卫星定位获得的。文件格式如下：第一列为剖面号，第二列为纬度，第三列为经度，第四列为海拔值。其中，第四列可以只列出已知海拔值的点的海拔信息，对于没有值的点，在加载该文件的时候，程序会根据已有信息进行插值计算出来。

%	Line coordinates			
	1	4764168.60	16295833.10	506.22
	1	4764124.90	16295856.40	506.83
	1	4764080.80	16295880.10	
...				
	1	4760118.70	16298021.10	
	1	4760074.90	16298045.10	
	1	4760031.20	16298069.90	386.08
	1	4759987.80	16298094.30	383.49
	2	4764167.80	16295808.70	505.80
	2	4764115.90	16295809.10	
...				
	21	4767233.10	16293471.60	544.42
	21	4767278.00	16293492.90	545.21
	21	4767323.60	16293514.50	
	21	4767368.80	16293536.00	
	21	4767414.20	16293557.50	547.15
	21	4767459.20	16293578.90	
	21	4767504.60	16293600.50	548.69

也可以通过“Add Line”→“From file”→“Relief（X，Y，Z）”按钮由包含纬度、经度和高程信息的文件中加载相关数据。

程序中测点间的距离均指点在水平面上投影后的距离。

点击“Service command”→“Save Lines to file...”，可将刚刚设计好的剖面坐标保存到文件中。因此，还需要输入剖面上的起始点、测线长，以及步长，单位为米。

通过功能键“Service”→“Edit Line”可以修改已经导入（或者调入了坐标文件）的测线中剖面编号。而“Pickets reverse”则可以将两个端点之间测点的编号倒序，命令“Pickets shift”可以互换测线之间的编号，命令“Pickets mult”允许通过调整系数来增加所选测线的序号，命令“Pickets interpolation”的功能是添加测线上新增测点的坐标。

在点击主菜单的按钮“Maps processing”进行坐标数据的操作伊始，可能出现无法对地图进行操作，而只可以应用坐标文件对当前剖面进行浏览和分析的现象。这时，就必须制定一个坐标文件（通过按钮“Load Coordinates”查阅坐标文件），然后BSEM就会打开一个图形窗口“View Coordinates”，提供如下功能：

“Data”下拉菜单中的“Load Coordinates...”表示导入一个新的坐标文件，“Print by scale...”表示按照选定的比例尺打印剖面的设计图，“Export by scale...”表示按照选定的比例尺输出剖面设计图的图形文件。

8.3.2 工区测线设计

三维图形界面解释中，BSEM 提供了标准菜单生成的所有立体三维图形，如图 8.8 所示。

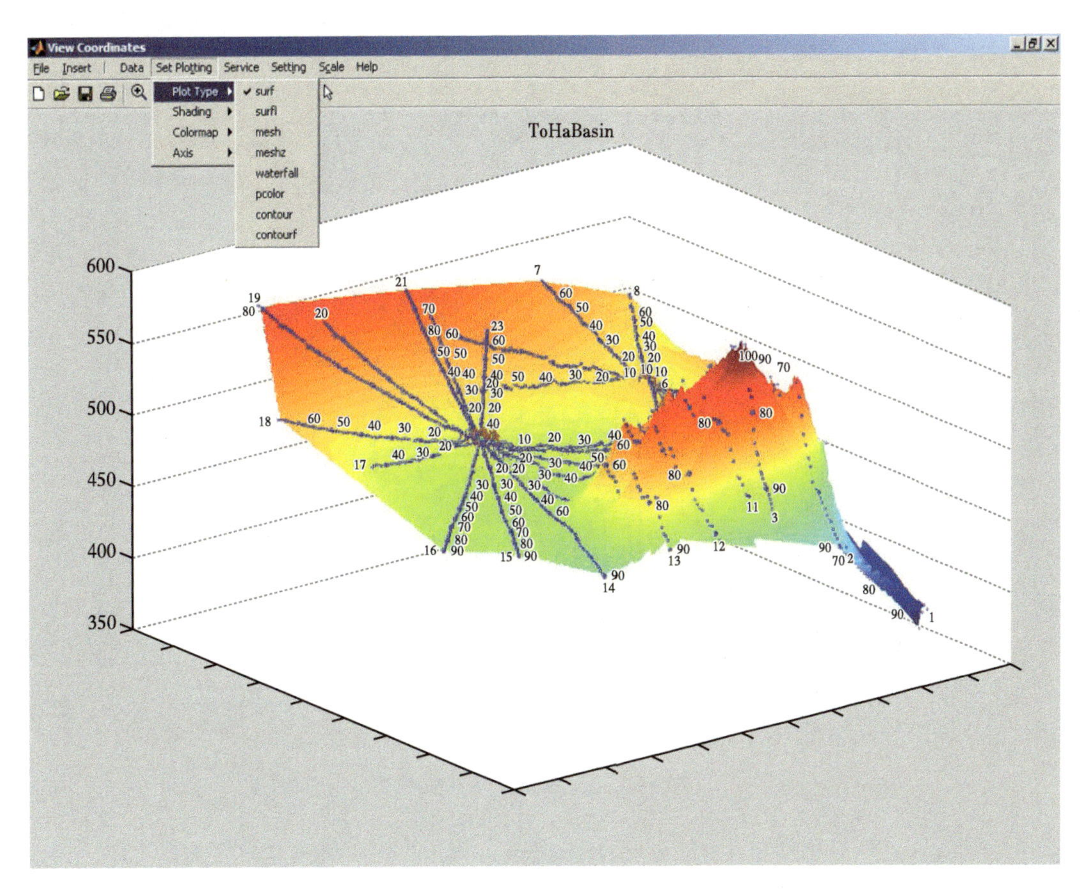

图 8.8 工区测线设计 3D 图

（1）“Set plotting”：参数设置。

① “Plot type”：图形的类型。其中 “surf ” 表示三维彩色图，“surfl” 表示三维明暗图，“mesh” 表示三维网格图，“meshz” 表示带矩形 “垂帘” 的 3D 网格图，“waterfall” 表示瀑布图，“pcolor” 表示伪彩色平面图，“contour” 表示等高线图，“contourf” 表示填充了颜色的等高线图。

② “Shading” 指图形着色方式，其中 “faceted” 代表在图形上叠加黑色网格线。“flat” 代表去掉图形上的网格线。“interp” 代表双线性颜色插值。

③ “Colormap”：色标类型。

④ “Axis” 指坐标轴类型，其中 “normal” 代表恢复到坐标轴的全尺寸和初始比例尺；“equal” 代表所有坐标轴采用相同比例尺；“vis3d” 代表确定三维目标体的长宽比，并使其旋转。

通过缩放和旋转功能可以对图像进行灵活的操作，使图像分析变得更加直观和便捷。

通常加载剖面设计图时 BSEM 会有一个默认显示的设置，如图 8.9 所示。

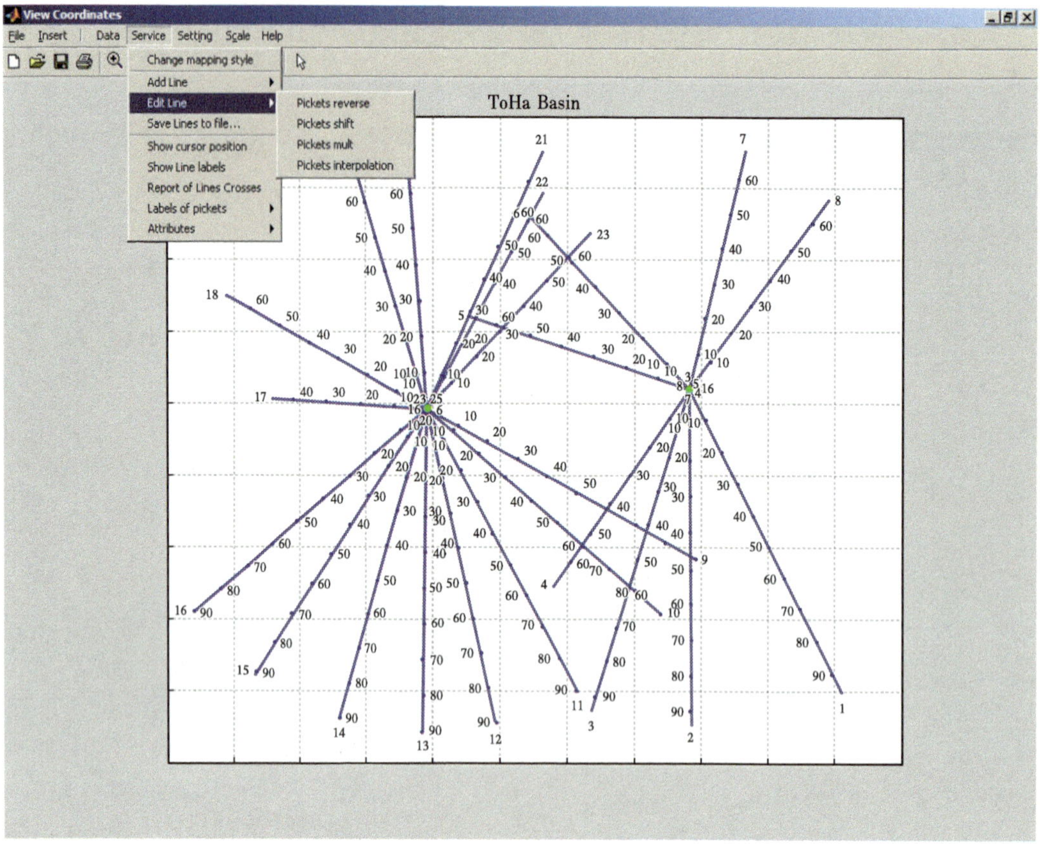

图 8.9　工区测线设计平面图

（2）“Service”下拉菜单中的“Change mapping style”用于转换地图类型，如果当前剖面数据包含高程数据，则输出一个带地形信息的图；“Add Line”表示输入一个新的剖面；“Edit Line”表示改变所选剖面的测点数；“Save Lines to file...”表示保存剖面到一个新的坐标文件中；“Show cursor position”表示显示地图上指针位置处的坐标；“Show Line Labels ”表示显示所有剖面的“标签”；“Report of Lines Crosses”表示显示剖面上交错测线上的所有信息（剖面号 / 测点号）并保存到文本文件中；“Labels of pickets”表示控制剖面上测点签名的输出模式；“Attributes”表示采用任意测线或边缘线的属性作为地图属性。

（3）“Setting”下拉菜单中的“Grahp Object settings”表示给目标图形设置合适的显示窗口大小。

（4）“Scale”用于比例尺的设置，包括 1∶10000，1∶25000，1∶50000，1∶100000，根据需求选择比例尺。

属性文件为固定格式的文本文件，描述了整幅地图或部分目标体的属性信息。属性文件可通过点击 BSEM 系统菜单中的“Attribute”→“Curve”→Save Attributes File”按钮，或“Attributes”→“Line Interval”→“Save Attributes File”按钮，或任意文本编辑器均可以生成。属性文件包括井的数据图表，可有测井数据操作软件创建。文件格式参考如下示例：

```
Type:         Map
Number:        1
Label:        Deposit
Color:        [1 0 0]
Line Width:    2.5
Line Style:    -
Marker:        .
Marker Size:   0.5
Coordinates:
 5187100.7   12479447.7
 5187093.9   12479482.1
 5187080.4   12479518.0
 5187061.9   12479552.9
 5187040.0   12479584.7
 5187016.6   12479610.8
 5186993.3   12479628.9
 5186976.0   12479636.1
…
…
```

前9行的含义为：

（1）“Type”：目标体类型，可以为Map，Section，Interval，Plot Region，Well。

（2）“Number”：数字对象标识符。

（3）“Label”：对目标体的说明，与目标体一起显示出来。

（4）“Color”：线条颜色。

（5）“Line Width”：线条宽度。

（6）“Line Style”：线条类型，可以为“-”“：”“-.”或空值。

（7）“Marker”：记号类型，可以为“+”“o”“*”“.”“x”“□”“◇”“☆”“∨”“∧”“>”“<”或六边形或空值。

（8）“Marker Size”：记号尺寸。

（9）“Coordinates”：（x，y）坐标，或一组剖面的首尾测点之间的间隔数。

一个属性文件里面可以包含几个目标体。从属性文件中导入已保存的目标体或对其绘图时，可以应用功能按钮“Attributes”→“Curve”→“Load Attributes File...”，或“Attributes ”→“Line Interval”→“Load Attributes File...”。

8.4 野外施工设计

进行野外施工设计时，BSEM提供了以下几种操作模式：

（1）设计使用TFEM-2仪器进行采集时的采样时间表（SST）；

（2）当使用AB线源时，为其设计采用不同测量装置的现场采集方案；

（3）根据“虚拟”信号文件（.rez文件）的坐标文件，创建一个DB数据库并进行进一步的数值模拟。

8.4.1 采样时间表（SST）的设计

点击“Field works planning”→“Sweep-signal table”→“SST”按钮开启SST设计功能。这时BSEM会弹出一个图形窗口“SST Design”，如图8.10所示。

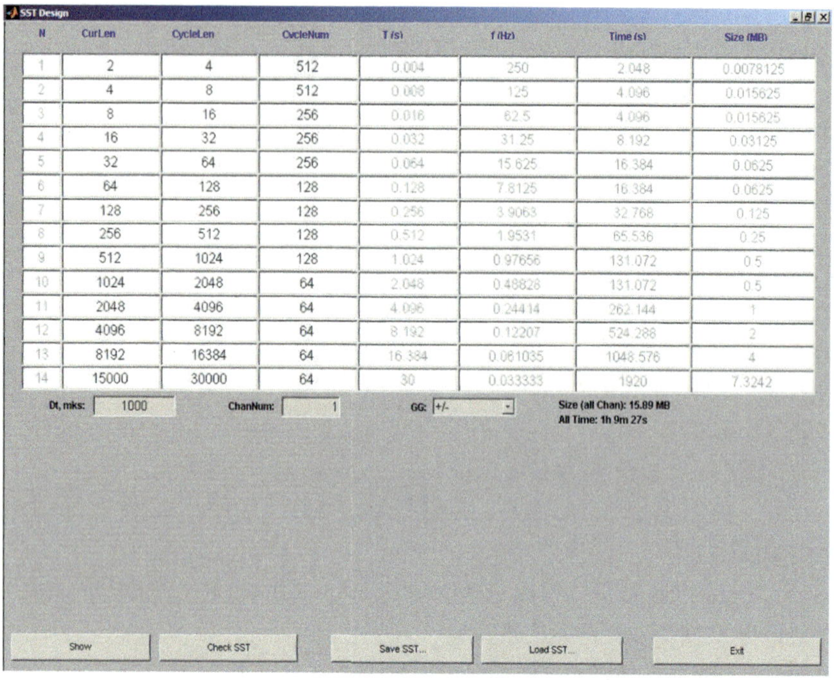

SST Design

N	CurLen	CycleLen	CycleNum	T (s)	f (Hz)	Time (s)	Size (MB)
1	2	4	512	0.004	250	2.048	0.0078125
2	4	8	512	0.008	125	4.096	0.015625
3	8	16	256	0.016	62.5	4.096	0.015625
4	16	32	256	0.032	31.25	8.192	0.03125
5	32	64	256	0.064	15.625	16.384	0.0625
6	64	128	128	0.128	7.8125	16.384	0.0625
7	128	256	128	0.256	3.9063	32.768	0.125
8	256	512	128	0.512	1.9531	65.536	0.25
9	512	1024	128	1.024	0.97656	131.072	0.5
10	1024	2048	64	2.048	0.48828	131.072	0.5
11	2048	4096	64	4.096	0.24414	262.144	1
12	4096	8192	64	8.192	0.12207	524.288	2
13	8192	16384	64	16.384	0.061035	1048.576	4
14	15000	30000	64	30	0.033333	1920	7.3242

Dt, mks: 1000　ChanNum: 1　GG: +/-　Size (all Chan): 15.89 MB　All Time: 1h 9m 27s

Show　Check SST　Save SST...　Load SST...　Exit

图8.10　采样时间表设计窗口

如果想导入已有的SST（适用于TFEM-2仪器的标准格式的文本文件），则点击图形窗口下方的按钮“Load SST...”。

SST文本文件的格式如下：

```
******************************************************************************
 N   CurLen   CycleLen   CycleNum   T(s)    f(Hz)   Time(s)    Size(MB)
 1   128      512        256        0.128   7.813   32.768     0.500
 2   256      1024       256        0.256   3.906   65.536     1.000
 3   512      2048       256        0.512   1.953   131.072    2.000
 4   1024     4096       128        1.024   0.977   131.072    2.000
 5   2048     8192       128        2.048   0.488   262.144    4.000
 6   4096     16384      100        4.096   0.244   409.600    6.250
 7   8192     32768      192        8.192   0.122   1572.864   24.000
******************************************************************************
dT:   250 mks
GG:   With zero
Size(all Chan): 39.75 MB
All Time:  43m 25s  =  2605s
```

8.4.2 现场施工方案的设计

点击 “Field works planning” → “Field works scheme” 按钮开始进行野外施工方案设计。这时，会弹出一个填充了默认值的图形窗口 “Designing”，如图 8.11 所示：

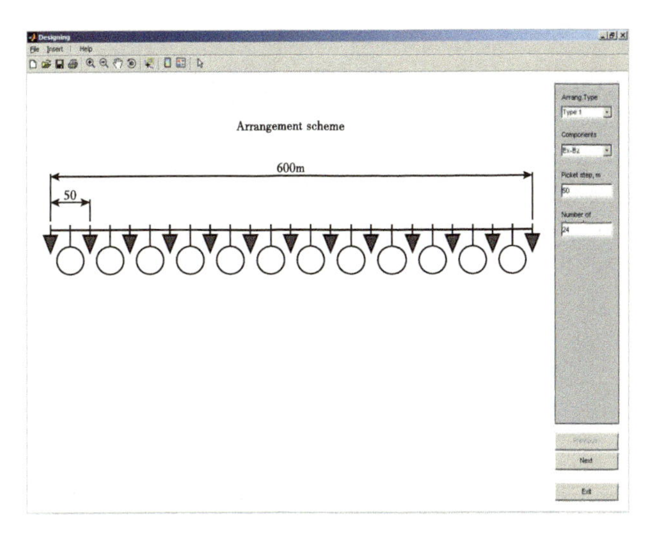

图 8.11　BSEM 软件野外施工采集装置设计窗口

第一步是排列方案的编辑。用户可以自定义装置类型、场分量、测点距（单位：米）以及采集道数。

接下来，选择最佳的工区范围（图 8.12）。图中的图形表示的是：剖面线、地面上（或井中）的偶极子以及排列号、上一步中定义的单个排列的长度。

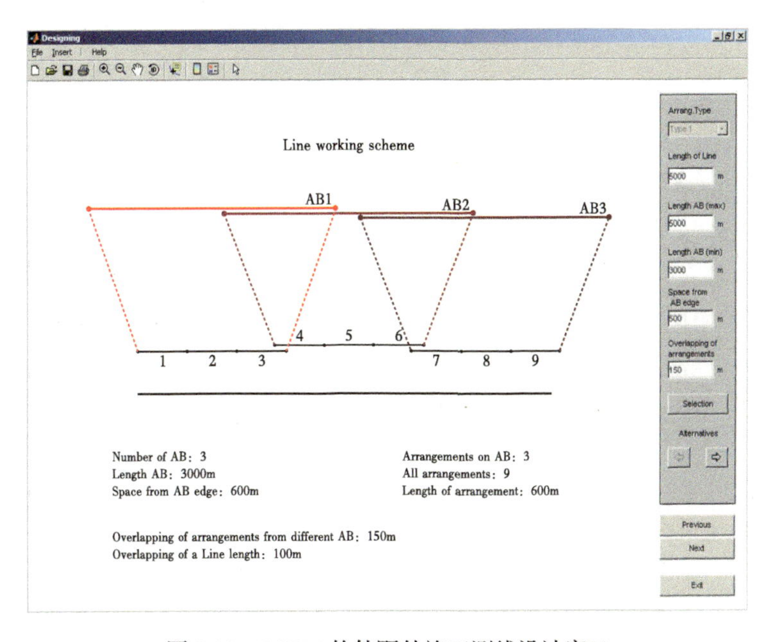

图 8.12　BSEM 软件野外施工测线设计窗口

最后，可以试着估算该设计方案的工作效率（图 8.13）。用户可以填上以下实际数值（单位：小时）：单个排列的写入时间、单个排列的采集时间、单个偶极子的采集时间、工作日的持续时间。屏幕上会显示出相应的剖面的工作周期图。这里显示的是地面方法，井地方法同样操作，只是场源垂直一端在井下。

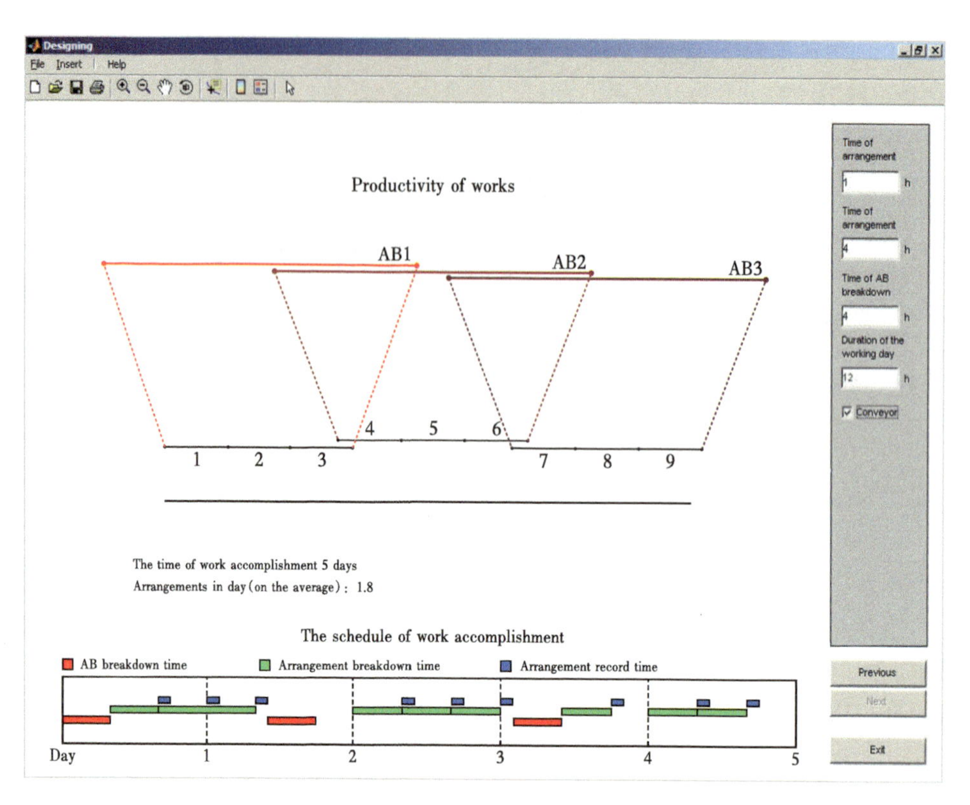

图 8.13　BSEM 软件野外施工信号评价窗口

8.4.3　创建 REZ 文件

从 BSEM 主菜单开始模拟的时候（参看 8.3.2 章节），每次都要手动输入野外观测点和场源的几何信息。如果事先准备好包含剖面和发射源信息的配置文件，则更便于进行信号模拟，也可以通过直接对数据库 DB 进行操作开始计算。但是如果尚未完成实际测量而无法使用野外观测数据时，则可以选择一个具有“虚拟”信号的 DB 数据库，根据其中指示的野外观测剖面和场源坐标进行信号建模。

点击“Field work planning”→“Forming REZ-files”按钮将在指示的坐标文件基础上生成一组“虚拟”信号文件。

8.5　野外数据的回放和评估

回放野外实测数据可以通过接收信号和噪声的情况直观地对野外测量数据进行评估。在浏览数据时利用 BSEM 软件进行数据谱分析，可以对野外测量数据的质量做出初步评价。

点击 BSEM 主菜单上的 “Field data view” 按钮启动数据浏览功能。然后需要指定所需文件的路径。该功能按钮下包含以下功能：

“DATA” 下拉菜单中的 “Open file…” 表示加载文件，“Open second file…” 表示加载另一个文件，可以在同一个窗口中查看，“Open all files…” 表示加载当前文件夹中的所有野外数据。

“Options” 为参数设置，下拉菜单中的 “Viewing by period SST” 表示为浏览各频率范围下的 SST 信号，“Frame length” 表示以点为单位的周期长度，“Wait cycle” 表示以秒为单位的两个周期间的间隔时间。

在回放某个周期的数据时，可能会用到的操作有（参见图 8.14）：

（1）“Channels”：选择要进行回放的采集道。

（2）“Stop”：中止回放，如果要继续回放，则点击 “to wring out” 按钮。

（3）“Auto Scale”：为当前窗口中的数据自动选取显示的比例尺。

（4）“Channel interval”：屏幕上的采集道一个接一个地（第一道位于屏幕最下方）以居中的模式输出出来，单击鼠标右键可以改变两道之间的间隔距离。

（5）“Frame number”：当前范围内的一个周期的指示符或指针数，通过滚动条在指针窗口输入数字。

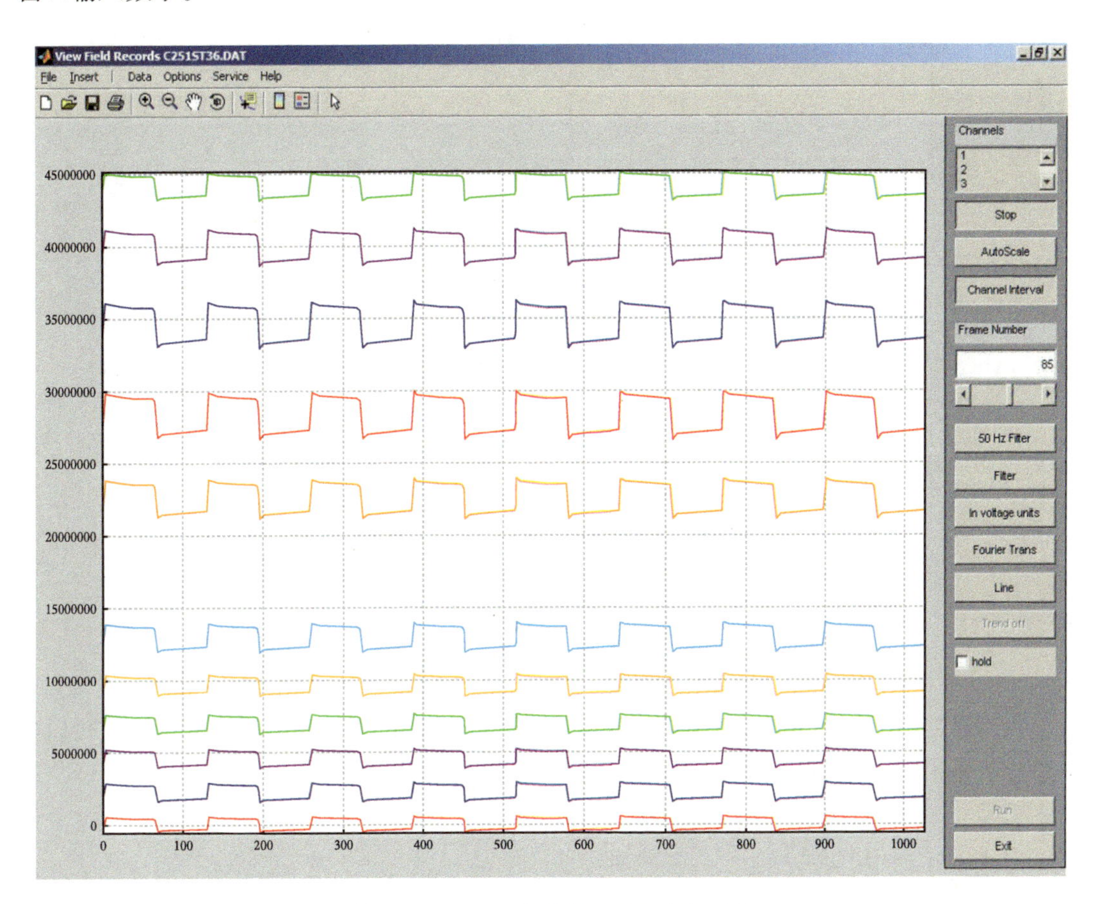

图 8.14　BSEM 软件野外数据浏览窗口

（6）“50Hz”：50Hz 数字滤波变换。

（7）“Filter”：数字滤波变换。

（8）“In voltage units”：输出信号的单位变换。

（9）“Fourier Trans”：谱评价窗口的切换。

（10）“Line”：振幅 / 相位评价窗口的切换，可以是接收的一次、三次、五次谐波。

（11）“Trend off”：删除低频信号的模式。

（12）“hold”：抹掉某一帧信号，用于对信号的图形进行叠加。

因此，BSEM 提供了对野外数据非常便捷的查看功能，并且可以对测区内观测点上的记录进行质量控制（如图 8.15 中，剖面上的 21~29 号测点处振幅和相位曲线的变化）。

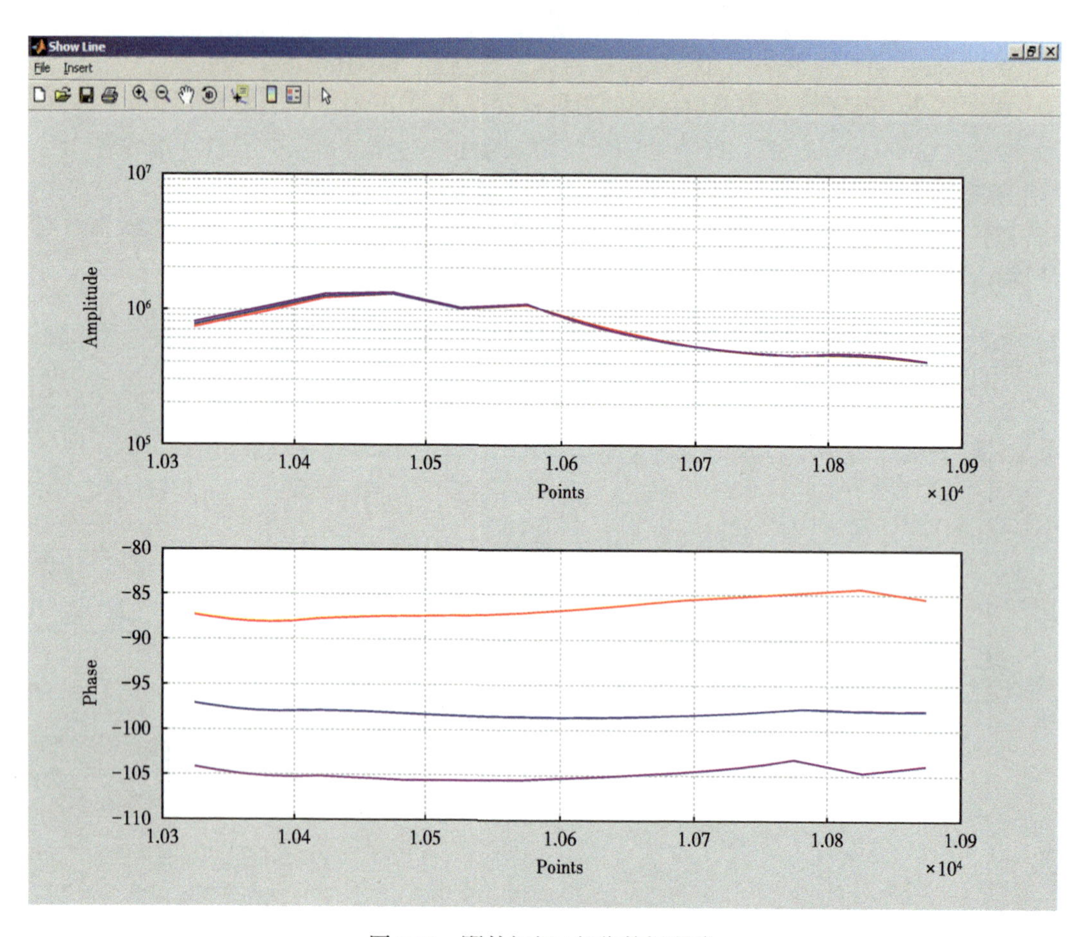

图 8.15 野外振幅 / 相位数据浏览

在对 TFEM-2 数据进行浏览时，点击 “In voltage units” 按钮，则电流和电压信号以单位 “安培” 和 “伏特” 表示。第一道为电压记录，第二道为电流。

8.6 野外数据的处理

BSEM 软件具有对 TFEM 仪器的多采集道观测记录、对 TFEM-2 发射机的电流和电压记录进行处理的功能，并且也能处理USEM-24采集站和Hitec发射机的数据。BSEM软件可以处理的野外数据包括：(1)FEM模式获得的场的频率特征复数值，在数据库中表示为SST中各周期的一、三、五次谐波的实部Re和虚部Im：(2)TEM模式时接收到的瞬时信号，在数据库中为在时间网格中记录的E_s；(3)除了处理野外数据，WLF软件还可以获得DB数据库中的以下附属参数：E_n、E_{pr}、E_{pZS}。

为了获得正确的处理结果，野外操作在数据传输过程中必须满足以下条件：

(1)野外记录标签应该包含正确的采集模式和记录参数；

(2)尽可能满足野外操作和记录与当前记录同步；

(3)在对FEM模式的野外数据进行操作前，必须在“BSEM.ini”文件中加载SST周期表；

(4)TFEM-2场文件的最后协议：① 野外数据中非工作采集道应在数据前加上“-”符号；② 野外接收器的采集道名应命名为“Hz”、“Hx”、“Hy”；③“length MN”代表野外接收器的长度，“1”表示高精度IMD-100传感器，“2”表示BTEM-47传感器，“8”表示低精度IMD-100传感器。

8.6.1 FEM数据处理

野外频率域数据的具体处理流程包括以下步骤：

(1)待处理的所有数据均应在内存中为其配置相应的存储空间，即使第一个周期的数据可能因为瞬时影响不参与到计算中。

(2)在进行频谱分析时需选择叠加窗口(8或更高的信号周期)。

(3)通过滤波去除记录中脉冲噪声。

(4)对所选窗口采用不同算法去掉低频噪声。

(5)对全部数据进行简单叠加。

(6)通过对一、三、五次谐波的复数值的保存，得到稳定的信号谱。

(7)根据MN的长度对理想的矩形脉冲谱的估算值进行归一化处理，重新计算野外单元场值。野外记录的处理结果采用如下单位：E_x、E_y—微伏/米；B_z、H_z—微伏/平方米；H_z、H_y——微安/米；电流—安培；电压—伏特。

(8)在完成最后一道的处理之前，各记录道的各频率范围的处理结果都保存在内存中。

(9)在对天然场进行最后一个频率的评估处理时，定义了工业干扰(50Hz)、残留噪声(非50Hz)和信噪比。

点击BSEM主菜单按钮“Field data processing”，启动野外频率域电磁数据处理功能，同时完成对FEM模式下电流的记录。这需要在新弹出的对话框上选择“Frequency domain data”以及“Result Frequency Mode”→“FRF”。这时，BSEM就会打开一个窗口“Field Data Processing”，并激活以下功能按钮：

“Run”下拉菜单中的“Folder..., File...”可以指定包含了文件的文件夹或者单独的文件，“Filter”为滤波参数设置。

“Service”下拉菜单中，“Field Data Reports”表示使用指定文件夹中文件名为“labels.txt”的野外文件的标签格式来创建文本文件。

点击按钮“Run”→“File or Folder...”启动程序。BSEM既可以处理单个文件，还可以对所选文件夹中的所有文件进行处理，但必须为处理结果指定保存路径。BSEM默认保存在文件夹“...\BSEMDATA\REZ”中。在处理野外记录时，一旦选择了流处理模式，就会弹出一个询问剖面数目的窗口。程序只会处理该剖面上具有测量记录的文件，如果之前使用的是默认选项，则所选文件夹中的所有文件均会被处理。数据处理过程中，各采集道（或分量）的响应信号会随之在屏幕上显示出来。如果没有选择分量，则将输出所有通道上的数据。

处理结果会显示在屏幕上，如图8.16所示。窗口分为四部分：左侧两幅图为最后一个记录的频率域结果（Re，Im），不同颜色代表不同采集道；右侧两幅图为按测点输出的一次谐波剖面，不同颜色代表不同采样周期。

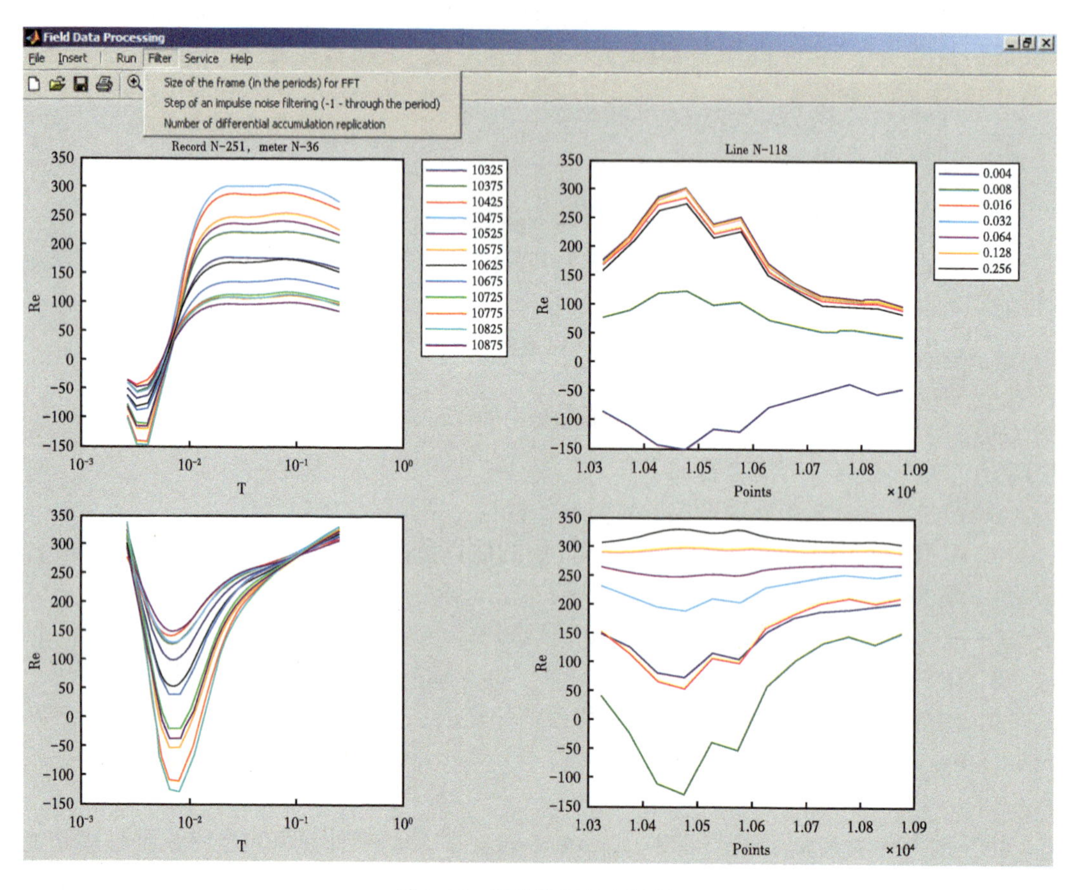

图8.16 野外数据处理结果

8.6.2 TEM数据处理

对野外时间域电磁数据进行处理时，一些参数的改变会直接影响到处理的结果。通过“Setting”→“Accumulation”设置参数值，既可以一次性处理所有数据，也可以将接收数据一分为二分别处理，从而两部分数据各得到一个结果。

通常，野外 TEM 资料的处理步骤遵循以下流程：

（1）为全部数据预留足够的计算机内存空间；

（2）预估工业干扰（50Hz）水平；

（3）在文件“BSEM.ini”的［proc］块中的“Npmin”参数处设置单个信号的周期数；

（4）对噪声进行滤波，删除低频噪声和 50Hz 工业噪声；

（5）对低频噪声水平进行平均频谱估计；

（6）通过对信号周期的频谱评估，剔除坏周期，并将信息写入“...\BSEMDATA\REZ”文件夹中的“protocol.all”或“protocol_cur.all”文件中，第一个周期的数据通常被剔除；

（7）不同信号周期进行简单叠加；

（8）选择脉冲信号；

（9）采用标准化单位重新计算场值：E_x 和 E_y 的单位为微伏 / 米，B_z 和 H_z 的单位为微伏 / 平方米。

点击 BSEM 主菜单上的“Field data processing”按钮启动野外时间域数据处理功能，并且必须在弹出的对话框“Time domain data“→“Field record”或“Time domain data”→“Current record”中做出相应的选择。BSEM 这时会打开窗口“Processing TEM...”，同时菜单中的各功能按钮被激活（图 8.17）。

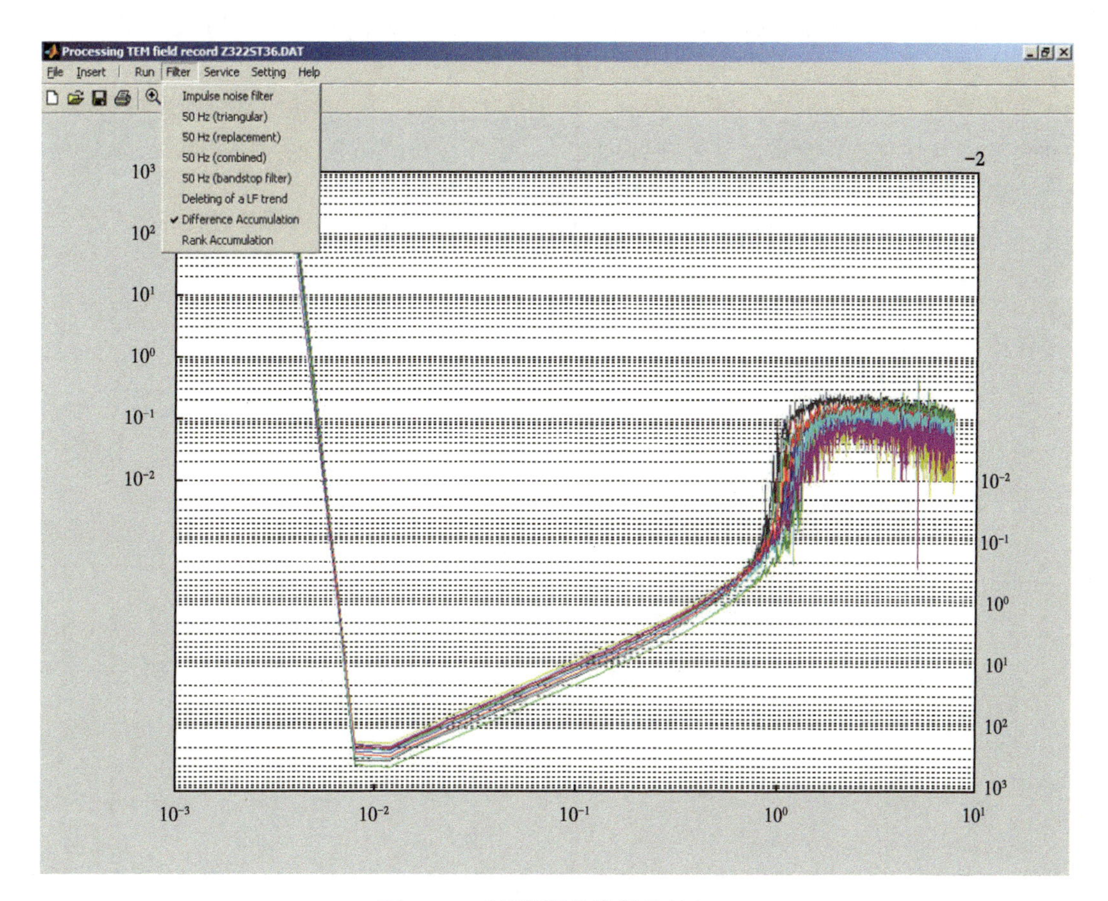

图 8.17　时间域野外数据处理窗口

“Run”下拉菜单中“Folder...，File...”用于选择文件所在文件夹或单独的文件。

“Filter”：装载滤波器。默认设置保存在文件“BSEM.ini”的块［proc］中的参数 SWF 处：

“1”代表应用滑动平均滤波器剔除 50Hz 噪声；

“2”代表使用几种滤波器的组合对 50Hz 噪声进行滤波：

“3”代表脉冲噪声的滤波；

“4”代表按照指定的叠加数完成对信号的叠加；

“5”代表删除低频信号；

“6”代表根据对前期脉冲信号的情况推断出 50Hz 噪声，并删除显著的 50Hz 干扰；

“7”代表使用阻带滤波器剔除 50Hz 干扰；

“8”代表按序累加（先剔除极值，再进行累积信号）。

如果要处理当前记录中的 SWCur 参数，可以使用脉冲噪声滤波器、50Hz 滑动平均滤波器、50Hz 阻带滤波器。

“Service”下拉菜单中“Field Data Reports”表示使用选定文件夹中文件名为“labels.txt”的野外文件的标签格式，创建一个文本文件。

“Setting”下拉菜单中“Impulse”表示选择产生的脉冲信号（默认为暂停中的信号），仅用于处理野外信号。

“Accumulation”表示选择处理信号的方式，既可以单次全部处理，还可以分两部分依次进行处理。

点击按钮“Run”→“Folder or File...”启动数据处理功能。BSEM 可以处理单个文件，也可以处理文件夹中的全部文件。在处理之前，需指定处理结果保存的路径，默认保存在文件夹“...\BSEMDATA\REZ”中。处理结果会显示在当前窗口中。

处理结束后，需关闭当前窗口才能返回到 BSEM 主菜单。

9 实例研究

随着油田滚动勘探开发的不断深入，目标越来越隐蔽、复杂，勘探开发难度越来越大，特别是已知目标区的含油范围、边界及相邻区块的关系很难确定，给开发井网的部署带来极大的困难。因此，准确确定已知油藏的分布范围和边界、区分油水范围，是滚动勘探开发中急需解决的问题之一。

井地电磁方法主要在开发时或之前应用，用来研究储层分布，并进行有利储层评价，或者进行油田开采动态监测，以及寻找隐蔽或剩余油气，指导开发部署。

该方法应用的目标一般是已知圈闭构造清楚甚至三维地震勘探已完成，所部署的发现井已获得工业油流的条件下，井地电磁应用于下步开发工作时的提前部署，或者针对开发中注水开采水流方向和推进距离等场景，为开发井网部署提供指导。下面主要介绍不同类型储层圈闭应用实例[20, 43, 50, 150, 153]。

9.1 断块油气藏应用实例

断块油气藏是油气在断层遮挡圈闭中形成的油气藏。断块油气藏可根据断层平面和剖面的组合形态进一步分成阶状断块、地垒式断块、交叉断块、逆掩断块等类型油气藏，一般来说含油面积的形状和断块形状一致，但是油、气、水分布复杂：如有的断块有油，有的无油；同一断块油、水层间互，油水关系复杂。因此，很难搞清楚油水分布边界与范围。

9.1.1 探区地质构造特征

工区 F19 井探区即是一个断块油气藏，如图 9.1 所示。整个探区为复杂断层下的背斜构造，东西长 11km，宽 3~5km；构造面积 55km^2，构造东陡西缓，呈北东向展布，南北两翼比较对称。该区产层为新近系明化镇组下段（简称明下段）和馆陶组。明下段属泛滥平原曲流河沉积。储层砂体以点坝为主，也有滞留沉积和天然堤沉积。该区含油目的层为明化镇组、沙三段和沙一下亚段。1965 年 3 月港 3 井明化镇组首获高产油流后，于 1970 年全面开发。F19 井钻于 1996 年 5 月，在明化镇组二段 952.5~959m 井段发现油层，试油发现油层，试油获日产 1.07t，解释划分单井有效厚度 6.4m。此外在明二段 1109.6~1116.8m 发现可疑油层有 7.2m，后试油日产水 17m^3。因此需用井地电磁法来圈定第一油层（明Ⅱ段Ⅰ油层）的分布范围并预测第二油层（明Ⅱ段Ⅱ油层）。

根据试验要求，F19 断块井中—地面电法施工面积约 9km^2，如图 9.1 所示。

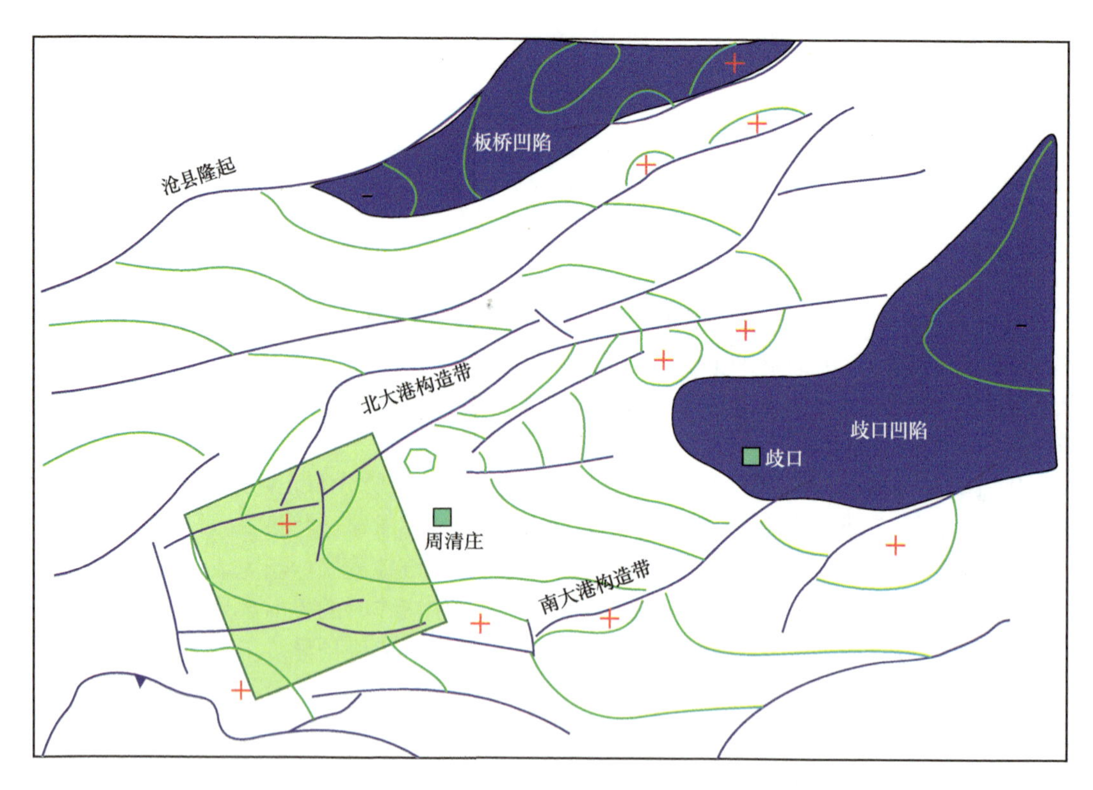

图 9.1　工区位置及地层

9.1.2　施工方法技术

井地电磁要测量的是在套管井内和井口的供电电极（即 AB 电极）所激发的电磁场下井口周围的电分量。供电电极中的 A 电极位于井口，B 电极设置在 F19 井油气层的上方及下方，由 2 个电极组成。这些电极用供电电缆的下端组成，供电电缆捆绑在测井铠装电缆上，用测井绞车随同测井电缆一起沉放到井中预定的深度。在地面用 24 道记录仪将电场分量记录下来，与记录仪连接的是 24 道的大线，有 25 个埋在地表面的电极与其相连（与地震道相似）。本次试验为提高观测精度，在 F19 断块及其邻近工区采用 25m 的道距（MN=25m），其他部分改用 50m 的道距。测线上的每个观测道需相应地记录井中 2 个供电电极激发的电磁场信号（明二段的第一油层上方与明二段的第二可能油层下方各有一个供电电极）。

F19 井钻开的第一油层埋藏深度在 952~959m 且存在第二可能油层。据此，F19 井的电场激发设置在 820m（电极 B1 位置）和 1130m（电极 B2 位置），同时控制两套储层。地面电极 A 埋设在距井口 10~30m 处。

设计 19 条测线，测线长 30km，物理点 900 个，其中东南目标设计的测线测网较密，往北较稀疏，同时将 F19 井、F24 井、Q447 井等井连接起来。其中部分测线与三维地震的测线重合。所有这些电法测线的观测点电场方位为以激发井为中心的径向，即记录电场的 E_r 分量。测线部署图如图 9.2 所示。

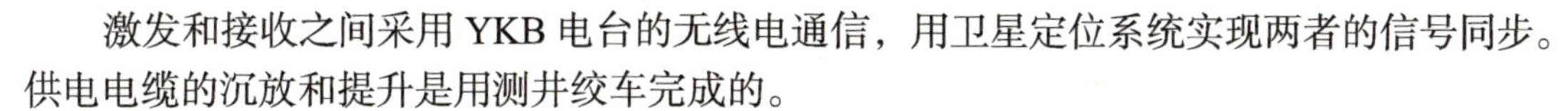

激发和接收之间采用 YKB 电台的无线电通信，用卫星定位系统实现两者的信号同步。供电电缆的沉放和提升是用测井绞车完成的。

为了获得有关地层剖面的电导率和激发极化信息，在分析介质地电模型基础上确定激发频带。

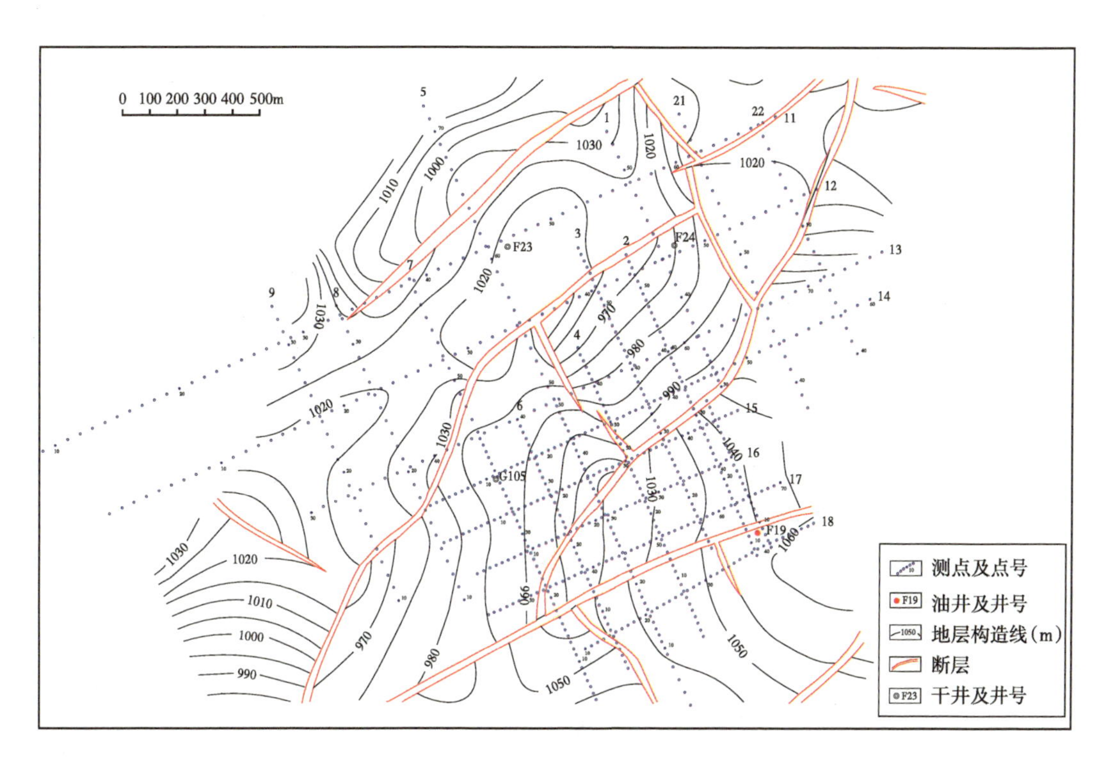

图 9.2 工区 F19 井区井地电法勘探测线图

为了确保在给定的频带范围内记录电磁场，必须发射表 9.1 所列的 8 种离散扫描信号。

表 9.1 发射扫描信号信息表

频率（Hz）	周期（s）	周期数（个）
16.11	0.062	200
8.000	0.125	128
4.000	0.250	128
2.000	0.500	64
1.000	1.000	64
0.500	2.000	64
0.250	4.000	64
0.125	8.000	64

9.1.3 资料的处理解释

电法资料解释阶段必须分析工区的构造特征，研究已知油气藏的资料，确定激发极化和电阻异常与已知油气目标的关系。同时，在分析工区先验的地质—地球物理资料基础上，对与油气远景目标或其他地质原因有关的异常依据其强弱程度进行分类。

在F19井区开展电法勘探的主要任务是圈定F19井区明化镇组952~959m层段内第一油层的油藏范围，并落实明二段第二可能油层，预测相邻断块的含油气性。研究区的地质构造特点是断块结构。为了选择野外施工参数（井中电极沉放深度、扫描频带等等）及进一步资料解释，必须对地电剖面进行分析，即建立地电模型。

在分析F19井的电测曲线后绘制了工区厚层地电模型（图9.3）。用电测曲线求得的纵向电导率，与厚度模型计算的电导率重合得很好，证明所建地电模型是正确的。这个模型共10层，第一油层在第7层，第二可能油层在第8层。剖面模型的电阻率差异不大。

在分析野外资料和正演模拟基础上，通过对理论计算与实际测量结果的对比分析，使剖面模型更加准确。总的来看，模型中没有高阻屏蔽层，这对于观测电磁场的电分量及探测储层目标是有利的。

F19井在1130~1200m深度（第10层）钻遇了一套厚的低电阻地层，可作为储层下方激发层和分析电法资料的标志层。F19井的总电导大于350S。针对所建模型计算了工区的视电阻率理论曲线，根据这些曲线估计了期望信号的水平，并用于选择记录电磁场频带的方法基础。

完成上述任务的主要手段是利用研究层段的岩石激发极化和视电阻率信息。这里首先重点分析双频相位的激发极化参数。解释激发极化相位测量成果在于用剖面和平面的空间滤波来识别激发极化的局部异常。所以要先将对所有剖面上的激发极化信息划分为区域的和局部的分量。为此，每条剖面用最小平方法计算了背景曲线，然后从每条测量的激发极化相位参数曲线上将背景值或区域分量减去。将分离出来的局部异常再进行空间带通滤波。并选择最佳维纳滤波器，使其特性能压制小于500m和大于1000m周期的空间谐波。用相邻三点加权叠加平滑滤波后的资料作为激发极化相位参数，并以曲线形式表示出来，在此基础上编制预测平面图。

9.1.3.1 相位参数平面异常特征

用红色表示极化率增高的地区，蓝色表示异常低的极化率。油气藏上方的典型异常反映为油藏中部上方低极化率异常与油藏外边界上方的高极化率窄带的组合。假设油气藏范围（更准确点说，油藏在地面的投影）与高极化率的异常边缘相吻合，这样就可在同一张图上标出预测目标的边界，这也是依据上述规律和异常水平的等级确定的。预测的目标反映了明化镇组820~1130m层段内与含油气目标有关的范围，也可能与剖面上的不均质性有关。图9.3展示了明化镇组820~1130m层段相位参数异常平面图，显示这套地层含油气的范围及上覆地层可能的不均质性。

在F19井区识别出了主要含油气目标，在工区的北部F24井区同样识别出了相对可信的激发极化相位异常。再向北一点F23井区还有一个较小的异常，这个异常比较局限，只有一条测线有显示，难以作为一个独立异常来解释。

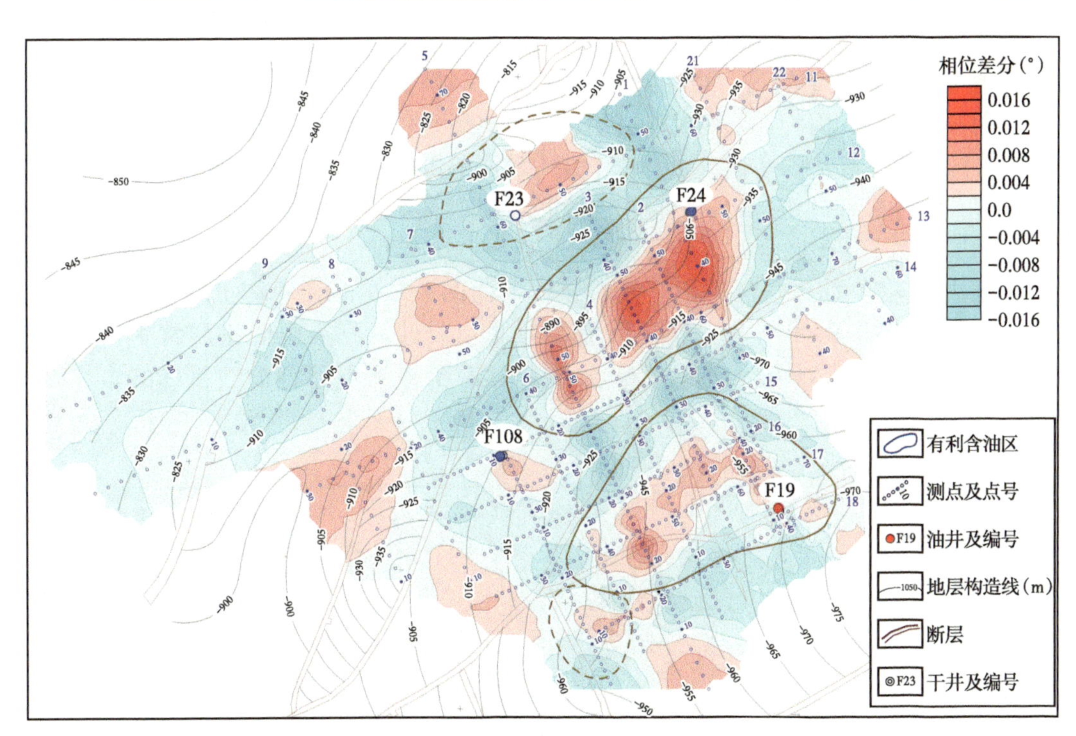

图 9.3 工区相位参数异常平面图

从图 9.4 图上可以清楚地识别 F19 井区和 F24 井区明化镇组的含油气范围，这是本工区的两个主要含油气目标。

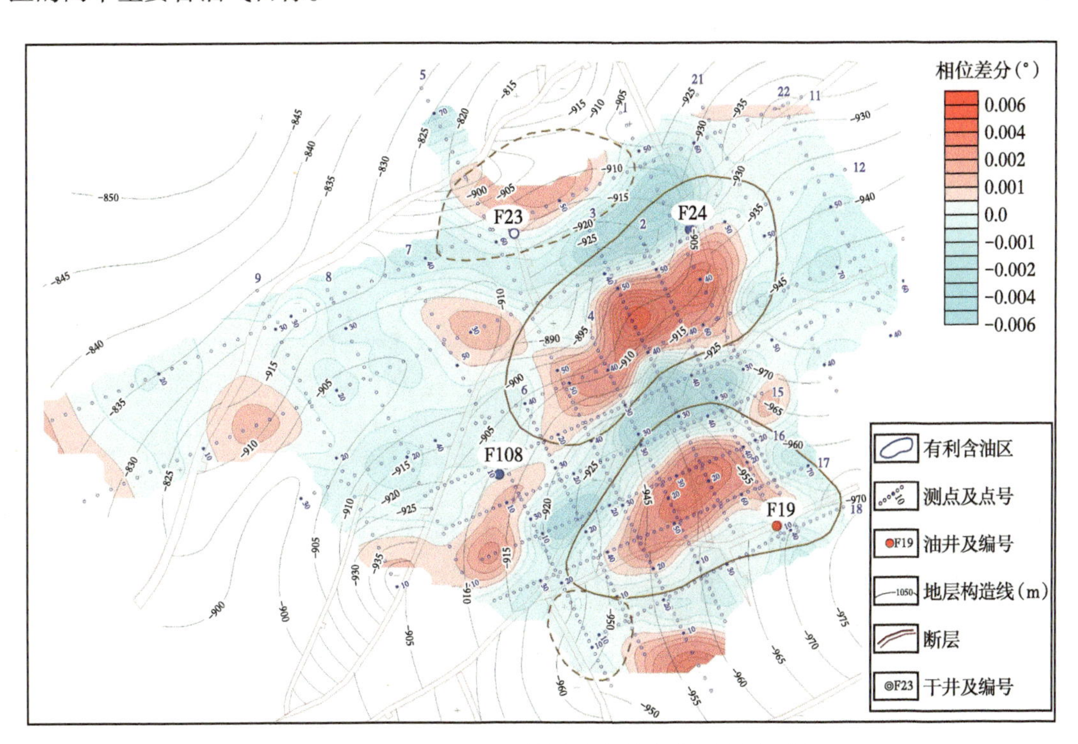

图 9.4 工区 820~1130m 深度段相位参数异常平面图

9.1.3.2 层电阻率平面异常特征

井地电磁测量结果的另一个参数是视电阻率，视电阻率可作为比较可信的含油气远景预测的补充信息，因为在剖面的研究层段岩石电阻率变化是预测参数之一。数字模拟表明，反映层电阻率变化的数值参数是位于井中较深的供电电极在某个时间段测得的电场强度模量 E 与井中较浅的供电电极所测模量之比。对所有井地观测点都计算了这个比值，并用计算结果绘制了层电阻异常等值线图。

在层电阻异常图上叠合了相位参数异常平面图（图 9.5），总体上两者彼此吻合较好。但是电阻率平面图杂乱，这证明储层的非均质性。将层电阻率异常平面图与激发极化相位参数异常平面图结合起来分析，有助于提高预测含油气目标的可靠性和精度。

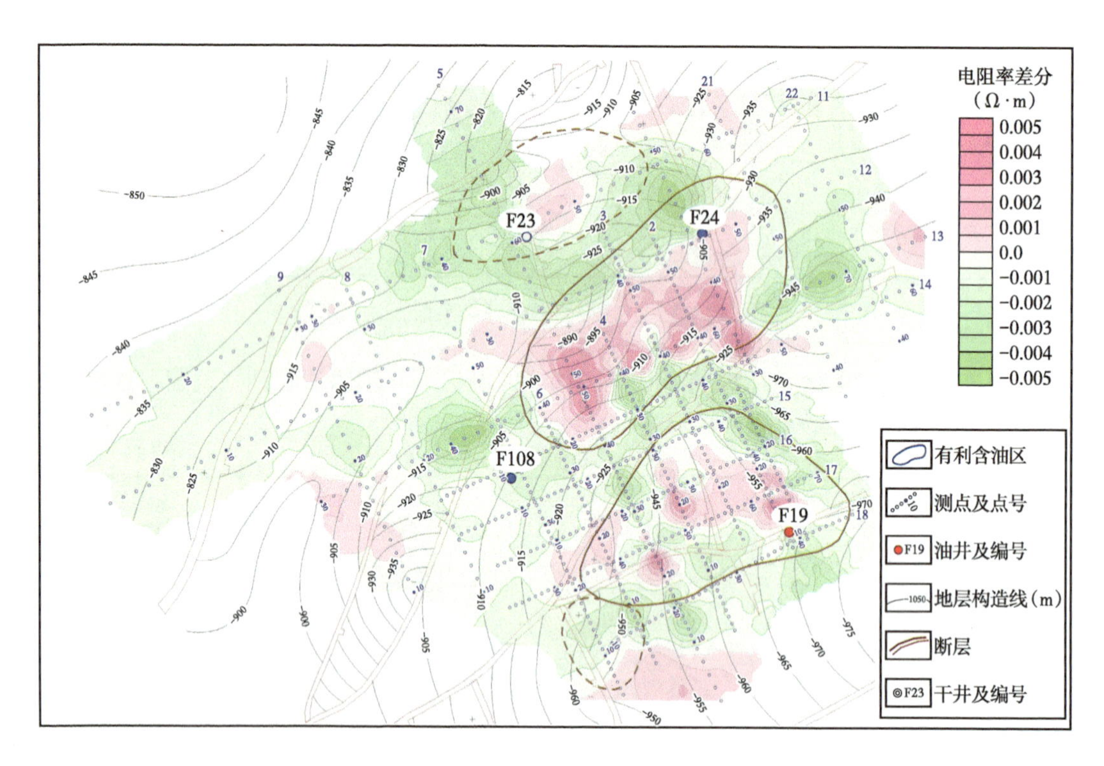

图 9.5 工区含油气远景层段电阻异常平面图

9.1.3.3 地震—电磁联合有利区解释

采用广义逆反演方法对数据进行拟二维反演，获得二维地电模型（图 9.6），可见，这完全符合实际地电剖面的情况。

图 9.6 展示了一些细节变化，在油层深度位置发现有层电阻率异常值。这个异常可能直接与油藏效应有关。在 F19 井、F23 井和 F24 井试油时，从这些目的层中产过油。当然也不能排除与剖面的岩性横向变化。

通过以下三个方面的分析来进行的含油气性评价：

（1）在广义的垂直地层 $t_B(h)$ 和电磁 $t_{3C}(h)$ 时距曲线基础上计算了地震（t_0）和电磁（t_{3C}）信号对同一界面的记录时间的相互关系曲线参数“a”，其中电磁 $t_{3C}(h)$ 时距曲线是用

F19井井旁的电法曲线绘制的。在考虑剖面岩性特点情况下，可以用该参数在平面图上的变化规律值求得每个井地电法观测点上的预测垂直地震时距曲线（拟地震测井），相应地，预测出剖面的速度参数。

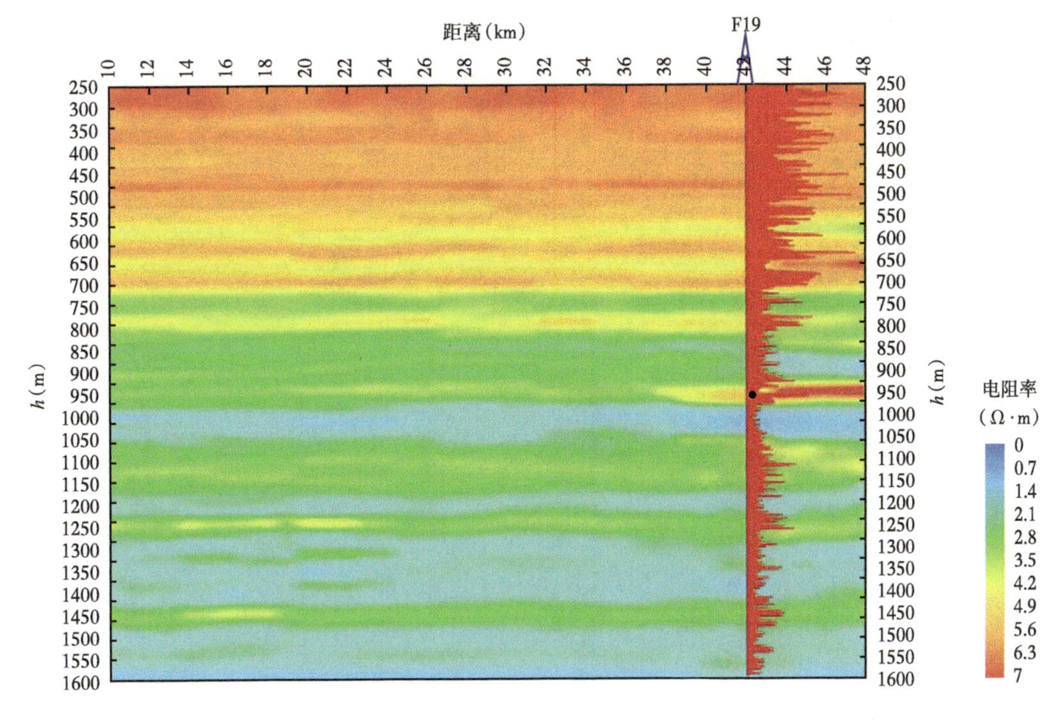

图 9.6　测线 18 的近似二维地电模型

（2）在地震（t_0）和电磁（t_{3C}）记录时间的相互关系规律基础上所有地电特性都可换算到地震时间剖面坐标，并在（x，t_0）坐标系内绘制视纵电阻值分布示意图（图 9.7）。

（3）计算了剖面的层参数（预测的层速度，纵电阻）。在这些参数基础上，计算了地震电法综合参数，这个参数表示剖面目的层段流体饱和特性变化（图 9.7、图 9.8）。将两个油层之间的地层划分成三段，第一和第三段与 F19 井、F23 井（第一段）和 F24 井（第三段）进行了标定。然后将综合参数分布图叠合到相应目的层顶的构造图上。

分析第二段地层的物理参数，发现速度的层段值和视电阻率两个参数基本上是同步变化的，接近综合参数的背景值（小于 10 个换算单位）。这说明工区的这个层段内含油气远景不大。

但在第一和第二段，即明化镇组下段的第一油层和第二可能油层剖面，这两个参数的变化是另外一种分布（图 9.7 至图 9.9）。特别明显的差异出现在近南北向的编号为 1 和 5 两条剖面上，这些剖面通过 F19 井、F23 井和 F24 井，这些井的含油气情况不完全一样，它们在工区内发挥着标准的作用（图 9.7 至图 9.9）。在油气井范围内，速度值局部降低是由地层的储集性能变好引起的，体现为电阻率值增高、与油气藏有关的综合参数值增加。此外，第 5 测线穿越了油藏和气藏，发现在气藏范围内综合参数异常值比油藏上方的异常值高。

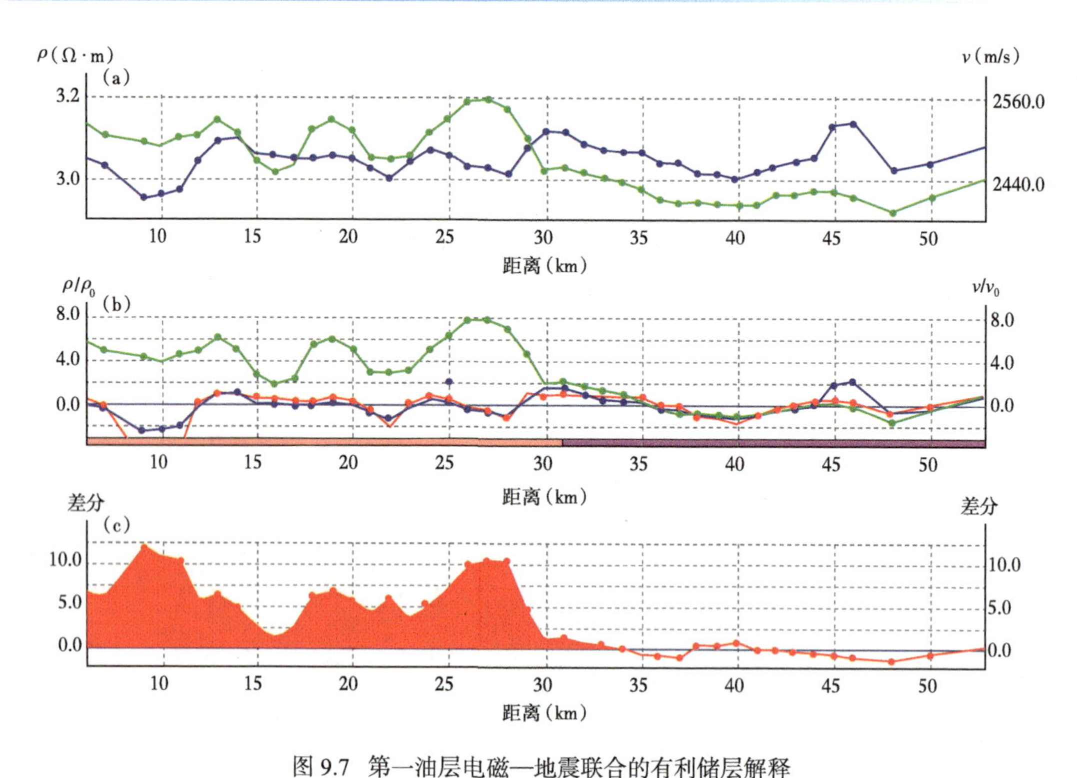

图 9.7　第一油层电磁—地震联合的有利储层解释

(a)储层地震速度和层电阻率剖面曲线;(b)归一化处理后的剖面曲线;(c)两归一曲线差分剖面

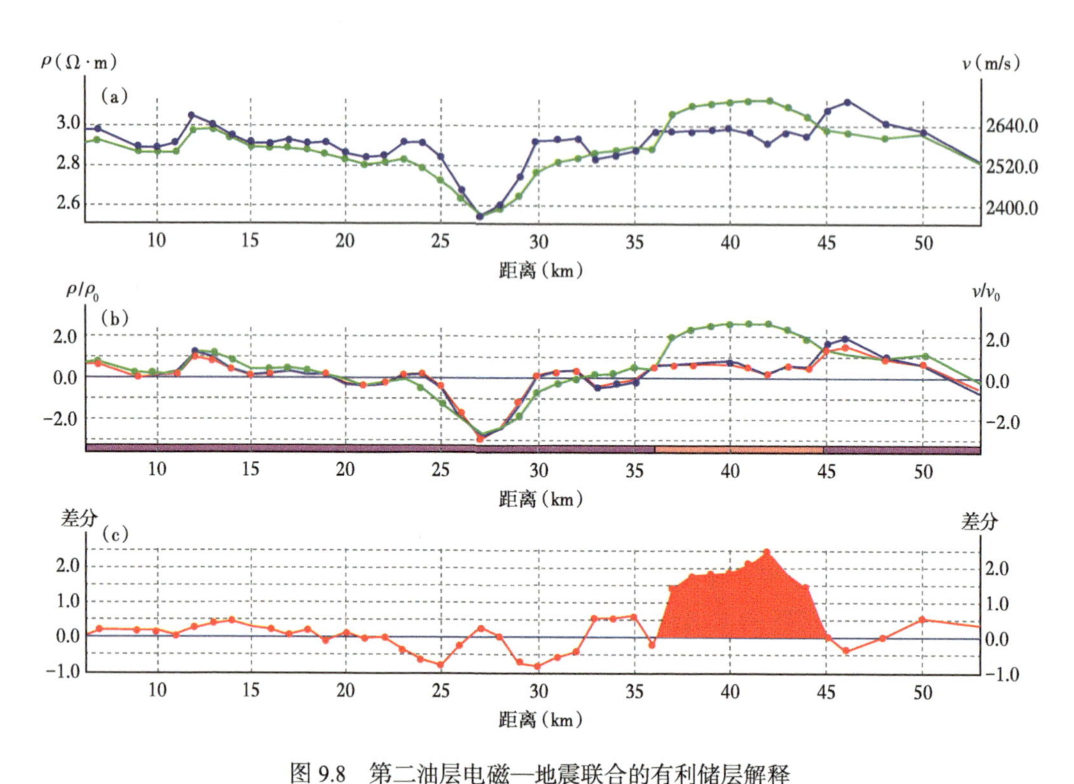

图 9.8　第二油层电磁—地震联合的有利储层解释

(a)储层地震速度和层电阻率剖面曲线;(b)归一化处理后的剖面曲线;(c)两归一化曲线差分剖面曲线

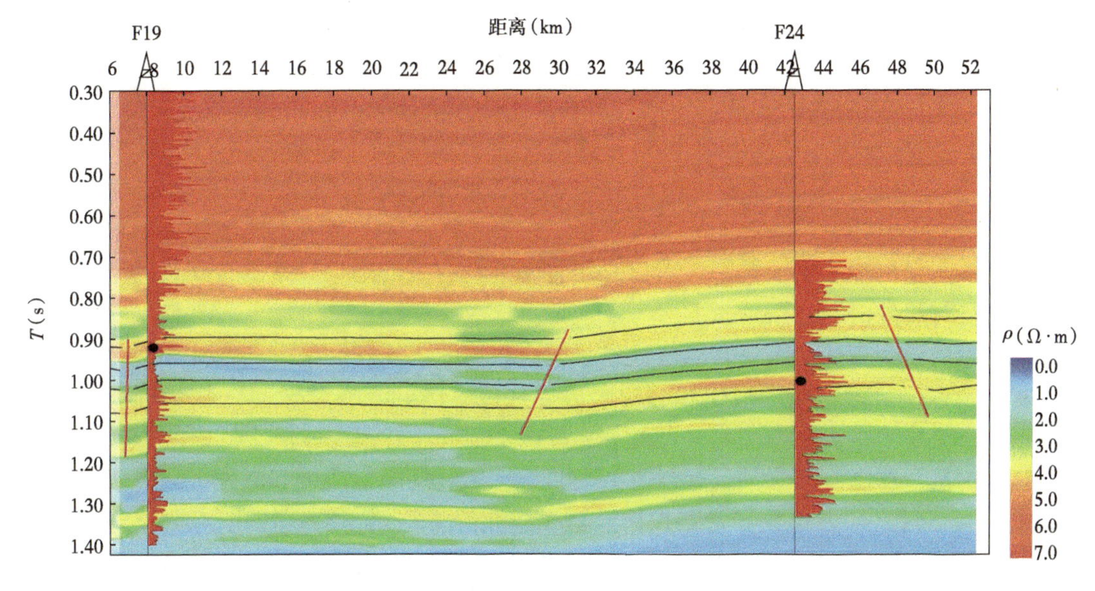

图 9.9 第一和第二油层电磁—地震联合的有利储层解释

第一油层的第二个远景区位于 F19 井区。此外在第 5、第 6、第 7 测线的南端，第 18 测线的西端发现还有一个综合参数异常，是第一目的层可能的远景目标。

为了落实这个目标，还需补充一些地震电法方面的研究。

在第二可能油层的综合参数分布图上发现工区中部有一个异常，具有西南—东北走向。在这个区块里钻有 F24 井，钻井在 1064~1069m 层段揭示存在油藏。综合参数异常区定性地反映了油藏的分布范围。

综合参数值等于 10 个换算单位的等值线可以大致看作是油藏的边界线。这与 F23 井的气藏、F19 井在第一目的层发现的油层和 F24 井发现的第二可能油层没有矛盾。

9.1.3.4 地震—电磁联合含油气性评价解释

该探区已有三维地震和多口探井。下面结合测井、地震资料进行储层含油气综合评价。根据钻井结果，在三口井中见到了油气（表 9.2）。这三口油气井在本工区的电法资料解释中，以其不同油气显示程度而起到标定的作用。在谐波域进行地电剖面参数（激发极化和电阻率）的评价。

根据井中—地面电法勘探资料分析结果，获得了反映 820~1130m 深度段含油气地层的地电剖面参数（激发极化和电阻异常）。

表 9.2 探井产油气情况表

井号	试油井段（m）	产量		
		油（t/d）	水（m^3/d）	气（m^3/d）
F19	925~959	1.07	—	—
	1109.6~1116.8	—	17	—
F24	1064~1069	6.28	?	—
F23	1014~1016	—	?	4400

为使所得参数更准确地与含油气性相联系，并可靠地将异常标定在相应的深度上，在时间域综合分析了井地电磁和测井资料，建立了详细地电模型，实现了速度预测，确定了第一（明二段Ⅰ油层 M-1）和第二（明二段Ⅱ油层 M-2）油层段的综合参数。

总之，三维地震、井地电磁和测井资料综合分析表明，影响工区内形成油气藏的主要因素应是构造—断块类型。通过综合研究，绘制出有远景地层段的含油气预测平面图。

由于圈闭是构造—断块类型，所以必须将与油气有关的地电异常叠合到目的层构造图上，并进行对照分析。

在工区内发现有两个主要含油气远景目标，它们的含油气性是由 F19 井和 F23 井两口井证实的。这些目标的激发极化和综合参数异常显示得很清楚，与 M-1 层的构造图结合得也很好。其中 F19 井目标共有 11 条测线有异常显示，目标主体位于低断块内，但是从异常幅度衡量，这是一个含油气远景的一类目标。地震的断块范围和激发极化异常边界之间偏差不大，只是综合参数异常略偏南。激发极化异常在第 5 测线处稍宽一些，在 17 测线和 18 测线之间断层位置可能不太准确。此外在第 5~7 测线的南端和 18 测线的西侧发现有一个激发极化与综合参数都不太强的异常，将其评价为二类目标，这个目标的构造位置也更低一些。

工区北部 F23 井区的这个远景目标是用激发极化资料发现的，综合参数异常证实这个目标的存在，但异常本身略偏南。这个目标只有两条测线通过，所以归为二类含油气远景目标。由于信息不足，目标范围是大致的。为落实目标范围，必须补充井地电磁测线，并将电法与地震资料进行综合分析。

在工区的这个油层段内只发现一个主要目标，它位于工区中部较高的 F24 井所在的断块内，这个目标的激发极化和综合参数异常都显示得很清楚，因此可以推断，F19 井在 1109.6~1110.8m 层段揭示的可能油层在该区应该是实实在在的真实油层，这个油藏的分布范围就是电法资料联合分析后所圈定出的一类异常范围。但它与北侧的断层吻合不好。在预测示意图上以虚线标出了电法资料解释的断层位置。此外，与这个一类异常相邻的还有一个小的二类目标。

依据激发极化和综合参数资料，发现在西南方向临近这个主要目标的一个异常，异常向 103 井方向发展，但异常幅度和面积都不大。

9.1.4 应用效果及认识

电阻率、激发极化和综合参数异常值平面分布规律表明，这些异常在总体上受有远景层位的构造控制。在工区内，断层对圈闭的形成起着很重要的作用，含油气远景目标的边界大致与工区的构造断层相符。第二油层段中部断块的北侧断层位置用电法资料解释成果作了校正。

在这次井地电磁资料解释过程中试用了新的方法，采用了电磁场的时间和谐振波域的分析方法，以及地震—电磁联合建模分层提取油气储层电磁属性异常的方法。

工作成果表明，地震与井地电磁联合勘探能够对已有构造背景作出初步评价，对其含油气远景进行分类，更加合理地部署钻探深井井位。毫无疑问，这样将极大地降低勘探工作量的费用。

9.2 隐伏岩性油气藏应用实例

近年来，井地电磁在多个油田相继得到有效应用。井地电磁可以评价已知油气藏的展布情况和含油边界，并预测相邻区域含油气情况，寻找含油气有利区。尤其是在一口油井发现油气藏后，井地电磁可快速圈定油井附近区域的含油气情况，从而节约勘探费用，提高勘探开发的经济效益。据此，在 S79 井区开展井地电磁油气勘探试验工作。

试验区位于新疆维吾尔自治区和布克赛尔蒙古族自治县，范围是以 S79 井为中心，向外辐射半径 5km 区域内。试验区以戈壁滩为主，海拔 450~500m，地势平坦，有稀疏的植被。工区气候属典型的大陆性气候，干旱少雨，夏季高温、酷热，冬季严寒，温差变化大，年温差一般在 40℃ 以上，夏季气温一般在 20~30℃，最高达 40℃ 以上；冬季气温一般在 -10~-20℃，最低达 -40℃。夏季缺雨，冬季多雪，年平均降水量 150mm 左右。测区内没有常住人口，但是有很多油田公司的钻井、测井作业队驻扎，测区周围有常住人口。

9.2.1 探区地质构造概况

S79 井位于准噶尔盆地西北缘乌夏断裂带夏预测有利区内，区域构造上属于准噶尔盆地西北缘乌夏断阶带。S79 井主探层为侏罗系八道湾组，兼探白垩系。该井设计井深 1460m，完钻井深 1460m，完钻地层为三叠系白碱滩组（T_3b，未穿）。

根据该有利区的钻探结果，位于构造高部位的 S35 井和 S26 井侏罗系八道湾组储层电性有明显的气层特征。试油结果：S35 井获得日产气 1.8×10^4 m^3，S26 井获得日产气 $0.322\times10^4 m^3$。位于构造低部位的 S37 井、S39 井、S19 井和 S10 井等的测井响应均有明显的油层特征，试油结果虽不理想，但含水较少，只有位于构造最低部位的 S74 井出水量较大。从气、油、水的整体分布关系上来看，构造由高到低部位明显存在一个从气到油再到水的分布特征。根据 S79 井八道湾组的录井、取心及测井等资料的分析，该井的油气显示与其邻井 S37 井、S39 井和 S19 井形成了很好的对应关系。

从 S79 井的钻探结果来看，油气显示集中在侏罗系八道湾组底部；结合邻井的油气显示及试油成果，该区油气主要储集在八道湾组中下部。

S79 井在八道湾组取心获荧光—油浸级岩心，从岩心含油特征来看，油质偏稠。综合邻井试油资料，可以认为以 S35 井、S26 井为中心，往北、往东呈现出一个由气—油—稠油油气分布模式（表 9.3）。

表 9.3 S79 井邻井侏罗系八道湾组原油分析数据表

序号	井号	原油密度（g/cm^3）	50℃ 黏度（mPa·s）
1	S9	0.852	14.73
2	S14	0.866	21.06
3	S15	0.856	13.36
4	S17	0.842	9.44
5	S19	0.881	42.74
6	S37	0.873	31.7
7	S39	0.88	44.02

S79 井侏罗系八道湾组取心 5 筒，岩性主要为灰色中砂岩、砂砾岩、含砾中砂岩，根据取心及岩屑录井结果，侏罗系八道湾组储层岩性主要为灰色中砂岩、砂砾岩、含砾中砂岩，白垩系储层岩性主要为绿灰色细砂岩、泥质粉砂岩。

该井共选取了多个取心井段的储层样品进行了分析。认识到该井区储层孔隙度发育，一般为 16.5%~30.4%，平均值为 20.0%；渗透率为 16~146mD，平均值 73.1mD，属于高孔中渗、孔隙结构介于 Ⅰ~Ⅲ类的好储层。

9.2.2 应用条件及勘探部署

该近区储层深度较浅，为 1406~1421m，有利于保障 BSEM 的勘探精度及效果。而且该井油层上下地层背景电阻率为 12~15Ω·m，油层电阻率 22~50Ω·m，存在较为明显的电性差异，具有开展井地电磁勘探较好的地球物理条件。

S79 井显示了该区良好的勘探潜力，但该区油藏边界不清，油藏横向分布特征不清楚，地震勘探方法难以精细解决油层追踪及油层边界问题。

因此，井地电法主要是确定 S79 井和 S37 井侏罗系八道湾组油层的分布范围，评价和预测 S79 井南西方向的 S84 井和 S85 井两口预探井的含油气性，对 S79 井为中心的预测范围进行含油气性评价和预测。

部署方案：测线部署是以 S79 井为中心，部署放射状测线 11 条，具体数据参见图 9.10。

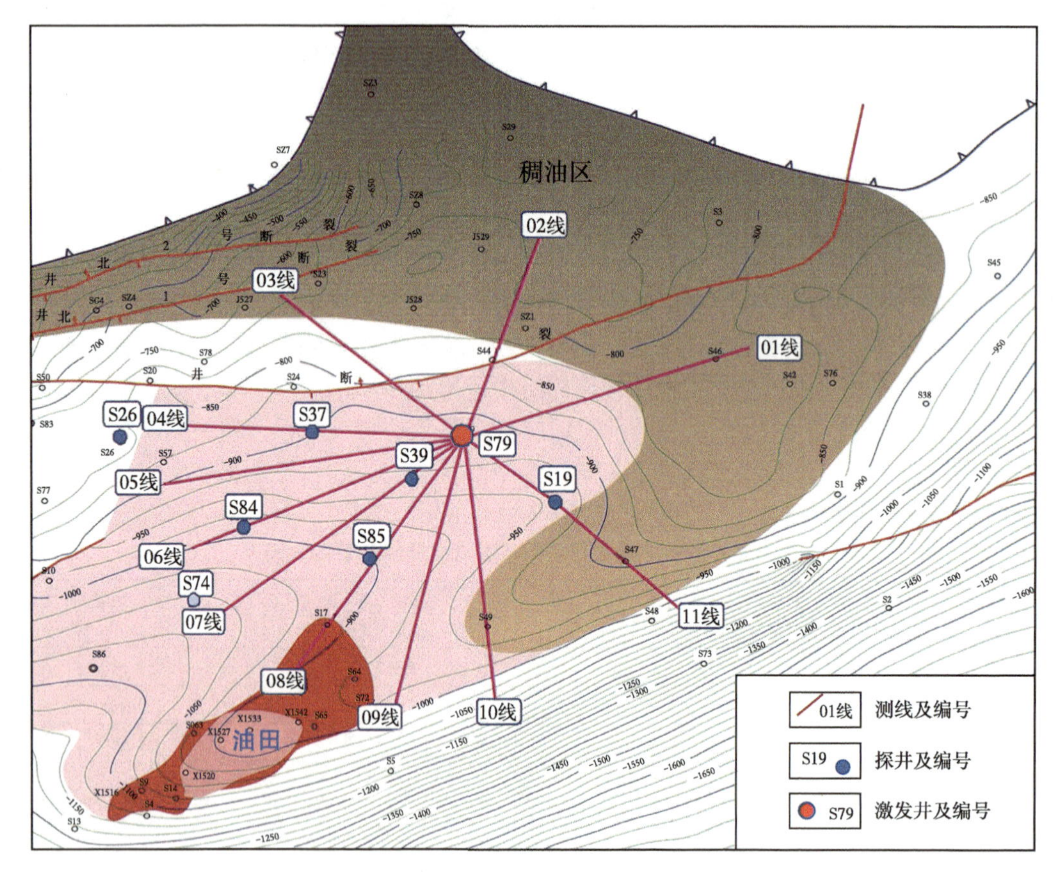

图 9.10 S79 井区井地电磁测线部署图

9.2.3 资料的综合解释与分析

通过资料处理，获得双频振幅、双频相位及视电阻率剖面数据，并由这些数据绘制视电阻率、双频相位及其综合叠加参数平面异常等值线图。下面对这些图件进行解释与分析。

测区视电阻率平面异常等值线图主要反映目标储层的电性异常信息，双频相位平面异常等值线图主要反映目标储层的激发极化异常信息。通过归一化处理，在相关分析的基础上，将视电阻率和双频相位异常信息相互叠加得到综合参数异常图。该图克服了单项参数的局限性和多解性，基本反映了测区目标储层含油气区的分布情况（图 9.11）。由图上不难看出：高值异常区为若干局部的低值区所分割，形成若干局部的高值异常区，并且各局部高值异常区之间多以鞍形异常相接，分析认为局部的高值异常区可能是油气主要聚集部位的反映，目前绝大多数的工业产油井都位于高值异常区内，并且大多数产量较高的井靠近高值异常区中心分布，如 S79 井、S37 井等；低值异常区可能是由于储层物性分布的不均一性造成的、不利油气聚集的部位，如主要产水的 S39 井、S19 井位于低值异常区内；连接各高值异常区之间的局部鞍形相对高值异常可能是油气在流体势能的控制下，由一个低部位储油砂体向另一个相邻的相对高部位可储油砂体渗溢充注的部位，即反映了油气由低部位砂体向高部位砂体运移渗透的路径。根据局部异常圈闭的分布，由南向北依次可划分出 6 个主要的高值异常区，分别是 S46 井西高值异常区、S79—S44 井高值异常区、S37 井高值异常区、S74 井东高值异常区、S49 井高值异常区以及 S85 井平台状相对高值异常区。

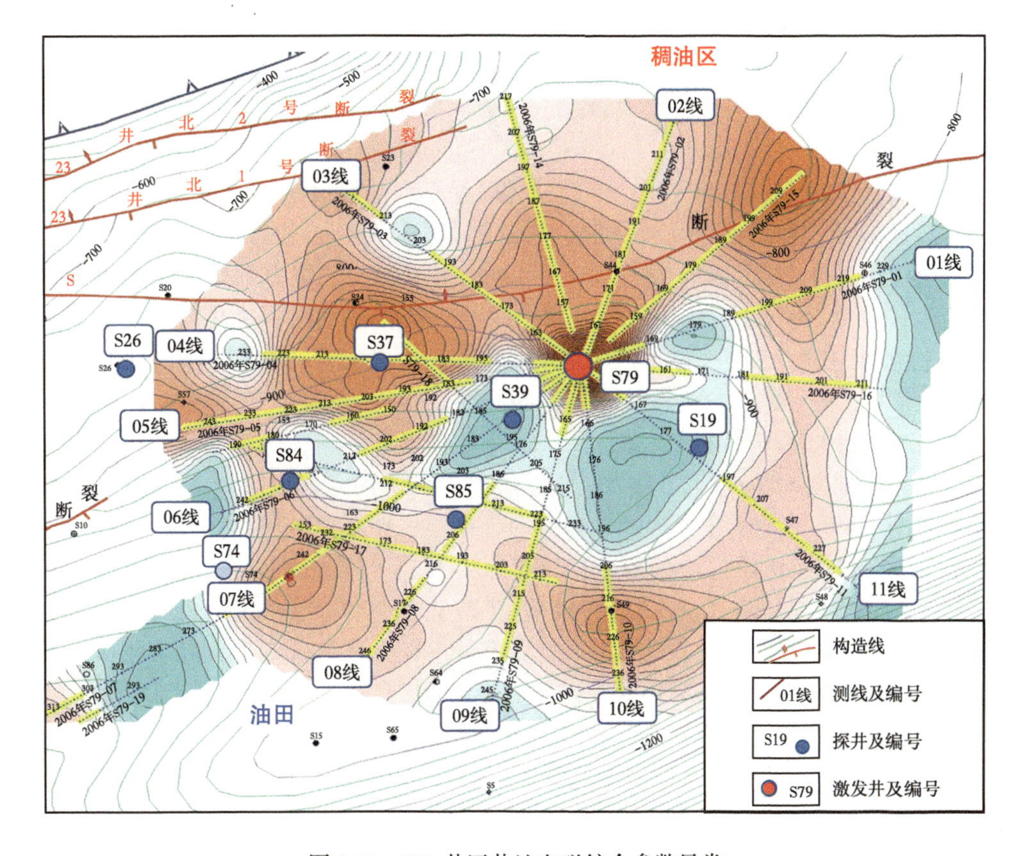

图 9.11　S79 井区井地电磁综合参数异常

上述分析结果表明，S79 井区并不是一个完整连通或均衡分布的含油气区，油气的聚集分布受构造和岩性因素的共同制约，近源辫状河沉积环境形成的砂体及其物性的非均质性，对油气分布有着重要的影响，特别是砂体的连通性对砂体能否聚集油气起关键的作用。位于测区东南部 S4 井鼻隆南翼的 SH 断层是垂向沟通油源并使油气向 S79 井区侧向运移充注的重要油源断层。

根据 S79—S37 井高值异常区向北跨越断层延伸分布的异常特征分析，S79 井区北部高部位近东西向的 S59 控制断层由于断距较小，对油气向北部高部位的运移基本不具有明显的控制作用，而北部和东北部高部位分布的八道湾组（J_1b）稠油层则对 S79 井区复合断块油气的运聚起主要的封堵作用（图 9.11）。

结合过 S84 井北西向垂直构造走向的三维地震剖面分析，位于 S79 井区东南侧的 SH 断裂为垂向沟通深部二叠系烃源的重要油源断层，油气沿侏罗系底部不整合面以及连通砂层由北部低部位向南部高部位运移充注。从目前钻井结果看，位于 S79 井区南部较高部位的 S79、S37 井的日产量可达 8t 以上，而位于北部低部位的 S74 井日产量为 1.19t，靠近鼻隆部位的 S17 井的日产量也仅 2.4t。分析认为，S4 井鼻隆和 S74 断块较高部位可能是油气富集的主要地带。通过 SH 断层输导上来的油气首先向 S4 井鼻隆充注，待圈闭充满后继续向北即 S74 断块较高部位运移聚集，在运移的路线上逐次充满一个个的砂体。从地震剖面上看，较高部位的 S59 断层断距较小，基本不对油气起到封堵作用，而封堵油气的主要是高部位分布的稠油层。

9.2.4 有利含油气区预测与效果分析

有利含油气区预测的一般原则是：综合参数局部高值异常区是有利的油气聚集区，评价为一级含油气有利区；由低值区向高值异常区过渡的相对高值异常区是较有利的油气聚集区，评价为二级有利含油气区；低值异常区是不利油气聚集的地区。根据已知产油井周围异常圈闭及异常值的高低变化情况，确定有利含油气区边界线的综合参数数值范围，一级有利含油气区边界线综合参数数值范围为 0.18~0.22，二级有利含油气区边界线综合参数数值范围为 0.10~0.12。共确定划分四个一级有利含油气区，由北向南分别是 S46 井西一级有利含油气区、S79—S37 井一级有利含油气区、S17—S74 井一级有利含油气区、S49 井一级有利含油气区，合计一级有利区面积约 25km^2，如图 9.12 所示。

预测 S79、S37 井八道湾组（J_1b）目标储层含油范围是本次井地电磁试验研究的主要地质任务之一。根据 S79 井所在综合参数高值异常区的分布特征并结合相关测线异常段的解释结果推断，S79 井油区主要向北延伸分布，向南、向东西方向延伸距离较短，油层平面分布形态近似南北向的椭圆形，面积约 5.2km^2；根据 S37 井所在综合参数高值异常区的分布特征并结合相关测线异常段的解释推断，S37 井油区平面分布形态近似圆形，S37 井基本位于油层的中心部位，面积约 4.8km^2。S79 和 S37 油区之间以鞍形异常相接，反映两个油区之间局部相互沟通，油层互为连通。

评价和预测 S79 井南西方向的 S84 井和 S85 井两口预探井的含油气性，是又一主要地质任务。从过 S79、S85 和 S17 井向南南西方向延伸的 08 测线剖面异常情况看（图 9.13）：S79 井目标油层分布从 150 号点可以追踪到 164 号测点附近，沿测线向南延伸距离不大；S85 位于 175—210 号测点异常段，S17 井位于 220—250 号测点异常段，目标储层电法异

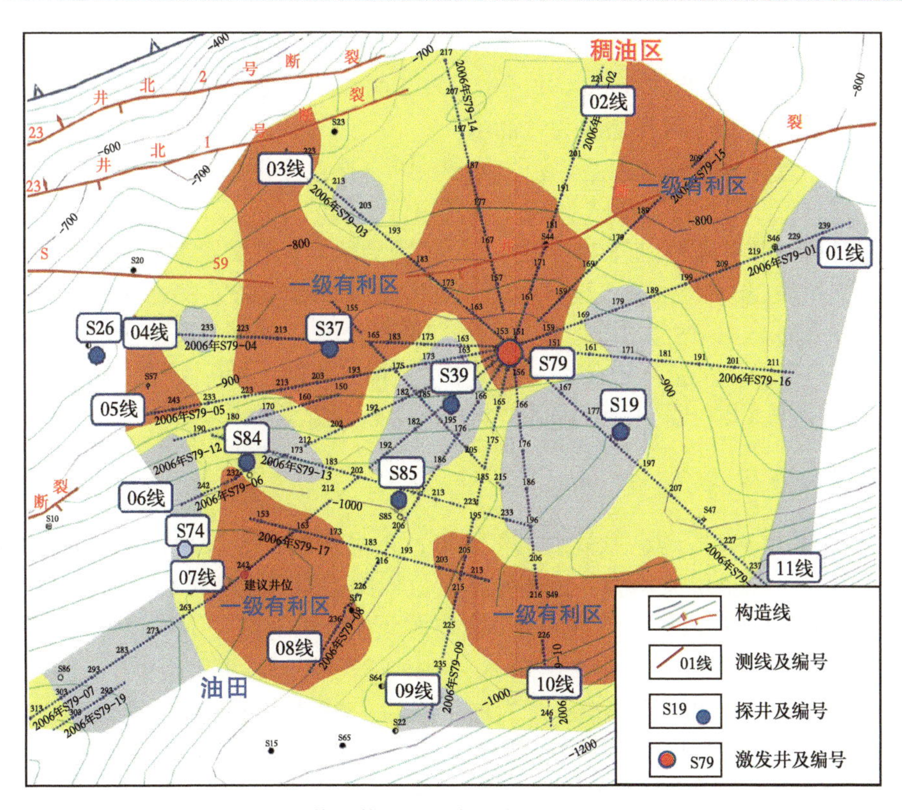

图 9.12　S7 井区井地电法含油有利区块预测及评价图

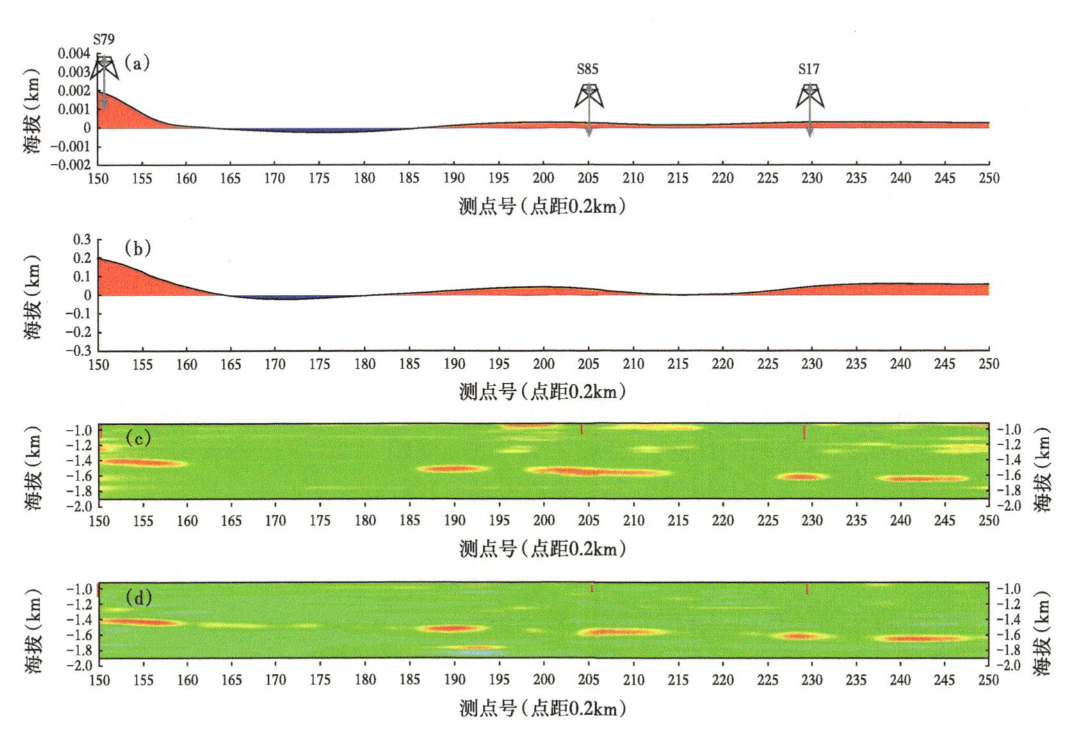

图 9.13　S79-08 测线剖面异常图

(a)(c)差分电阻率异常剖面和断面;(b)(d)差分相位异常剖面和断面

常的存在反映了S85、S17井的含油气性，其中S17井为老油井。同样，过S79井、S84井向西南方向延伸的06测线在S84井区也发现了明显的剖面异常显示。因此，解释推断S84、S85井八道湾（J_1b）目标储层为含油层。

从视电阻率差分异常和双频差分相位异常及综合异常分析（图9.13），S84井位于高值异常区的边缘部位（图9.12），S85井位于异常幅值中等的平台区，这两口井都位于预测的二级有利含油区（图9.12），而S79、S37井位于预测的一级有利含油区，因此推断S84位于一级有利区边缘，S85井位于二级有利区，但其含油气性与S79、S37井相比可能要差些。S84井在八道湾组1525~1532m井段试油，初期压裂抽汲日产油1.78m^3，结论为油层；S85井在八道湾组1518~1524m井段试油，初期压裂抽汲日产油1.54m^3，日产水4.46m^3，结论为油水同层。这两口井初期的试油成果与井地电磁勘探结果基本符合。

9.2.5 应用效果及认识

共选取测区16口井，其中过测线井11口，未过测线井5口，对井地电磁的勘探效果进行综合评价。试油层段均为井地电磁预测目标储层即八道湾组（J_1b）。根据对比统计结果，总共16口井中，有13口井符合，2口井不符合，1口井不参与评价，符合率达86.7%。具体对比评价情况如下：S79井、S44井、S37井、S23井、S84井、S49井为工业油井；S74井、S85井，S47井、S64井为油水同层；S19井、S39井压裂试油为水层。上述12口井试油成果与井地电磁勘探结果符合，目标储层含油井都位于井地电磁预测的一级或二级含油区内，其中产量较高的井多位于一级区即高值异常区，非含油井则位于不利区即低值区内。

S57井八道湾组未进行试油，根据其取心结果来看，油气显示为荧光，级别较低，电阻率较低，很难获得油流。成果显示，该井位于有利区（但位于测区边部，测线难以控制），因此，该井的地层含油情况与井地电磁勘探结果不相符；根据BSEM结果对S17井1524~1531m井段老井恢复试油，抽汲日产油2.24t；S24井1352~1359m井段老井恢复试油，压裂抽汲日产油8.7t。

BSEM勘探成果表明，S79井区油气的分布既受构造因素的控制，也受岩性因素的制约，并不是一个整装的含油气区。北部近东西向分布的S59断层对油气的运聚不具有明显的封堵作用，而北东方向高部位分布的稠油对圈闭的形成及油气的分布具有重要的控制作用。视电阻率和双频相位综合参数局部高值异常区是有利的油气聚集区，由低值区向高值异常区过渡的相对高值异常区是较有利的油气聚集区，低值异常区是不利油气聚集的地区无论是S84、S85两口井钻前预测，还是S79、S37、S19等13口井的钻后预测，结果都表明井地电磁勘探预测评价目标储层含油气范围具有较好的应用效果，可为开发井网的部署提供可靠依据。

9.3 山前砂岩油藏双井联合应用实例

柴达木英雄岭位于柴达木盆地西部，随着山地三维地震及测井评价技术的不断提高，在2010年获得重大突破，探明了柴达木盆地单个油藏储量规模最大、丰度最高、物性最好、开发效益最佳的整装油气田，并建成工业产能。因此，该区成为油田勘探开发主攻战场，特别需要搞清油气水分布，期待井地电磁法等新方法技术发挥作用。

9.3.1 探区含油气概况及部署

探区砂（SA）40 井最早获得突破，测井解释油层厚度大，层数多，分布集中，已经试油的层位中发现高产天然气流。距离 SA40 井南东东方向 1.55km 处的砂 37 井在相同层段同样获得高产油气流。然而距离 SA40 井南东东方向 2.7km 处的英东（YD）101 井测井解释井段 1472.6~1483.7m 为油水同层，解释井段 1814.6~1822.3m 为可能油层，但是试油结果显示为水层，与设计差异大。距离 SA40 井北北东方向 1.72km 处的砂新 1 井在目标层段上、下油砂山组在钻进过程中，岩屑未见油气显示，油气显示差。

SA40 井、SA37 井、SAX1 井和 YD101 井几口井距离很近，其中两口井为高产油气流井，另外两口井则是弱油气显示，表明该区的目标储层（上、下油砂山组）油气的横向分布复杂。分析认为，YD101 井的目标油气层与上下地层背景电阻率存在明显差异，SA40 井油层电阻率比较高，油层厚度大，具备开展大功率人工电磁场源的井地电磁勘探的地质条件。为了搞清 SA40 井至 YD101 井井区储层含油气情况，由于探区范围比较大，决定以对 SA40 井和 YD101 井两口探井联合作为激发井部署井地电磁法勘探。

井地电磁工区位于 SA40 井和 YD101 井周围，北东—南西方向长约 5km，北西—南东方向约 10km，工区总面积约 $50km^2$。工区北西部和北东部地形复杂（图 9.14）。工区构造位置处于西部坳陷 YD 地区 YD 一号构造。工区内共有已钻井 4 口（SA40 井、SA37 井、YD101 井和 SAX1 井），工区北西部与 SA20 井相邻，距离工区约 2km，工区南东部与 SA33 井相邻，距离工区约 1.5km（图 9.15）。主要地质任务是：

图 9.14 测区测线及地形影像图

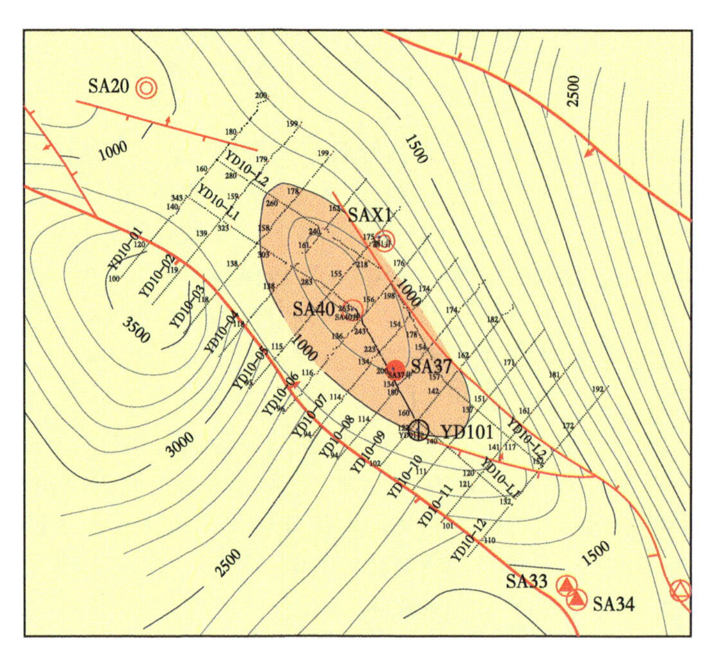

图 9.15 测区测线构造位置图

（1）确定 YD101 和 SA40 井目标储层段油层的分布范围；

（2）以 YD101 和 SA40 井为中心进行含油气性评价和预测，为该区下一步油气勘探部署提供依据；

（3）确定 YD101 和 SA40 井之间的油水边界，指导 SA40 井以西北方位井位的部署。

9.3.2 资料的处理解释

资料处理主要流程包括：数字资料格式变换，加载测地数据和资料的编辑，然后是去噪。测区南端观测到了较强的工业干扰（50Hz）和不稳定的宽频谱干扰，有些资料还受到大地电流和强脉冲的影响。这些噪声也在处理中采用相应的方法（直接和差分叠加、傅里叶变换、带通滤波和非线性滤波）加以去除。在进入频率域数据之前，进行电极距归一（消除不同电极距的各个测点产生的差异）。

资料处理流程：原始数据、时间序列数据分析转换至频率域，并建立测区所有测线的总数据库（具体包括测点坐标、发射采集数据和接收采集数据、已知井的坐标、电测井电阻率曲线数据等）。

（1）建立工区统一数据库后，浏览频率域数据，对数据进行初始检查，删除采集中产生的空道。

（2）频率域电流数据归一化处理。每个排列激发的电流可能会有微弱的变化，为了消除这种因为激发电流产生的差异，将处理后的电流数据进行归一化处理。

（3）频率域数据不同采集道的一致性处理。野外采集共投入两台采集仪，合计 48 个采集道。仪器的各个道的频率响应可能会有微弱的差异，为了减小因为各个道的频率响应的差异，利用野外采集的标准信号的频率响应数据对全区测点进行处理，消除频率响应差异。

（4）工区地形起伏比较大，因此需要对振幅参数进行地形校正处理；处理后再编辑其中离散点的数据（利用正演模拟计算）；相位数据是激发电流与测量电位之间的相位差，地形影响很小，因此不需要对相位进行校正。

地形校正处理是针对 SA40 井（图 9.14）和 YD101 井（图 9.15）两套激发场源分别进行的。通过对校正前和校正后的对比结果可以看出，校正前和校正后能够在一定程度上去除地形影响的平面图。

（5）三频相位和双频振幅参数计算以及相对应的差异常计算，各个测线进行空间校正和闭合。由于 SA40 井激发场源和 YD101 井激发场源会出现较大的差异，为了处理好本区的数据，做了较多的重复测线（7 线、8 线和两条联络线的中段）。通过分析确定两口井中对应参数存在比例关系。对于双频振幅参数，SA40 井激发场源处理后的结果会比 YD101 井处理后结果大，YD101 井激发场源结果大约是 SA40 井的 80%；对于三频相位参数，SA40 井激发场源处理后的结果会比 YD101 井处理后结果大，YD101 井激发场源结果大约是 SA40 井的 85%。找到了两个激发场源处理结果的对应关系，通过这种关系将 YD101 井激发场源处理的数据校正到SA40井激发场源的数据，重复测线段部分采用叠加取平均值的方法（图9.16）。

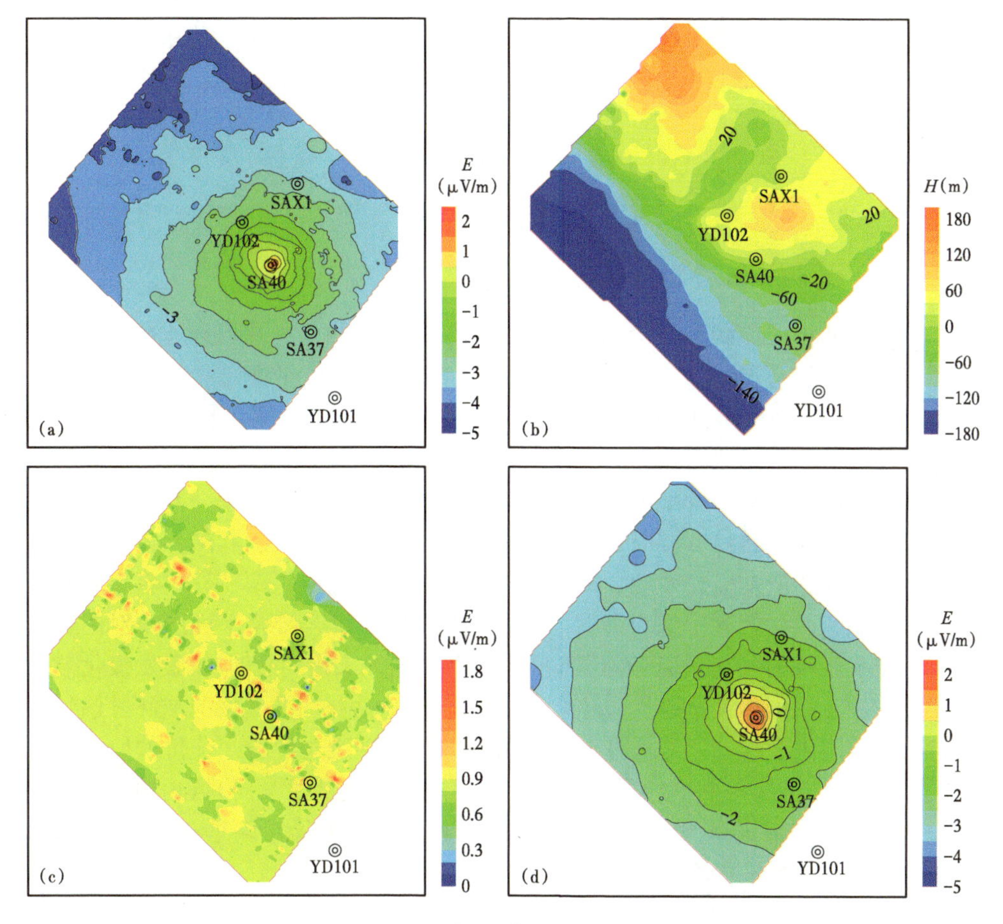

图 9.16　SA40 井激发场源地形校正对比图

（a）地形校正前；（b）地形平面图；（c）地形校正量；（d）地形校正后

（6）归一化三频相位和双频振幅差参数（归一化综合异常每个参数在 0~1 之间），进行相同层位的乘运算，提取上构造层（N_2^2）和下构造层（N_2^1）的综合异常（IPR）平面图。为了检查闭合情况，分别绘制了上构造层（N_2^2）和下构造层（N_2^1）的综合异常平剖图（图 9.17）。

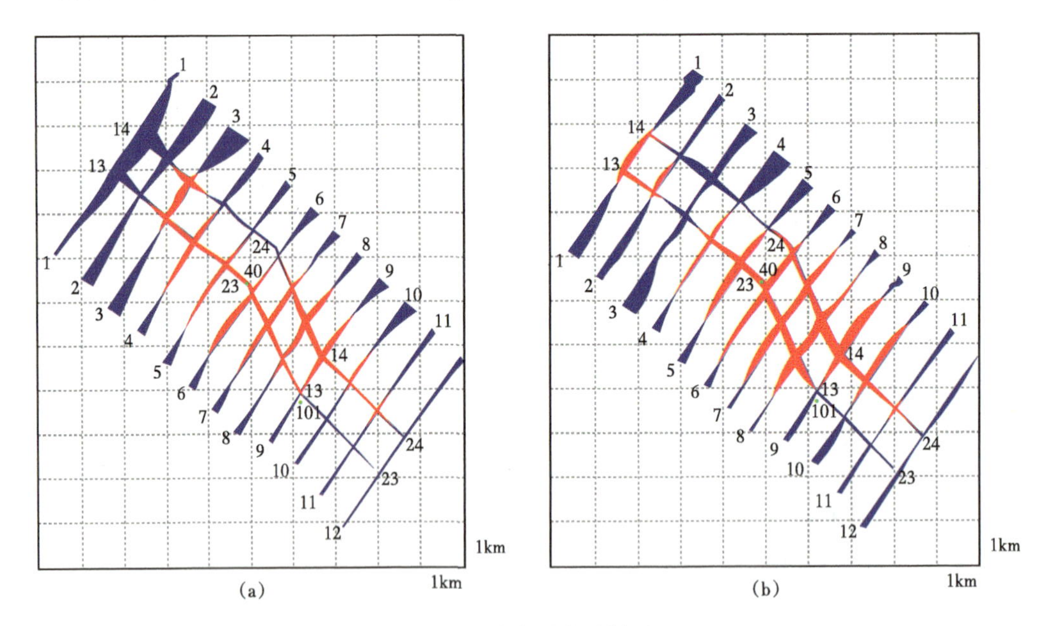

图 9.17 综合异常平剖图

（a）上构造层（N_2^2）；（b）下构造层（N_2^1）

9.3.3 资料的解释与含油气评价

测区有利含油气区预测与评价是分两个构造层来进行的，主要依据就是三套激发场源通过处理，获得上构造层（N_2^2）和下构造层（N_2^1）的综合异常平面图。结合已知信息，进行测区有利含油气区预测与评价。对 YD101 井和 SA40 井目标储层段油气评价和预测是本次井地电磁勘探的主要地质任务。

根据前面的原理可知，井地电磁在对目标储层油气分析和预测中，既要考虑目标层因为激发极化效应引起的异常，同时也不能忽略目标层电阻率变化引起的异常，而三频相位反映了储层中流体的激发极化效应，双频振幅反映了储层的电阻率变化，将二者有机结合起来，也就实现了两种因素的综合考虑。上构造层（N_2^2）综合异常平面图是对两种电磁参数的归一化相乘获得的，它全面考虑了储层电阻率变化和储层中流体的激发极化效应。根据上构造层（N_2^2）综合参数异常图（图 9.18），结合已知钻井产油气情况或测井油气显示情况等，对测区范围内上构造层（N_2^2）储层油气分布作出预测与评价。评价的原则是：测区内 YD101 井和 SAX1 井在上构造层（N_2^2）试油没油气或显示差，而 SA40 井和 SA37 井试油结果非常好，日产油气量大，油层厚，综合参数局部高值异常区是有利的油气聚集区，评价为含油气区（图 9.18 中黑等值线值以上的区域）。

下构造层（N_2^1）综合异常平面图是对两种电磁参数的归一化相乘获得的，它全面考虑了储层电阻率变化和储层中流体的激发极化效应。根据下构造层（N_2^1）综合参数异常图（图 9.19），结合已知钻井产油气情况或测井油气显示情况等对测区范围内下构造层（N_2^1）

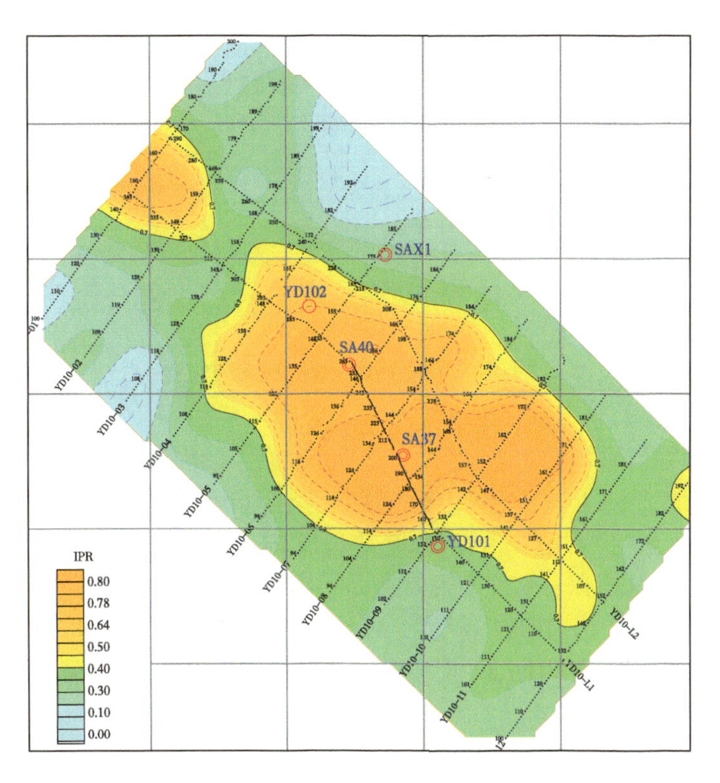

图 9.18　上构造层（N_2^2）综合参数异常含油有利区块预测图

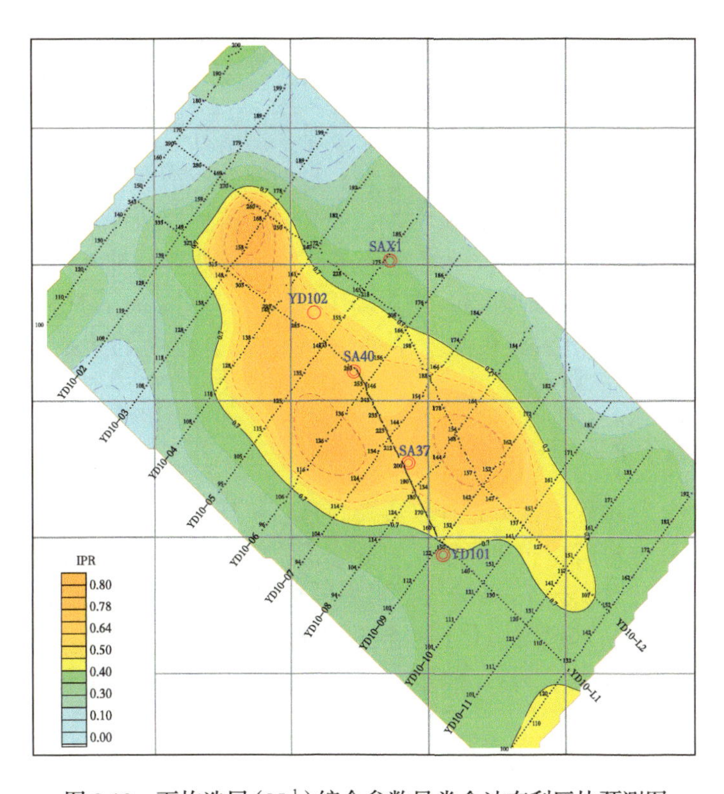

图 9.19　下构造层（N_2^1）综合参数异常含油有利区块预测图

储层油气分布作出预测与评价。评价的原则是：测区内YD101井和SAX1井在下构造层（N_2^1）试油没油气或显示差，而SA40井和SA37井试油结果非常好，日产油气量大，油层厚，综合参数局部高值异常区是有利的油气聚集区，评价为含油气区（图9.19右中黑等值线值以上的区域）。

9.3.4 应用效果及认识

对SA40井和YD101井区井地电磁资料系统地进行了处理解释和综合分析工作，主要取得以下主要成果和认识：

（1）在地形复杂和探区范围比较大的情况下，双井联合激发能够有效覆盖整个探区，同样可以取得好的效果。

（2）通过双频振幅差（电阻率）异常、三频相位差（极化率）异常以及它们的综合异常（IPR），得到YD地区SA40井、YD101井的油气异常分布，并确定边界范围。

（3）上构造层N_2^2异常有两个，主异常长度约6km，宽度约4km，总面积大约为18Km^2，另外在西北角还有一个较小的异常。下构造层N_2^1异常也有两个，主异常长度约6km，宽度约3km，总面积大约为14km^2，另外在东南角还有一个小的异常。

（4）根据YD103井、YD104井和YD105井三口井位坐标，与综合评价结果图上对比可见，三口井均在有利区内。

9.4 黄土塬区低渗透油气藏应用实例

CH32井区地处黄土塬区，井区周围沟谷纵横，其构造位置属鄂尔多斯盆地陕北斜坡二级构造带的YJ低幅度鼻隆南翼，构造不发育。

该井区主要目的层为三叠系延长组长4＋5油层组。在长4＋5期三角洲前缘水下分流河道砂体发育，受北东方向沉积体系的控制，砂体呈北东南西向展布，砂体厚度一般在8~20m，宽3~8km。钻探和地质研究表明，只要有合适的盖层条件，便会形成良好的岩性油藏。由于该区地形复杂黄土巨厚，地震勘探难以有效解决岩性油气藏滚动勘探开发的难题。因此，希望利用高精度井地电磁技术对高阻油气的识别能力，综合评价CH32井区含油气状况及有利目标，提出钻探井位。在CH32井区部署测线14条，剖面长度45.6km，物理点1380个，覆盖总面积22~25km^2。

9.4.1 资料处理解释

在资料处理和解释过程中，对野外采集资料进行了仔细分析和试验处理，包括质量评价、噪声调查、去噪方法试验和地形校正、静态位移校正等，精心选取处理参数，制定了合理的处理解释流程。对工区14条测线电阻率异常和激发极化相位异常进行了精细处理，获得电阻率异常（Am-P）和激发极化相位异常（Ph-P）剖面和平面成果图件，并对井地电磁异常剖面进行了精细解释，最终完成电法异常平面图、异常分级平面图和异常评价平面图。

由于特征参数反映了油藏的某些性质，所以能利用这些参数的异常曲线来解释油藏的分布范围。确定异常的方法是：

（1）在油藏分布范围内观测到的总极化率是低值，即相位参数 Ph-P 值是低值，但为适应习惯的表达方式，将相位参数曲线的低值区（负向的）表示为正值区（参数“倒置”），而在油藏边界上（如油水界面区）较高的总极化率在相位特征参数 Ph-P 曲线上表示为负值。

（2）在油藏分布范围内层电阻率较高，所以在振幅特征参数 Am-P 曲线上表现为正值。

（3）在油藏边界外层电阻值显著降低，所以在振幅特征参数 Am-P 曲线上表现为负值区。

在解释每个参数的曲线时，首先要识别出参数的正值异常区（用粗线表示），表示可能存在油气藏。总的来看，不同参数检测出来的预测区相互吻合得比较好，但在一些测区不同测线之间存在一些差别，使参数异常在一些测线交点处不能闭合，这是该区地层横向非均质性所致。

9.4.2 异常特征分析解释

通过对全工区所有测线的振幅 Am-P 和相位 Ph-P 参数曲线的解释，并分别绘制两个参数平面图，用色块表示异常分布区，不同特征参数值用颜色深浅来区别（图 9.20）。

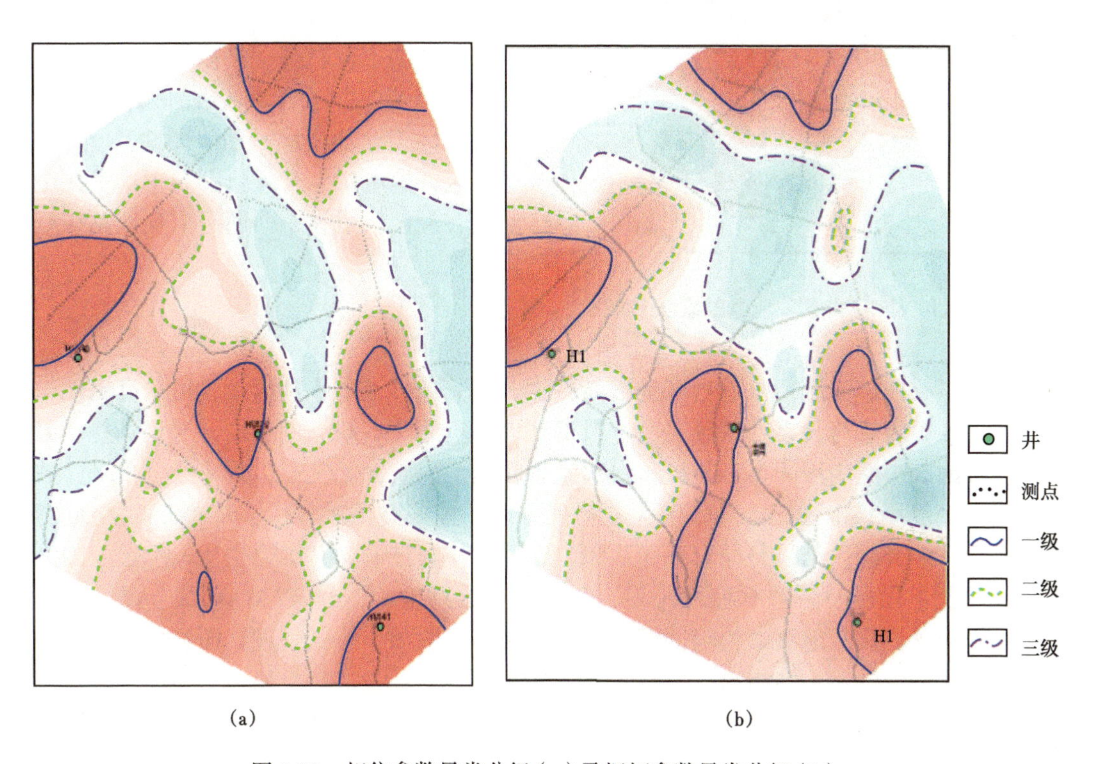

图 9.20 相位参数异常分级（a）及振幅参数异常分级（b）

依据井地电磁异常的强度及可靠性、相位与振幅参数的对应程度，将预测的异常区进行分级，其标准是：

（1）一级异常：异常强而可靠，相位与振幅两种参数的异常很明显，而且两者相吻合。

（2）二级异常：异常较强且较可靠，相位和振幅参数异常明显，并吻合较好。

（3）三级异常；相位或振幅参数存在异常，吻合不太好。

9.4.3 综合解释及有利区评价

综合评价系指综合工区地震、地质、钻井、测井、试油、生产活动、静态资料，结合井地电磁相位参数、振幅参数异常特征，从构造、储层、油藏特征几个方面，对工区含油性进行评价。由于 CH32 井区没有地震资料，钻井数量有限，储层预测难度很大，且构造形态非常简单，为一向东缓倾斜坡，断层不发育，因而本次综合评价仅根据井地电磁相位参数、振幅参数异常特征，对 CH32 井区含油性进行评价。

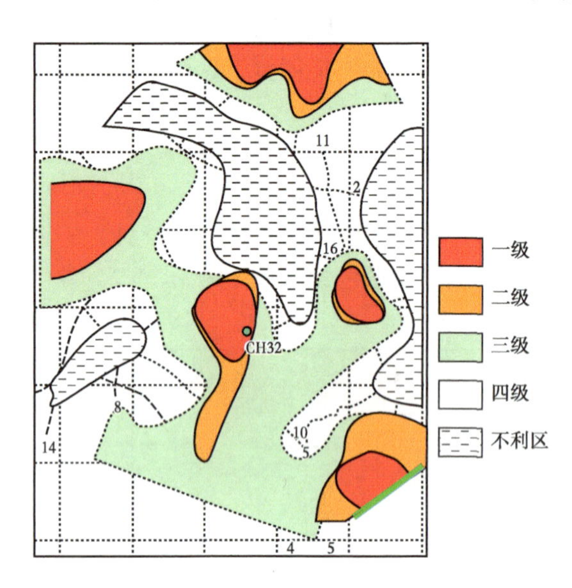

图 9.21　CH32 井区井地电磁综合评价图

将振幅一级异常和相位一级异常区重合部位评价为一级含油有利区，含油丰度很高；将振幅一级异常和相位一级异常区二者不重合部位评价为二级含油有利区，含油丰度高；将振幅二级异常和相位二级异常区重合部位评价为三级含油有利区；含油丰度较高；将振幅三级异常和相位三级异常区重合部位评价为四级含油有利区，含油丰度一般。图 9.21 为 CH32 井区井地电磁综合评价图，指出了四个一级有利区，后在东西两个有利区钻探获得油气。

9.4.4 应用效果及认识

井地电磁能够克服黄土塬地区地形高差大、接受条件差的不利因素，可以有效地填补黄土塬地区不能进行地震勘探施工而导致油藏评价空间资料缺乏的空白，这也是井地电磁在黄土塬地区广泛应用的客观前提。本次施工数据采集质量优良，优秀率高于 90%；数据处理成果剖面图和平面图上异常明显、特征合理，且振幅异常和相位异常二者吻合度高。异常解释和综合评价结果与原有地质认识基本一致，与已有钻井结果也比较吻合。因为野外采集数据品质优良，数据处理流程、参数设置合理准确，异常解释和综合评价认真谨慎，尽管缺乏更多的地震资料辅助解释，但电法异常明显、特征合理，而且振幅异常和相位异常二者分布位置大体相当，足见异常可信度高。

综上所述，井地电磁勘探由于技术优势明显，地质、地表条件适应性强，能够适应黄土塬地区低渗透油气藏目标烃类检测和油藏评价工作。

9.5 裂缝性油气藏应用实例

在我国，无论东部老油田还是西部深层油气田，裂缝性油气藏广泛分布，而裂缝性油气藏具有适应于井地电磁法的物性基础，其裂缝、孔洞等可以是多尺度的，大的有断裂，小的有裂纹、裂隙。采用井地电磁法进行裂缝性油气藏的研究和应用具有重要的现实意义和可预见的经济效益。

9.5.1 井区储层特征及部署

Q1井区位于我国西部某盆地（图9.22），工区内地表为戈壁丘陵，地势北高南低，起伏较大，地面海拔高程为700~1500m。本区断裂发育、断块破碎、构造复杂、储层横向变化大的，三维地震资料表明Q1构造是一个被断层复杂化的断背斜，构造较落实。试油资料表明，Q1构造中侏罗统是主要的含油气层系，其中三间房组是主要产油目的层，深度在1730~1790m，有多套油气层。

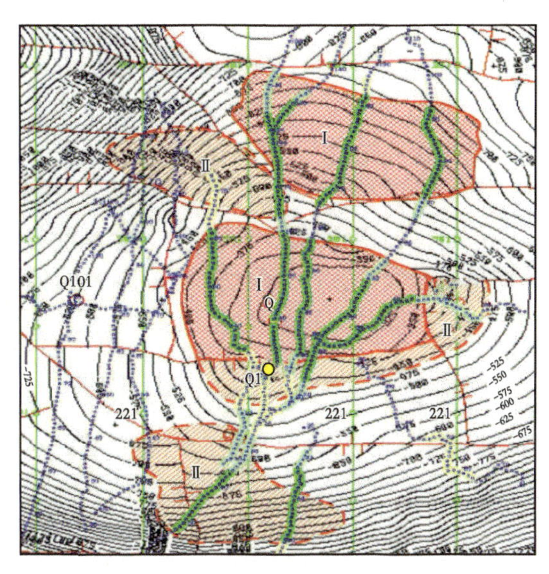

图9.22 测线位置及有利区预测结果

图9.23是井地电磁探区位置图。该区三维地震已经完成，已钻探的Q1井获得工业油流，开展井地电磁油气预测工作的目的就因为构造虽然清楚但探边的钻探目标却不能确定，另外相邻哪个断块还有油气突破的可能，从地震资料上难以获得！井地电磁的目的就是要落实Q1井油气边界以及相邻哪个断块最值得钻探。由于探区地形复杂无法部署规则测网，因此沿山沟部署了12条测线。供电电极下至侏罗系七克台油层上方1700m和油层下方1890m。

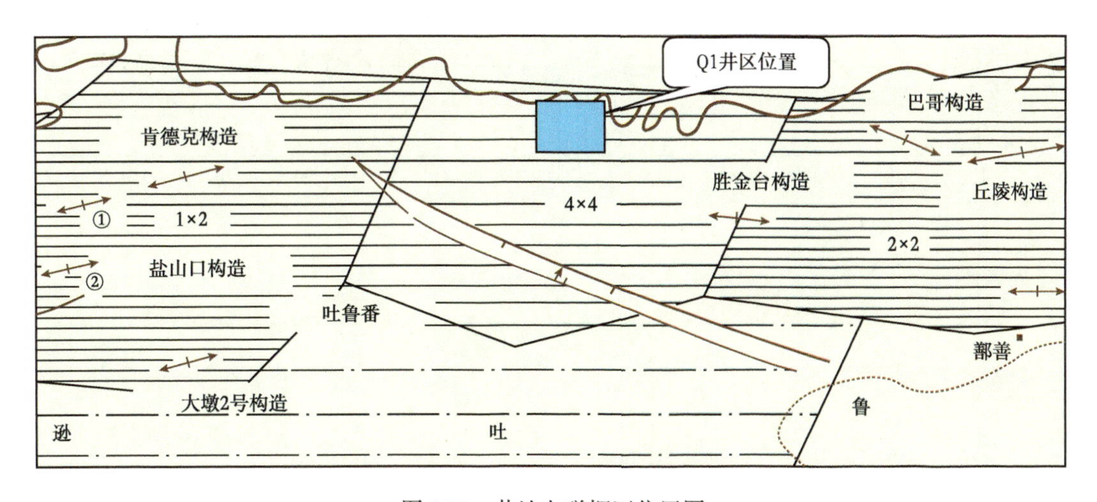

图9.23 井地电磁探区位置图

9.5.2 资料的处理解释

资料的处理解释分为以下几个方面：

（1）预处理：对记录的信号进行标定、处理，获得目标储层的电阻率和相位曲线。

（2）定性解释：将地电剖面分层，按深度标定地质层位，确定电阻率和极化率异常目标及这些异常体在空间的分布。

（3）相位曲线解释：对不同频率曲线进行处理解释，分析介质频率特性及变化规律，确定局部极化不均匀性在空间的分布情况，其解释结果可确定油气藏边界。

（4）综合解释：结合地震资料，建立地电剖面模型，利用地震的分层、构造、速度和换算的孔隙度等信息，解释频率测深剖面，进一步提高油气藏边界的精度。

处理解释包括局部异常的划分、平滑滤波、异常的图示和解释。先作剖面和平面上的空间滤波，以便检测出局部异常。将剖面异常分为区域的和局部的分量。用最小平方拟合法对每条测线计算背景曲线，然后从测量值中减去背景值，获得局部异常。

对局部分量进行带通空间滤波。最佳维纳滤波器的特性选择为能压制周期小于 150m 和大于 1000m 的空间谐波。用相邻三点加权叠加法将滤波后数据进行平滑，以曲线形式绘出激发极化相位参数。在此基础上，绘制出极化相位和层电阻率等值线平面图，减去背景值后可得到其异常分量平面图。把层间电阻异常分量平面图和激发极化异常曲线联合起来进行分析可以使异常更准确。由此，在层电阻率与极化相位异常叠合平面图上圈定油藏的范围。

9.5.3 含油气解释与评价

图 9.24 是过 Q1 井南北向第三测线极化相位差和层电阻率异常剖面，将两个参数综合分析后，根据 Q1 井提示的油藏情况，可以判断剖面上油气最有利的范围，如图中下方红线所示。沿测线还发现了另一个有利区在 Q1 井断块以北。

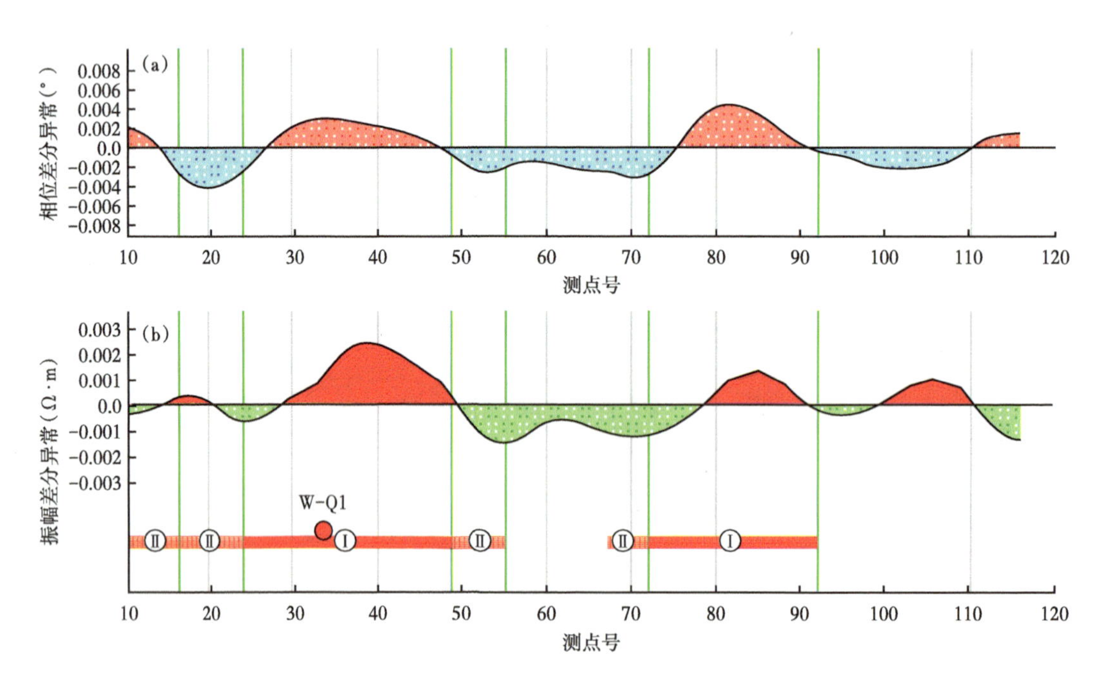

图 9.24　第三测线剖面异常图

（a）相位差分异常；（b）振幅差分异常

图 9.25 是过 Q1 井南北向第四测线极化相位差和层电阻率异常剖面，同样将两个参数综合分析后，可以判断与第四测线剖面上相对应的油气有利范围，如图中下方红线所示。同样，测线北段还有另一个有利区。

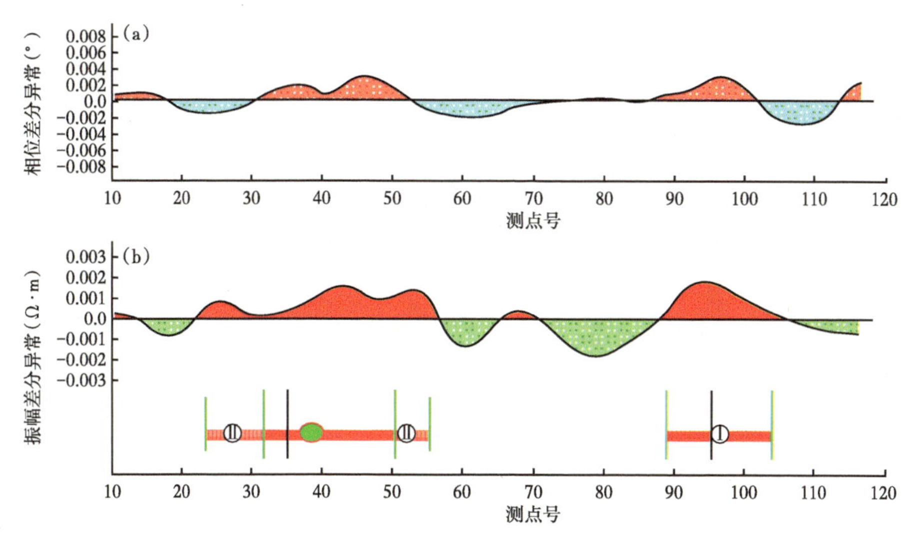

图 9.25 第四测线剖面异常图

(a)相位差分异常;(b)振幅差分异常

此外，在其他测线上，上述有利区均有异常反映，异常值明显偏高；在测线 7 和 11 的南端，也有异常显示，属次级有利区。

图 9.26 展示了两个最有利区(Ⅰ类)的平面位置，另外还有三个属于较有利区(Ⅱ类)，其中 Q1 井所在有利区(Ⅰ类)面积为 4km^2，在 Q1 井断块以北另一有利区(Ⅰ类)面积为 3.2km^2，这两个异常区都有多条测线控制，因此异常是比较可靠的。该成果得到油田重视和肯定，并按此部署开发井。

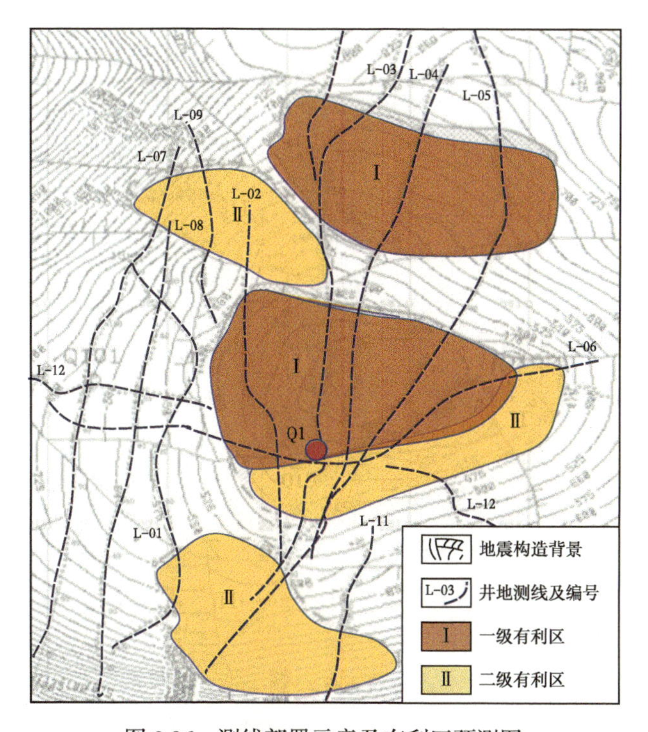

图 9.26 测线部署示意及有利区预测图

9.5.4 应用效果及认识

对于我国西部地形复杂区构造油气藏，应用井地电磁法识别和预测油气藏边界、评价相邻断块含油气性也具有现实意义。井地电磁法对于规模较小且横向变化大的油气地质目标也适用，可以用较少的投入来确定油藏范围和边界及相邻圈闭或断块的含油性，从而减少探井井数，为开发井网的部署提供可靠的依据，性价比高，可以大大提高开发的效益。

9.6 油田注水前驱油水分布预测应用实例

9.6.1 井区储层地质特征及测线部署

该区地质结构为从西到东方向的单斜地层，目标储层上方有两套高阻膏岩层（硬石膏/白云岩），电阻率高。第一套顶埋深约为1247m，厚度约为68m，电阻率为500Ω·m；第二套顶埋深约为2257~2606m，厚度约为270m。目标储层为石灰岩，位于2618~2657m，含油目标储层的电阻率约为50Ω·m，含水目标储层的电阻率为2~10Ω·m。目标储层位于高阻围岩的围中，围岩电阻率大于100Ω·m。

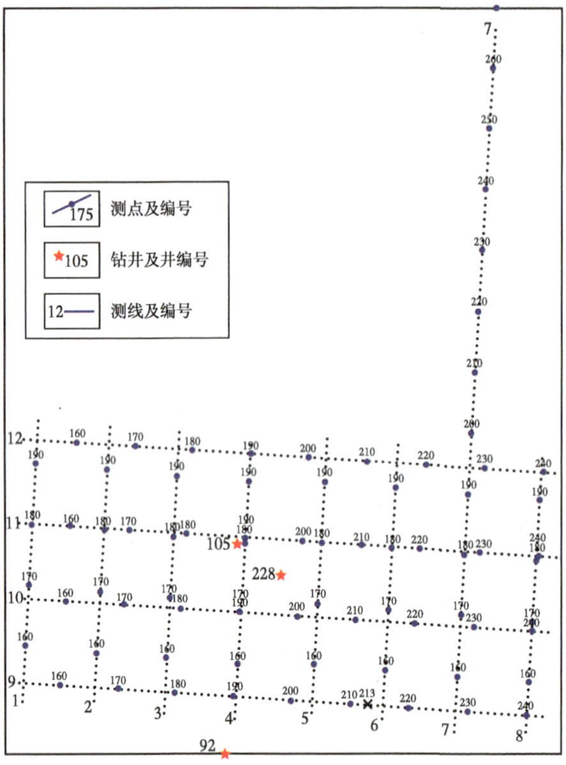

探区位于整个油藏西部水驱前缘的边界区域，A公司为了验证井地电磁含油气预测技术圈定油水分布的有效性，并确定是否在该地区推广应用，于是决定进行BSEM技术试验。

根据A公司的要求和施工设计，此次共布设了12条测线，这12条测线呈规则测网（图9.27）。由于测线1的数据噪声很大，而且个别点的实部和虚部反转，因此没有对其进行反演，最终给出11条剖面的反演的结果。实际的测点距为50m，线距为600m，测线1~8有47个测点（除了7线），测线8~12有93个测点。

图9.27 井地电磁测线部署

本次野外施工地面激发电极点B位于井口附近，而井中激发电极A共布设了4个：A1位于井深2660m处；A2位于井深2711m处；A3位于井深2815m处；A4位于井深2655m处。

其中，BA1、BA2激发时，1~12测线进行了全覆盖采集；BA3激发点时，只进行了1~4测线的采集；BA4激发点时，只进行了5~8测线的采集；

9.6.2 井区储层地质特征及测线部署

为了提高反演的精度，选择了所有 21 个发射基频和与其对应三次和五次谐波，共 63 个频点的数据进行反演。根据已知井的电阻率测井数据，以及该探区十多口探井地层深度数据，建立了探区三维地电结构模型，将地层划分为 15 层，每个测点的地层顶深是由该探区已知探井地层深度进行线性插值得到的。为进行一维反演时每个采集站设置初始模型，从电阻率测井曲线上可以看出，工区存在明显的两个高阻层，深度分别在 1000m 和 1700m 左右，其电阻率都要大于等于 1000Ω·m。在实际反演时，对深度界面进行了约束，对两套高电阻率层进行了上下限的约束。而目标层在第二个高阻盖层的下面，是一个次高阻层，电阻率在 50Ω·m 左右。储层下面是水层，电阻率较低，由于上下层电阻率差异非常大，目标储层成为高低电阻率层的过渡层，因此在成图显示时，难以显示目标储层的变化。为了很好的反应出目标储层电阻率的变化，在给出拟二维电阻率反演剖面同时，还给出了目标储层电阻率沿测线变化的剖面曲线。第十三层是目标储层。

图 9.28 是目标储层（第十三层）电阻率变化的平面图，很好地反映出目标储层电阻率的变化，西部主要是注水区，东边是油田开发区，高阻和低阻具有明显的分界。

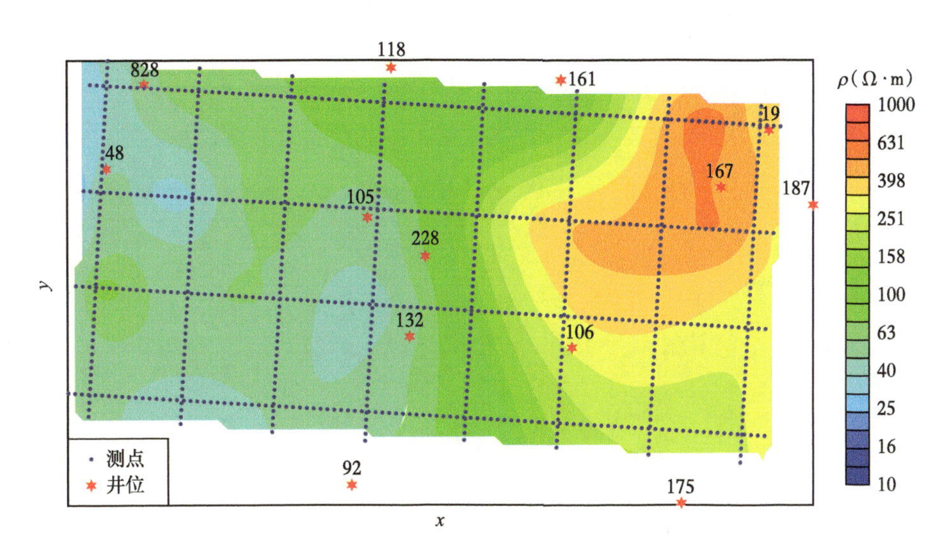

图 9.28 目标储层电阻率平面分布图

9.6.3 含油饱和度计算

通过频率域反演获得电阻率断面，并提取了储层上部 30m 和下部 40m 的电阻率异常。由于电磁法反演获得的电阻率与测井电阻率不具备相同的量级，只具有相对意义，即电磁法反演电阻率高，反映出储层电阻率也应当高，反演电阻率低，储层电阻率也应当低。因此，要利用时间域相对电阻率和频率域一维反演电阻率计算含油饱和度需要把动态范围很大的相对电阻率转换成变化较小的储层实际电阻率。其变换采用线性变换，根据已知储层上部（AD2A—AD3A）测井电阻率在 1~50Ω·m，将储层的时间域相对电阻率最小、最大值转换到 1~50 区间。同样，对频率域一维反演电阻率也根据已知储层上部（AD2A—AD3A）测井电阻率在 1~50Ω·m，将储层的一维反演电阻率最小、最大值转换到 1~50

区间。

根据提供的储层孔隙度分布，我们将储层 AD2A—AD3A 大约 254m 作为储层上部，其平均孔隙度已知，对应于时间域储层电阻率的上储层，和一维反演的目标储层（第十三层）。有了储层孔隙度和电阻率，同时根据给定的储层 a、b、m、n 等其他参数，利用阿尔奇公式计算储层含油饱和度：

$$S_w = \left(abR_w / \phi^m R_t \right)^{1/n} \tag{9.1}$$

当孔隙水的电阻率 R_w =0.035Ω·m，a=1，b=1；当电阻率 R_t 大于 10Ω·m 时，n=1.6，m=1.97；当电阻率 R_t 小于 10Ω·m 时，n=2.3，m=2.24；当孔隙度 ϕ 大于 10% 时，n=1.6。

图 9.29 是根据时间域相对电阻率和储层上部 AD2A—AD3A 孔隙度计算出的含油饱和度。从研究区西端到测线 4，整个西部含油饱和度在 20% 以下，其中 105 井含油饱和度在 15% 左右，132 井含油饱和度在 30% 左右，228 井含油饱和度在 40% 左右，228 井以东含油饱和度大部分超过 50%，106 井含油饱和度在 70% 左右，167 井含油饱和度达到 75%，研究区东北角含油饱和度最大可以达到 80%。这一结果与前面频率域双频相位差等定性资料有基本相似的特征。

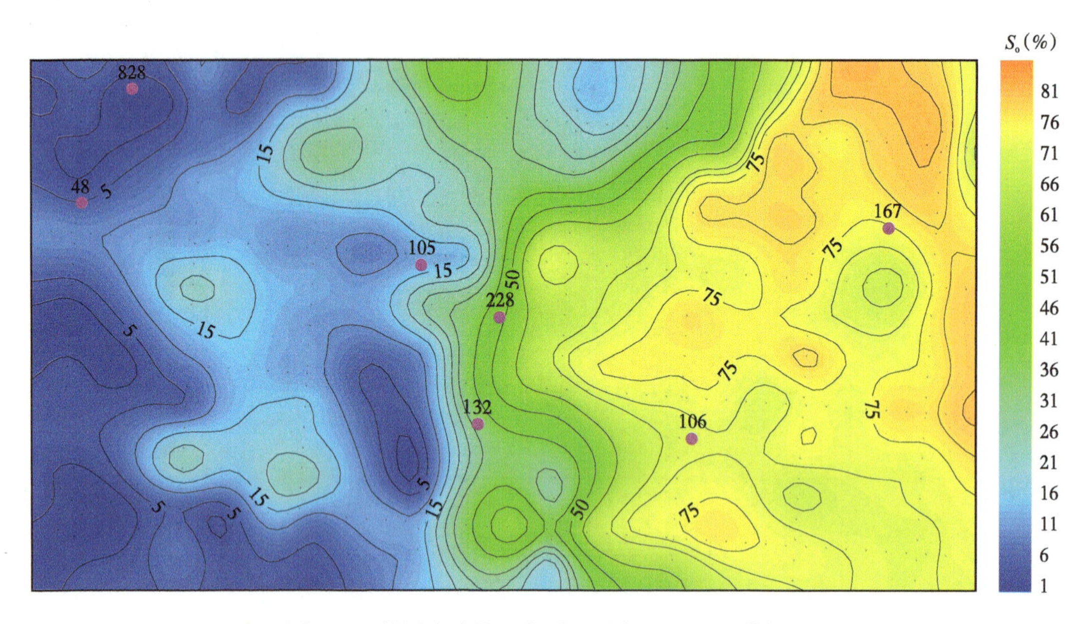

图 9.29 储层含油饱和度平面图（基于 MRE 数据）

图 9.30 是根据频率域一维反演相对电阻率和储层上部 AD2A—AD3A 孔隙度计算出来的含油饱和度。同样，从研究区西端到测线 4，整个西部含油饱和度在 20% 以下，其中 105 井含油饱和度在 15% 左右，132 井含油饱和度在 20% 左右，228 井含油饱和度在 30% 左右，228 井以东到 106 井一段含油饱和度变化相当大，从 30% 迅速变化到 60%，106 井以东含油饱和度大部分在 70%~80%，研究区东北角含油饱和度最大可以达到 80% 以上。显然，这一结果与从时间域得到的含油饱和度及前面频率域双频相位差等定性资料有基本相似的特征。

但是，上述两个结果有一些差别，变化的细节特征不完全一致，说明不同处理方法对客观事实反映的真实性。为了给出一个统一的含油饱和度平面图，将两者综合得到图 9.31 的储层含油饱和度分布平面图。可以总结出含油饱和度变化特征：从研究区西端到测线 4 整个西部含油饱和度在 15% 以下，其中 105 井含油饱和度在 15% 左右，132 井含油饱和度在 25% 左右，228 井含油饱和度在 35% 左右，105 井以北存在一局部相对较高的含油饱和度区，范围在测线 3 和测线 4 北端，228 井以东到 106 井为含油饱和度陡变带，从 35% 迅速变化到 60%，呈向西的弧形，该带以东含油饱和度大部分在 70%~80%，研究区东北角含油饱和度最大可以达到 80% 以上。

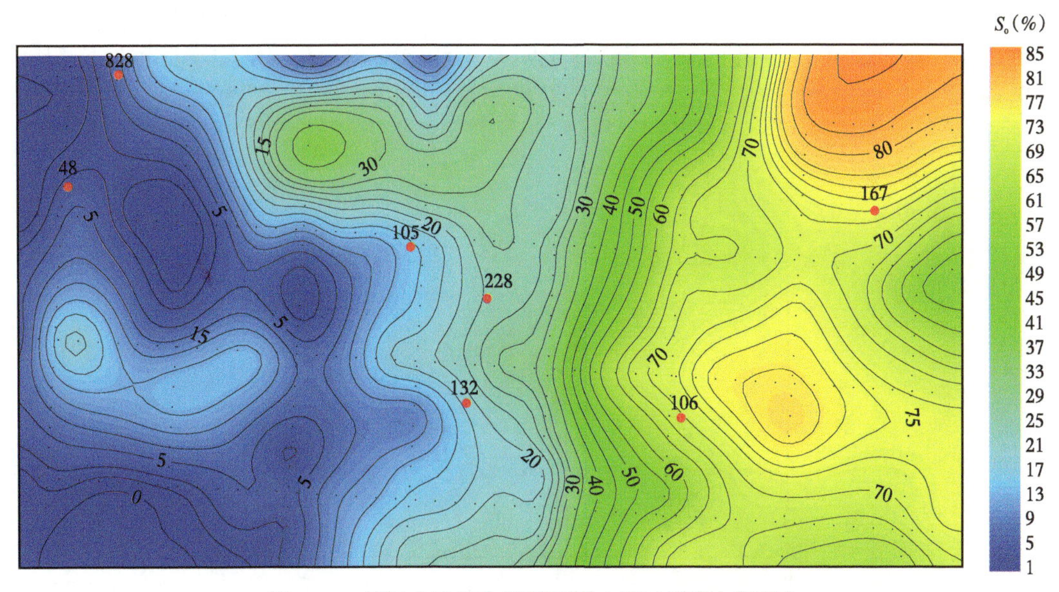

图 9.30　储层含油饱和度平面图（基于反演电阻率）

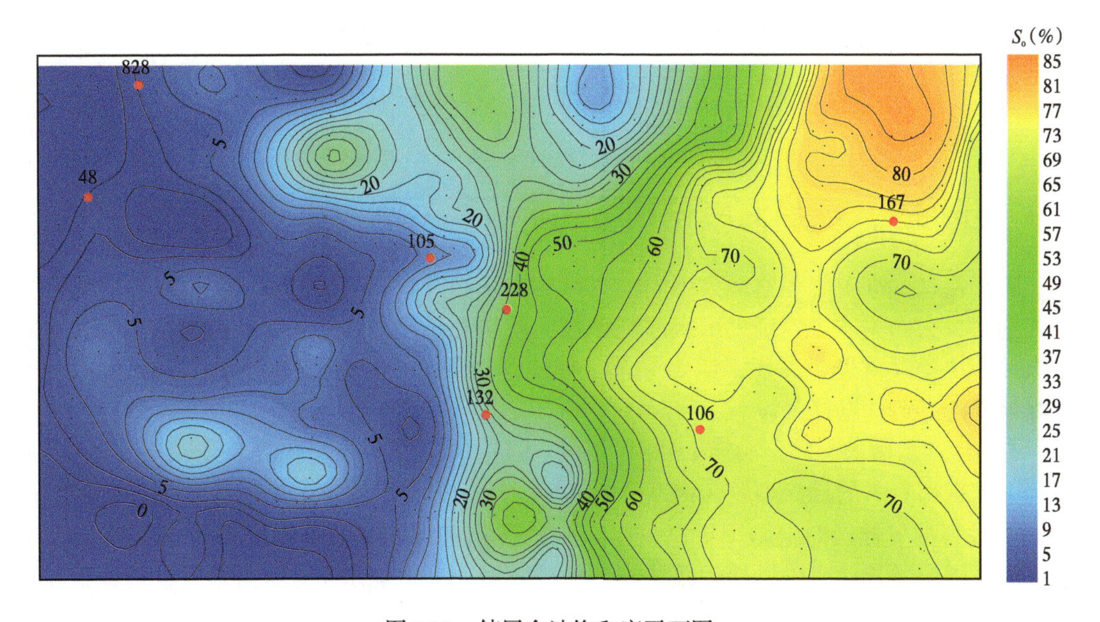

图 9.31　储层含油饱和度平面图

9.6.4 应用效果及认识

本次井地电磁勘探野外采集资料质量可靠，通过背景噪声分析以及地面管线和井套管噪声模拟，对采集的资料去除背景噪声及地面管线和井套管干扰的影响，从而确保资料处理的客观性。频率域资料处理解释采用多种方法提取了目标储层导电性和极化性异常，并通过多种手段分析了目标储层油气地质信息，其特点是：西部以水为主但依然存在局部低饱和度剩余油气区域，东部以油为主，但含油依然不均匀。通过对时间域储层相对电阻率和频率域一维反演电阻率，利用提供的储层孔隙度分布，得到该区的储层含油饱和度平面分布，并且这一结果与前面频率域双频相位差等定性资料有基本相似的特征。从油层和水层电阻率平面图上可以看出，工区的东部电阻率相对比较高，西部电阻率比较低，油层的电阻率水平切片所反映的整个工区目标层的水驱油方向自西向东，这和实际钻井出油情况基本吻合，见图 9.32。

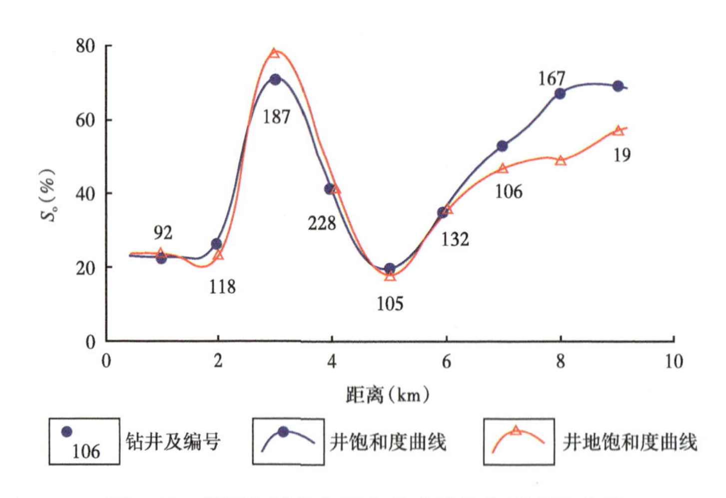

图 9.32 储层含油饱和度与井含油饱和度对比曲线

9.7 多期次火成岩储层有利区评价应用实例

随着松辽、准噶尔等盆地火山岩油气藏的发现和开发，火山岩油气藏的勘探受到广大油气勘探专家的关注。但是火山岩油气藏被火成岩复杂化，致使地震反射复信息弱化，难以有效解决地质问题，因此，需要寻求其他地球物理方法，电磁勘探是比较有效的方法，而井地电磁是最佳勘探手段。

东方 LH 探区的火成岩油气藏勘探，由于其埋深较大、横向变化复杂且多期次喷发，而成为中国东部有名的勘探难题。物性分析表明，该区火成岩的电阻率值通常大于 100Ω·m，当火成岩为油气储层时电阻率更高，而其中的沉积夹层的电阻率值通常为 1~10Ω·m，如此大的电阻率差异是电磁勘探理想的物性条件，利用井地电磁贴近储层激发、地面接收的采集方法，资料处理采用井震资料建模，主要反演深层目标，解决火成岩平面分布，以及

纵向上多套叠置，进而确定火成岩期次。本节将介绍井地电磁在 LH 复杂目标的应用。

9.7.1 针对火成岩储层背景模型的井震约束反演

针对 LH 地区深部复杂火成岩储层目标，采用井震分步约束的建模和多尺度反演。在资料处理中，为提高储层电阻率成像精度，利用该区已有的时频电磁资料反演获得背景电阻率模型，然后利用井地电磁数据主要反演火成岩储层，提高多套叠置火成岩储层的分辨率。

利用已知地震和电测井资料建立二维约束模型反演电阻率。该区浅层地震反射界面已经很清楚，而沙河街组及以下地层反射模糊，时频电磁能够探测到沙河街组及以下地层，井震建模约束反演能有效提高反演精度。

井震建模约束反演就是根据已知地质、地震浅层信息，确定剖面浅层初始地质模型层位，依据钻井统计物性结果给定电阻率值，首先反演浅层地电结构，经过多次反复反演，找到最小拟合差，完成浅层反演。然后固定浅层几何参数和电阻率值，重点反演深层地电结构。反演过程中，需多次反复反演，寻找深部最小拟合误差，完成深层地电结构模型的建立，最终得到反演结果。

通过过 W1 井反演剖面电性特征可以看出（图 9.33），从浅到深，电阻率的整体变化与测井曲线一致，相比二维反演的结果来说，细节更加明显，说明通过地震层位约束，反演结果更精细。从整体上看，通过层位约束，目标层位归位良好，电性变化更符合地质认识。

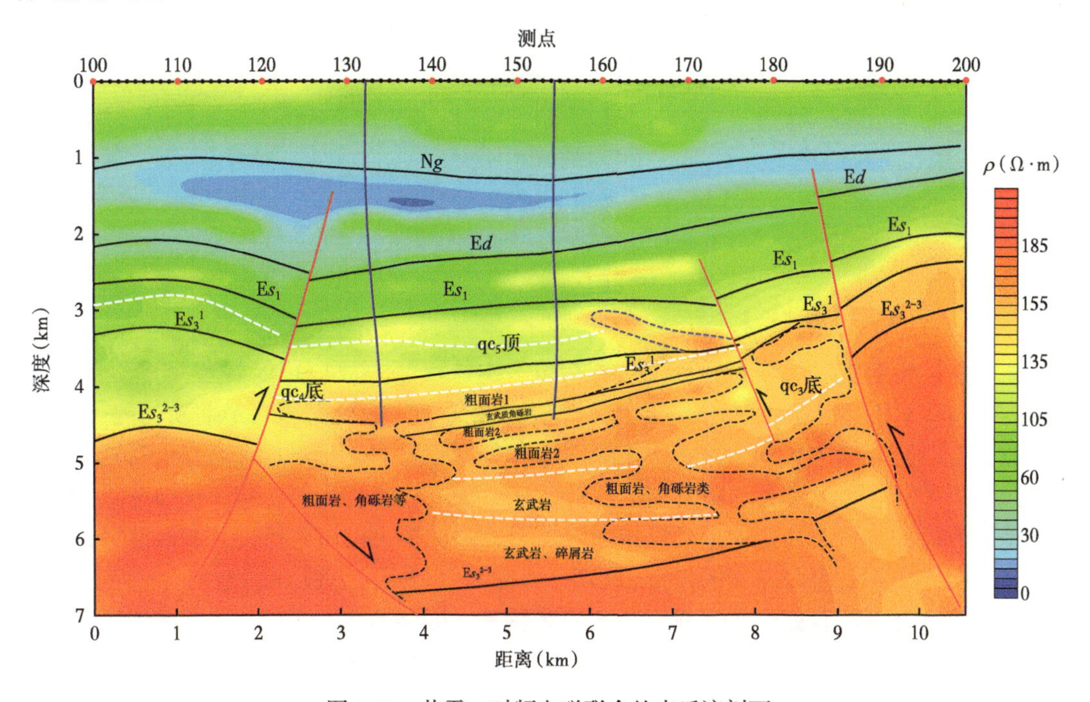

图 9.33 井震—时频电磁联合约束反演剖面

9.7.2 针对火成岩多期次叠置的井震约束井地电磁反演

根据井地电磁在目标层上下两个电极的接收数据求取差值，主要是目标层内部电性变化的反映，采用上下两个电极的电磁场数据的差进行反演可以得到目标层内部的电阻率分布情况，进而推断目标层内的含油气性；根据上节已经采用地面时频电磁约束反演电阻率剖面建立针对目标层的反演背景模型，针对多期次储层目标层内部进行精细网格剖分。为了得到目标层的电阻率参数，将目标层以上和以下地层的电阻率参数固定，仅反演目标层内的电阻率参数，可以减少上下地层对比目标层反演的影响，提高目标层内部的分辨率。

反演剖面如图 9.34 所示，(b)是(a)中白线深度范围内的细节。通过精细反演，提高了目标层内部纵向、横向上的分辨率，与背景模型相比，上下地层反演参数固定后，反演参数较少，消除了目标层上下围岩的影响，提高了目标层内部的分辨率。

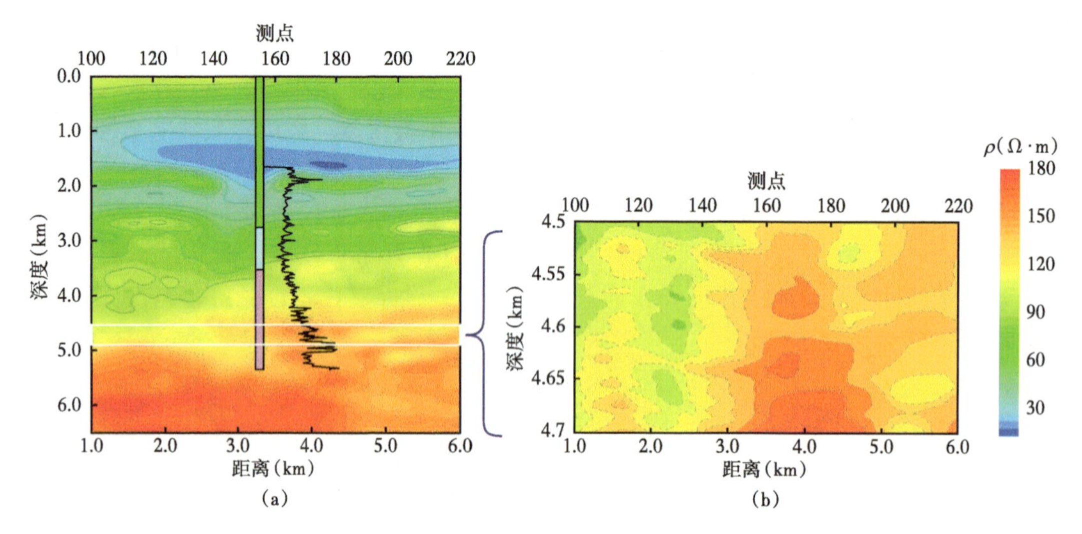

图 9.34　井地电磁储层内幕反演

(a) TFEM 反演剖面；(b) BSEM 反演剖面

9.7.3　含油气解释与评价

根据井地电磁法资料推断解释落实了断裂—构造特征，对 LH 地区沙河街组火成岩内幕刻画更清晰；综合解释出沙三段五期火山岩，期次 2~3 的粗面岩在早期断陷内分布广、厚度大；粗面岩在期次 3 发育两套，以粗面岩和角砾岩为主，火口附近最厚；受断裂带控制，沙三段主要发育两排火山喷发相带；粗面岩主要为溢流相和爆发相，火口附近的爆发相勘探潜力最大；粗面岩整体以溢流相和爆发相为主，在火山口附近爆发相较发育；综合钻井、电法资料，认为爆发相的粗面岩(类)厚度大、分布广，勘探潜力大。根据井地电磁法资料的综合异常 IPR 参数预测了 L34 井区三套目标层油气有利区，沙三上亚段碎屑岩油组发育两排 NE 向有利区带，L34 井区带比于黄深凹陷带更有利；沙三中亚段两套粗面岩油组有利区主要以 L34 井为中心，呈 NE 向条带状展布(图 9.35)。

通过火成岩体期次识别与划分技术，进一步明确了火山岩喷发模式，落实了爆发相火山角砾岩分布面积，进一步明确了火成岩成藏规律；为升级沙三中亚段火成岩储量规模，部署的 L34 井两层测试获得工业油流，预测该区储量；同时丰富了火山岩识别与评价技术系列。

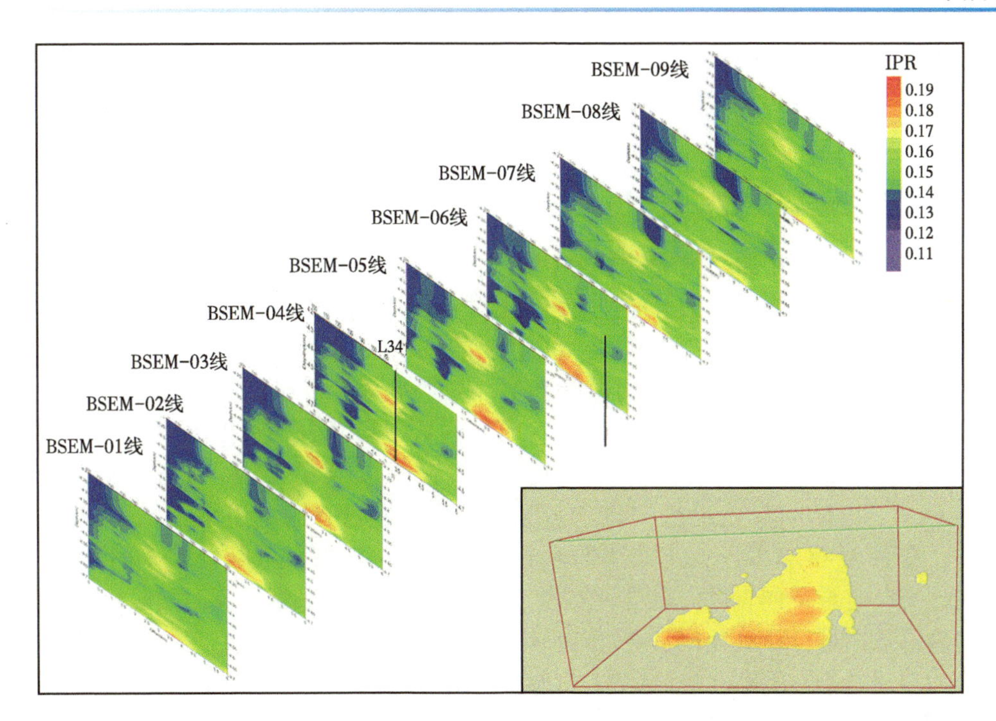

图 9.35 井地电磁剖面成像及三维有利储层分布

被火成岩复杂化的储层目前还没有有效的手段获得生储盖结构及储层含油气边界问题，采用多尺度联合能够有效解决复杂火成岩勘探难题，为后期钻井部署提供可靠依据。

9.7.4 应用效果及认识

井震—时频—井地联合，进一步落实了构造特征，对多期次沙河街组火成岩内幕刻画更清晰；揭示了 L34 井区储层及其油气有利异常分布；综合解释出沙三段 5 期火山活动，各期活动强弱差异明显，表现出“弱—强—强—弱—弱”的特征，以沉积夹层或岩相组合突变面为界；井地、时频电磁两种尺度勘探反映地电结构基本一致，井地电磁对储层内部刻画更精细；采用三维可视化精细预测和圈定了 L34 井区三套储层的油气有利区；沙三上亚段碎屑岩油组发育两排 NE 向有利区带，L34 井区带比黄深凹陷带 IPR 异常强，主体异常发育于 L31 井—红 34 井深度 3.25~3.34km 之间；沙三中亚段两套粗面岩油组有利区主要以 L34 井区为中心，呈 NE 向、条带状展布。该研究开启了井地—地面时频联合解决复杂储层问题先例，可供类似复杂储层目标勘探借鉴。

9.8 复杂储层目标直接含油饱和度评价应用实例

前面的实例均通过井地电磁对储层上下方两次激发获得的电磁场的振幅和相位数据进行差分处理及反演，定量获得储层的差分振幅和相位信息，以及井震约束反演电阻率和极化率。本实例将给出考虑激发极化效应的井地电磁法储层含油饱和度评价新方法。

通过岩石物性测试，构建电性与储层孔隙度、饱和度关系，然后通过拟合获得考虑频散效应的新含油饱和度评价模型，通过该模型实现对电阻率、极化率进行储层含油饱和度反演技术，从而获得储层目标的含油饱和度反演分布。通过对新的含油饱和度评价结果与核磁共振测井含油饱和度结果进行对比分析，表明新模型在实测数据储层评价中具有很好的效果和应用价值。

9.8.1 研究区背景及物性测试分析

研究区位于中国东部辽河油田 K 井区，区内古近系沙河街组在 4500~4700m 深度内发育一套复杂的火成岩储层。该区已经完成井地电磁勘探和数据处理解释，获得了储层目标的电阻率和极化率数据体。

为了分析研究该区的储层岩石电性特征，根据电测井资料，针对储层主要岩性进行数据统计，获得主要岩性的电阻率特征，可归纳为：粗面岩＞火山碎屑岩（角砾岩、凝灰岩）＞玄武岩（包含蚀变玄武岩）＞沉积岩。而作为储层的粗面岩由于孔隙度及含油、含水的差异，电阻率变化也很明显。经测试，粗面岩岩心的电阻率正偏态分布：均值 μ=71.5，众数 M=49.5，正偏态曲线的左右两个拐点可以有效表征电阻率的变化范围为 14~110Ω·m。选取不同岩性一定数量的岩石样本进行不同含油饱和度的复电阻率测试。

对测试数据进行频散分析，得到含油饱和度与电阻率、频散率之间的关系。经过归一化处理后获得岩心电阻率—含油饱和度散点数据，以及频散率（这里用双频振幅数据）—含油饱和度散点数据，如图 9.36 所示，在低饱和度区呈现平缓的线性关系，而高饱和度

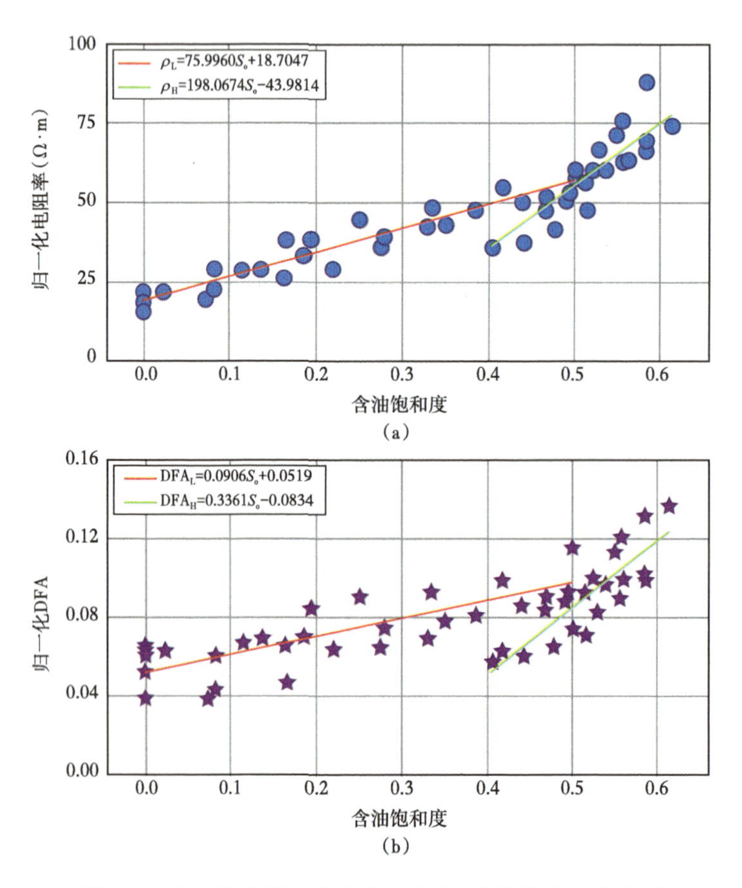

图 9.36　含油饱和度与电阻率（a）和双频振幅（b）的关系

区域电阻率、频散率则急剧变化，斜率变大。分别采用线性拟合可以得到相应的定量关系。低饱和度区域获得的模拟关系式为：

$$\rho_L=75.9960S_o+18.7047 \tag{9.2}$$

$$DFA_L=0.0906S_o+0.0519 \tag{9.3}$$

同样，高饱和度区域获得的模拟关系式为：

$$\rho_H=198.0674S_o-43.9814 \tag{9.4}$$

$$DFA_H=0.3361S_o+0.0834 \tag{9.5}$$

式（9.2）至式（9.5）中的脚注 L 和 H 分别代表低、高含油饱和度区域。

通过图 9.35 可以看出，实验岩心电阻率和频散率平缓增大区和急剧增大区的饱和度分界大致位于 45 % 左右。在低含油饱和度时，频散率随饱和度变化相对平缓，随着饱和度的增加，即高阻油气含量增加，电阻率和频散率急剧增大。依据此关系，接下来即可对储层的含油性进行评价。

9.8.2 复电阻率等效模型及含油饱和度评价

采用改进的 Dias 复电阻率等效模型来描述探区的电性特征，以适应该探区的电阻率复杂的频散特征。改进的 Dias 模型分解为三部分，分别对应低、中、高频下三种不同的频散机制，分解后的模型参数更具实际意义。低中频率下 Dias 模型公式为：

$$\frac{\rho^*-\rho_\infty}{\rho_0}\approx\frac{m_w}{1+(i\omega\tau_w)^{1/2}}+\frac{m_D}{1+i\omega\tau_D} \tag{9.6}$$

式中，ρ^* 为复电阻率；ρ_∞ 为频率趋于无穷大时的电阻率；ρ_0 为零频电阻率；m_w 和 τ_w 分别为低频段（10^{-3}~10^2Hz）与扩散弛豫相关的极化率和弛豫时间，代表 Warburg 极化；m_D 和 τ_D 分别为中频段（10^2~10^4Hz）与扩散和传导相关的极化率和弛豫时间，代表 Debye 极化；ω 为角频率；其中 $m_w+m_D=m$；m_w、τ_w、m_D、τ_D 可通过 Dias 模型的三个弛豫时间（τ、τ'、τ''）、极化率 m 和电化学参数 η 求得[147]。

图 9.37 为反演的极化率剖面图。从图中可以看出，该储层反映出火成岩多期次叠置特征。虽说该依据电阻率和极化率剖面可以比较好地定性评价储层，但是，仅仅提供储层的电性有利区，而不能解决哪里真正含油难题。因此，接下来进一步计算储层的含油饱和度。

使用新建立的含油饱和度评价模型进行储层评价。根据探区 K03 井测井资料确定储层含油饱和度，是高于还是低于 45%，以确定采用的计算公式系数，即公式中的斜率。激发极化产生的电阻率由改进的低频 Dias 模型公式求得：

$$\rho_{IP}=\rho_0-\rho^*=\rho_0 m_w\left[1-\frac{1}{1+(i\omega\tau_w)^{1/2}}\right] \tag{9.7}$$

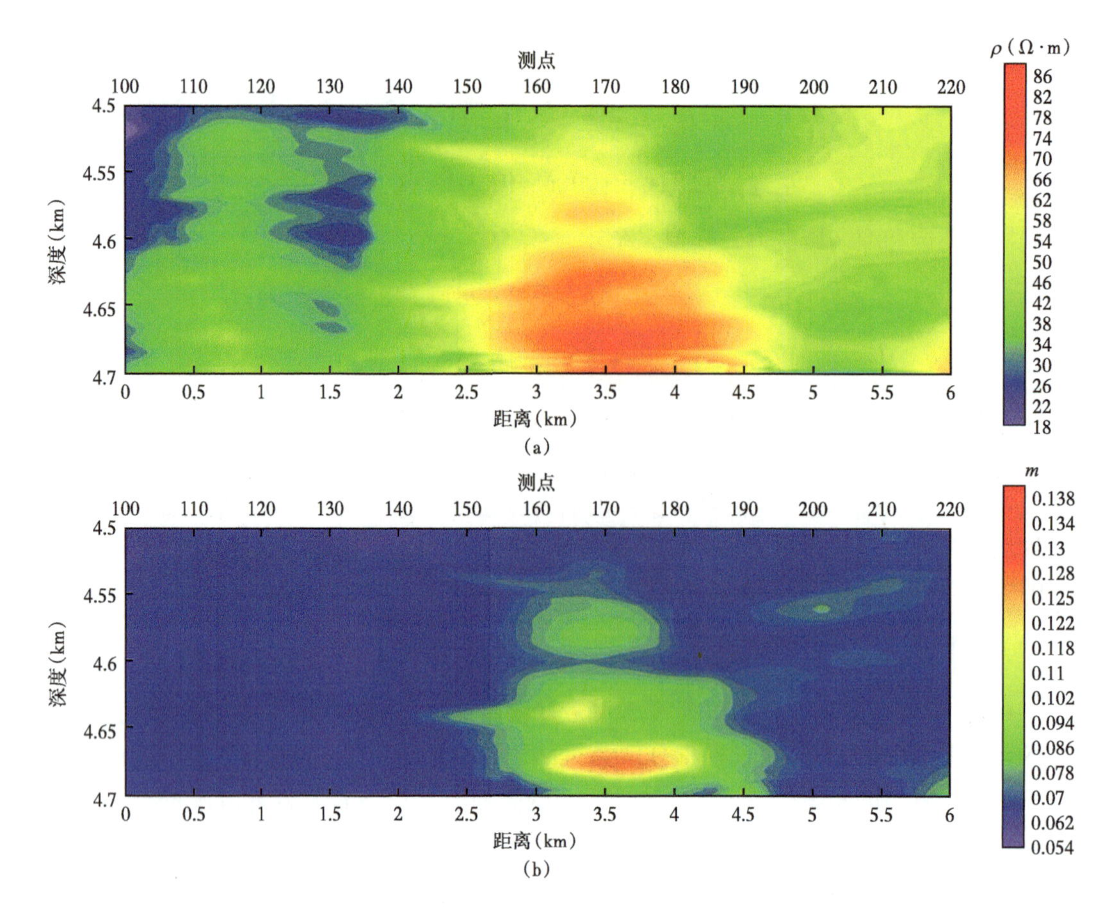

图 9.37　测线 4 约束反演得到的电阻率(a)和极化率(b)剖面图

若将含油饱和度评价公式中的 F^* 用 $\dfrac{1}{\phi^m}$ 替代,I 用 S_w^{-n} 替代，则含油饱和度评价模型为：

$$\rho_t\phi^m k_b \frac{1}{\rho_{IP}} S_w^{n+1} - \rho_t\phi^m\left(\frac{1}{\rho_w} + k_b\frac{1}{\rho_{IP}}\right)S_w^n + 1 = 0 \qquad (9.8)$$

求解方程(9.8)，取正实根且满足 $0 < S_w < 1$ 的解即为储层的含水饱和度。

图 9.38 为 K03 井含油饱和度的对比曲线，(a)为根据上述方法计算的测线 4 上距离 K03 井最近的 163 测点的含油饱和度，(b)为 K03 井核磁共振测井实测的含油饱和度(100%- 含水饱和度)。

对比分析两条曲线，储层从上到下大致可分为三个有利层位和两个非有利层位。其中 4520~4580m 和 4640~4660m 这两个层位的孔隙度均低于 8%；尽管核磁共振测井曲线在 4350~4560m 内显示具有较高的含油饱和度，但其数值波动范围较大，而计算的含油饱和度也具有较大变化，峰值约为 40%，因此将这两个层位定义为非有利层位。三个有利层位中，4500~4520m 段和 4580~4640m 段，这两个层位内核磁共振测井饱和度曲线的变化范围也较大，4500~4520m 段计算的含油饱和度略高于核磁共振测井含油饱和度，4580~4640m 段计算的含油饱和度与核磁共振测井含油饱和度的峰值大致相当。第三个有

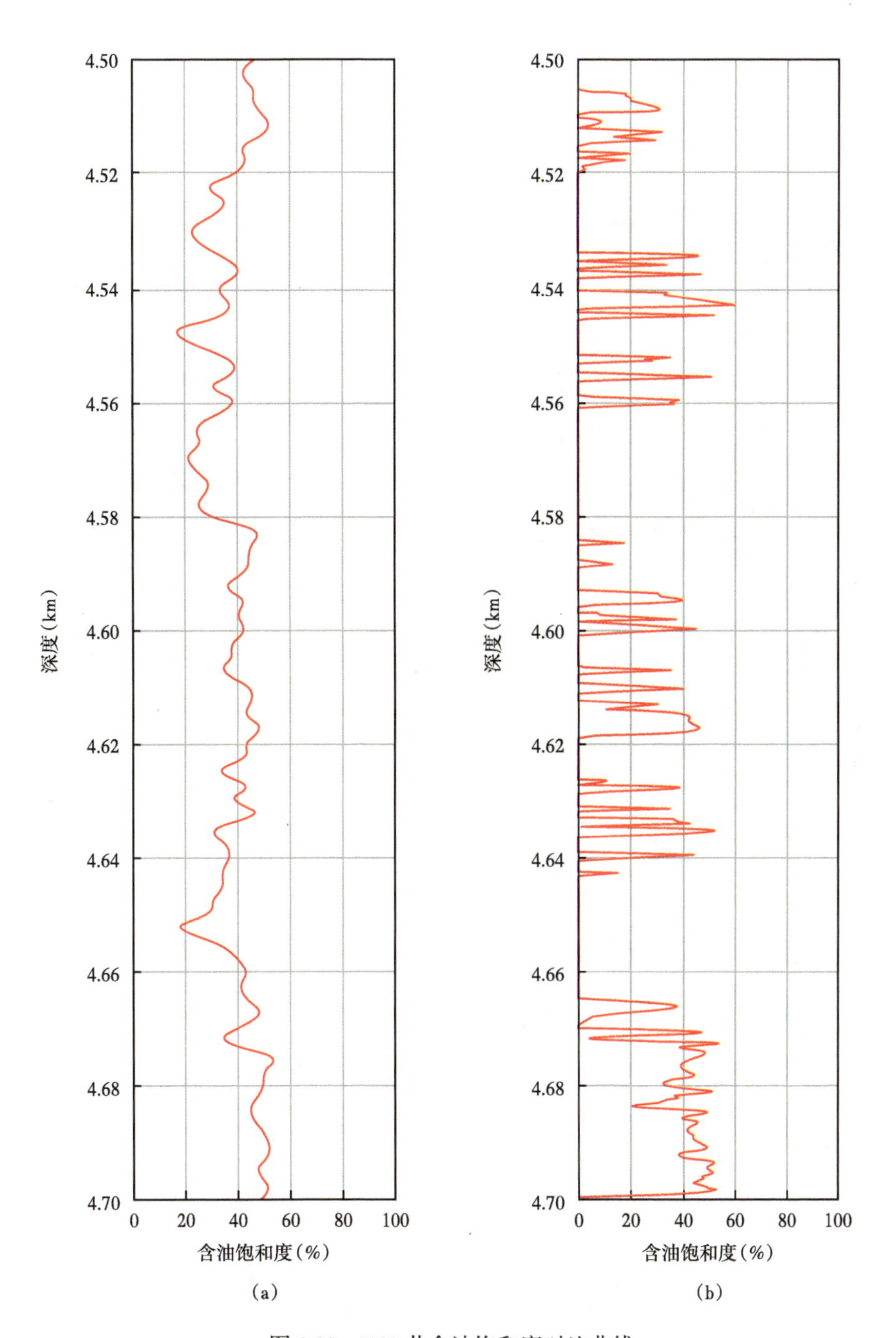

图 9.38 K03 井含油饱和度对比曲线

(a)新模型计算的含油饱和度;(b)核磁共振测井含油饱和度

利层位为 4460~4700m 段,该层段内计算的含油饱和度曲线相对平缓,与核磁共振测井饱和度在深度范围及数值上一致性较好。由于测井的横向分辨率有限,从三个有利层位中无法判断井孔以远范围内储层含油性的变化,不能满足勘探开发的需求。因此,针对上述三个有利区域,绘制了储层的含油饱和度剖面图,如图 9.39 所示。

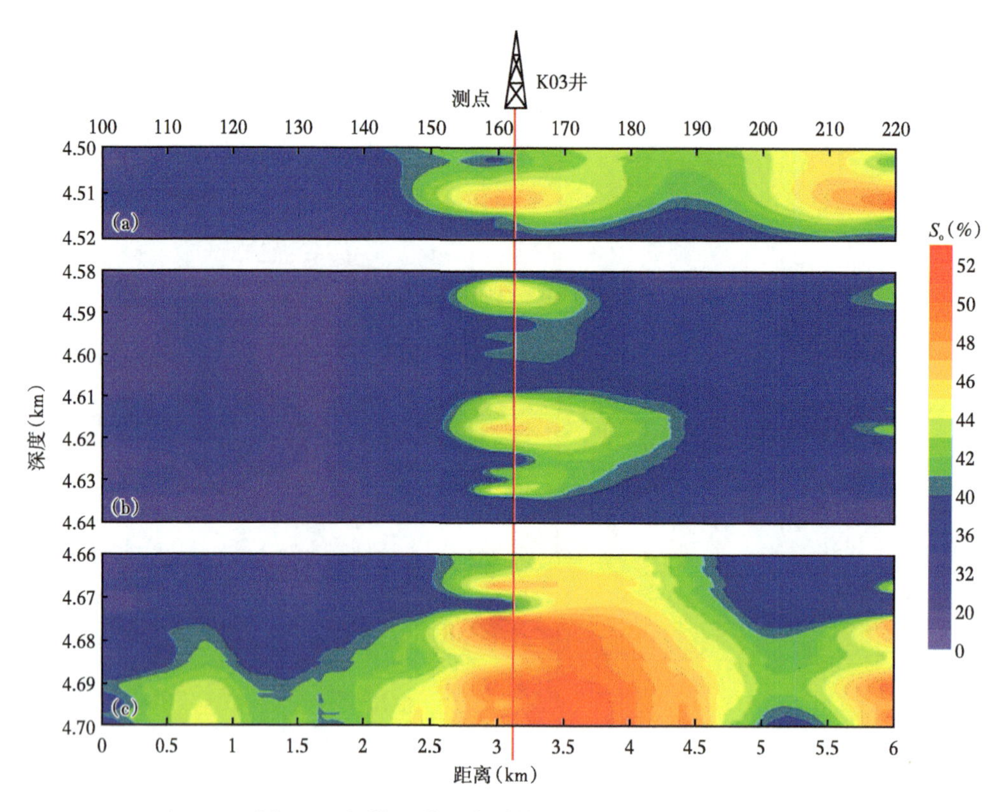

图 9.39 测线 4 分层位计算的含油饱和度剖面图

(a)4500~4520m;(b)4580~4640m;(c)4660~4700m

图 9.39 更为直观地反映了储层的含油饱和度在横向范围和纵向深度上的变化。图 9.39(a)的中心位置含油饱和度较高，但其横向及纵向范围较小。图 9.39(b)中含油饱和度在纵向深度上大小交替变化，含油饱和度分布不均。而图 9.39(c)中则含油范围较大且含油饱和度较高，是开发的最有利层位。对比图 9.38 和图 9.39 可以看出，基于井地电磁法复电阻率储层评价方法，可以更好地描述储层的含油性，相比于传统的测井储层评价方式具有明显优势。

9.8.3 储层含油饱和度计算结果对比分析

为了便于对比分析，笔者使用 Archie 公式、Waxman-Smits 模型分别计算了储层的含油饱和度。对比三种模型计算的含油饱和度，其中以 Archie 公式计算的含油饱和度数值最低，Waxman-Smits 模型计算结果最高。由于 Archie 公式仅考虑了岩石的电阻率，没有考虑黏土的附加导电效应，更没有考虑岩石的激发极化效应，因此导致含泥质的储层含油饱和度计算结果偏低。而 Waxman-Smits 模型虽然考虑了黏土的附加导电性，含油饱和度计算结果有了较大的提高(约 60%)，相比于核磁共振测井的结果大 53%，使用新模型计算的含油饱和度，含油饱和度大于 44% 的范围，与 Waxman-Smits 模型范围大致相当，但数值上整体略小于 Waxman-Smits 模型的计算结果，与核磁共振测井的结果一致性较好。

由于核磁共振测井的横向分辨率仅为几厘米，新储层评价模型结合井地电磁法探测面积更大，效果更好。

新的含油饱和度评价模型利用不同测量频率之间的电阻率频散现象，将频散率与激发极化导电相结合，其模型参数获取比 Waxman-Smits 模型参数来说更加容易，不需要进行额外的实验。在拟合 Archie 参数胶结指数 m 和饱和度 n 的同时，再计算一下频散率，拟合得到频散率与含油饱和度的相关系数 k_b 即可。激发极化导电产生的附加电阻率，也仅是在利用复电阻率模型反演得到储层的电性参数之后，计算零频电阻率与复电阻率振幅的差值就可以得到，因此，该方法实际工作中比较容易实现。

9.8.4 应用效果及认识

电磁勘探直接进行圈闭目标的含油气检测一直是物探工作者追求的目标，这个实例展示了采用井地电磁数据计算储层含油饱和度进行圈闭含油气评价的工作。引入评价模型应用于井地电磁法储层评价工作之中，同时考虑了储层岩石的激电效应，计算的含油饱和度结果优于电测井资料 Archie 公式的计算结果，并与核磁共振测井结果具有较好的一致性。新的储层含油饱和度评价模型结合井地电磁法进行储层评价，充分融合了地震和测井信息，但其横向分辨率要远优于测井方式。利用二维的剖面图，可以很好地展示井孔周围储层含油性的变化，这对于指导勘探开发、划分储层边界、发现井孔周围隐蔽油藏、部署井网等均具有重要意义。

参考文献

[1] 田在艺 .21 世纪中国油气资源勘探前景 [EB/OL]. 中国科学院网，2003.

[2] 赖向军，戴林 . 石油与天然气：机遇与挑战 [M]. 北京：化学工业出版社，2005.

[3] 北京市场经济开发研究院 . 中国能源发展报告 [M]. 北京：中国计量出版社，2003.

[4] 张一伟 . 油气资源预测理论与勘探技术 [M]. 北京：石油工业出版社，2003.

[5] 吴欣松，张一伟 . 油气田勘探 [M]. 北京：石油工业出版社，2001.

[6] 张一伟 . 油气藏形成与勘探 [M]. 北京：石油工业出版社，2003.

[7] 吴锡令，赵亮，刘迪军 . 多相流动电磁波成像测井 [J]. 石油勘探与开发，2000（2）：79-82.

[8] 李生荣，洪泽 . 电法测井技术发展的新动向 [J]. 石油仪器，2004（4）.

[9] 张素俭，丛文相 . 介电测井中电参数的识别方法 [J]. 哈尔滨师范大学自然科学学报，1994（2）：28-32.

[10] 胡盛忠 . 石油测井新技术及标准规范 [M]. 哈尔滨：哈尔滨地图出版社，2004.

[11] 高瑞祺 . 石油勘探工程技术论文集（测井 · 录井 · 测试）[M]. 北京：石油工业出版社，2000.

[12] 高瑞祺 . 当代石油工业科学技术丛书：测井高新技术 [M]. 北京：石油工业出版社，2000.

[13] 朱成宏，秦瞳 . 从 SEG2002 年会看油藏描述技术的新进展 [J]. 勘探地球物理进展，2003，26（3）：240-246.

[14] 陈遵德，朱广生 . 地震储层预测方法研究进展 [J]. 地球物理学进展，1997，12（4）：76-84.

[15] 杨勤勇 . 四维地震勘探技术新进展 [J]. 勘探地球物理进展，2003，26（5）：339-341.

[16] 陈小宏，易维启 . 时移地震油藏监测技术研究 [J]. 勘探地球物理进展，2003，26（1）：1-6.

[17] Michael Wilt，马迪生 . 用于开发和开采的电磁法技术现状 [J]. 国外油气勘探，1999（2）：230-233，242.

[18] Wayland J R Jr，许健华，何兰芳 .Utah 砂岩稠油蒸汽驱油中的 CSAMT 成像 [J]. 物探与化探，2004，28（3）.

[19] Beke B，Nagy T，许健华，等 . 匈牙利油气藏使用强化驱油过程中的 CSAMT[J]. 物探与化探，2004，28（3）.

[20] 何展翔 . 应用于油气预测中的电磁测深技术 [C]. 第五届国际电磁学术讨论会，北京，2000.

[21] 何展翔，贺振华，王绪本 . 非地震技术在油田开发中的应用综述 [J]. 石油地球物理勘探，2001（增刊）：1-4.

[22] 何展翔，贾进斗，等 . 非地震技术在油气勘探开发中的作用 [J]. 石油勘探与开发，2001（4）：70-72.

[23] 马科拉托夫 . 西伯利亚油气藏进行井地电法勘探中的应用效果 [J]. 地质与油气勘探，1983（12）：99-111.

[24] 裘慰庭 . 俄罗斯地球物理勘探技术 [R]. 石油物探新技术系列调研成果，1996.

[25] Michael Wilt，师学明 . 井中电磁法研究的最新进展 [J]. 地质科学译丛，1998（3）：39-41，45.

[26] 曾文冲 . 井间电磁成像测井的应用研究 [N]. 石油消息报，2000-8-2.

[27] 何裕盛，夏万芳 . 充电法 [M]. 北京：地质出版社，1978.

[28] 董春山，郭大江 . 测量低频磁场充电法 [J]. 成都理工学院学报，1997，24（2）：81-86.

[29] 张金成 . 大地电位法在油田注水监测中的应用 [C]. 第五届国际电磁学术讨论会，北京，2000.

[30] 张金成 . 电位法井间监测技术 [J]. 地震地质，2001（2）：292-300.

[31] 张天伦，张伯林，聂荔 . 用地—井工作方式的三极梯度法寻找小块油气藏 [J]. 石油地球物理勘探，1997，32（4）：520-531.

[32] 张天伦，张伯林 . 消除直流电阻率三极梯度法中各种干扰的实验研究 [J]. 石油地球物理勘探，1995，

30（1）：100-110.
[33] 张天伦，张伯林，聂荔．用三极梯度法确定复合型油气藏各单层的边界位置 [J]．西南石油学院学报，1997（1）：14-19.
[34] 傅良魁．激发极化法 [M]．北京：地质出版社，1982：1-39，252-271.
[35] 陈乐寿．油气田地区地球化学作用形成的地电异常的勘探技术在匈牙利的应用 [J]．石油物探译丛，1991（4）：40-49.
[36] 姜洪训，等．多参数直接探测油气：理论方法与效果 [M]．西安：陕西科学技术出版社，1995.
[37] 赵化昆，等．非地震物化探技术交流会论文集 [C]．1997.
[38] 彭希龄．准葛尔盆地东部烃类微渗漏研究 [C]．中国石油天然气总公司非地震交流会，1996.
[39] 吴之训，崔先文．复电阻率法直接探测油气藏的效果 [C]．第十三届国际地质大会，1996.
[40] Baños A. Dipole radiation in the presence of a conducting halfspace[M]. Oxford：Pergamon，1966.
[41] Erdelyi A，Magnus W，Oberhettinger F，et al.（1954）. Tables of Integral Transforms[M].Vol 2. New York：McGraw-Hill Book Company.
[42] Wannamaker P E，Hohmann G W，SanFilipo W A. Electromagnetic modeling of three-dimensional bodies in layered earths using integral equations[J]. Geophysics，1984，49（1）：60-74.
[43] Anderson W L. Numerical integration of related Hankel transforms of orders 0 and 1 by adaptive digital filtering[J]. Geophysics，1979，44（7）：1287-1305.
[44] 徐凯军，李桐林．垂直有线源三维地电场有限差分正演研究 [J]．石油地球物理勘探，2005.
[45] Dmitriev V I.Electromagnetic fields in inhomogeneous media：Proceedings of the Computational Center[M].Moscow：Moscow State University（in Russian），1969 .
[46] Raiche A P. An integral equation approach to three-dimensional modelling[J]. Geophysical Journal International，1974，36（2）：363-376.
[47] Weidelt P. EM induction in three-dimensional structures[J].Geophysics，1975，41：85-109.
[48] Hohmann G W. Three-dimensional induced polarization and EM modeling[J]. Geophysics，1975，40：309-324.
[49] Newman G A，Hohmann G W. Transient electromagnetic responses of high-contrast prisms in a layered earth[J]. Geophysics，1988，53（5）：691-706.
[50] Hohmann G W. Numerical modeling for electromagnetic methods of geophysics[J]. Electromagnetic methods in applied geophysics，1988，1：313-363.
[51] Wannamaker P E. Advances in three-dimensional magnetotelluric modeling using integral equations[J]. Geophysics，1991，56（11）：1716-1728.
[52] Dmitriev V I，Nesmeyanova N I. Integral equation method in three-dimensional problems of low-frequency electrodynamics[J]. Computational Mathematics and Modeling，1992，3（3）：313-317.
[53] Xiong Z. Electromagnetic modeling of 3-D structures by the method of system iteration using integral equations[J]. Geophysics，1992，57（12）：1556
[54] Xiong Z，Kirsch A. Three-dimensional earth conductivity inversion[J]. Journal of computational and applied mathematics，1992，42（1）：109-121.
[55] Singer B S，Fainberg E B. Fast and stable method for 3-D modelling of electromagnetic field[J]. Exploration Geophysics，1997，28（2）：130-135.
[56] Van Bladel J. Some remarks on Green's dyadic for infinite space[J]. IRE transactions on Antennas and Propagation，1961，9（6）：563-566.
[57] Tang T. Superconvergence of numerical solutions to weakly singular Volterra integro-differential equations[J]. Numerische Mathematik，1992，61（1）：373-382.

[58] Felsen L B, Marcuvitz N. Radiation and scattering of waves[M]. New York: John Wiley & Sons.

[59] Xiong Z. Electromagnetic fields of electric dipoles embedded in a stratified anisotropic earth[J]. Geophysics, 1989, 54 (12): 1643-1646.

[60] Zhdanov M S, Keller G V. The geoelectrical methods in geophysical exploration[J]. Methods in geochemistry and geophysics, 1994, 31: Ⅰ-Ⅸ.

[61] Cheryauka A B, Zhdanov M S. Focusing inversion of tensor induction logging data in anisotropic formations and deviated well[C]. 2001 SEG Annual Meeting. OnePetro, 2001.

[62] Hursan G, Zhdanov M S. Contraction integral equation method in three-dimensional electromagnetic modeling[J]. Radio Science, 2002, 37 (6): 11-13.

[63] Portniaguine O, Zhdanov M S. Focusing geophysical inversion images[J]. Geophysics, 1999, 64 (3): 874-887.

[64] Mackie R L, Smith J T, Madden T R. Three-dimensional electromagnetic modeling using finite difference equations: The magnetotelluric example[J]. Radio Science, 1994, 29 (4): 923-935.

[65] Alumbaugh D L, Newman G A, Prevost L, et al. Three-dimensional wideband electromagnetic modeling on massively parallel computers[J]. Radio Science, 1996, 31 (1): 1-23.

[66] Varentsov I M. The selection of effective finite difference solvers in 3D electromagnetics modeling[C]//The second International Symposium on Three-Dimensional Electromagnetics (3DEM-2), Salt Lake City, 1999: 201-204.

[67] Habashy T M, Groom R W, Spies B R. Beyond the Born and Rytov approximations: A nonlinear approach to electromagnetic scattering[J]. Journal of Geophysical Research: Solid Earth, 1993, 98 (B2): 1759-1775.

[68] Singer B S, Fainberg E B. Generalization of the iterative dissipative method for modeling electromagnetic fields in nonuniform media with displacement currents[J]. Journal of applied geophysics, 1995, 34 (1): 41-46.

[69] Zhdanov M S, Fang S. Electromagnetic inversion using quasi-linear approximation[J]: Geophysics, 2000, 65: 1501-1513.

[70] Zhdanov M S, Tolstaya E. Three-dimensional inversion of array MT data with minimum support nonlinear parameterizeation[C]. Proc Ann Mtg, Consortium for Electromagnetic Modeling and Inversion, 2003: 329-345.

[71] Pankratov O V, Kuvshinov A V, Avdeev D B. High-performance three-dimensional electromagnetic modelling using modified Neumann series: Anisotropic Earth[J]. Journal of geomagnetism and geoelectricity, 1997, 49 (11-12): 1541-1547.

[72] Zhdanov M S, Fang S. Quasi-linear series in three-dimensional electromagnetic modeling[J]. Radio Science, 1997, 32 (6): 2167-2188.

[73] Avdeev D B, Kuvshinov A V, Pankratov O V, et al. Three-dimensional induction logging problems, Part I: An integral equation solution and model comparisons[J]. Geophysics, 2002, 67 (2): 413-426.

[74] van der Vorst H. Bi-CGSTAB: A fast and smoothly converging variant of Bi-CG for the solution of nonsymmetric linear systems[J]. SIAM Journal on scientific and Statistical Computing, 1992, 13 (2): 631-644.

[75] Driessen M, van der Vorst H. Bi-CGSTAB in semiconductor modelling[J]. Fichtner and Aemmer [FA91], 1991: 45-54.

[76] Newman G A, Alumbaugh D L. Three-dimensional massively parallel electromagnetic inversion-Ⅰ. Theory[J]. Geophysical journal international, 1997, 128 (2): 345-354.

[77] Newman G A, Alumbaugh D L. Electromagnetic modeling and inversion on massively parallel computers[M]//Three-dimensional Electromagnetics. Society of Exploration Geophysicists, 1999: 299-321.

[78] Torres-Verdin C, Habashy T M. Rapid 2.5-dimensional forward modeling and inversion via a new nonlinear scattering approximation[J]. Radio Science, 1994, 29 (4): 1051-1079.

[79] Tikhonov A N, Arsenin V Y. Solutions of ill-posed problems[J]. New York, 1977, 1 (30): 487.

[80] Zhdanov M S. Geophysical inverse theory and regularization problems[M]. Amsterdam : Elsevier, 2002.

[81] Zhdanov M S, Fang S. Three-dimensional quasi-linear electromagnetic inversion[J]. Radio Science, 1996, 31 (4): 741-754.

[82] Bhattacharyya B K. Design of spatial filters and their application to high-resolution aeromagnetic data[J]: Geophysics, 1972, 37: 68-91.

[83] Blakely R J. Potential theory in gravity and magnetic applications[M]. Cambridge: Cambridge University Press, 1995.

[84] Holschneider M. 1995, Wavelets an analysis tool[M]. Oxford: Oxford University Press, 1995.

[85] Foufoula-Georgiou E, Kumar P. 1994, Wavelets in geophysics[M]. New York: Academic Press Inc.

[86] Spector A, Grant F S. Statistical models for interpreting aeromagnetic data[J]. Geophysics, 1970, 35: 293-302.

[87] Grossman A, Morlet J. Decomposition of Hardy functions into square integrable wavelets of constant shape[J]. J Math Ann, 1984, 15: 723-736.

[88] Sailhac P, Galdeano A, Gibert D, et al. Identification of sources of potential fields with the continuous wavelet transform: Complex wavelets and application to aeromagnetic profiles in French Guiana[J]. J Geophys Res, 2000, 105: 19455-19475.

[89] 侯遵泽，杨文采 . 中国重力异常的小波变换与多尺度分析 [J]. 地球物理学报，1997，40(1)：85-95.

[90] 杨文采，施志群，离散小波变换与重力异常多重分解 [J]. 地球物理学报，2001，44(4)：534-541.

[91] Chan Y T. Wavelet Basics[M]. Boston: Kluwer Academic Publishers, 1996.

[92] Mallat S G. Multiresolution approximations and wavelet orthonormal bases of $L^2(R)$ [J]. Transactions of the American mathematical society, 1989, 315 (1): 69-87.

[93] Constable S C, Parker R L, Constable C G. Occam's inversion: A practical algorithm for generating smooth models from electromagnetic sounding data[J]. Geophysics, 1987, 52 (3): 289-300.

[94] Schlumberger C, Schlumberger M. Electrical studies of the Earth's crust at great depths[J]. Trans Am Inst Min metall Engrs Geophys Prosp, 1932: 134-140.

[95] Cole K S, Cole R H. Dispersion and Absorption in Dielectrics Ⅰ: Alternating Current Characteristics[J]. The Journal of Chemical Physics, 1941, 9 (4): 341-351.

[96] Luo Y Z, Zhang G Q. 1998. Theory and application of spectral induced polarization[M]. Geophysical Monograph Series No.8, Society of Exploration Geophysicists, Tulsa, Oklahoma.

[97] 肖占山，徐世浙，罗延钟，等 . 泥质砂岩复电阻率的频散特性实验 [J]. 高校地质学报，2006，12（1）：123-130.

[98] Marshall D J, Madden T R. Induced polarization, a study of its causes[J]. Geophysics, 1959, 24 (4): 790-816.

[99] Olhoeft G R. Low frequency electrical properties[J]. Geophysics, 1985, 50 (12): 2492-2503.

[100] Schwarz G. A theory of the low-frequency dielectric dispersion of colloidal particles in electrolyte solution[J]. The Journal of Physical Chemistry, 1962, 66 (12): 2636-2642.

[101] Titov K, Komarov V, Tarasov V, et al. 2002. Theoretical and experimental study of time domain-

induced polarization in water-saturated sands[J]. Journal of Applied Geophysics, 50（4）: 417-433.

[102] Bücker M, Hördt A. Long and short narrow pore models for membrane polarization[J]. Geophysics, 2013, 78（6）: E299-E314.

[103] Barreto A N, Dias C A. Fluid salinity, clay content, and permeability of rocks determined through complex resistivity partition fraction decomposition[J]. Geophysics, 2014, 79（5）: D333-D347.

[104] Volkmann J, Klitzsch N. Wideband impedance spectroscopy from 1mHz to 10MHz by the combination of four- and two-electrode methods[J]. Journal of Applied Geophysics, 2015, 114: 191-201.

[105] Bücker M, Orozco A F, Undorf S, et al. On the Role of Stern- and Diffuse-Layer Polarization Mechanisms in Porous Media[J]. Journal of Geophysical Research: Solid Earth, 2019, 124（6）: 5656-5677.

[106] Koelman J M V A, de Kuijper A. An effective medium model for the electric conductivity of an N-component anisotropic percolating mixture[J]. PHYSICA A, 1997, 247（1-4）: 10-22.